コンクリートの耐久性
改訂版

Dauerhaftigkeit von Beton [2.Auflage]

著者 Prof. Dr.-Ing. habil. Jochen Stark
Dipl.-Ing. Bernd Wicht

監訳 杉山 隆文　　　訳者 太田 利隆
下林 清一
佐伯 　昇

技報堂出版

Translation from the German language edition:

Dauerhaftigkeit von Beton

by Jochen Stark and Bernd Wicht

Copyright © Springer-Verlag Berlin Heidelberg 2013

This Springer imprint is published by Springer Nature

The registered company is Springer-Verlag GmbH, DE

All Rights Reserved

書籍のコピー，スキャン，デジタル化等による複製は，
著作権法上での例外を除き禁じられています。

【口絵】図版カラー表示
※本文図版中，カラーで確認いただきたいものを集めて口絵とし，ここに掲載した。

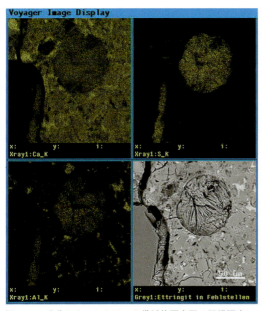

図-5.29 劣化したコンクリート供試体研磨面の組織写真におけるカルシウム，硫黄，アルミニウム元素のデジタル分布図

図-8.10 SiC粒子に溶解したクリストバライト（薄片：120倍）；パラレル偏光

図-8.11 劣化したオパール砂岩（薄片：120倍）；パラレル偏光

図-8.12 珪質石灰（薄片：30倍）；(a) パラレル偏光，(b) クロス偏光；ゲル生成は狭い微小石英の鉱脈から進行している

図-8.14 明白な反応縁のフリント骨材（薄片：30倍）；(a) パラレル偏光，(b) クロス偏光

図-8.15 ひび割れとゲル生成のフリント骨材（薄片：30倍）；(a) パラレル偏光，(b) クロス偏光

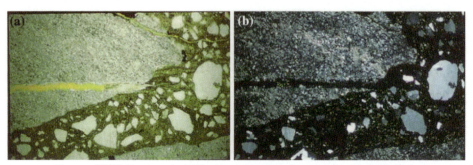

図-8.17 微晶質グレーワッケ（薄片：倍率120）；(a) パラレル偏光，(b) クロス偏光

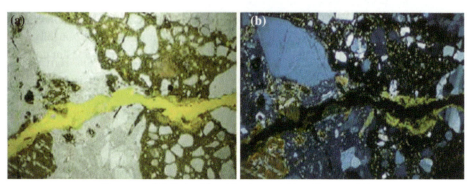

図-8.19 石英斑岩（30倍）；(a) パラレル偏光，(b) クロス偏光

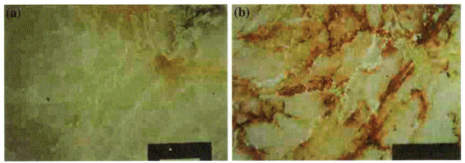

図-8.31 骨材（ストレス石英）中の AKR 進行−染色した KMnO$_4$ 溶液に浸漬, 吸水量 0.5%；(a) 浸漬前, (b) 浸漬 60 分後

図-8.88 流紋岩粉砕粒 8 個を持つ薄片研磨の密着印画

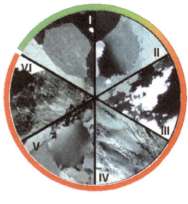

図-8.94 ストレスタイプの区分

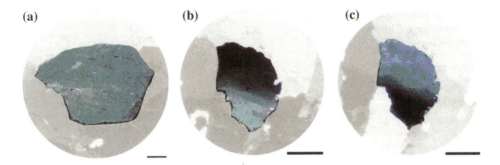

図-8.89 薄片研磨面の石英；(a) 負荷無し, (b) 場がわかれた, (c) 明白に場がわかれて消光；マーク＝1.5mm； クロス偏光

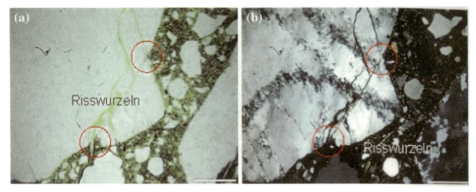

図-8.95 ストレス石英（タイプⅣ，角と湾曲部にひび割れ発生）；(a) パラレル偏光，(b) クロス偏光；標尺＝1mm

図-8.96 ストレス石英（タイプⅢ，サブグレインを通るひび割れ）；(a) パラレル偏光，(b) クロス偏光；標尺＝1mm

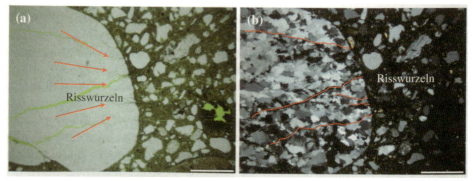

図-8.97 ストレス石英（タイプⅢ，小さいサブグレインに集中するひび割れ）；(a) パラレル偏光，(b) クロス偏光；標尺＝1mm

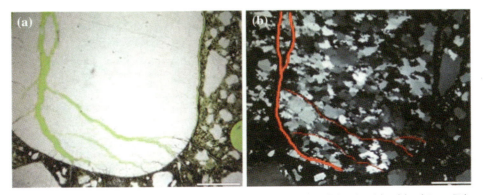

図-8.98 ストレス石英（タイプⅢ，粒境界のひび割れ進行，部分的に石理方向に向かう）；(a) パラレル偏光，(b) クロス偏光；標尺＝1mm

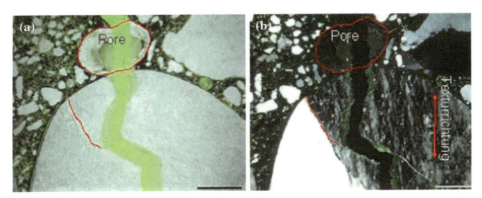

図-8.99 ストレス石英（タイプⅣ，粒境界付近ならびに石理方向に向かうひび割れ進行）；(a) パラレル偏光，(b) クロス偏光；標尺＝1mm

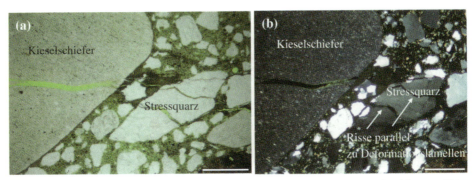

図-8.100 ストレス石英（タイプⅤ，変形ラメラに沿ったひび割れ発達）；(a) パラレル偏光，(b) クロス偏光；標尺＝1mm

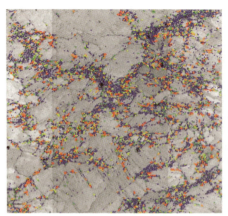

図-8.102 粒径＜10μmの石英結晶分布を示すEBSD-配位マッピング；細かな点は図-8.101に適合して分類された粒径

図-8.103 コンクリート劣化の例：ひび割れとゲル生成の流紋岩；パラレル偏光による薄片研磨面；長い写真稜＝1.3mm

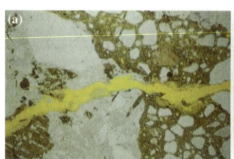

図-8.108 流紋岩骨材により劣化したコンクリート構造物の薄片研磨写真；(a) パラレル偏光，(b) クロス偏光；長い写真稜＝5.25mm

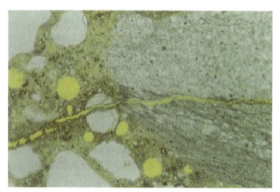

図-8.109 コンクリート劣化の例：ひび割れとゲル生成を伴ったグレーワッケ組織；パラレル偏光の薄片写真；写真縁長さ＝1.3mm

監訳者まえがき

コンクリートの耐久性は，必要に応じた適切な維持管理や補修により設計供用期間を通じて十分に安定なコンクリート製建設部材を実現するために重要である。

コンクリートは現在世界で最も頻繁に使われている建設構造材であり，コンクリート，鉄筋コンクリート，プレストレストコンクリートは我々の日々接する生活環境の一部であるといってよい。このためコンクリート構造物が使用される環境は多様で，コンクリートはそれらに調和する特性を有していなければならない。

ドイツ ワイマール・バウハウス大学 F.A. フィンガー（F.A.Finger）建設材料研究所は，長年にわたりコンクリートの耐久性に関する研究を精力的に行ってきた。特に環境型電子顕微鏡を駆使して，セメントと水の接触から新しい化合物が生成される仕組みやコンクリートの経年変化，劣化の様子までリアルタイムで行う観察は大きな成果を上げている。それらの成果は本書にも多く取り入れられている。

一方 F.A.Finger 建設材料研究所は建設材料に関する情報交換にも熱心で，1964 年からほぼ 3 年ごとに ibausil（The International Conference on Building Materials）を主催している。本会議は，発足のころは東西冷戦中で，東西の国々が建設材料に関する情報交換をする程度であったが，ベルリンの壁が取り除かれてから以降 J.Stark 教授は広く建設材料に関する国際会議に育て上げた。2018 年は 20 回の節目にあたる。

J.Stark 教授と北海道の本格的なつながりは，訳者の一人である太田利隆博士が 1994 年 Ibausil 国際会議に出席したことから始まる。その後，J.Stark 教授は前任者佐伯昇北海道大学大名誉教授の日本学術振興会の招へい事業により 2000 年 2 月から約 1 か月間滞在した。滞在期間中は，日本各地の大学や研究所を訪問

i

してコンクリートの耐久性をはじめお互い興味を持つテーマについて討論，シンポジウム，講演などを精力的に行い，日本のコンクリートの耐久性に大きなインパクトを与えた。

　この度 J.Stark/B.Wicht の共著「コンクリートの耐久性（改訂版）」が翻訳出版されることになったことは大変喜ばしいことである。監訳者として議論に加わることは楽しみであった。本書により日本のコンクリート研究者，技術者，学生の方々にコンクリート内部に生ずる変化について理解が進み，耐久性あるコンクリートの発展に寄与できることを願っている。

2018 年 3 月

北海道大学大学院教授

PhD　杉山　隆文

まえがき

コンクリートは現在最も頻繁に使用されている建設／工業材料であり，我々の夢を実現させ，感動を起こさせる材料はほかにない。ドイツ連邦国初代大統領 Theodor Heuss はかってコンクリートを"我が世紀の建設材料"と表現した。そして私達は今日"コンクリートは 20 世紀の建設材料であったのみならず，確実に 21 世紀の建設材料でもある"ことを付け加えることができる。現在年間約 7 ～ 10 百万立方米のコンクリートが製造されている。水硬性結合材であるセメントは水とともにフレッシュペーストを形成し，硬化した状態ではセメントペーストとしてコンクリートの骨材を堅固に耐久的に結合する。多種多様な建設課題に対して費用対効果比でこれ以上有利な"接着剤"は存在しない。セメント 1 kg は平均約 8 ～ 10 セントであるが，合成樹脂 1 kg あたりの価格はほぼ 10 ～ 30 倍高い。1843 年に初めて作られたセメントは今日世界の年間生産量約 25 億 ton にのぼり，建設にとって最も重要な基礎材料であることは驚きではない。コンクリートの卓越した特性と経済性について憂慮する必要がないことから来年には品質の種類が拡大され，将来は特別な要求や用途の特殊高性能セメントがますます多く求められることになるでしょう。コンクリートは時折行われる美観や耐久性に関する批判にもかかわらずその卓越した特性により，将来においても建設材料として，傑出した役割を確保することであろう。美観に関する批判は建築家や芸術家が提起するものでしょうし，耐久性に関しては土木技術者や材料技術者が要求し続けているものである。

前版では，コンクリートの耐久性問題に対する本質的な観点として，人々に活用される材料という見地から取り扱った。本書は，構造物は長期間使用されるという重要な前提に立って，各種負荷や影響下における建設材料・コンクリートの挙動に関する知識を整理，発展することを手助けしようとするものである。

ワイマール・バウハウス大学 F.A. フィンガー建設材料研究所では多年にわたり，コンクリートの耐久性問題について研究を行ってきた。これらの研究結果の

iii

大部分は本書に取り入れられている。特に有害エトリンガイトの生成，アルカリ
シリカ反応，凍結融解／凍結融解塩抵抗性や耐硫酸塩抵抗性の章に採用されてい
る。

　本書の執筆にあたっては，多数のF.A.フィンガー建設材料研究所研究員の協
力を得た：

Dr. rer. nat. Ernst Freyburg, Frau Dipl.-Ing. Katrin Seyfarth, Frau Dipl.-Ing.
Doreen Erfurt, Dipl.-Ing. Colin Giebson（アルカリ骨材反応），Dr. rer. nat. Bernd
Möser（環境型電子顕微鏡観察），PD Dr.-Ing. habil. Frank Bellmann（セメント水和，
タウマサイト生成），Dr. rer. nat. Peter Nobst（硫酸塩抵抗性）。

　Dipl.-Ing.Wilfried Burkert には原稿に対する批評および補足事項の指摘をいた
だき特に感謝いたします。

ワイマールにて　2012年9月

Jochen Stark

Bernd Wicht

目　　次

1　コンクリートの耐久性に関する指標値と影響要因 ─────── 1

1.1　耐久性の歴史的役割 ・・1

1.2　耐久性に関する前提 ・・2

　　1.2.1　原　則 ・・4

　　1.2.2　耐久性を保証するコンクリート工学上の実質的対策 ・・・・・・・・・・・・・8

　　1.2.3　コンクリート配合に対する限界値 ・・・・・・・・・・・・・・・・・・・・・・・・・・・12

1.3　セメントペーストの影響 ・・・・・・・・・・・・・・・・・・・・・・・・・・・・・・・・・・・・・・・16

2　セメント ──────────────────────────23

2.1　沿　革 ・・23

2.2　ポルトランドセメントクリンカー ・・・・・・・・・・・・・・・・・・・・・・・・・・・・・・24

　　2.2.1　化学的組成 ・・・24

　　2.2.2　鉱物組成 ・・25

　　2.2.3　クリンカー鉱物のセメント工学的特性 ・・・・・・・・・・・・・・・・・・・・・・29

　　2.2.4　エコロジカル観点 ・・・・・・・・・・・・・・・・・・・・・・・・・・・・・・・・・・・・・・・31

2.3　硫酸塩キャリア（石膏）・・・・・・・・・・・・・・・・・・・・・・・・・・・・・・・・・・・・・・・32

2.4　混和材（粉体）・・34

　　2.4.1　潜在水硬性材料 ・・36

　　2.4.2　ポゾラン材料 ・・37

　　　　2.4.2.1　トラス ・・・38

　　　　2.4.2.2　フライアッシュ ・・・・・・・・・・・・・・・・・・・・・・・・・・・・・・・・・38

　　　　2.4.2.3　オイルシェール（油頁岩）・・・・・・・・・・・・・・・・・・・・・・・・41

　　　　2.4.2.4　シリカフューム ・・・・・・・・・・・・・・・・・・・・・・・・・・・・・・・・・42

　　2.4.3　不活性材料 ・・43

　　2.4.4　混合材の作用 ・・・44

v

	2.4.5	コンクリート中の混合セメント ･････････････････････	45

2.5　セメント粉砕 ･･ 46

2.6　水　和 ･･ 47

　　2.6.1　硬化プロセス ････････････････････････････････････ 47

　　2.6.2　シリケート相 C_3S と C_2S の水和 ･････････････････ 48

　　2.6.3　C_3A の水和 ････････････････････････････････････ 52

　　2.6.4　C_4AF の水和 ･･････････････････････････････････ 54

　　2.6.5　水和生成物の比較 ････････････････････････････････ 55

　　2.6.6　ポルトランドセメントの水和 ･･････････････････････ 57

　　　　2.6.6.1　反応速度論 ･･････････････････････････････････ 58

　　　　2.6.6.2　ポルトランドセメントの反応速度 ･････････････ 58

　　　　2.6.6.3　水和の初期段階 ････････････････････････････ 60

　　　　2.6.6.4　水和度 ･･････････････････････････････････････ 81

2.7　DIN EN 197-1 によるセメント ･･････････････････････････ 83

　　2.7.1　セメントの要求基準 ･･････････････････････････････ 89

　　2.7.2　DIN EN 197-1, DIN EN 14216, DIN 1164 により

　　　　　特別な特性を有するセメント ･･････････････････････ 91

2.8　高硫酸塩スラグセメント（Sulfathüttenzement, SHZ）･････ 95

2.9　ファインセメント（コロイドセメント）･･････････････････ 98

3　コンクリートの炭酸化 ———————————— 103

3.1　沿　革 ･･ 103

3.2　炭酸化の本質 ･･ 104

3.3　炭酸化の段階 ･･ 105

3.4　炭酸化の影響 ･･ 108

　　3.4.1　pH ･･ 109

　　3.4.2　鉄筋の腐食 ････････････････････････････････････ 112

3.5　炭酸化深さを測定する方法 ････････････････････････････ 117

3.6　炭酸化進行の計算 ････････････････････････････････････ 120

3.7　炭酸化収縮 ･･ 125

3.8　炭酸化に対する影響要因 ································· 126

　3.8.1　CO_2濃度 ······································· 126

　3.8.2　湿　度 ··· 126

　3.8.3　W/C ··· 128

　3.8.4　セメントの種類 ································· 130

　3.8.5　養　生 ··· 131

　3.8.6　骨材，混和剤，混和材 ························· 137

　3.8.7　温度および熱力学的観点 ····················· 138

3.9　鉄筋コンクリートに有害な炭酸化に対する保護および補修対策 ····· 145

　3.9.1　保護対策 ······································· 145

　3.9.2　補修対策 ······································· 148

　3.9.3　炭酸化を抑制するコーティング効果の判断 ······· 153

3.10　ひび割れの自癒 ··································· 155

　3.10.1　自然の自癒 ····································· 155

　3.10.2　微生物的な自癒 ································· 159

4　硫酸塩侵食 ──────────────── 163

4.1　沿　革 ··· 163

4.2　劣化メカニズム ··································· 164

4.3　硫酸塩侵食におけるセメントペースト中の微細構造的変化 ········ 166

4.4　硫酸塩を含む水の浸透に対するコンクリートの物理的抵抗性 ······· 167

4.5　硫酸塩による化学的侵食 ··························· 168

　4.5.1　エトリンガイト生成 ··························· 169

　4.5.2　石膏の生成 ····································· 174

　4.5.3　タウマサイト生成 ····························· 176

　　4.5.3.1　タウマサイト生成のモデル化 ··············· 182

　4.5.4　劣化プロセスに対する陽イオンの影響 ··········· 185

4.6　硫酸塩劣化 ······································· 187

　4.6.1　硫化物の酸化による硫酸塩侵食のため
　　　　生ずるコンクリート構造物の劣化 ··············· 187

vii

4.6.2 硫酸塩を含む城壁にセメント注入による城壁の劣化・・・・・・・・・・・・191

4.6.3 石灰 – セメント – 結合材による地盤改良後地盤の隆起・・・・・・・・・・・・・194

4.7 規格による規制・・・195

4.7.1 暴露クラス・・・195

4.7.2 適するセメント種類・・・・・・・・・・・・・・・・・・・・・・・・・・・・・・・・・・・・195

4.7.3 耐硫酸塩抵抗性を改善する鉱物質混和材・・・・・・・・・・・・・・・・・・・・196

4.8 試験方法・・・199

4.8.1 外的侵食に対する試験方法・・・・・・・・・・・・・・・・・・・・・・・・・・・・・・200

4.8.2 内部侵食に対する試験法・・・・・・・・・・・・・・・・・・・・・・・・・・・・・・・203

4.8.3 アメリカの試験法・・・・・・・・・・・・・・・・・・・・・・・・・・・・・・・・・・・・・204

4.8.4 現場条件で進行した劣化プロセスの室内条件による再現・・・・・・・・・・・205

4.8.4.1 劣化プロセスに対する硫酸塩イオン濃度の影響・・・・・・・・・・・・・・・205

4.8.4.2 pH と石膏析出に関する計算・・・・・・・・・・・・・・・・・・・・・・・・・206

5 硬化コンクリートにおける有害エトリンガイトの生成 ——— 215

5.1 沿 革・・215

5.2 基 礎・・216

5.3 硬化コンクリート中のエトリンガイト・・・・・・・・・・・・・・・・・・・・・・・・・218

5.4 不適切な熱処理による有害エトリンガイトの生成・・・・・・・・・・・・・・・・・220

5.4.1 エトリンガイト生成に関する熱力学的計算・・・・・・・・・・・・・・・・・・221

5.4.2 硫酸塩生成と硬化温度の関係・・・・・・・・・・・・・・・・・・・・・・・・・・・227

5.4.3 遅れエトリンガイトに及ぼすコンクリート配合の影響・・・・・・・・・・・231

5.4.4 熱処理コンクリートの耐久性に関する室内試験・・・・・・・・・・・・・233

5.4.5 予防対策・・・236

5.5 熱処理しないコンクリート中の遅れエトリンガイト・・・・・・・・・・・・・237

5.5.1 内的硫酸塩供給源と遅れ硫酸塩遊離・・・・・・・・・・・・・・・・・・・・・239

5.5.2 乾湿繰り返し負荷と劣化を促進する境界条件・・・・・・・・・・・・・・・240

5.6 コンクリート劣化の証明・・・・・・・・・・・・・・・・・・・・・・・・・・・・・・・・・・246

5.6.1 巨視的な劣化写真・・・・・・・・・・・・・・・・・・・・・・・・・・・・・・・・・・・246

5.6.2 劣化を把握する特性値・・・・・・・・・・・・・・・・・・・・・・・・・・・・・・・・246

        5.6.3　エトリンガイトが劣化に関する証明 ･････････････････････250

            5.6.3.1　顕微鏡による劣化写真 ･･････････････････････････250

            5.6.3.2　酸化物組成および相組成を定める分析法･･････････253

6　コンクリートへの酸侵食 ──────── 261

  6.1　沿　革 ･･261

  6.2　酸侵食のメカニズム ･･････････････････････････････････262

    6.2.1　石灰侵食性炭酸による侵食 ･･････････････････････････262

    6.2.2　生物活動による酸生成 ･･････････････････････････････263

    6.2.3　酸 – 硫酸塩 – 複合侵食 ･･････････････････････････････265

    6.2.4　冷却塔と水槽の酸侵食 ･･････････････････････････････265

  6.3　酸侵食に対する保護対策 ･･････････････････････････････266

    6.3.1　基本的な規定 ･････････････････････････････････････266

    6.3.2　耐酸性のあるコンクリート ･･････････････････････････267

  6.4　高耐酸抵抗性を有するコンクリートの試験 ････････････････268

7　コンクリートに対する塩化物の作用 ──────── 273

  7.1　沿　革 ･･273

  7.2　コンクリート中の塩化物 ･･････････････････････････････274

    7.2.1　コンクリート用材料･････････････････････････････････274

    7.2.2　海水の作用 ･･･････････････････････････････････････275

    7.2.3　融氷塩の作用 ･････････････････････････････････････276

    7.2.4　火　災 ･･･277

  7.3　塩化物侵入のメカニズム ･･････････････････････････････278

  7.4　コンクリート中塩化物の分布 ･･････････････････････････279

  7.5　コンクリート中塩化物の移動プロセスに対する影響 ･･･････280

  7.6　コンクリート中に塩化物はどんな形で存在するか？ ･･･････284

  7.7　結合材による塩化物固定 ･･････････････････････････････285

  7.8　腐食発生限界値 ･････････････････････････････････････287

  7.9　塩化物の定量 ･･･････････････････････････････････････291

7.9.1	定量化学分析 ・・292
7.9.2	遊離塩化物イオンの定量（証明） ・・・・・・・・・・・・・・・・・・・・・・・・・・・・・・293
7.9.3	固定塩化物イオンの検出 ・・・・・・・・・・・・・・・・・・・・・・・・・・・・・・・・・・・・294
7.9.4	供試体採取位置 ・・295
7.9.5	塩化物浸透に対するコンクリートの抵抗 ・・・・・・・・・・・・・・・・・・・・・295

7.10　塩化物の鉄筋コンクリートへの侵食 ・・・・・・・・・・・・・・・・・・・・・・・・・・・295
　　7.10.1　電気化学的基礎 ・・295
　　7.10.2　コンクリートのひび割れと鉄筋の腐食進行 ・・・・・・・・・・・・・・・299

7.11　塩化物による腐食に対する保護および補修対策 ・・・・・・・・・・・・・・・301
　　7.11.1　保護対策 ・・301
　　　　7.11.1.1　能動的な防食 ・・・・・・・・・・・・・・・・・・・・・・・・・・・・・・・・・・・・・・302
　　　　7.11.1.2　受動的腐食防護 ・・・・・・・・・・・・・・・・・・・・・・・・・・・・・・・・・・・303
　　　　7.11.1.3　腐食監視システム ・・・・・・・・・・・・・・・・・・・・・・・・・・・・・・・・304
　　7.11.2　補修対策 ・・・306

8　アルカリシリカ反応 ———————————— 313

8.1　沿　革 ・・313

8.2　AKR の前提条件 ・・・315

8.3　アルカリ反応性鉱物と骨材 ・・・・・・・・・・・・・・・・・・・・・・・・・・・・・・・・・・・320
　　8.3.1　AKR に対し危険なポテンシャルを有する鉱物 ・・・・・・・・・・・・・321
　　8.3.2　AKR に危険なポテンシャルを有する岩石 ・・・・・・・・・・・・・・・・・323
　　8.3.3　アルカリシリカ反応に危険なポテンシャルを有する工業製品 ・・・・・330

8.4　アルカリシリカ反応のメカニズム ・・・・・・・・・・・・・・・・・・・・・・・・・・・・333
　　8.4.1　化学的反応 ・・・333
　　8.4.2　SiO_2 と溶解プロセス ・・・・・・・・・・・・・・・・・・・・・・・・・・・・・・・・・・334
　　8.4.3　膨張圧と浸透 ・・338
　　8.4.4　AKR ゲル ・・342

8.5　劣化特性 ・・345
　　8.5.1　巨視的特徴 ・・・345
　　8.5.2　微視的特徴 ・・・347

8.6 AKR 影響要因 ··351

  8.6.1 セメントのアルカリ量 ··351

  8.6.2 コンクリートの単位セメント量 ······································355

  8.6.3 アルカリ反応骨材の量 ··356

  8.6.4 温度と水分 ··357

  8.6.5 コンクリートの透水性 ··357

  8.6.6 外部からのアルカリ供給 ··358

8.7 コンクリートを劣化させるアルカリシリカ反応の

    予防および減少対策 ··364

  8.7.1 潜在水硬性材料 ··365

  8.7.2 ポゾラン材料 ··366

    8.7.2.1 フライアッシュ ··367

    8.7.2.2 シリカフューム ··370

    8.7.2.3 メタカオリン ··371

    8.7.2.4 もみ殻アッシュ ··372

    8.7.2.5 ガラス ··372

    8.7.2.6 オイルシェール残渣 ··372

  8.7.3 リチウム化合物 ··373

  8.7.4 アルカリシリカ反応による伸び計算基準としての SiO_2/Na_2O 等量比 ·····374

8.8 国家規格と基準 ··376

8.9 試験法 ···381

  8.9.1 国際試験法 ··382

    8.9.1.1 促進モルタルバー試験

      （AMBT：Accelerated Mortar Bar Test） ··············382

    8.9.1.2 コンクリートプリズム試験（CPT：Concrete Prism Test）········383

    8.9.1.3 促進コンクリートプリズム試験

      （ACPT：Accelerated Concrete Prism Test） ··········385

    8.9.1.4 コンクリートマイクロバー試験

      （CMBT：Concrete Microbar Test） ····················386

    8.9.1.5 ASTM C289 による化学的試験 ······························386

8.9.1.6　60℃ – コンクリート試験 ･････････････････････････････387

　　8.9.2　国内試験法 ･･388

　　　8.9.2.1　モルタル急速試験（MST：Mörtelschnelltest）･･････････388

　　　8.9.2.2　アルカリ性能試験 ･･･････････････････････････････････393

　　　8.9.2.3　岩石学的試験 ･･･････････････････････････････････････398

　　8.9.3　試験結果の例 ･･402

　　　8.9.3.1　ストレス石英の試験 ･････････････････････････････････402

　　　8.9.3.2　流紋岩の試験 ･･･････････････････････････････････････409

　　　8.9.3.3　グレーワッケの試験 ･････････････････････････････････411

　　　8.9.3.4　砂利の評価 ･･･412

　　　8.9.3.5　砂の評価 ･･･413

9　コンクリートの凍結融解抵抗性と凍結融解塩抵抗性 ──── 421

9.1　沿　革 ･･421

9.2　セメントペースト中における空隙溶液の凍結 ･･････････････････422

　　9.2.1　圧力による氷点降下 ･･････････････････････････････････････423

　　9.2.2　溶解物質による氷点降下 ･･････････････････････････････････424

　　9.2.3　表面力による氷点降下 ････････････････････････････････････426

　　9.2.4　過冷却効果 ･･･428

9.3　劣化機構 ･･･430

　　9.3.1　巨視的メカニズム ･･430

　　　9.3.1.1　不均一な熱膨張係数 ･････････････････････････････････430

　　　9.3.1.2　層状の凍結 ･･･431

　　　9.3.1.3　温度急降下 ･･･432

　　9.3.2　微視的な劣化原因 ･･433

　　　9.3.2.1　水　圧 ･･･433

　　　9.3.2.2　毛細管効果 ･･･434

　　　9.3.2.3　拡散と浸透 ･･･435

　　　9.3.2.4　熱力学的モデル ･････････････････････････････････････436

　　　9.3.2.5　結晶圧 ･･･438

9.4 影響要因 ･･440

  9.4.1 コンクリート配合の影響 ･･････････････････････････440

    9.4.1.1 水セメント比 ･････････････････････････････440

    9.4.1.2 骨　材 ･･･････････････････････････････････443

    9.4.1.3 エントレインドエア ･･････････････････････446

    9.4.1.4 セメント ･･･････････････････････････････451

  9.4.2 技術的影響 ･･････････････････････････････････････469

  9.4.3 外的影響 ･･･････････････････････････････････････471

9.5 凍結融解 / 凍結融解剤試験法 ･･･････････････････････････473

  9.5.1 CDF 法による凍結融解剤抵抗性試験 ･･････････････475

  9.5.2 CIF 法による凍結融解抵抗性試験 ･･･････････････479

  9.5.3 CDF および CIF 試験の精度 ･･･････････････････483

  9.5.4 スウェーデン規格 SS 13 72 44（Slab-Test；Borås 法）による

      凍結融解 / 凍結融解塩抵抗性試験 ･･････････････485

9.6 建設実務上の留意点 ･･･････････････････････････････････488

  9.6.1 高い凍結融解抵抗性または凍結融解塩抵抗性を有する

     コンクリートの基本的な使用範囲 ･･･････････････488

  9.6.2 凍結融解 /（または）凍結融解塩で劣化したコンクリート構造物の

     主要劣化状況 ･･････････････････････････････488

  9.6.3 コンクリート中の微小気泡（AE コンクリート）･･･････488

  9.6.4 高凍結融解抵抗性または高凍結融解塩解抵抗性を有するコンクリートの

     コンクリート技術上の前提 ･･･････････････････490

  9.6.5 適切な AE コンクリートの安全性に対する重要な

     コンクリート技術に関する要求 ･･･････････････492

  9.6.6 AE コンクリートの単位セメント量の計算例 ･･････････493

索　引 ･･･499

略　語

A	Gesamtluftporengehalt：全空気量
A_0	Spezifische Oberfläche：比表面積
$A300$	Mikroluftporengehalt：微小気泡量（直径 $10 \sim 300\,\mu$ m の球状気泡量）
ABMT	Accelerated Mortar Bar Test：促進モルタルバー試験
ACPT	Accelerated Concrete Prism Test：促進コンクリート角柱試験
AFm	Monosulfat：モノサルフェート
Aft	Ettringit：エトリンガイト
AKR	Alkari-Kieselsäure-Reaktion：アルカリシリカ反応
ARS	Allgemeines Rundschreiben：一般通達
BET	Analyseverfahren zur Bestimmung der Oberfläche nach Brunauer, Emmet, Teller：BET（Brunauer, Emmet, Teller）式比表面積解析法
BFA	Braunkohlenflugasche：褐炭フライアッシュ
BSE	back-scattered electron：後方散乱電子
BV	Betonverflüssiger：高性能減水剤
CDF-Verfahren	Capillary suction of Deicing solution and Freeze-thaw test：CDF 試験法
CIF-Verfahren	Capillary suction, Internal damage and Freeze-thaw test：CIF 試験法
CMBT	Concrete Microbar Test：コンクリートマイクロバー試験
C-S-H	Calsium–Silicat–Hydrat：カルシウム－シリケート－ハイドレート
DAfStb	Deutscher Ausschuss für Stahlbeton：ドイツ鉄筋コンクリート学会
DBV	Deutscher Beton-Verein：ドイツコンクリート協会
DCA	Differenzkalorimetrie：示差走査熱量測定
DEF	Delayed Ettringite Formation：遅れエトリンガイト生成
DSC	Differentialkalorimetrie：示差走査熱量測定
DTA	Differentialthermoanalyse：示差熱分析

xv

DTG	Derivate Thermogravimetrie：微分熱重量
EBSD	Electron Backscatter Diffraction：電子線後方散乱回析
EDX	Energy Dispersive-X-Ray Microanalysis：ネルギー分散型 X 線分析
E-Modul	Elastizitätsmodul：弾性係数
ESEM	Environmental Scanning Electron Microscope：環境走査型電子顕微鏡
ESMA	Elektronenstrahlmikroanalyse：電子プローブ微小分析器
f	Betonfestigkeit（Druckfestigkeit）：コンクリート強度 (圧縮強度)
$f_{c,cube}$	Betonfestigkeit（Würfeldruckfestigkeit）nach Lagerung DIN EN 12390-2：コンクリート圧縮強度（立方供試体，DIN EN 12390-2 による養生）
$f_{c,dry}$	Betonfestigkeit nach Lagerung nach DIN EN 12390-2 Nationaler Anhang:コンクリート強度(乾燥養生, DIN EN 12390-2による養生)
$f_{ck,cube}$	Betonfestigkeit（Würfeldruckfestigkeit），Kantenlänge 150mm，28 Tage Lagerung nach DIN EN12390-2:コンクリート圧縮強度(立方供試体，縁長 15cm，28 日，DIN EN12390-2 による養生)
$f_{ck,cyl}$	Betonfestigkeit（Zylinderdruckfestigkeit），Zylinderdurchmesser，150mm，Zylinderlange 300mm，Lagerung nach DIN EN 12390-2：コンクリート圧縮強度（円柱供試体，高さ 30cm，直径 15cm，DIN EN12390-2 による養生）
FA	Flugasche：フライアッシュ
FAHZ	Flugasche-Hüttenzement：フライアッシュスラグセメント
FIB	F.A.Finger Institut für Baustoffkunde：F. A. Finger 建設材料研究所
FM	Fließmittel：流動化剤
FS	Feuchtsalz：湿塩（散布直前に塩水を乾燥塩に散布したもの，重量で塩 70%，塩水 30%など）
G	Freie Reaktionenthalpie：自由反応エンタルピー
GFK	Glasfaserverstärkter Kunststoff：カラス補強繊維高分子筋
G_Q	Mickrostrain：微小ひずみ
GV	Glühverlust：強熱減量

H	Enthalpie：エンタルピー	
HÜS	Hüttensand：高炉スラグ	
ICP-OES	Inductively Coupled Plasma Optical Emission Spectrometry：誘導結合プラズマ発光分光分析	
IQ	Kristallinitätsindex：結晶化度インデックス	
IR	Infrarotspektroskopie：赤外線分光法	
k	Carbonatisierungskoeffizient, widerstand：炭酸化係数，炭酸化抵抗性	
KQ	Kristallitgröße：結晶の大きさ	
KSM	Kalksteinmehl：石灰粉	
KSt	Kalkstandard：水硬率	
$\bar{L}$	Abstandsfaktor：間隔係数	
LP	Luftporenbilder：AE剤	
MHK	Mikrohohlkugel：微小中空球	
MNS-Verfahren	Prüfverfahren nach Mulenga, Nobst und Stark：MNS（Mulenga, Nobst, Stark）試験法	
MST	Mörtelsschnelltest：モルタル急速試験	
$\bar{N}$	Na_2O-Äquivalent：Na_2O等量	
NA-Zement	Zement mit einem niedrigen wirksamen Alkalgehalt：低アルカリセメント	
NMR	Nuclear Magnetic Resonance：核磁気共鳴	
pH	potential Hydrogenii：水素イオン指数	
PKZ	Portlandkalksteinzement：ポルトランド石灰石セメント	
PZ	Portlandzement：ポルトランドセメント	
R	Diffusionswiderstand：拡散抵抗	
r	Festigkeitentwicklung des Betons,ermittelt durch das Verhaltnis der Druckfestigkeit nach 2 und 28 Tagen：圧縮強度比（2日強度/28日強度）によるコンクリート強度発達	
$R_{90\mu m}$	Rückstand auf 90μm-Sieb：90μmフルイの残渣	
RCM	Rapid Chloride Migration Test：急速塩化物移動試験	

RCT	Rapid Chloride Test：急速塩化物試験	
REM	Rasterelektronenmikroskopie：走査型電子顕微鏡	
RG	Reaktionsgeschwindigkeit：反応速度	
RGB	Porenradien-Gefrierpunkt-Beziehung：気泡半径氷点降下式	
S	Entropie：エントロピー	
S_n	Sperrkoeffizient：封緘係数	
SF	Silica Fume：シリカフューム	
SFA	Steinkohlenflugasche：石炭（瀝青炭）フライアッシュ	
SHZ	Sulfathüttenzement：高硫酸スラグセメント	
SR-Zement	Zement mit hohem Sulfatwiderstand（früher HS-Zement）：耐硫酸塩セメント	
T	Temperatur：温度	
TG	Thermogravimetrie：熱重量測定	
TZ	Tonerdeszement：アルミナセメント	
w/z-Wert	Wasser-Zement-Wert：水セメント比 W/C	
XRD	X-Ray Diffraction：X 線回折	
y	Carbonatisierungstiefe：炭酸化深さ	
ZTV–ING	Zusätzlich technische Vertragsbedingungen für Ingenieurbauwerke：付帯技術契約条件 – 技術（高度）構造物	
ZTV-W	Zusätzlich technische Vertragsbedingungen-Wasserbauwerke aus Beton und Stahlbeton：付帯技術契約条件 – コンクリートおよび鉄筋コンクリート水利構造物	
α_H	Hydratationsgrad：水和度	
α_T	Temperaturausdehnungskoeffizzient：熱膨張係数	
β_{BZ}	Biegezugfestigkeit von Beton：コンクリート曲げ強度	
β_D	Druckfestigkeit von Beton：コンクリート圧縮強度	
β_Z	Zugfestigkeit von Beton：コンクリート引張強度	
μ-REA	Mikroröntgenfluoreszenzanalyse：微小 X 線蛍光分析（XRF）	
μ_{CO_2}	CO_2-Diffusionswiderstandszahl：CO_2 拡散抵抗数	
p_{CO_2}	CO_2-Partialdruck：CO_2 分圧	

C_3S	$3CaO \cdot SiO_2$, エーライト
C_2S	$2CaO \cdot SiO_2$, ビーライト
C_3A	$3CaO \cdot Al_2O_3$, アルミネート
C_4AF	$4CaO \cdot Al_2O_3 \cdot Fe_2O_3$, アルミネートフェライト
AFt	$3CaO \cdot Al_2O_3 \cdot 3CaSO_4 \cdot 32H_2O$, エトリンガイト, トリサルフェート
AFm	$3CaO \cdot Al_2O_3 \cdot CaSO_4 \cdot 12H_2O$, モノサルフェート

1 コンクリートの耐久性に関する指標値と影響要因

1.1 耐久性の歴史的役割

　建設材料の耐久性に関する問題は非常に古くからあり，人々が定住し，自身や家畜，蓄えのため住みかを建てはじめて以来，人々の関心事となっている。もちろん，それは第一に，自由に使用可能な自然な建設材料，自然石，土や木などとの付き合いから得られ，そして人間のため利用するという経験上の知識であった。

　法律に基づく構造物の安全性に関する配慮は，バビロニアのハムラビ王がバビロニアの権利に関する 300 章にわたる包括的憲法を高さ 2.25m の閃緑岩の柱に彫刻した時，即ち紀元前 1700 年代まで遡のぼり明らかにすることができる。1902 年スサ（Susa）における発掘の際に発見されたこの柱は，現在はパリ（Paris）のルーブルに展示されている。本法律いわゆるハムラビ法典では，構造物の品質に対する厳しい法則が定められている。中でも建設施工の品質について厳しい刑罰の威嚇が刻まれている。第 229 条に「棟梁が建てた家が倒壊し家の主人が死んだ時は，棟梁は死ぬべし。もし倒壊により家の息子が死んだ時は棟梁の息子を殺すべし。そして倒壊により奴隷が死んだならば棟梁は奴隷を賠償として提供しなければならない」と書いている（Klengel，1991）。

　中世紀に至ってもなお，不適切な施工に対する罰則は慣習として存在していた。例えば 1300 年頃，ミュンヘン（München）で通用していた規則では，もし使用してならない建設材料で建てると，その人は最初にタールを塗られ，羽毛で包ま

1 コンクリートの耐久性に関する指標値と影響要因

れ，次いで晒しものにされ，最後に町から追放されるとある。

　建設材料の耐久性は長い間，実用上の経験的価値のみにより判断されてきた。1792 年の煉瓦の耐久性に関する「市民建築の通達（Encyclica）」の中に，例えば次のように読むことができる（Stieglitz, 1792）：「……煉瓦を強火で熱する，そして煉瓦が完全に灼熱の状態になるや否や冷たい水を掛ける。煉瓦は元のままであり，亀裂や微細なひび割れも無い，そして屋根瓦では曲がったり，歪んだりしていなければその品質は保証できる……」。

　技術的科学的知識の蓄積により，次第に，このような対策から脱却するようになった。

　コンクリート，鉄筋コンクリート，プレストレストコンクリート構造部材の供用性を判断するため，力学的特性のほか，耐久性を知ることは特に重要なことである。力学的特性とは異なり，コンクリートの耐久性の特性を特徴づけることは非常に難しい。さらに，環境条件やコンクリートの性質が既知であっても，時間が経過した後持続すべき絶対値は存在しない。コンクリートの構造や特性はエネルギー的観点からだけ見ても，コンクリートの原材料に相当する低いエネルギーのレベルに向かって連続的に変化している。技術的および構造的対策により，環境に伴うこのような変質の速度を実質的に小さくできる。それでもやはり，耐久性と供用性は期待する供用期間で結びついている。

1.2　耐久性に関する前提

**　コンクリートの耐久性とはコンクリート部材が十分な手入れや維持管理がなされた場合，期待される供用期間中，使用並びに環境の作用による負荷に対して十分安定であることを意味する。**

　コンクリートの耐久性について，最近，年とともに，種々の配慮がなされることが多くなってきた。これまでは確立されたコンクリート技術の基本的規準が守られていると，コンクリート構造物はメンテナンスフリーであるということから出発した。しかし，最近の約十年の経験では規準から僅かの部分的な逸脱や環境条件の誤った評価，または悪化が重大な劣化へ導くことが有りうることを示して

2

いる。規格，基準および一般建設基準監督の手引きの中で耐久性は今日特に注意
が向けられるようになった。コンクリート製部材の品質確保のため EU 地域の統
一規定としてヨーロッパコンクリート基準 EN 206–1「コンクリート – 1 部 – 定義，
特性，施工及び適合性」が適用されている。これは 2002 年建設監督基準として
採用された。そしてドイツでは旧ドイツ規格 DIN 1045 と新しい規格が並行して
適用された移行期間を経て，2005 年 1 月からコンクリートはヨーロッパ規格に
より製造されなければならなくなった。もちろん EN 206–1 は調和のとれた詳細
な規格ではなく大まかな条件を定めたものである。一連の章節では，いろいろな
気象条件や地理的条件，異なった保護水準さらによく行われている慣習や経験を
考慮するため，各国の規格の利用を可能にしている。そのため，コンクリートの
配合の限界値はリコメンデーションよりも情報として与えられている。採用され
た供用期間 50 年に基づく限界値は指定されたセメント（CEM I）と最大粒径
20 から 30mm 骨材の利用が当てはまる。

　若干の EU 加盟国は EN 206–1 で定められた枠組みを自国の規格で明確にして
いる。DIN 1045–2「コンクリート，鉄筋コンクリート，プレストレストコンクリー
ト構造 – 第 2 部：コンクリート – 定義，特性，施工及び適合性 – DIN EN 206–1
への適用規定」がそれにあたる。第 1 部「設計計算と構造」，第 3 部「施工」，第
4 部「コンクリートプレキャスト部材」に関連して DIN 1045 はコンクリート，
鉄筋コンクリート，プレストレスコンクリート構造物に対するドイツのガイドラ
インを示している。特殊な構造物に対してはさらに別のガイドライン，例えば交
通建設都市開発省（BMVBS）による「付帯技術契約条件 – 高度技術を必要とす
る構造物（ZTV–ING）」や「付帯技術契約条件 – コンクリート，鉄筋コンクリー
ト製水理構造物（ZTV–W）」が相当する。ドイツ鉄筋コンクリート学会（DAfStb）
の基準同様に守らなければならない（Weber, 2006）。

　2012 年 7 月 1 日，ユーロコード Eurocode 2 DIN EN 1992「鉄筋コンクリート，
プレストレスとコンクリート構造物の設計計算及び構造」（EC2）がドイツで発
効した。ユーロコード Eurocode–EC2–1–1 部（地上構造物に対する一般設計計算
及び規定），EC2–1–2 部（火災に対する設計計算），EC2–3 部（サイロ及びタン
ク構造物）は国の補足（NA）とともに 2011 年 1 月より規格の最終版として出版
され，ドイツでは従来の国の規定と並行して適用される（Fingerloos, 2010）。

EC2– 各部の最終建設監督基準への採用は施行日 2012 年 7 月 1 日に，従来の国の規格，例えば DIN 1045–1 を建設監督基準から取り下げる結果となった。

1.2.1 原　則

コンクリートは原材料が使用目的に適うように選択・配合され，適切な施工およびしかるべき養生がなされた場合，通常の環境条件で耐久的な建設材料である。しかしセメントペーストと外的影響に関して可能性があるすべての反応－それに伴う相の新しい生成または遷移を含む－を常に考慮しなければならない (Glasser *et al.*, 2008)。

適切に施工されたコンクリート，鉄筋コンクリート，プレストレストコンクリートの屋外部材は通常の気象作用に対し，特別な保護対策を必要としない (Bertram/Bunke, 1989)。適用される規格に適うように施工されたコンクリートは次の長所を有している：

- 経済的な施工
- 維持管理に最低なコスト（実務的には手入れ不要）
- コンクリートの特性を考慮することなしに長期間使用

耐久的なコンクリートには，規格を遵守することに加えて，明確な前提条件が作られていなければならない：

- 計画段階における明確で調和のとれたコンセプト：コンセプトは形状，機能，構造の範囲に及んでいなければならない
- 荷重や施工のばらつきに対して構造的に鈍感であること：構造物は「潜んだ」ゆとりが必要
- 施工，供用の際，大きな過失を避けること

コンクリート構造物の耐久性は常に内的外的影響要因により定められる。

内的影響要因は実質的に主要なコンクリート原材料，セメント，混和材料，水そして骨材などの結果として生ずる。

- セメント（$CaO_{遊離}$，MgO，SO_3，$\bar{N} = Na_2O–$ 当量）
- 骨材（アルカリシリカ反応）

耐久性に対する**外的影響要因**として次の項目があげられる。

- 湿度

1.2 耐久性に関する前提

- 温度
- 大気，水および土壌の汚染
- 化学的侵食
- 機械的作用
- 微生物による侵食

コンクリート構造物の**耐久性が不十分である**と次の欠陥が現われる：

- 構造物の景観上の欠陥
- コンクリートのひび割れ
- コンクリートの剥離（剥落）
- 鉄筋の腐食
- 構造物の破壊

十分な耐久性は次のようにして達成される：

- 耐久性上正しい構造物の設計，例えば侵食性物質から遠ざける
- コンクリート用原材料の正しい選定と要求に適合したコンクリートの配合
- コンクリートの適切な施工と養生
- コンクリートの受動的保護対策，例えば含浸，コーティング

耐久性は1つの尺度や指標値で特性づけることはできない。それぞれ利用するケースにより，関連したパラメーターによって数値を定めるべきである。コンクリート構造物の機能や応答次第では特有な性能が重要となる：

- 水荷重に対して不透水性，例：水理構造物の建設
- 凍結融解／凍結融解剤に対する抵抗性，例：舗装版や橋梁
- 鉄筋保護のため炭酸化および塩化物侵入に対する抵抗性，特に屋外部材または二酸化炭素濃度が高くなるトンネル構造物または塩化物を含む融解剤と接触する橋梁
- コンクリート自身による有害な反応に対する抵抗性，例：アルカリシリカ反応，硬化後の遅れエトリンガイトの生成および石膏膨脹
- 侵食性の水やガス状物質がコンクリート中に侵入および侵食に対する抵抗性，例：タンクや貯蔵施設
- 機械的作用に対する抵抗性，例：交通作用，流水または固体を運ぶ水，風化侵食による

5

1 コンクリートの耐久性に関する指標値と影響要因

- 生物の影響に対する抵抗性，例：微生物の物質代謝生成物による破壊
- 温度，湿度，機械的および動的作用によるひび割れ安全性
- 熱処理または火の作用による組織構造の乱れに対する抵抗性

コンクリートの耐久性は上述の作用による負荷に対する抵抗性と言うことができる。この抵抗性は design concept として周知であるが，一般に，配合，セメントの種類，セメント量，水セメント比，最小圧縮強度クラスなどの組み合わせの記述を通して，規格や技術的規定により保証されている。

建設材料の古典的品質試験法である強度試験は，耐久性に対する単独の指標値としては今日もはや適当ではない。明白に証明できる性能特徴に注目するいわゆる performance concept を実現して初めて耐久性の特性に関する確実な判断が可能である。凍結融解 / 凍結融解塩抵抗性（FTW/FTSW）やアルカリシリカ反応の判断についてその間に適当な試験法が開発された。更にいくつかの試験法（硫酸塩抵抗性，遅れエトリンガイト）の研究がされている。

一般に多くの長期試験は耐久性について信頼できる値を提供する。ただし試験結果を構造部材や構造物に適用することは常に問題なく，またリスクなく可能であるとは限らない。

耐久性の**直接的指標値**に属するもの：

1. 不透過性

   証明

   - 圧力水の浸透深さ
   - 一面または全面が水に接する時の吸水量
   - ガス透過性

2. 凍結融解 / 凍結融解塩抵抗性（FTW/FTSW）

   各種凍結融解繰り返し試験法（融解塩の有無を含む）を行い次の項目により証明

   - 質量減少
   - 体積減少
   - 伸び変化
   - 動弾性係数の変化

3. 炭酸化深さ / 塩化物浸入深さ

次の項目により証明

- 試薬
- 反応の証明

4. 侵食性媒質の作用

次の項目により証明

- 伸びの測定
- 体積減少
- 強度低下
- 弾性係数の変化
- 光学／電子顕微鏡写真

5. アルカリシリカ反応

次の項目により証明

- 伸びおよびひび割れ（霧室試験）
- 光学／電子顕微鏡写真

全ての規定類を遵守すると，コンクリートの高い耐久性は次により保証される：

- 必要なコンクリート強度の証明
- 適切で低い水セメント比の遵守
- 骨材混合物の注意深い選択と良く調整された粒度組成（高い実績率，最大寸法骨材の利用）
- 減水剤，AE 剤，流動化剤，フライアッシュなど混和材料の使用
- 最適な練り混ぜ，運搬と締め固めプロセス
- 十分な養生

耐久性に関する重大な問題は低強度コンクリート製造に際して，高強度セメントを使用することである。これは高い水セメント比のため，不十分な緻密性（毛細管空隙を高める）へと導き，耐久性を低くする。即ち

- コンクリート強度が同じことは，耐久性も同じことを意味するものではない
- 高耐久性は一般に緻密なコンクリート製造の結果得られる

緻密なコンクリートは負荷に応じて，適当に低い水セメント比（水セメント比を低くすることにより硬化コンクリート中の毛細管空隙量の減少），振動過程においてフレッシュコンクリート中のエントラップトエア量を減少させること

（$Vp \leq 2.0\text{Vol.}-\%$）および適切かつ十分な期間養生することにより得られる。

コンクリート屋外部材の耐久性は第一に次の事項を定めることにより保証される。

- 部材の暴露条件に応じた最小圧縮強度
- 最大許容水セメント比
- 最小セメント量（C_{min}）
- 明白に使用目的に適した原材料および適切なコンクリート配合

以上とは別に構造的の建設技術的要求を考慮しなければならない，例えばかぶり，許容ひび割れ幅，養生の種類。

コンクリートの耐久性に関する要求，例えば環境の影響に対するコンクリートの抵抗能力は，多くの場合水セメント比≦ 0.55 が前提である。その結果，実際に必要なコンクリート強度は構造上必要な強度よりも多くの場合高くなる！

1.2.2　耐久性を保証するコンクリート工学上の実質的対策

コンクリート構造物の適切な計画や施工に加えて，耐久性の複雑な安全性に関する材料技術上の要求を確保することは必ず必要なことである。

コンクリートの製造に当たって耐久性に対する要求は原材料の適切な選定および配合と特性に関する定められた限界値を守ることにより考慮される。これらの限界値は DIN EN 206–1 により，いわゆる暴露クラスに分類される。暴露クラスはコンクリートが暴露される供用期間中支配的である環境条件の作用により特徴づけられる。

個々の暴露クラスの標記は文字 X（Exposition），有害作用の種類の特徴，有害の影響強度を示す数字からなる。次の略語が用いられる：

0　　無害（侵食の危険性無し）

C　　炭酸化（炭酸化による負荷）

D　　融氷塩（解凍剤の塩化物作用による負荷）

S　　海水（海水または潮風の塩化物作用による負荷）

F　　凍結（凍結による負荷，解凍剤有／無）

A　　化学作用（化学的侵食による負荷）およびドイツにおける付加的要求

M　　機械的摩耗（機械的磨滅による負荷）

1.2 耐久性に関する前提

表-1.1 環境条件に関連する暴露クラス（鋼材腐食）

記号	環境	暴露クラス適用例
1. 腐食または侵食の危険性がない		
コンクリートへの侵食がない環境における無筋または金属が埋設された部材		
X0	無筋または金属を埋設したコンクリート：凍結融解，摩耗，化学的侵食を除くすべての環境条件	凍結融解を受けない無筋コンクリート基礎；無筋コンクリート屋内部材
2. 炭酸化による鉄筋腐食		
鉄筋または他の埋設金属を含むコンクリートが大気または湿潤に晒される		
XC1	乾燥または常時湿潤	通常の湿度の屋内部材（住居用の台所，浴室，洗濯場を含む）：常時水中にあるコンクリート
XC2	湿潤，乾燥することがほとんどない	水槽の一部；基礎部材
XC3	標準的な湿潤	外気がしばしばまたは常に出入りする屋外部材（例．屋根のないホール）：高湿度の屋内部材（例．職業的な台所，浴室，洗濯場：プール家畜小屋の湿潤な空間）
XC4	乾湿繰り返し	直接降雨を受ける屋外部材
3. 塩化物による鉄筋腐食，ただし海水を除く		
鉄筋又は他の埋設金属を含むコンクリートが塩化物を含む水（融雪剤を含む，海水を除く）に晒される		
XD1	標準的な湿潤	舗装路面で霧状飛沫を受ける部材；独立した車庫
XD2	湿潤，乾燥することがほとんどない	塩素浴場；塩化物を含む工業排水に晒される部材
XD3	乾湿繰り返し	しばしば飛沫を受ける橋梁部材；床版：車が直接通行する駐車デッキ [a]
4. 海水中の塩化物による鉄筋腐食		
鉄筋または他の埋設金属を有するコンクリートが海水の塩化物または潮風に晒される		
XS1	塩化物を含む大気，しかし海水に直接触れない	海岸付近の屋外部材
XS2	海中	港湾施設で，常に海水下にある部材
XS3	干満の範囲，霧状飛沫および飛散水の範囲	港湾施設における岸壁

a) 追加対策の実施．例えばひび割れをカバーする被膜

1 コンクリートの耐久性に関する指標値と影響要因

表-1.2 環境条件に関連する暴露クラス（コンクリート腐食）

分類	環境	暴露クラス適用例
1. 凍結融解作用（融解剤の有／無）		
著しい凍結融解塩害に曝されるかぶ濡れのコンクリート		
XF1	標準的な飽水度（融解剤無）	屋外部材
XF2	標準的な飽水度（融解剤有）	融解剤を散布する舗装表体で霧状飛沫または飛散水を受けるコンクリート部材。ただしXF4を除く：海水の霧状飛沫帯におけるコンクリート部材
XF3	高い飽水度（融解剤無）	蓋のない水槽：淡水で乾湿繰り返しを受ける部材
XF4	高い飽水度（融解剤有）	融解剤を散布する舗装表体を散布する舗装表体で飛散水をうける水平部材：汚水処理施設における除雪機検走行路：干満帯における海洋構造部材
2. 化学的作用によるコンクリート腐食		
表-1.3 による自然土壌または地下水、および下水の化学的侵食を受けるコンクリート		
XA1	表-1.3 による弱い化学的侵食の環境	汚水処理施設の水槽：糞尿貯蔵槽
XA2	表-1.3 による標準的な化学的侵食の環境および海洋構造物	海水に接するコンクリート部材：コンクリート侵食性土壌中の部材
XA3	表-1.3 による強い化学的侵食の環境	化学的侵食性下水を伴う工業下水処理施設：農場における飼料用テーブル：煙ガス排出管を有する冷却塔
3. 摩耗作用によるコンクリート腐食		
著しい機械的負荷に曝されるコンクリート		
XM1	標準的な摩耗作用	空気タイヤ車両の作用をうける支持または堅固な工場床
XM2	強い摩耗作用	空気タイヤまたはフルゴムタイヤのフォークリフトの作用をうける支持または堅固な工場床
XM3	非常に強い摩耗作用	エラストマーや鋼車輪装着フォークリフトの作用をうける支持またはフォークリフトの作用をうける工場床：しばしば無軌道車両が運行される支持または堅固な貯水作用を受ける貯水施設の水利構造物　例えば減勢池

1.2 耐久性に関する前提

4. アルカリシリカ反応によるコンクリートの腐食

予想される環境条件によりコンクリートは4つの湿潤クラスの1つに分類される

W0	通常の養生の後、湿潤状態は長い期間ではなく、乾燥の後は使用期間中さらに乾燥状態が続くコンクリート	地上構造物の屋内部材：大気中の建設部材。しかし降雨、地表水、土壌湿度などが作用する可能性が無く、そして／または相対湿度80%以上に常に曝されていることはない
WF	供用期間中頻繁にまたは長期間、湿潤であるコンクリート	降雨、地表面水または土壌湿度などに曝される屋外部材：屋内プール、ランドリー、その他産業用湿潤空間など相対湿度80%を超えるか露点を下回る建設部材。例えば煙突、湿過施設。家畜小屋：DAStb 基準「マスコンクリート建設部材」に基づく最少寸法80cmを超えるマッシーブな建設部材（湿度の侵入に無関係）
WA	クラス WF による負荷に加えて、頻繁にまたは長期にわたり外部からアルカリが供給されるコンクリート	海水が作用する建設部材：融解塩が作用するが更なる動的な負荷を受けない建設部材（例えば飛沫帯、パーキングビルの車路及び駐車スペース：アルカリ塩が作用する工業建造物と田舎の建造物（水肥タンク）の建設部材
WS	高い動的な負荷や直接アルカリ汚染に曝されるコンクリート	融解塩が作用し更に高い動的な負荷を受けるコンクリート（例えばコンクリート車道版）

1　コンクリートの耐久性に関する指標値と影響要因

　ドイツでは建材製品法と州建築法に基づきコンクリート構造物の耐久性には法的要求によるランクがある。これは耐荷力（構造的安定），使用性，耐久性は同じランクの判定基準を有していることを意味する。耐久性に対する要求は構造物／コンクリートが暴露される環境条件 – 系統化され，暴露クラスの分類（腐食原因別）により明確にされた – に依存する。これらの要求は荷重では把握することができない。これに基づいてドイツ規格は暴露強度により 4 段階までの細則を有する 7 つの暴露クラスと 4 段階の湿度を有する 1 つの暴露クラスを定めている。コンクリート中の鋼材侵食（鋼材腐食）とコンクリート自身の侵食（コンクリート腐食）に区別している。さらに評価分類では一般に湿潤クラスを優先させねばならない。それはアルカリ要綱を引き継いでおり，有害アルカリシリカ反応のリスクを考慮した湿潤条件を定義しているからである。

　コンクリートは**表-1.1** と**表-1.2** に述べられた作用よりも多くの要因に晒される可能性がある。コンクリートが受ける作用は暴露クラスが複合するとして表現されなければならない。複数が該当する環境条件の建設部材にはもっと高い要求に相当する暴露クラスが当てはまる。**表-1.1** と**表-1.2** に掲げられた例は情報的性格を有している。

　表-1.3 に挙げられたものとは異なる化学物質が存在する場合，もしくは化学的に汚染された地下では化学的作用の影響を明白にし，必要に応じ保護対策を行わなければならない。

1.2.3　コンクリート配合に対する限界値

　暴露クラスに関連するコンクリートの配合と特性に対する要求水準は個々のコンクリート構造物の供用期待年数に従う。DIN EN 206–1 はこの要求水準を含んでいる（**表-1.4 ～ 1.5**）。ここで供用期待年数は少なくとも 50 年間で通常の維持管理が行われるとしている。より短いまたは長い供用年数では，緩和または厳しい限界値が必要である。これらのケースまたはかぶりコンクリートに対する特別なコンクリートの配合または特別な防食仕様が対象となる構造物について特に考えた上で顧慮されねばならない。

　表-1.4 と**表-1.5** によりコンクリートの耐久性を特長づける指標値と W/C の間には明らかな関係が認められる：

12

1.2　耐久性に関する前提

表-1.3　自然土壌および地下水による化学的侵食の暴露クラス限界値

化学的侵食を受けるクラスの分類は水と土壌の温度が5℃から10℃の間で水の流速が自然土壌と地下水に適用されている自然土壌と地下水に適用される。

化学的侵食の発生や作用する仕方については DIN 4030-1 を参照すること。

各化学成分が単独で一番厳しい暴露条件を定めている。2つまたはそれ以上の腐食成分が同じクラスに分類されるときは、本ケースについて専門的な研究がされない限り、直上のクラスに分類されねばならない。数値が上方4分の1 (pHの場合下方4分の1) にない場合、専門的な研究を省略できる。

化学成分	試験法	XA1 (弱い侵食性)	XA2 (普通の侵食性)	XA3 (強い侵食性)
地下水				
SO_4^{2-} mg/l[b]	EN 196-2	≥ 200 ならびに ≤ 600	> 600 ならびに ≤ 3 000	> 3 000 ならびに ≤ 6 000
pH	ISO 4316	≤ 6.5 ならびに 5.5	< 5.5 ならびに 4.5	< 4.5 ならびに 4.0
CO_2 mg/l 侵食性	DIN 4030-2	≥ 15 ならびに ≤ 40	> 40 ならびに ≤ 100	> 100 飽和まで
NH_4^+ mg/l[d]	ISO 7150-1 または ISO 7150-2	≥ 15 ならびに ≤ 30	> 30 ならびに ≤ 60	> 60 ならびに ≤ 100
Mg^{2+} mg/l	ISO 7980	≥ 300 ならびに ≤ 1 000	> 1000 ならびに ≤ 3 000	> 3 000 飽和まで
土壌				
SO_4^{2-} mg/kg[a] 全量として	DIN EN 196-2	≥ 2 000 ならびに ≤ 3 000[c]	> 3 000[c] ならびに ≤ 12 000	> 12 000 ならびに ≤ 24 000
酸性度	DIN 4030-2	> 200 Bauman-Gully	実際にはあり得ない	

a) 透水係数が 10^{-5} m/s より小さい粘土性土壌は1階級低く分類して良い。

b) 試験方法は塩酸による SO_4^{2-} の溶脱を述べている。コンクリートが使用される場所における経験が有る場合、これに代わって水による溶脱を用いて良い。

c) コンクリート中の硫酸塩イオンが、乾湿繰り返しまたは毛細管吸収により、蓄積される危険がある場合限界値を 3 000mg/kg から 2 000mg/kg に下げる。

d) 糞尿は NH_4^+ 量に関わらず暴露条件 XA1 に分類して良い。

e) 地下水の硫酸塩含有量が >600mg/l に達する時、コンクリートの定義の枠組みの中で、次のことが報告されている
硫酸塩による化学的侵食の場合、暴露クラス XA2 と XA3 に対して高耐硫酸塩セメント (SR セメント) が必要である。SO_4^{2-} ≦ 1 500 mg/l の場合
SR セメントの代わりにセメントとフライアッシュの混合分が許容される

注：
次の場合
ー暴露クラス XA3 またはそれ以上の化学的侵食　ならびに/または
ー水の流速が高く　そして表-1.3 による化学物質が作用する
専門家の所見が高ければ、コンクリートに対する保護策ー保護層または耐久性のある被覆が必要である

13

1 コンクリートの耐久性に関する指標値と影響要因

表-1.4 暴露クラス X0, XC, XD, XS に対するコンクリートの配合と特性に関する限界値

クラス	最大許容 W/C	圧縮強度クラス a)	最小セメント量 b) kg/m³	最小セメント量 b),c) 混和材を外割で添加する場合 kg/m³	最小空気量 Vol.–%	その他の要求
腐食または侵食のリスク無し						
X0	–	C8/10 h)	–			–
炭酸化による鉄筋腐食						
XC1	0.75	C16/20 d)	240	240		
XC2						
XC3	0.65	C20/25	260	240	–	
XC4	0.6	C25/30	280	270	–	
塩化物による鉄筋腐食						
XD1	0.55	C30/37 e)	300	270	–	
XD2	0.5	C35/45 e),f),g)	320 g)	270	–	
XD3	0.45 g)	C35/45 e),g)	320 g)	270	–	
海水中塩化物による鉄筋腐食						
XS1	0.55	C30/37 e)	300	270		
XS2	0.5	C35/45 e),f),g)	320 g)	270		
XS3	0.45 g)	C35/45 e),g)	320 g)	270		

a) 軽量コンクリートに適用しない

b) 最大骨材粒径 63mm の場合, セメント量を 30kg/m³ 減少して良い。この場合脚注 g を適用してはならない

c) 混和材を考慮する場合, DIN 1045–2,5.2.5 による条件を守らなければならない

d) DAfStb– 基準「鋼繊維コンクリート」による鋼繊維コンクリートに対して圧縮強度クラス C20/25 を適用する

e) AE コンクリートの場合, 暴露クラス XF と同時の要求であるに事に基づき強度クラスを 1 つ低くする：この場合脚注を用いる必要はない

f) ゆっくりおよび非常にゆっくり硬化するコンクリート ($r < 0.30$) では強度クラスを 1 つ低くする：強度クラス分け用の圧縮強度はこの場合材齢 28 日の供試体で定めなければならない。この場合脚注 e を適用してはならない

g) DAfStb– 基準「マスコンクリート部材」（部材最小寸法 80cm）には異なる限界値が可能である

h) 支持構造物には DIN 1045–1 により最小圧縮強度クラス C12/15 を適用する

- W/C が高くなるとコンクリートのほとんど全ての技術的指標値がマイナスとなる。

それ故

- コンクリートの耐久性に対する W/C は決定的な意味がある。

暴露クラスに従って最大許容 W/C を決定する DIN EN 206–1 は上記を十分考慮している。

1.2 耐久性に関する前提

表-1.5 暴露クラス XF，XM，XA に対するコンクリートの配合と特性に関する限界値

クラス	最大許容 W/C	圧縮強度クラス[a]	最小セメント量[b] kg/m³	最小セメント量[b),c] 混和材を外割で添加する場合 kg/m³	最小空気量 Vol.-%	その他の要求
凍結融解による侵食．（融氷剤の有／無）						
XF1	0.6	C25/30	280	270	–	F_4[d]
XF2	0.55[e]	C25/30	300	270[e]	f	MS_{25}[d]
	0.50[e]	C35/45[g),h]	320[h]	270[e]	–	
XF3	0.55	C25/30	300	270	f	F_2[d]
	0.5	C35/45[g),h]	320[h]	270	–	
XF4	0.50[e]	C30/37	320[h]	270[e]	f,i	MS_{18}[d]
侵食性化学環境によるコンクリート腐食						
XA1	0.6	C25/30	280	270[h]	–	–
XA2	0.5	C35/45[g),h),k]	320[h]	270	–	–
XA3[o]	0.45	C35/45[k]	320	270	–	–
機械的負荷によるコンクリート腐食[j]						
XM1	0.55	C30/37[k]	300[l]	270	–	–
XM2	0.55	C30/37[k),m]	300[l]	270	–	コンクリート表面処理
	0.45	C35/45[k]	320[l]	270	–	
XM3	0.45	C35/45[k),m]	320[l]	270	–	DIN 1100 に従い，硬質材料等によるコーティング

a) 軽量コンクリートに適用しない

b) 最大骨材粒径 63mm の場合，セメント量を 30kg/m³ 減少して良い

c) 混和材を算入する場合，DIN 1045–2,5.2.5 による条件を守らなければならない

d) 要求基準を満たし更に追加の凍結融解または凍結融解塩抵抗性を有する骨材（DIN EN 12620 参照）

e) フライアッシュの算入のみ許される．さらに II 型の混和材の添加は許されるが，セメント量や W/C に算入してはならない．フライアッシュとシリカフュームの添加では算入はすべて行わない

f) 打設直前のフレッシュコンクリートの平均空気量は骨材の最大寸法により，8mm≧5.5Vol.−%，16mm≧4.5Vol.−%，32mm≧4.0Vol.−%，63mm≧3.5Vol.−% でなければならない．それぞれの値は要求値を最大 0.5% 下回って良い

g) ゆっくりおよび非常にゆっくり硬化するコンクリート（$r < 0.30$）では強度クラスを 1 つ低くする；強度クラス分け用の圧縮強度はこの場合材齢 28 日の供試体で定めなければならない．この場合脚注 k を適用してはならない

h) DAfStb–基準「マスコンクリート部材」（部材最小寸法 80cm）には小さい限界値が可能である

i) $W/C≦0.40$ でセメント CEM III/B を使用し，最小セメント量が多い海洋構造物と除塵機走行路用超固練り（即時脱型）コンクリートには Non AE の施工が許される；海洋構造物として $W/C≦0.40$，最少強度クラス C35/45 で単位セメント量 340kg/m³ が適用される；除塵機走行路には $W/C≦0.35$，最小強度クラス C40/50，DIN EN 19569–2 下水処理施設を考慮して単位セメント量 $C≧360kg/m³$ が適用される

j) DIN 1045–2 を留意して DIN EN 12620 による骨材の使用が許される（基準要求を満たす）；さもないと犠牲コンクリートが必要である

k) AE コンクリートの場合，暴露クラス XF と同時の要求であるに事に基づき強度クラスを 1 つ低くする；この場合脚注を用いる必要はない

l) 最大セメント量 360kg/m³，しかし高強度コンクリートには適用しない

m) AE コンクリートの利用は許されるが推奨されない

n) 例：コンクリートの真空およびトロウェル仕上げ

o) 保護対策 表–1.3 参照

15

1.3 セメントペーストの影響

コンクリートの多くの特性はセメントペーストの構造から説明できる。特にセメントペースト中の**空隙の挙動**は，耐久性にとって重要な指標値である強度，緻密性に関して本質的役割を果たす。その際，全空隙量はほとんど意味がなくむしろ空隙の大きさの意義が大きい。

セメントペーストの空隙は非常に大きな空隙径範囲を有している。最も小さい空隙は 1nm（ゲル空隙）よりはるかに小さいものから，直径が数 mm の目で見える空隙（エンドラップトエア）まで達している。最大空隙に対する最小空隙の比は $1 : 10 \cdot 10^6$ である。

このセメントペースト中の大きさの異なる空隙は，異なる空隙の発生過程から説明できる。セメントペーストの最大の空隙，エンドラップトエアはセメント混和時フレッシュセメントペーストに導入され，その後の締め固めにより，完全に追い出すことはできない。エンドラップトエアは一部裸眼で識別できる 1μm から数 mm の範囲にある。エンドラップトエア形成に対する実質的影響要因はフレッシュペーストのコンシステンシーである。硬練りのフレッシュセメントペーストは一般に柔練りのフレッシュセメントペーストよりも大きなエンドラップトエアを示す。

次に大きな空隙の範囲はいわゆる毛細管空隙である。これは余剰水－水和生成物中に化学的に固定されることもなければ C–S–H 相中に物理的に結合することもない－により発生する。毛細管空隙は 10nm から 100μm の範囲に分布するが，<100nm の範囲が大部分で最大値を明瞭に識別できる。毛細管空隙はエントレインドエアと異なり，水和の進行により大きく変化する。新しく生成する水和物はしだいに練り混ぜ水（化学的および物理的）と結合しその場所を占拠する；それにより毛細管空隙の割合は減少する。毛細管空隙はセメントペースト中に出入りする全ての物質移動メカニズムと実質的に関与する。

- コンクリートの緻密性と耐久性には，毛細管空隙の割合を最小にすることが重要である！

全空隙に対する毛細管空隙の割合は実質的に W/C，水和度，セメントの種類

に関係する。

　空隙の大きさ約10nmの収縮空隙は水和の結果拘束されて生成したものである。それは原材料の体積が水和生成物の体積よりも大きいため生じたものである。部分的にゲル空隙の範囲0.5〜1.0nmに分類される。

　ゲル空隙と表現されているセメントペースト中で最も小さい空隙は，セメントゲルの構成物質，即ちC-S-H相である。それは基本的に通常の言葉の意味で空隙ではなく，C-S-H相からなる大きさnmの針と針の隙間である（**図-1.1**）。

　それについて，「ゲル」という表現は物理的意味で正しく（粒状の大きさ），化学・鉱物的意味では誤りである，C-S-H相は微細に結晶しているからである。水和の進行に伴い，水和生成物の構成物質として水和ゲル空隙部は増大する。ゲル空隙は大部分10nmよりも小さく，通常の条件で常に空隙水に満たされており，実質的に気体を透過させることはない。

　それぞれの種類の空隙はセメントペーストまたはコンクリートのしかるべき特性に影響を及ぼすことが可能である。人工的に連行された空気泡は凍結中の水の膨張空間を付加するものとして機能し，コンクリートの凍結融解抵抗性向上に貢献する。空気泡は毛細管を中断することができ，その結果コンクリートの飽水度を低くするため，同様に凍結に対するコンクリートの抵抗性についてプラスに作用する。凍結融解抵抗性を向上させるエントレインドエアの直径は300μm以下である。

　毛細管空隙とゲル空隙の比は水和進行度とそれにより達成した強度に対する指

図-1.1　C-S-H相のESEM写真；(a) 6 000倍，(b) 20 000倍

標である。ゲル空隙が多く毛細管空隙が少ないことは，水和が進行した段階であり，それ故高い強度となったことを意味する。

大まかにいって，完全に水和した場合，化学的に結合する水の割合は未水和セメントの25%であり，物理的に結合する水は15%に達するということから始められる。$W/C = 40\%$の時，水和終了後，全練り混ぜ水は結合した形態として存在する。その結果理論的にセメントペースト中には毛細管空隙は存在しない。W/Cが大きければ練り混ぜ水が多すぎるため，常に毛細管空隙が発生する。

セメントの非常に長い硬化期間後でも，完全に結合することはなく，水和度は常に100%未満であるため，実際の条件では，コンクリートはW/Cが低い場合でも毛細管空隙をさけることはできない。完全に毛細管空隙のないコンクリートが施工不可能にしても，現実的には緻密なコンクリートの施工は可能である。毛細管空隙が25%を超えなければこれらは達成される。この値よりも低いと毛細管空隙はお互い連通することはない。その結果，ほんの僅かな物質移動が生ずる可能性があるのみである。25%を超えると毛細管空隙は互いに連通する；透水性と物質移動の可能性が飛躍的に上昇する。この関係は**図-1.2**に示している。

毛細管空隙の割合を25%以下にとどめるため，W/Cは完全に水和した場合で0.60を超えてはならない。

W/Cと水和度に加えてコンクリートの養生が強く関係するので，空隙システムはセメントの種類に影響をうける。高炉セメントコンクリートは例えば同じ養生の場合，ポ

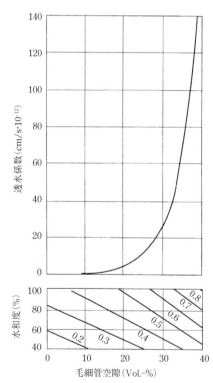

図-1.2 セメントペーストの透水性と毛細管空隙，水セメント比，水和度の関係（Powers/Brownyard, 1947）

1.3 セメントペーストの影響

ルトランドセメントコンクリートに比べて高いゲル空隙と低い毛細管空隙を有し緻密な組織を示す。

セメントペーストまたはコンクリートの全ての特性について現実的には**強度**が決定的な役割をはたす。強度は温度湿度の環境条件ばかりでなく本質的にセメントの化学的組成や粉末度，更にセメントペーストのW/Cや空隙率にも影響される。

硬化セメントペーストやコンクリートの環境条件の変化は明らかな強度低下を招く。水分量が高くなるに従い，例えば固体間の結合が乱され，強度と弾性係数が低下する。同様に乾燥ではセメントペーストの組織，そのため強度が変化する。

空隙は強度に決定的影響を有している。含水量，締め固め程度，セメントペーストの材齢または（更に）養生などの多数の指標はそれ故，強度，緻密性，耐久性に影響を及ぼす。それらはセメントペーストまたはコンクリートの空隙や空隙径の分布に影響するからである。上述したようにセメントペースト中の空隙率は実質的にW/Cと水和度による。2つの指標値は定義してきた空隙に代わり，**図-1.3**に示す通り，セメントペースト強度に決定的影響を有する。

W/Cが低く水和度が上がるに従い，高くなる圧縮強度は第一にゲル質量の増加と毛細管空隙の減少に帰せられる。W/Cとして表される空隙と圧縮強度間の直接的関係はコンクリート配合設計の基本をなしている。

図-1.4の「Walzダイアグラム」により，ある圧縮強度クラスの確認に必要なW/Cはセメント強度と関連して定められる。通常同じ条件のもとでは，W/Cが

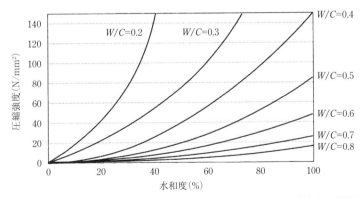

図-1.3 セメントペーストの圧縮強度に及ぼす水セメント比，水和度の影響
(LOCHER, 1976)

1　コンクリートの耐久性に関する指標値と影響要因

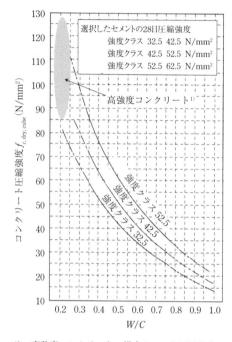

1) 高強度コンクリートの場合セメント圧縮強度の影響は意味を失う

図-1.4　コンクリートの立方供試体圧縮強度とW/C，セメントの強度クラスの関係（WALZ，1970,1972 およびセメント手帳，2008）

高くなるに従い，セメントペーストが薄くなるためコンクリート強度は低下する。

図-1.4 の曲線は DIN 2390-2.3 の条件のもと，150mm 立方供試体による材齢 28 日の実用上完全に締め固められた砂利コンクリートの強度（フレッシュコンクリート中の空気量 1.5Vol.-%）確認に適用される。ダイアグラムは周知のように 28 日平均セメント圧縮強度を基にしている。

砕石コンクリートの施工では，W/C が変わらなければ，強度に余裕が存在する。余裕は経験によれば実際のセメント圧縮強度が前述の強度を上回ることを生じさせるものである。

より高い強度クラスのコンクリートや特に有利なコンクリート構成の場合，図-1.4 の点線に沿う圧縮強度に達することができる。

▶例

DIN EN 206-1 による C20/25 XC3/WF の普通コンクリートに対し，最初の試験の範囲内で，ポルトランドセメント CEM II/A-LL32.5R（N28＝47N/mm^2）使用時に必要な W/C を定める。

材齢 28 日の設計基準強度として，DIN 12390-2，補足 NA（乾燥養生 $f_{c,\mathrm{dry,cube}}$）で養生された 150mm 立方供試体により定める。

「乾燥養生」は次を意味する：1 日型枠，6 日水中，21 日室内大気中
解（第 9 章 9.6.6 節 AE コンクリートの単位セメント量の計算例も参照）

1.3 セメントペーストの影響

最初の試験に必要な平均圧縮強度：

・$f_{cm,cube} \geqq f_{ck} + $ 余裕 $\Delta f_c \geqq 25 + 2*3 = 31 N/mm^2$

・$f_{c,dry,cube} = f_{c,cube}/0.92 = 33.7 \ N/mm^2$

圧縮強度 $f_{c,dry,cube} = 34 \ N/mm^2$ を選択する

それ故，配合設計用の W/C を図-1.4 により，$W/C = 0.65$ を得る。

W/C は暴露クラス XC3 に対して最大 0.65 まで許容される。余裕（$\Delta W/C = -0.02$）を考慮して $W/C = 0.63$ を選択する。

文献

Betram,D, Bunke,N（1989）Erläuterungen zu DIN 1045, Beton– und Stahlbetonbau, Ausg. 07.88. Schriftenreihe Dtsch, Aussch. Stahlbeton, Heft 400, S.3–143, Beuth, Berin

DIN 1045–2:2008–8 – Tragwerke aus Beton,Stahlbeton und Spannbeton – Beton – Festlegung, Eigenschaften,Herstellung und Konformität – Anwendungsregeln zu DIN EN 206–1

DIN 1045–3:2011–01–00 – Tragwerke aus Beton, Stahlbeton und Spannbeton – Bauausführung – Nationl. Anh. zu DIN 13670

DIN 1045–4:2011–07–00 – Tragwerke aus Beton,Stahlbeton und Spannbeton – Ergänzende Regeln für die Herstellung und die Konformität von Fertigteilen

DIN 1100:2000–05 – Hartstoff für zementgebundene Hartstoffestriche – Anforderungen und Prüfverfahren

DIN EN 12390–2:2009–08 – Prüfung von Festbeton – Teil 2: Herstellung und Lagerung von Probekörpern für Festigkeitsprüfungen;Dtsch.Fass.EN 12390–2:2009

DIN EN 12390–3:2009–7 – Prüfung von Festbeton – Teil 2:Druckfestigkeit von Probekörpern; Dtsch.Fass. EN 12390–3:2009

DIN EN 1992–1–1:2011–01 – Eurocode 2: Bemessung und Konstruktion von Stahlbeton– und Spannbetontragwerken – Teil 1–1:Allgemeine Bemessungsregeln und Regeln für den Hochbau

DIN 4030–1:2008–06 – Beurteilung betonangreifender Wässer, Böden und Gase – Teil 1: Grundlagen und Grenzwerte

DIN 4030–1:2008–06 – Beurteilung betonangreifender Wässer, Böden, und Gase – Teil 2: Entnahme und Analyse von Wasser– und Bodenproben

DIN EN 206–1:2001–07:Beton – Festlegung,Eigenschaften,Herstellung und Konformität

DIN EN 196–2:2005–05 – Prüfverfahren für Zement – Teil 2:Chemische Analyse von Zement; Dtsch.Fass. EN 196–2:2005

Fingerloos F（2010）Der Eurocode für Deutschland – Erläuterungen und Hintergründe. Beton– und Stahlbetonbau 105:342–348

Glasser FP, Marchand J, Samson E（2008）Durability of concrete – degradion phenomena involving detrimental chemical reactions. Cem Concr Res 38:226–246

ISO 4316:1977–08 – Grenzflächenaktive Stoffe; Bestimmung des pH–Werts wässriger

21

1 コンクリートの耐久性に関する指標値と影響要因

Lösungen;Potentiometermethode

ISO 7150–1:1984–12 – Wasserquälitat. Physikalische,chemische und biochemische Verfahren. Bestimmung von Ammonium: manuelles Spektrometerverfahren

ISO 7980:2000–07 – Wasserbeschaffenheit – Bestimmung von Calcium und Magnesium – Verfahren mittels Atomabsorptionsspektrometrie;Dtsch.Fass.EN ISO 7980:2000

Klengel H（1991）König Hammurapi und der Alltag Babyloniens. Artemis & Winkler, Zürich

Locher F（1976）Die Festigkeit des Zements. In:Betontechn. Ber.17,Beton, Düsseldorf, S.107–122

Powers TC, Brownyard TL（1947）Studies of the physical properties of hardened Portland cement paste. Bull 22 Lab Portland Cem Assoc, Skokie, US, J Am Conc Inst（proc）43

Stieglitz CL（1792）Encyclopädie der bürgerlichen Baukunst. Leipzig

Walz K（1970）Beziehung zwischen Wasserzementwert, Normfestigkeit des Zements（DIN 1164,Juni 1970）und Betondruckfestigkeit. Beton 20:499–503

Walz,K（1972）Herstellung von Beton nach DIN 1045. 2.Aufl., Betonverl, Düsseldorf

Weber R（2006）Anwendungsregeln zu EN 206–1 – Vergleich der nationalen Grenzwerte für die Betonzusammensetzung. Beton 56:564–568

Zementtaschenbuch（2008）VDZ（Hrsg）51. Aufl., Bau+Technik, Düsseldorf

② セメント

2.1 沿 革

　水硬性結合材の歴史は，エルサレムの天水桶の上塗りに初めて利用された時，紀元前約 1000 年前に遡ることができるが，18 世紀の終わりに John Smeatn により水硬性の役割が発見され，今日のポルトランドセメントの礎が築かれた。ポルトランドセメントが誕生した年は一般に 1824 年，英国人 Josef Aspdin が「人工石製作の改良」に関するパテントを申請し，製品ポルトランドセメントと名付けた年である。ただし William Aspdin とその息子 Josef Aspdin はおそらく 1843 年初めには今日の定義でいうポルトランドセメントを竪窯で焼いていた。

　ドイツでは化学者 Hermann Bleibtreu が 1852 年 Stettin（現在ポーランド Szczecin）近郊で最初のポルトランドセメントを製造した。

　ポルトランドセメント製造の早い時期に原材料の配合，クリンカー合成，硬化メカニズムに関する科学的問題に重大な関心が寄せられていた。ドイツでは最初に Wilhelm Michaelis は 1869 年に出版された著書「水硬性モルタル」でポルトランドセメントの製造と水硬性について当時の知識を広く集約した。統一的なセメントの供給と試験に関する規制を伴う 1878 年に制定された基準は Michaelis の業績に基づいている。そもそもこれは同時に工場で生産される製品に対する最初の工業規格であった。1862 年 Emil Langen により粉砕された塩基性高炉スラグに潜在水硬性の特性がある事が発見された後，1879 年水砕スラグがポルトラ

ンドセメントの混和材として初めて利用された。水砕スラグを投入することは1885年ドイツセメント製造主協会で決めた「純粋を提供する」に違反すると判断されたので，水砕スラグを製造する会社と「純粋な」ポルトランドセメントを製造する会社の間に長年にわたる論争と組織の分断へと導いた。

　Wilhelm Michaelis は1879年ドイツ最初のモルタル・セメント試験研究用実験室を設立した。これは1907年から更に Hans Kühl に引き継がれ，彼の指導のもと，多数の研究業績の中で建設材料セメントに関する知識は改善され拡大した。1951年から1953年にわたり出版された Hans Kühl による「セメント化学」3巻は今日なおセメントに関する文献の基本となる著作に数えられる。1902年ドイツポルトランドセメント製造者の研究所としてポルトランド会社実験室が設立された。また，高炉スラグ製造会社も自前の研究所を設立した。最終的に1952年全会社によるセメント工業研究所がデュッセルドルフに設置された（Stark/Wicht, 1998）。

2.2　ポルトランドセメントクリンカー

2.2.1　化学的組成

　ポルトランドセメント（CEM I –Zemente）には凝結調節材である石膏／無水石膏を考慮しないで95%から100%のポルトランドクリンカーが主構成成分である。混合材を混合したセメント，高炉セメント，ポゾランセメント，コンポジットセメントにはポルトランドセメントクリンカーは20%から94%のいろいろな割合で存在し，これらのセメントの強度発現を支配する。ポルトランドクリンカーは水硬性結合材の基本であり，水と結合し耐水性となる。

　主構成成分 CaO，SiO_2，Al_2O_3，Fe_2O_3 は原混合物から製造された基本成分である。これら成分の化学的指標値はモジュールおよび相計算を援用できる。

　MgO，K_2O，Na_2O，SO_3 などの**副構成成分**はポルトランドクリンカーの決まった特性のためそれぞれの成分が保持されねばならない，または質量比が制限されなければならない，以上の両方が重要である（例：硫酸塩またはアルカリ）。

　ポルトランドセメントクリンカーの化学的組成は相当変動する。それはクリンカー製造時に使用する原材料や燃料の化学的鉱物的組成，更に燃焼や冷却方式に

大きな影響を受ける。

ポルトランドクリンカーの化学的組成の平均変動幅：

CaO	60〜69%
SiO_2	20〜25%
Al_2O_3	4〜7%
Fe_2O_3	0.2〜5%
MgO	0.5〜5%
$Na_2O + K_2O$	0.5〜1.5%
SO_3	0.1〜1.3%

2.2.2　鉱物組成

クリンカーの主構成成分の酸化物 CaO，SiO_2，Al_2O_3，Fe_2O_3 から**表-2.1**に挙げられたクリンカー相が構成される。

表-2.1　主要クリンカー相

純粋鉱物の表記	化学式	略語	クリンカーに存在する鉱物表記
Tricalciumsilicat	$3CaO \cdot SiO_2$	C_3S	エーライト
Dicalciumsilicat	$2CaO \cdot SiO_2$	C_2S	ビーライト
Tricalciumaluminat	$3CaO \cdot Al_2O_3$	C_3A	アルミネート
Calciumaluminatferrit	$4CaO \cdot Al_2O_3 \cdot Fe_2O_3$	$C_2(A,F)$	フェライト

略語 C_3S，C_2S などは正確には工業用クリンカーには存在しない純粋な相に通用する。表記エーライト，ビーライトなどでは他の酸化物と結合している C_3S，C_2S の固溶体などと理解される。C_3A，$C_2(A, F)$ は共に中間物質として表される。

図-2.1はポルトランドセメントクリンカーの研磨面を示す。

工学的な硬化プロセスにおける4つすべてのクリンカー相の全体効果は応用技術的特性，中でもクリンカーの水硬性活性度を定める。エーライトはもっとも重要なクリンカー成分である。それは強度ポテンシャルの担い手であり，初期と最終強度の高さを決める。

表-2.2に主要クリンカー鉱物の実質的な特性を概観する。

4つの主要クリンカー組成鉱物のほかに次の鉱物が存在する。

- 遊離石灰（Freikalk）（CaO_{frei}）

2 セメント

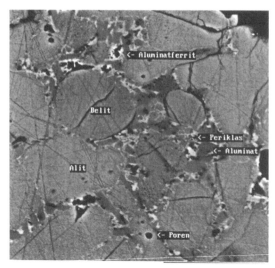

図-2.1 ポルトランドセメントクリンカーの表面,後方散乱電子顕微鏡（BSE）

表-2.2 主クリンカー鉱物の実質的特性

特性	エーライト	ビーライト	アルミナ相	フェライト相
純粋な相の組成	$3CaO \cdot SiO_2 = C_3S$	$2CaO \cdot SiO_2 = C_2S$	$3CaO \cdot Al_2O_3 = C_3A$	$4CaO \cdot Al_2O_3 \cdot Fe_2O_3 = C_4AF$
クリンカーに組み込まれた重要な添加外来酸化物	$MgO = 0.3\sim2.1\%$ $Al_2O_3 = 0.4\sim1.8\%$ $Fe_2O_3 = 0.2\sim1.9\%$	$K_2O = 0.1\sim1.9\%$ $Na_2O = 0.1\sim0.8\%$ $Al_2O_3 = 0.5\sim3.0\%$ $Fe_2O_3 = 0.4\sim2.7\%$	$K_2O = 0.1\sim3.1\%$ $Na_2O = 0.3\sim4.6\%$ $Fe_2O_3 = 4.8\sim11.4\%$ $MgO = 0.4\sim2.2\%$ $SiO_2 = 2.9\sim7.1\%$	$SiO_2 = 1.8\sim4.3\%$ $MgO = 1.9\sim4.5\%$ $TiO_2 \leq 3.5\%$
工業用クリンカーに現われる結晶系または変態	単斜晶（MⅡ）	β-ビーライト,単斜晶（希にα'-C_2S, α-C_2S）	立方晶,直方晶,正方晶	直方晶
クリンカー中結晶粒寸法	$20\sim60\mu m$	$10\sim30\mu m$	顕微鏡で識別できない微小から粗大結晶	
安定性	$<1\,250℃$ 非常に緩慢な冷却でC_3S+CaOに分解,特に燃焼低下時；純粋なC_3Sは$1\,264℃$以上で安定	急速な冷却と添加外来イオンにより,$500℃$で非水硬性γ-C_2Sに変態（分解）	冷却時,溶融クリンカーから$1\,350℃$で結晶化	燃焼低下時1部または全てのFe_2O_3は還元されて,FeOまたはFeに変化
クリンカー中の割合	$40\sim80\%$ $\phi60\%$	$0\sim30\%$ $\phi15\%$	$3\sim15\%$ $\phi7\%$	$4\sim15\%$ $\phi8\%$

26

- ペリクラス（Periklas）（MgO_{frei}）
- ガラス相
- 準安定／中間相

これらの出現はクリンカー製造時に使用する原材料の種類や組成，燃焼や冷却方式に依存する。

遊離石灰

クリンカーには大概，約1%の遊離石灰が存在する。次の原因による。

- 原料粉中に過大の石灰量（石灰飽和度 KSt ＞ 100）
- 過大な粉砕原料粉
- 原料粉の不十分な均質化
- 燃焼温度が低すぎる（燃焼不足）
- クリンカーの冷却が遅すぎる（エーライトの分解）
- 燃焼材灰の不規則な取り入れ
- 過大な MgO 量

遊離石灰はそれ故プロセス管理の質に関する尺度である。遊離石灰は常に典型的な円形結晶の中に均等に分布または巣状に生じて常に，エーライト，中間物質，ペリクラスと共存する。粒の大きさは 10～20μm の間であるが，未反応性石灰石が生成する場合には 100μm まで達することもある。

工場のクリンカーは遊離石灰が＜2%に制限されているので，体積は安定しており，有害な石灰膨張は妨げられている。セメントの体積安定性は常に煮沸試験や膨張試験により検査される。

図-2.2 は膨張試験によるセメントペーストの膨張と遊離石灰（CaO_{frei}）の関係を示す。

ペリクラス

ペリクラス（遊離 MgO_{frei}）は MgO に富むクリンカー（MgO 2～3% またはそれ以上）にのみ独立相として発生する。遊離石灰と同様ペリグラスは膨張現象に導く可能性がある。これはセメントの水和の際，次の反応に帰せられる。

$$MgO \quad + \quad H_2O \rightarrow Mg(OH)_2 \tag{2.1}$$

ペリクラス ＋ 　水 　→ 　Brucit

これらのトポケミカル反応は当初体積の約 2.2 倍に結びつく。1.9 倍の体積膨

2 セメント

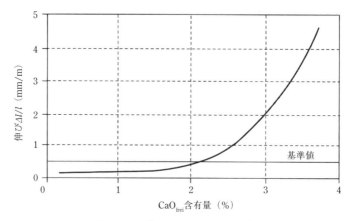

図-2.2　ひずみ $\Delta l/l$ と CaO_{frei} の関係

張をもたらす石灰膨張とは異なって，マグネシア膨張では水和は実質的にゆっくり進行し，数年を超えて10年まで伸びる可能性がある。

ある定まったMgO量（約2.5％まで）はクリンカー鉱物に介在する可能性がある。クリンカー中のMgO最大量は他の多くの国際基準のようにDIN EN 197-1では5％に定められた。クリンカーに関連するMgO量の制限はしばしば見逃される。水砕スラグに富む高炉セメントはMgO量＞5％を示すことがあるが，MgOはペリクラス相ではなくガラス相として存在するからである。

ガラス相

アモルファスな溶融相は通常ポルトランドクリンカーには存在しない。非常に高速で冷却されたクリンカーの場合，常にクリンカー溶融相が潜晶質の状態で現れる。溶融相は SiO_2 量が少なく Fe_2O_3 が混在している時非常に結晶化しやすいためである。クリンカー中のガラス状または微結晶相は10％以下である。

アルカリ

クリンカー全量中のアルカリ量は少ないにも関わらず，アルカリはポルトランドセメントの重要な成分である。それらはセメント原材料および一部燃料を通じてクリンカーにもたらされ，基本的に硫酸塩と反応してアルカリ硫酸塩を生成する：

- K_2SO_4 → Arcanit　アルカナイト
- Na_2SO_4 → Thenardit　テナルダイト

- $Na_2SO_4 \cdot 3K_2SO_4 \rightarrow$ Glaserit (Aphthitalit)　グラセライト（硫酸カリ鉱）
- $Na_2SO_4 \cdot CaSO_4 \rightarrow$ Glauberit　グラウベライト
- $K_2SO_4 \cdot 2CaSO_4 \rightarrow$ Ca-Langbeinit　カルシウム-ラングバイナイト

アルカリはクリンカー中に平均で次の量が存在する。
- K_2O　0.1〜1.5%
- Na_2O　0.1〜0.8%（米国では 1.0%）

K_2SO_4（≤ 1.0%）はクリンカー中ではクリンカー-溶融と混合しない独立相として存在する。最終的に凝固し，エーライトと他のクリンカー鉱物を薄い被膜で覆う（図-2.3）。

水和についてセメントクリンカー中のアルカリは「水溶性」と「クリンカー鉱物に結合」（非水溶性）に分けられる。水溶性のものは硫酸塩と結合したアルカリとほぼ同一である。クリンカー鉱物に介在するアルカリはクリンカー鉱物が水和する割合で溶解する。

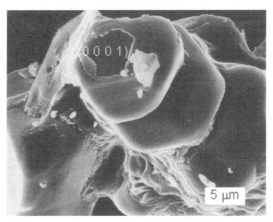

図-2.3　エーライト表面にアルカリ硫酸塩の析出 2 000 倍

2.2.3　クリンカー鉱物のセメント工学的特性

実質的なセメント工学的特性を**表-2.3**に概観する。
それに従って説明する：
- C_3S　短期強度と長期強度
- C_2S　長期強度と低水和熱

2 セメント

表-2.3 主要クリンカー鉱物のセメント工学的特性 (Stark et al., 1988)

特性	エーライト	ビーライト	アルミナ相	フェライト相
水和速度	高	中，冷却速度と添加酸化物量による	高，石膏添加で調節しなければならない	小
強度	高い初期強度	高い長期強度	早期強度を早める	非常に小
水和熱（完全に水和）J/g	500	250	1 340	420
純水和相の収縮率%	0.05	0.02	0.10	0.02
特徴	ポルトランドセメント強度の主たる担い手	強度発現を確実に修正：$α' > β$	熱処理-強度と硫酸塩安定性に影響する	クリンカーとセメントに色（MgOで灰-緑）をつける
安定性	水和の際，多量の$Ca(OH)_2$を生成：→炭酸化にプラス→化学的安定にマイナス	水和の際，$Ca(OH)_2$の生成が少ない	硫酸塩と反応→硫酸塩膨張	硫酸塩負荷に対し抵抗性

- C_3A 短期強度と高水和熱
- $C_2(A,F)$ 腐食安定性 / 硫酸塩安定性

図-2.4，図-2.5にクリンカー鉱物個々の圧縮強度の発現と水和過程を示す。

圧縮強度はシリカ質クリンカー相C_3SとC_2Sの全体の硬化過程で定まる。C_3Aと$C_2(A,F)$の強度形成への貢献は相対的に低い。

水和程度に関しては－反応進行の尺度として－C_3SとC_3Aが支配する一方C_2S

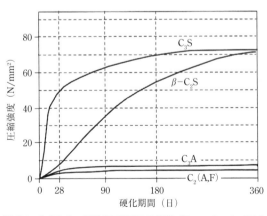

図-2.4 クリンカー鉱物の圧縮強度の過程（Bogue/Lerch, 1934）

2.2 ポルトランドセメントクリンカー

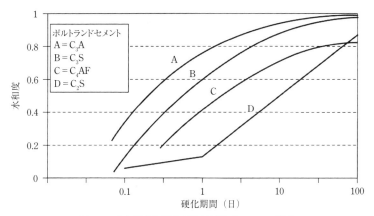

図-2.5 水和程度と硬化時期の関係 (Taylor, 1997)

と $C_2(A,F)$ は初めに低い水和度を示す。

　このことからクリンカー相の種類並びに量とモルタル/セメント工学的特性との間には複雑で相互に作用する関係が存在することは明白である。

　共同でしかも異なる効果で，全てのクリンカー相は凝結プロセスと硬化プロセス並びに硬化生成物の耐久性に関与する。

　同じ化学的組成を有するクリンカーの水硬性が異なるのは副次的元素や微量元素が均一に分散して組み込まれていないことなどと説明できる。

　特殊セメントを除けば実務上2種のクリンカー生産で十分である：
- 高エーライト含有量（70%）と6～10%アルミナ相のクリンカー
  （ビーライト＜10%；フェライト相約10%）
- 低 C_3A 含有量（＜3%）と中間的なエーライト含有量（約55%）のクリンカー
  （ビーライト＜10%；フェライト相約20%）

2.2.4　エコロジカル観点

　セメント製造は世界中で全 CO_2 排出量の5～7%の責任を負っている。セメント工業の目標はこの放出量を減少させることである。これはクリンカーの割合を減らすことで達成できる（例えば，混合材－水砕スラグ，フライアッシュ，ポゾラン，石灰岩－を有するセメント）。更なる可能性は古タイヤ，廃油，汚泥，プラスチック廃棄物並びに製造/産業廃棄物などの2次的原材料の利用である。新

2 セメント

しい接着剤の開発で同様に CO_2 排出量を減らす試みがされている。例えば接着剤 Celitement で従来のセメント製造の 50 % まで減少させることができた（Stemmermann *et al.*, 2010）。

クロムアレルギーの原因は有毒で肌を敏感にする CR（VI）–クロム酸塩（クロム酸 H_2CrO_4 の塩）である。袋詰前の既製セメントに $FeSO_4$ を添加（約 0.2 % $FeSO_4 \cdot 7H_2O = FeSO_4 -$ Heptahydrat）することにより，6 価のクロム酸塩は 3 価に減ずる。この対策により練り混ぜ水溶液中 Cr（VI）の限界値 2ppm を減らすことができる。クロムアレルギーの危険性は今日フレッシュコンクリートの製造施工が機械化されているので一般的に減少している。人の手でフレッシュコンクリートの施工が行われる場合，危険性は手袋や防護服の着用により低く保つことができる。

セメントで結合されるコンクリートはガスの放出が無いことが証明されている。ガスを放出する有機質成分は混和剤または有機に汚染されたコンクリート混和材からコンクリートにもたらされる。もし起こる時は，いろいろな研究が示しているように例えばアンモニア（Ammoniak）やホルムアルデヒド（Formaldehyd）が製造中または直後に低い濃度でガス放出される。

重金属は全てのセメントおよびコンクリート製造用資材にいろいろな濃度で存在する。痕跡として存在する重金属は＜ 100ppm または 0.1kg/t である。セメントペーストマトリックス中への化学的鉱物的内包化および緻密なコンクリート組織中の物理的カプセル化により重金属はコンクリートからほんの少量のみ浸出する。飲料施設にセメント結合コンクリートを利用することについて重金属の浸出を考慮する必要はない。コンクリートと飲料水が静止状態で長い間接触することによって容易に飲料水通達の限界値に到達することは全くない。

2.3　硫酸塩キャリア（石膏）

フレッシュペーストのワーカビリティーを保証するため，セメントクリンカーに凝結調節材として硫酸カルシウムを加えなければならない。これは実質的により長いワーカビリティー時間をもたらす。DIN EN 197–1, DIN EN 14216, DIN 1164 により凝結始発時間がさだめられており，凝結始発が早く始まるセメントは基準

2.3 硫酸塩キャリア（石膏）

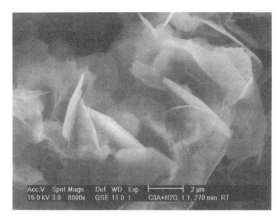

図-2.6　硫酸塩無添加の水和 C_3A（C-A-H 生成）

には適合せず，急結セメントと言われる。

硫酸塩キャリアが添加されないと，ポルトランドセメントクリンカーに加水すると直ぐに，間隙に均等に分散してブリッジ（架橋）として作用する板状カルシウムアルミネートハイドレート（Calciumaluminathydrate, C_4AH_{13}）が生成する（**図-2.6**）。

これは所謂「急結(Löffelbinder)」で加水後ただちに凝結する。ワーカビリティー（昔はスプーン Löffel を用いて）は特別な吹付コンクリート技術で極端に短い凝結を目指す場合を除いて不可能である。

硫酸塩添加の場合，カルシウムアルミネートハイドレートの代わりにトリサルフェート（Trisulfat，エトリンガイト）が直ちに C_3A 粒子の表面に生成する。このことは架橋の形成では無く C_3A 粒子に被膜を生成する結果となる（**図-2.7**）。

この最初の反応には C_3A と硫酸塩キャリアのみ関与する。生成した被膜は C_3A の迅速な反応を抑制する。数分後にはもう静止状態となり，休眠期間は3〜6時間に及ぶ。

凝結調節材は粉砕の際セメントに添加される。ボールミルで粉砕される時，石膏（$CaSO_4 \cdot 2H_2O$）は全てまたは一部半水石膏（$CaSO_4 \cdot 0.5H_2O$）に脱水される。これらの相と無水石膏はそれぞれ異なる反応速度を有している。石膏の反応性は主にその溶解度により定まる。半水石膏は無水石膏より3〜4倍速く溶解する（**表-2.4**）。C_3A の溶解度により石膏の適合性が定まる。一般に凝結調節には石膏/無水石膏比＝1：1が用いられる。

2 セメント

図-2.7 硫酸塩添加の水和 C_3A（エトリンガイド生成）

表-2.4 各種硫酸カルシウムの溶解（25℃）

硫酸カルシウム	化学式	溶解度 g/l
石膏 Gips	$CaSO_4 \cdot 2H_2O$	2.4
半水石膏 Halbhydrat	$CaSO_4 \cdot 0.5H_2O$	6
溶解性無水石膏 Anhydrit Ⅲ	$CaSO_4$	6
天然無水石膏 Anhydrit Ⅱ	$CaSO_4$	2.1

　ボールミル中の石膏の脱水はそれを支配する雰囲気と滞留時間に広く影響される。一般に粉砕温度は約100℃の範囲にあり，二水石膏から半水石膏の脱水範囲に適応している。製造工程の小さい変動（C_3A量またはアルカリ量，粉砕前に山積みするセメントクリンカーの保存期間の長短）がセメントの凝結挙動に強い影響をもたらすことがある。あまりにも強い脱水を避けるには，ボールミル内は水蒸気で冷やされる（水蒸気の結合はセメントクリンカーの反応能力を下げる可能性がある）。

2.4　混和材（粉体）

　セメントクリンカーのほかにセメント製造のため，一連の更なる材料が利用される。その多様さは潜在水硬性の水砕スラグから自然または工業から由来するポゾラン反応材料・不活性材料まで達する：

2.4 混和材（粉体）

- 潜在水硬性材料
  - 水砕高炉スラグ（水砕スラグ HÜS）
- ポゾラン材料
  - 天然ポゾラン
    - 火山由来の灰および岩石
  - 人工ポゾラン
    - フライアッシュ（石炭フライアッシュ SFA，褐炭フライアッシュ BFA）
    - シリカフューム（マイクロシリカ）
    - 焼成粉砕粘土
    - オイルシェール灰（オイルシェール燃焼時の不燃性残滓）
- 不活性材料
  - 石粉
    - 石灰石粉
    - 輝石ひん岩（閃緑岩類）

　潜在水硬性材料は適切な刺激（硫酸塩またはアルカリ）により水硬性が発達する能力に抜きん出ている。

　ポゾラン材料は（ポルトランドセメントと）混合の際，C–S–H 相の中で水溶液中の $Ca(OH)_2$ と反応する。それ自体は硬化しない。反応可能な珪酸の存在が決定的に重要である。

　シリカフュームのような反応性が高いポゾランを除けば，潜在水硬性と同様にポゾラン材料もポルトランドセメントクリンカーよりも一般にゆっくりと反応する。混合材としてポルトランドセメントクリンカーと部分的に置換された時，それに応じて水和熱発現もまた遅くなる。このため水和熱が熱応力を生じされる可能性があるマス部材に特に適する。今日一般的であるセメントクリンカー（＋凝結調節材）と水砕スラグの分離粉砕により，クリンカーより粉砕し難い水砕スラグがクリンカーより細かく粉砕されるようになった。この結果水砕スラグを含むセメントの早期強度は以前の混合粉砕よりも明白に引き上げられた。

　不活性材料は水和反応に全くもしくはほんの僅かしか寄与しない。その作用の仕方は主として物理的特性であり，基本的にセメント粒度組成を補填することに基づく。混合材として，時には発生するクリンカー粒子間の空隙を埋め，その結

2 セメント

果構造（マトリックス）が安定化する。それ故フィラーと表示される。

2.4.1　潜在水硬性材料

　もっとも重要な潜在水硬性材料はスラグ即ち水砕高炉スラグである。高炉スラグの水和特性は 1862 年既に Emil Langen により発見されていた。

　セメント添加に適する高炉スラグの製造には温度＜ 800℃ まで非常に早く冷却することが必要である。これは液体状スラグを水で顆粒化する結果得られる。現在用いられる顆粒化の方法は水を高圧ノズルで液体状スラグに飛び散らせ，細粒に分割する（顆粒化する）。このため大量の水が必要であり，このようにして製造された高炉スラグには 30% までの水を含む。

　高炉スラグは石灰，アルミナ，珪酸塩の溶融物で，とりわけ CaO，SiO_2，Al_2O_3 を含んでいる。その組成はポルトランドセメントに似ているが，石灰に乏しい。

　主要成分は次の通りである：

- CaO　　30〜50 M.-%（ポルトランドセメントは約 60〜70% CaO に対して）
- SiO_2　　27〜40 M.-%
- Al_2O_3　　5〜15 M.-%
- MgO　　1〜10 M.-%

ポルトランドセメントクリンカーから供給されたアルカリ刺激によって高炉スラグは工学的に必要な時間内に水和硬化する。その際ポルトランドクリンカーと実質的に同じ水和生成物が作られる。カルシウムシリケートハイドレートの CaO/SiO_2 比に違いが存在する。ポルトランドセメントの水和の際，C/S 比が明らかに＞ 1.5 の石灰に富むカルシウムシリケートハイドレートが生成する。水砕スラグに富む高炉セメント（CEM Ⅲ セメント）は一般に C/S 比が＜ 1.5 のカルシウムシリケートハイドレートが生成する。水砕スラグの潜在水硬性の特性はガラス状態に依存するので，可能な限り高いガラス含有量に努めなければならない。ガラス状で凝固したスラグは基本的に過冷却で固化した溶融物である。ガラス含有量が増える水砕スラグの水和度の原因は適切な結晶状態に対し準安定なガラス状態のエネルギー量がより高いことにある。ドイツ水砕スラグのガラス含有量は一般に＞ 95% でほとんどの場合約 100% に近い（Schießl，1996；Smolczk，

2.4 混和材（粉体）

表-2.5 EN 197-1 のセメントに対する水砕スラグの添加

セメント種類			水砕スラグ量（%）
主種類	名称	略記号	
CEM II	ポルトランドスラグセメント	CEM II/A–S	6～20
		CEM II/B–S	21～35
CEM III	高炉セメント	CEM III/A	36～65
		CEM III/B	66～80
		CEM III/C	81～95
CEM V	コンポジットセメント	CEM V/A	18～30
		CEM V/B	31～50

注：CEM II/A–M および CEM II/B–M ポルトランドコンポジットには一般水砕スラグと石灰石粉を含む

1980；Regourd，1986；Kühl，1961）。

ヨーロッパ基準 EN 197–1 により水砕スラグは**表-2.5** に挙げられたセメントに使用される。

2.4.2　ポゾラン材料

Puzzolan という言葉は古代に既に重要な火山灰土の発掘地域，ナポリ近郊のヴェスヴィオ山麓 Puteoli 現在の Pozzuoli に由来する。火山灰土は建設材料としてローマ時代初期の建設技術で利用されていた。

アルカリ性水砕スラグとは異なって酸性ポゾランは直ちに水和する特性を有していない。それに加えて水和反応に不可欠な石灰が特に欠乏している。

実質的な特徴として反応能力のある珪酸を含むすべての天然・人工シリカ材料がポゾランに含まれる。その結果ポゾランはクリンカー成分が水和の際遊離溶解する水酸化カルシウムと強度を形成するカルシウムシリケートハイドレートを生成する。

模範的な基本反応：

$$CH \qquad + \quad S \qquad + H \quad \rightarrow C\text{–}S\text{–}H \qquad\qquad (2.2)$$

水酸化カルシウム　　　＋二酸化珪素＋水　→カルシウムシリケートハイドレート

$$Ca(OH)_2 \qquad + \quad SiO_2 \quad +H_2O \rightarrow C\text{–}S\text{–}H$$

ポゾランは大体更に反応能力のある酸化アルミニウムを含んでいる。それは溶解水酸化カルシウムとカルシウムアルミネートハイドレートを生成する可能性が

2　セメント

ある。それ故全てのポゾランの特性は水和硬化には多かれ少なかれ水酸化カルシウムが必要または消費されることである（Locher, 1988）。

2.4.2.1　トラス

　セメントに添加される天然ポゾランは第1に火山性凝灰岩タフ，相似の火山岩および響岩である。トラスは50〜70％反応性 SiO_2 と50％以上のガラス質－おそらく火山灰流が水で急冷されて生成した－を含む微粉砕された酸性火山性タフである。ガラス質の含有量は水砕スラグと同じように反応性に影響する。理由は不安定で不規則な非晶質から安定で秩序だった結晶状態に移ろうとする材料のエネルギーに基づく。火山性タフについてトラスは混和材として特別な意味を有している。

　トラスの水酸化カルシウムと反応して硬化性水和物を生成する理由は第1にガラス質を含有していることである。同様に程度は少ないが，水晶，長石，白榴石，方沸石，カオリンなどの鉱物は水和反応に寄与する。反応に必要な石灰量はライン地方のトラスの水和90日後でトラス質量に対し27〜37％である。硫酸カルシウムの存在で石灰結合能力は高まる。

　生成した水和生成物は実質的にポルトランドセメントの水和の際観察されるものと同じである。トラスと結合して生成されるカルシウムシリケートハイドレートはポルトランドセメントで生成されるものより C/S 比が低いことが証明されている（Locher, 1988）。

2.4.2.2　フライアッシュ

　セメント製造に利用される人工ポゾランは先ず第1にフライアッシュとシリカフュームである。フライアッシュはそれ以外にコンクリート製造の際混和材として添加される。

　熱機関に投入される大部分の石炭は平均して炭素80〜90％，鉱物成分5〜20％，硫黄0.5〜2％を含有している。フライアッシュは熱機関の石炭燃焼の副産物として発生する。石炭は微粉化された後あらかじめ暖められた空気とともに火口から窯の燃焼室に放出される。

　燃焼室の構造により乾式燃焼とスラグタップ燃焼に分けられる。溶解した石炭

2.4 混和材（粉体）

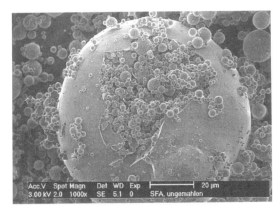

図-2.8 フライアッシュの ESEM 写真

の副成分の大部分（乾式燃焼で 85〜90％）は燃焼ガス流により洗い流され，幾重もの電気フィルターで 100μm までのいくつか，またはブレーンによる比表面積約 2 000〜6 000cm^2/g に分級される。出力 700MW の最近の燃焼では燃料炭の灰量によるが，毎日 1 000t までのフライアッシュが生産されている。

石炭フライアッシュは一般に大部分球状で，大抵ガラス状の凝固した粒子からなっている（図-2.8）．そして高い珪酸量と酸化アルミニウム量が際立っている．主要成分として次が含まれている（ザール/ルール地方のフライアッシュ）：

　　SiO_2　　40〜55％
　　Al_2O_3　23〜35％
　　Fe_2O_3　5.0〜17％
　　CaO　　1.0〜8.0％
　　MgO　　0.8〜4.8％
　　K_2O　　1.5〜5.5％
　　Na_2O　　0.1〜3.5％
　　TiO_2　　0.5〜1.3％
　　SO_3　　0.1〜2.0％

遊離石灰と SO_3 の含有量が少ない褐炭フライアッシュの場合，セメントへの混和材よりもフライアッシュとして適している．

フライアッシュの粒度分布は平均分布曲線が示しているように特徴ある曲線を

2 セメント

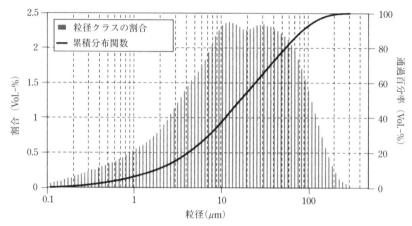

図-2.9 石炭フライアッシュの平均粒径分布（8種のフライアッシュの平均値）

示す。粒径 0.1〜400μm の範囲に比較的広く分布している事である。フライアッシュの粒度分布と分布幅の平均曲線を**図-2.9**に示す。

フライアッシュは概ね粉砕されたポルトランドセメントクリンカーよりも細かく，セメントと骨材粒子間にあるマトリックスの微細な間隙（Zwickel）でフィラーとして作用する（**図-2.10**）。間隙を充填することで，固体間の空隙充填が改善され長期強度が促進される。

反応度にとって重要なガラス質含有量は 80％と定められている。燃焼方式よりガラス質含有量は大きく変動する。製造時の温度が低いほどガラス質含有量は

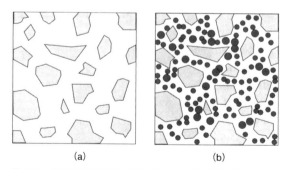

図-2.10 粒子混合物；(a) フライアッシュ無，(b) フライアッシュ有

2.4 混和材（粉体）

低くなる。ほぼ完全なガラス質のフライアッシュ（約95%）は高温のスラグタップ燃焼で生成する。DIN EN 450により適正なフライアッシュではSiO_2, Al_2O_3, Fe_2O_3含有量の加算総量が質量で70%以下となってはならない。細かく粉砕された石炭の燃焼によってのみ得られたフライアッシュの場合，この要求は満たされるとみなされる。

ヨーロッパ基準EN197-1は2つの異なるフライアッシュセメントを考慮している：

- ポルトランドフライアッシュセメント（CEM Ⅱ）　フライアッシュ6〜20M.-% 混合
- ポルトランドフライアッシュセメント（CEM Ⅱ）　フライアッシュ21〜35M.-% 混合

2.4.2.3　オイルシェール（油頁岩）

約800℃で燃焼することにより，瀝青で石灰を含む頁岩所謂オイルシェールから自力で水硬性の結合材が製造できる。オイルシェール残滓の水硬性能力は主として焼成物の中にデカルシウムシリケート（Dicalciumsilicat）とモノカルシウムアルミネート（Monocalciumaluminat）の存在することに基づく。同時に反応性SiO_2も生成しているので，オイルシェール残滓は水硬性に加えてポゾラン特性も有している。ドイツではとりわけシュバービッシュ アルブ（Schwabische Alb）のオイルシェール基地で採掘される。そこで露出するジュラ紀前期（およそ190億年前）のポシドニア頁岩は次の成分を有している。

有機物質	11%
粘土物質	27%
遊離珪酸	12%
カルシウムカーボネート	41%
$CaSO_4$ および Fe_2O_3	9%

ヨーロッパ基準EN 197-1は2種類のポルトランド頁岩セメントを考慮している。

- ポルトランド頁岩セメント（CEM Ⅱ）焼成頁岩6〜20M.-%混合
- ポルトランド頁岩セメント（CEM Ⅱ）焼成頁岩21〜35M.-%混合

エストニアでは焼成オイルシェールは大規模に混合セメント製造のため利用さ

2 セメント

れている。

2.4.2.4 シリカフューム

シリカフュームはシリカ，マイクロシリカ，二酸化珪素粉（Siliciumdioxid-Staub），シリカフューム（SF）と表示される。シリカフュームは非常に反応性に優れたポゾランで有効なフィラーであり，コンクリート製造に当たって特別な特性（高強度，高密度，耐酸性など）を与えるものとして利用される。

実質的に非常に微粒でアモルファスな珪酸 SiO_2 からなるシリカフュームは電気アーク炉で珪素および珪素合金を製造する際，排気ガス洗浄時に副産物として産出する。このプロセスの原材料は石英，石炭，鉄鉱石，その他必要に応じ合金成分として考慮に値する金属鉱石である。その際石英は鉄くずの存在のもと炭素と反応しフェロシリコン合金を生成する。また蒸気状の一酸化珪素 SiO が発生し空気中で二酸化珪素 SiO_2 に酸化する，そして非常に微細な球状に凝縮する。

シリカフュームの化学的成分は合金の構成成分により大きな範囲で変動する。二酸化珪素含有量は一般に約 80〜98％ の間にある。カルシウムシリコン合金とマンガンシリコン合金を製造する場合二酸化珪素含有量は実質的に低い。シリカフュームはガラス質で球形の粒子からなり，大きさは約 0.1〜0.2μm である（図-2.11）。

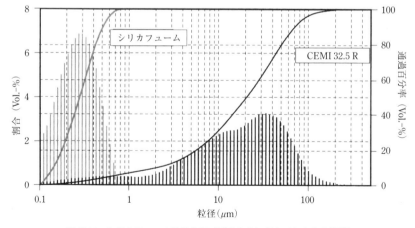

図-2.11 シリカフューム粒径分布（ポルトランドセメントとの比較）

2.4 混和材（粉体）

窒素吸着によるBET法で定めた質量に関係する比表面積は8 000～24 000cm²/gの間にある。この極端な微粒とそれに適う高いポゾラン反応性は蒸気から凝縮して生成した結果である。ポルトランドセメントクリンカーとともに，セメント水和の過程でセメント粒子間の間隙に均等に分布するシリカフュームは水酸化カルシウムと反応しカルシウムシリケートハイドレートを生成する。これはフライアッシュとトラスの場合と同様，ポルトランドセメントの水和で生成するカルシウムシリケートハイドレートよりも明白にカルシウム不足である（Locher, 1988）。

シリカフュームと似たものとして精米時に殻を焼却して発生するもみ殻灰がある。それは90%以上のSiO_2を含み一般にアモルファスで存在する。

2.4.3　不活性材料

石灰石粉，石英粉のような混和材は不活性または準不活性と表記される。セメント水和ではセメント構成成分と全く/（または）ほんの少ししか反応しない。

このフィラーは第1に充填したセメント粒子の間隙を埋める役目を担っている。フィラーとしてDIN EN 12620に適合する全ての岩石粉が考えられる。粉砕コストから今日では粉砕しやすい石灰石と/（または）チョークが利用される。石灰石は特に効果的である。理由は実質的にクリンカーよりも粉砕しやすく，そのため幅広い粒径分布が得られること，混合粉砕で細粒部の強化ができ，クリンカー粒子間の空洞を防止できることである。カルシウムカーボネートはセメントの水和反応に少し関与する。水の存在でカルシウムカーボネートとトリカルシウムアルミネートは反応してモノアルミネートカーボネートハイドレート（$3CaO \cdot Al_2O_3 \cdot CaCO_3 \cdot 11H_2O$）を生成する。

ヨーロッパ基準EN 197-1により石灰石粉6～35M.-%混合されたポルトランド石灰石セメントが利用される。

- ポルトランド石灰石セメント CEM II/A-L　石灰石6～20 M.-%混合
- ポルトランド石灰石セメント CEM II/B-L　石灰石21～35 M.-%混合

注：石灰石L：≦ 0.5%全有機質炭素
　　石灰石LL：≦ 0.2%全有機質炭素

43

2.4.4 混和材の作用

石灰石,石炭フライアッシュ,水砕スラグ

セメントの粒度分布は,選ばれた石灰石,適切な石炭フライアッシュまたは水砕スラグを目的に適うように正確に計量して混合粉砕し,細粒部では容易に粉砕可能な石灰石で,もしくはフライアッシュや水砕スラグの細粒分により改善できる(**図-2.12**)。

非常に単純化して,例えばフレッシュコンクリート中では大きいセメント粒子間にある空隙水を混和材は押し除ける,それは更なる「潤滑剤」として有用であると記述できる。フレッシュペースト,モルタル,コンクリートのコンシステンシーはより柔らかくなる。

潜在水硬性またはポゾラン作用のある混和材は更にまたセメント強度やコンクリート強度に対し化学的または鉱物学的貢献をすることができる(**図-2.13**)。石灰石の場合5〜10M.-%の混合量は一般に強度に貢献しない。

セメントの凝結と硬化は混和材の種類と量によりややゆっくりと経過する。一部それは明らかに水和熱発生が低いことに結び付けられる,例:フライアッシュスラグセメント。このように製造されたセメントはしかしながらより長い養生期間が必要である。

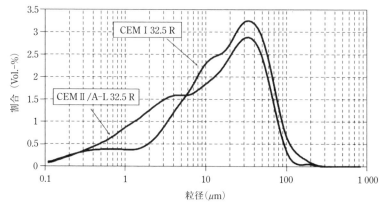

図-2.12 ポルトランドセメント CEM I 32.5R とポルトランド石灰石セメント CEM II /A-L32.5R の粒径分布

2.4 混和材（粉体）

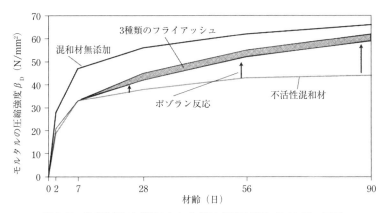

図-2.13 強度進行により表されたポゾラン反応の進展（Schießl, 1990）

2.4.5 コンクリート中の混合セメント

コンクリート中セメントの性能は一般に次によって判断される。
- 作業特性
- コンクリートが到達する強度
- 耐久性に関する指標

ポルトランド石灰石セメント（PKZ）とフライアッシュスラグセメント（FAHZ）の試験によって次の結論が導かれている（Schmidt, 1992）：

- PKZ と FAHZ を用いたコンクリートの所要水量とブリージング傾向は純粋ポルトランドセメントを用いたコンクリートに比べ部分的により少ないことは明らかである。
- セメントの 28 日基準強度が等しく，更にコンクリートの配合が同じ場合 PKZ と FAHZ を用いたコンクリートの強度は一般にポルトランドセメントを利用したコンクリートよりも低いことは無い。混合セメントの必要水量が低いこと，コンクリートの施工では水量の減少と W/C を考慮すると強度はむしろ高い可能性がある。
- 実質的な耐久性指標 – 炭酸化，水の浸透抵抗性，凍害抵抗性 – は PKZ と FAHZ を用いたコンクリートと配合が同じポルトランドセメントまたは高炉セメントを使用した比較コンクリートとは実務上違いはない。

2.5 セメント粉砕

セメント用クリンカーの粉砕は，セメント製造工程における基本的にそして同時に最終的な技術的プロセスである。粉砕の目的は所要の粒度分布を考慮して製粉の比表面積を大きくし，次工程のため十分な反応性を有することである。

粉砕すべきクリンカーの平均粒度は 10～20mm の範囲にあり，一部非常に広い粒スペクトルを有している。粉砕後，粒子の大きさの範囲は 0～100μm の間にある（**図-2.14**）。

普通セメントの強度発現の基準は粒度範囲 3～30μm である。粒度範囲＜ 3μm は初期強度に貢献し，粒度範囲＞ 60μm では非常に緩慢に水和し，28 日強度にはほんの少ししか影響しない。

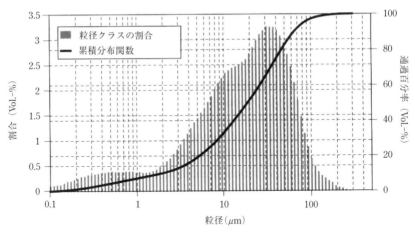

図-2.14　CEM I 32.5R の粒径分布

粉末度

材料は他の条件が等しければ質量に関連する表面積（比表面積 $A_0\,\mathrm{cm^2/g}$）が大きければ大きいほど早く反応する，即ち 1 つまたは同等のクリンカーは細かく粉砕されればされるほど高い強度をもたらす。各種セメントの粉末度の根拠値を**表-2.6**に示す。

表-2.6 セメント粉末度の根拠値 (Labahn 中 Knöfel による, 1982)

セメント種類	$R_{90\mu m}$ %	A_0 cm^2/g
CEM I 32.5	<10	2 400～4 000
CEM I 42.5	<6	2 000～4 500
CEM I 52.5	<1	4 000～6 000
CEM II /A–P	<4	3 000～5 500
CEM III 32.5	<6	3 000～4 000
CEM III 42.5	<3	3 300～4 500

2.6 水 和

4つの主要クリンカー鉱物 C_3S, β–C_2S, C_3A, C_4AF の水および石膏との反応について以下に述べる。個々の相の硬化過程と反応について検討し更に最終生成物の特性について取り扱う。その際，特に生成する相，空隙，耐久性に対する影響の大きさが注目に値する。2.6.6節ではポルトランドセメントの水和について特に取り上げる。

2.6.1 硬化プロセス

コンクリート生成という意味において，硬化とは流体状媒質が固体に移行するもしくは十分固まっていない媒質がより高い強度に転移する1プロセスとして表示される。硬化プロセスは多くの部分プロセスに分けることができる。その際主として加水分解と水和プロセスからなる化学変化が重要な役割を果たす。更に重要な点は溶解と結晶化プロセスである。セメント混合物の中で過飽和溶液が形成される状態となるが，ここでクリンカー鉱物の構造と形態が反応過程に強く影響するトポ化学的プロセスが重要となる。そこからゲル状と結晶状（またはどちらか一方）の水和物相の特定の形態が形成される。相境界における境界過程（液体と固体などの境界におけるエネルギーの流れなどを取り扱う）は硬化システムの個々の成分の結合と強固な組織へと導く。ポルトランドセメントの反応における全ての硬化過程の共通の指標は，通常出発物質より溶解し難い多かれ少なかれ良く結晶化した水和生成物の形成である。

2 セメント

水和とは一般に水化物の生成のもと化学的化合物への水の付加と理解される，
例：

$$CaSO_4 \cdot 0.5H_2O + 1.5H_2O \rightarrow CaSO_4 \cdot 2H_2O \qquad (2.3)$$

この場合水は比較的弱く結合しており可逆的で取り除くことができる。セメン
トの水和ではコンセプトは実質的に広く把握される。

セメントと水の混合による反応は水の「消費」から始まるので，そのプロセス
を水はいかなる方法で反応するのか？ いかなる形で結合するのか？ にかかわり
なく水和と表記する。

セメント化学の水和生成物に対する通常の表記（例：$CaO \cdot Al_2O_3 \cdot 6H_2O$）は化学
量論的挙動を再現しているのみで，対象としている結合の種類を表現していない。

フレッシュペーストはセメントと水の糊状の混合物である。

セメントペーストは水和の進行でフレッシュペーストの凝固している混合物か
ら生成したマトリックスを言う。

■水硬性硬化

クリンカー鉱物（例：$3CaO \cdot SiO_2 = C_3S$）が強アルカリカチオン（例：Ca^{2+}）
と弱酸性ノニオン（例：Si^{4-}）から形成されているとき，水中で発生した OH^-（水
酸化）イオンないし H_3O^+（オキソニウム）イオン（加水分解）と化学的成分の
反応が進行する。この出発物質は分解され，水はしっかりと取り込まれる（水和）。
その際 OH^- は遊離し，水和生成物のアルカリ反応を生じさせる。水は単に付加
するのではなく化学的に結合する。水硬性硬化は水中で行われ，水和生成物は大
幅に耐水性となる。

▶例

C_3S の水和

$$2(3CaO \cdot SiO_2) + 7H_2O \rightarrow 3CaO \cdot 2SiO_2 \cdot 4H_2O + 3Ca(OH)_2 \qquad (2.4)$$
$$\underset{C_3S}{} \qquad\qquad\qquad \underset{C-S-H 相}{}$$

2.6.2 シリケート相 C_3S と C_2S の水和

カルシウムシリケートの水和では組成が変わりうるカルシウムシリケートハイ

2.6 水 和

ドレート（C–S–H）が生成する。そのため C_3S と C_2S の反応について次の一般式が与えられる：

$$C_3S + (y+z)H \rightarrow C_xSH_y + zCH \tag{2.5}$$

▶例

$$2C_3S + 7H \rightarrow C_3S_2H_4 + 3CH$$

$$C_2S + (2-x+y)H \rightarrow C_xSH_y + (2-x)CH \tag{2.6}$$

▶例

$$2C_2S + 5H \rightarrow C_3S_2H_4 + CH$$

ポルトランダイト（CH）は過飽和溶液から結晶化の後，化学量論的組成を持つ結晶物質として存在する。

$C_3S_2H_4$ は通常硬化の場合 C–S–H 相の平均的組成と認められている。C–S–H 相では少量であるが Si^{4+} イオンと Ca^{2+} イオンは Al^{3+} イオン，Fe^{3+} イオン，Mg^{2+} イオンと置換されている。一般に水和で生成した C–S–H 相は化学的組成に変動がある X 線アモルファスまたはナノ結晶物質と表記される。

電界放射型カソード付の環境走査型電子顕微鏡[1]（ESEM）を用いてワイマール F.A.Finger 建設材料研究所（FIB）が行った研究は C–S–H 相は尖端がお互い絡み合っている先端が尖った針状の繊維であることを示した（Stark *et al.*, 2001a, b；Möser/Stark, 2002）。

この「ファスナー理論」に基づいて C_3S と C_2S 水和物相によるコンクリートの高い強度生成が説明できる（図-2.15，図-2.16）。

C_3S と β–C_2S の水和により生成したカルシウムシリケートハイドレートの結晶が小さいため，X 線回折で証明することはできない（X 線アモルファス）。単に出発物質の特徴的な X 線ピークの崩壊により水和進行を観察できる。同様に生成した水酸化カルシウム結晶はそれに反して X 線回折でよく証明できる（図

---

1) この顕微鏡は対象物を乾燥や脱水から守ることができる。そのため無害で環境に汚染されないオリジナルの状態（静的/動的）で走査型電子顕微鏡による建設材料供試体の高解明度の実験を行うことができる。通常の走査型電子顕微鏡のような典型的な供試体空間における標本作製上の制限や高い真空の影響はあり得ない。

49

2 セメント

図-2.15 水和360日後のβ-C$_2$S：尖った針状で長さ2μmまでのC–S–H相のESEM写真

図-2.16 水和600日後のC$_3$S：C–S–H相の形態は変化していない

–2.17)。

この非常に小さい微粒子の大きさのためC–S–H相は非常に大きな比表面積を有している（250〜300m^2/g BETによる）。

水和生成物が非常に細かいことはセメントペーストの高強度の実質的な理由である。少ない毛細管空隙度と高いゲル空隙度はセメントペーストの耐久性の良いことに対して決定的である。

2.6 水和

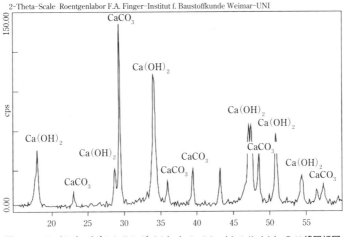

図-2.17 Ca(OH)$_2$（ポルトランダイト）と CaCO$_3$（カルサイト）の X 線回折図

C$_3$S 水和の反応プロセスは 5 段階に分けることができる（**表-2.7**，**図-2.18**）。
β-C$_2$S の反応は C$_3$S と似た経過をたどるが明らかに緩慢で Ca(OH)$_2$ 生成は少ない。C-S-H の形態は同様にほとんど一致している。

表-2.7 C$_3$S 水和の時期

段階	反応速度論	化学的プロセス	コンクリート特性への影響
1 誘導期 (Induction Period)	化学的に制御された早い反応	加水分解の始まり、イオンの溶解	水溶液の pH ≧ 12.3 に上昇
2 休眠期 (Dormante Period)	核生成に制御された遅い反応	イオンの溶解継続	確実に最初のこわばり
3 加速期 (Acceleration Period)	化学的に制御された早い反応	水和生成物の形成の始まり	確実に遅いこわばりと凝固増進
4 減速期 (Deceleration Period)	化学的・拡散に制御された反応	水和生成物の形成継続	確実に早期強度の増進
5 安定期 (Steady Period)	拡散に制御された反応	水和生成物がゆっくりと形成	確実に最終強度の増進

2 セメント

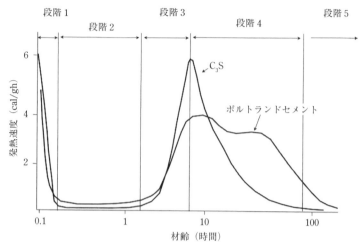

図-2.18 C₃Sとポルトランドセメントの反応プロセスと水和段階（熱発生割合に基づく）

2.6.3 C₃Aの水和

C₃Aは全てのクリンカー鉱物の中で1番高い反応速度を有している。水和は硫酸塩の供給により非常に異なった経過をたどる。

硫酸塩が無ければ，C₃Aは直ちに水和して薄い板状のカルシウムアルミネートハイドレート（**図-2.19**と**図-2.20**）を生成する。これは直ちにカードハウス状組織の形成と物質の瞬間的な硬化により水に満たされた空隙を架橋する。

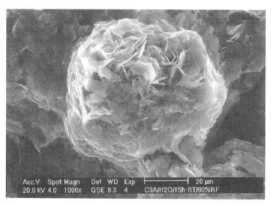

図-2.19 C₃A水和物：C₃A粒子に成長した薄い板状（$d ≒ 50nm$）カルシウムアルミネートハイドレート結晶

2.6 水和

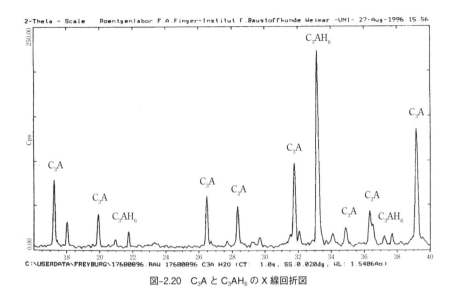

図-2.20 C_3A と C_3AH_6 の X 線回折図

$$2C_3A + 21H \rightarrow C_4AH_{13} + C_2AH_8 \tag{2.7}$$

C_4AH_{13} と C_2AH_8 は不安定な状態なので安定な C_3AH_6 に転移する。

$$C_4AH_{13} + C_2AH_8 \rightarrow 2(C_3AH_6) + 9H \tag{2.8}$$

瞬結により作業性が確保できない。

SO_3 添加により他の水和物が生成発達することで凝結遅延に至る。C_3A 粒子の表面にエトリンガイト(カルシウムアルミネートトリサルフェート)の被膜が形成される。

$$C_3A + 3C\bar{S}H_2 + 26H \rightarrow C_3A \cdot 3C\bar{S} \cdot H_{32} \tag{2.9}$$

この被膜は H_2O と SO_4^{2-} の移動を抑制し,更なる水和は拡散が制御されて進行する。

エトリンガイトは 45.9%水,32.6% $CaSO_4$(19.1% SO_3 に相当),21.5% C_3A からなる。それは最初の水和生成物として硫酸塩が十分利用できる期間だけ安定である。セメント中の硫酸塩供給は全てのトリサルフェート(エトリンガイト)生成には十分でないので(10% C_3A の場合 9% SO_3 または 19%石膏が必要),モノサルフェートと硫酸塩を欠くカルシウムアルミネートハイドレートが生成する。溶液中の SO_4^{2-} のイオン濃度が一定値(溶液の成分特にアルカリ濃度に依存)を

2 セメント

下回ると直ちにエトリンガイトは不安定となりモノサルフェートに転移する。この2次的反応は最初に形成したエトリンガイト被膜を破壊する一方で硫酸塩の減少により C_3A は更に反応を続けモノサルフェートを生成することができる：

$$C_3A \cdot 3C\bar{S} \cdot H_{32} + 2C_3A + 4H \rightarrow 3(C_3A \cdot C\bar{S} \cdot H_{12}) \tag{2.10}$$

硫酸塩の欠乏が著しい時は，代わりに C_4AH_{13}, C_2AH_8 が生成する可能性がある。

2.6.4 C_4AF の水和

C_4AF は C_3A と似たように反応をする。反応はそんなに早く進行しないが，同様に石膏で遅れさせることができる。高い耐硫酸塩性のセメント（SR-セメント，以前の HS セメント）では C_3A は存在しないかほんの少しである。そのため C_4AF の割合が高くなっている。アルミノフェライト（例：混晶シリーズ "C_2A" –C_2F の C_6AF_2）中における鉄の割合が高ければ高いほど水和はゆっくりと進行する。

C_4AF の水和は C_4AF 粒子からアルミニウムが浸出することに基づいてゆっくりと進行する反応である。このアルミナとはまず SO_3 と反応して純粋なエトリンガイトを生成する。組織には長期間経過後もなお，Al が乏しくそれ故 Fe が濃縮された粒子または鉄ゲルがあきらかに存在する。更に早い SO_3 溶解と遅い Al 遊離のため組織に2次石膏の生成に至る可能性がある（図-2.21，図-2.22）。

図-2.21　C_4AF-石膏-CH-混合物中のエトリンガイト（10 000倍）

2.6 水和

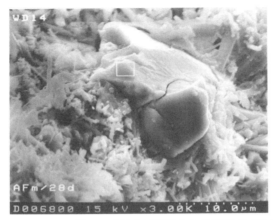

図-2.22 C₄AF-石膏-CH-混合物中浸出した C₄AF 粒子 (3 000 倍)

2.6.5 水和生成物の比較

表-2.8, 表-2.9, 表-2.10 に水和生成物の結晶度, 形態, 密度について総括する。図-2.23, 図-2.24, 図-2.25 にポルトランダイト, および骨材とセメントペースト間の相境界面の ESEM 写真を示す。

表-2.8 水和生成物の構造に関するデータ

水和生成物	結晶度	形態
C–S–H	非常に低い	先端が尖った針状(先端約 10nm), 水和期間により配列された繊維の束, 長さ l が 0.1μm から > 1μm まで径 $d \leq 50$nm
CH	非常に良い	六角板状結晶 $d \leq 10$μm と基礎面 120μm まで
エトリンガイト	良い	長く細い角柱針 $d \fallingdotseq 60 \sim 100nm(0.06 \sim 1$μm$)$ 生成条件により非常に異なる長さ
モノサルフェート	良い	薄い六角板状 基礎面 $\fallingdotseq 50$μm と $d < 1$μm, 不規則な「ロゼット」
カルシウムアルミネートハイドレート	良い	六角板状 $d \fallingdotseq 50$nm, 基礎面 $\fallingdotseq 10$μm

2 セメント

表-2.9 クリンカー鉱物の密度

セメント構成成分	
相	密度 g/cm^3
C_3S	3.13
C_2S	3.28
C_3A	3.04
C_4AF	3.76
CaO	3.34
$C\bar{S}H_2$	2.32
$C\bar{S}H_{0.5}$	2.76

表-2.10 最終生成物の密度

水和生成物	
相	密度 g/cm^3
C–S–H と CH	水の量により2.3〜2.6，CHに対し2.24
エトリンガイト，AFt	1.75
モノサルフェート，AFm	1.95
C_4AH_{13}	2.02
C_2AH_8	1.95
C_3AH_6	2.52

図-2.23 空隙中のポルトランダイト：基礎面に成長した薄い
　　　　（厚さ約150nm）板状結晶（スレート）

56

2.6 水 和

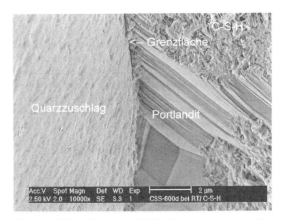

図-2.24 骨材（球形にした石英粒）とセメントペースト間の相境界：遷移帯には薄い板状（200nmまで）で基礎面に沿ってスレート状でコンパクトな（厚さ2μm）ポルトランダイト結晶の濃縮

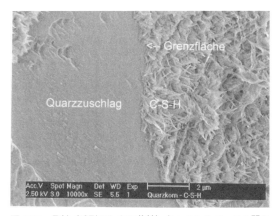

図-2.25 骨材（球形にした石英粒）とセメントペースト間の相境界：石英粒上に発達した先端が尖った針状で長さ1.5μmのC-S-H相

2.6.6 ポルトランドセメントの水和

ポルトランドセメントの水和は化学相の特性（材料特性）と環境条件に依存する複雑なプロセスである。

57

2 セメント

2.6.6.1 反応速度論

　セメント水和の時間的なプロセスは C_3S 水和に相似して 5 段階に分けることができる。初期の段階（誘導期）では C_3A の最初の反応は凝結調節として添加された石膏（無水石膏，石膏，半石膏）の協力のもとで始まる。このプロセスは混和後最初の数分で進行する。それに並行して遊離石灰（CaO_{frei}）が反応する。0.5 から 1 時間後アルミネートとカルシウムサルフェートの反応は停滞する（休眠期または潜伏段階）。同時に水の結合が外見的には凝結初期として観察される最初の C–S–H 相の生成に至る。促進段階（加速期）は約 7〜17 時間後に始まり数時間続く。クリンカー表層の非晶質カルシウムシリケートの水和が進み，C–S–H 相とポルトランダイトが生成する。ポルトランダイトの生成遊離により，時間の経過に伴ってその量が増加し，C–S–H の C/S は低下し，マトリックスは緻密化する。次いで緩慢な鎮静化が続く（減速期）。最終段階（安定期，緩速段階）には拡散に制御された反応はゆっくりと終わりに近づく。

2.6.6.2　ポルトランドセメントの反応速度

　時間当たりの濃度の変化は反応速度（RG）として表記される。水和の第 1 日目ではクリンカー相の反応速度は非常に多様である。それは次の順序で進行する：

$$C_3A > C_3S > C_4AF > \beta\text{–}C_2S \tag{2.11}$$

　水和速度は**クリンカー鉱物の基本的な特性**に依存する。

　高い粉末度は材料の大きな比表面積を有するため，迅速な反応をもたらす。

　更に**結晶の大きさ，結晶の大きさの分布，結晶欠陥**は反応速度に影響する。結晶欠陥または格子の乱れは結晶の理想的な構造からの逸脱である。理想的結晶は結晶幾何学，電荷比，反応機構に必要なそれぞれの格子サイトの配置により特徴づけられる。自然鉱物ではいわゆる（理想的ではない）実際の構造が存在する。つまり誤った配列（Fehlordnungen）や構造欠陥（Baufehler）が存在する。

　これらはとりわけ結晶の成長時に生ずる。注目すべきはセメント製造の各種原材料や技術を通じて構造欠陥の種類や量は大きく異なることである。結晶欠陥はクリンカー鉱物の反応度を高める。それは核磁気共鳴スペクトル装置（^{29}Si–NMR）を利用して証明できる。そのように例えば強い格子乱れの $\alpha'\text{–}C_2S$ は弱い格子乱れの $\alpha'\text{–}C_2S$ よりも反応能力は高い。

更に結晶格子の中に**遊離酸化物**が存在するとポルトランドセメントの反応度は明らかに高まる。中でもナトリウムとカリウムのアルカリが挿入されるときである。

ビーライトには 1.4％ までの K_2O と 0.6％ の Na_2O が取り込まれている。そのため高温変態においても常温における α–C_2S や α'–C_2S のように安定している。この変態は格子乱れを多く有しており，β–C_2S よりも水和に関して非常に活動的である。

エーライトの結晶格子に対する K_2O と Na_2O の取りこみはそれぞれ 0.1～0.2％ に達することができる。C_3A 中で 2.4％ までの Na_2O 並びに 3.1％ の K_2O を蓄積できる。アルカリ量に応じて変態変化が起こりうる。立方体結晶格子は斜方晶に遷移する（Taylor, 1997）。反応能力を実質的に高め，セメントの凝結に大きな影響をもたらすにいたる。C_4AF はほんの少し遊離酸化物を取り込んでいるだけである。

影響要因の第 2 の重要なグループは**水和条件**である。そこで**温度**は最も重要な役割を果たす。熱処理により硬化期間は明らかに短縮できる。サウルの積算温度を用いてこれを大まかに評価することができる：

$$t_\theta = \frac{30}{\theta + 10} \cdot t_{20℃} \tag{2.12}$$

ここで，

$t_{20℃}$：20℃ における硬化時間

t_θ：求める硬化時間（高い温度時）

θ：実際の温度

コンクリートが定められた圧縮強度に達するため 20℃ で 24 時間必要とすると，80℃ ではコンクリートは同じ処方で相応する強度に達するには 8 時間必要である。

水–結合材–比は目的に適うように合わせなければならない。化学的水結合に対し化学量論的にはたった 0.26 から 0.28 の W/C が必要にすぎない。作業性や品質によりこの値は高められる。W/C が低ければセメント粒子は十分に水和できない。W/C が高い場合セメントペースト中の全空隙量が増大する（**図-2.26**）。

ポルトランドセメントの水和は純粋クリンカー相に似たように進行する，そのことから純粋クリンカーを一緒に取り扱う。プロセスは初期段階ではアルミネー

2 セメント

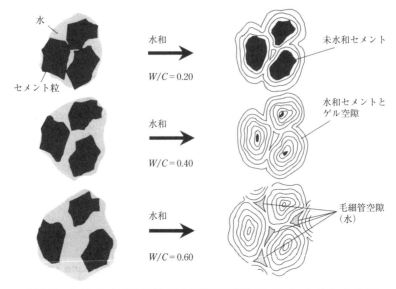

図-2.26 セメントペースト組織に対する W/C の影響 (セメントハンドブック 2008)

ト相と凝結調節材からエトリンガイトの生成, 水和の主段階ではエーライトから C–S–H 相の生成に支配される。体積安定性の理由から凝結調節材の添加量 (最大 3.5 乃至 4.0% SO_3) は制限され, そのため全てのアルミネートがエトリンガイトに転移するのではないことに注意すべきである。

2.6.6.3 水和の初期段階

ポルトランドセメントの水和は発熱に応じていろいろな部分に分けることができる。水を混和して最初の数分間経過後, 休眠期の形成に至る。数時間の後終了するこの段階ではほんの少しの反応代謝が行われるにすぎない。その後水和の加速期と減速期 (促進期と鎮静化期) からなる主ステージが始まる。主水和ステージの消えた後, なお少量の熱放出が計測される, 即ち反応は非常に低い強度レベルで進行している。

もう1つの水和モデルは化学的速度論に由来する誘導期の定義に従うものである。それ故本来の反応が始まるまで続く非常に短い化学的活動の期間を誘導期と表記する。これはセメント水和の場合, 混和と主水和 (最初の C–S–H 相の生成)

の始まりまでの間にあたる時期に相当する。

実際の記述では個々のサブステップの説明や分類が重要なのではなく，実際に進行する化学的物理的プロセスははるかに重要である。水とセメントの混和の後直ちに，数分後にはもう最大となりそして素早く再び減少するという非常にはっきりした発熱が観察される（**図-2.27**，**図-2.28**）。

発熱が最初の数分・数時間のうちに影響するプロセスを次に示す：
- クリンカー中にある遊離石灰は（**図-2.29**）水と反応して水酸化カルシウム

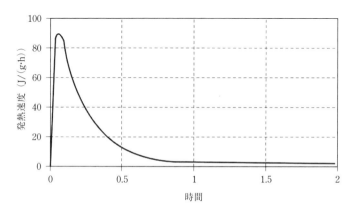

図-2.27 水和の初期段階におけるポルトランドセメントの発熱のDCA（示差走査熱量）記録

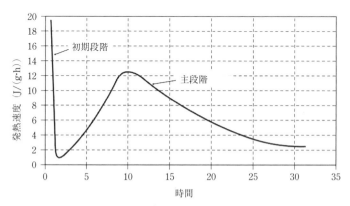

図-2.28 水和の主段階におけるポルトランドセメントの発熱のDCA（示差走査熱量）記録

61

2 セメント

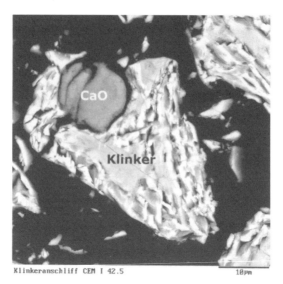

図-2.29 粉砕クリンカーの研磨面における遊離石灰粒子

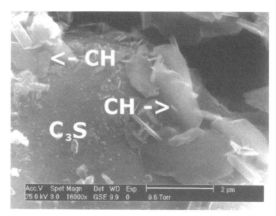

図-2.30 水和15分後のポルトランダイト結晶（CH）（プレパラート C_3S)

を生成する（**図-2.30**）。これは遊離石灰がクリンカー粒の内部に細かく分布して存在しているのではなく，しばしば10μmから20μmの分離した相を形成しているので，非常な速さで可能である。代わって遊離石灰がアルカリ硫酸塩と反応して石膏を，またはアルミネートやアルカリ硫酸塩と反応してエ

2.6 水 和

トリンガイトを生成することも可能である。

- クリンカー冷却中にクリンカー表面に晶出するアルカリ硫酸塩はセメント粉砕後水で湿らすことが簡単にできる。このプロセスはアルカリ硫酸塩の高い溶解性よって促進される。主として硫酸塩焼成程度（Sulfatisierungsgrad）によってアルカナイト（Arkanit），無水芒硝石（Thenardit），アフチタライト（Aphthitalit），カルシウム-ラングバイナイト（Calcium–Langbeinit）が重要である。
- アルカナイトの解離によりカリウムイオンと硫酸塩イオンの高い濃度が生ずるので，局部的にシンゲナイト（Syngenit）の生成に至る（図-2.31）。これは空隙溶液中のカルシウムイオン濃度が高いことにより促進される。シンゲナイトはしばしば10μmまでの長さを有する薄い靴型の結晶を生成する。それによりフレッシュペーストのレオロジカルな特性に影響するようになる。事情によっては更に1時的なこわばりが発生する可能性がある（Bensted, 2002）。しかし強制的な攪拌により解消することができる。非常に薄くて長いシンゲナイト結晶が砕けるためである。
- 誘導期にとって非常に重要なプロセスは最初のエトリンガイトの生成である（図-2.32）。
- アルミネートは最も速く激しく，水と反応するクリンカー相である。硫酸塩の存在で，カードハウス状の薄板状のカルシウムアルミネートハイドレート

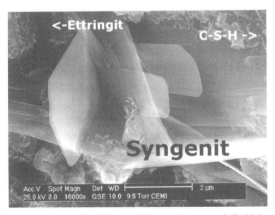

図-2.31 クリンカー粒子間に鼠径部状シンゲナイトの生成（水和4時間）

2 セメント

図-2.32 アルミネート上では局部的にエトリンガイトの生成が優先している。他のクリンカー相上ではほんの少しの結晶しか見られない

結晶－クリンカー粒子間の空隙を架橋固定する－の生成に至る。通常これはセメントの瞬結をもたらす。凝結調節材の添加により約 2μm×2μm×0.05μm の大きさのカルシウムアルミネートハイドレート結晶の生成は妨げられ，アルミネート表面に直接，長さ 100nm～400nm 間で，直径約 50nm～100nm の細かいエトリンガイト結晶が生成する。

　硫酸カルシウムの添加は誘導期におけるエトリンガイト生成に導きフレッシュペーストやコンクリートの作業性を可能とする。ESEM 試験では更にエトリンガイトはアルミネートに直接存在するばかりでなくクリンカー相に（少量）析出しているのが確認できた。凝結調節材のほかにアルカリ硫酸塩の解離から生まれた硫酸塩イオンと遊離石灰反応から遊離したカルシウムイオンは初期エトリンガイト生成に寄与できる。凝結調節材の反応度と量はクリンカーにより調整されなければならない。凝結調節材はアルミネートをエトリンガイトに転移させることをしないので，溶液中のエトリンガイトの過飽和は徐々に低下しそして好ましいエトリンガイトの長期の増大またはカルシウムアルミネートハイドレートの生成に至る（Rößler/Stark, 2003）。
• セメント粉砕の際添加される凝結調節材は通常石膏（$CaSO_4 \cdot 2H_2O$）と無水石膏（$CaSO_4$）の混合物から成り立っている。セメント粉砕中石膏は脱水し

2.6 水和

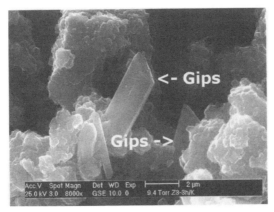

図-2.33 クリンカー粒子間に2次石膏の生成

一部または全て半水石膏（$CaSO_4 \cdot 0.5H_2O$）となる。水と混和後、半水石膏と遅れて無水石膏が2次石膏に変化する可能性がある（**図-2.33**）。シンゲナイトと同じように2次石膏はレオロジカル特性に負となるように影響する。しかし2次石膏の生成は非常にまれにしか観察されない。

- エーライトとビーライトの表面では休眠期の形成に至る反応が行われる、即ちエーライトとビーライトは数時間にわたり水和に少しだけ関与するが、その後特にエーライトの活発な反応となる。珪質モノマーを含む中間水和物相が発生する。この生成物Bと表記される中間水和物相は C_3S の水和それ故セメントの水和として、約3時間続く誘導期を根拠づける（Bellmann, 2009）。
- 所謂反応とは別にクリンカー微粒子の純粋な物理的濡れが発生する、それは高い表面積のため軽い発熱効果がある。

要約すれば初期水和に影響する次のプロセスということができる：

- セメントが濡れる
- 遊離石灰の反応
- アルカリ硫酸塩の解離
- 最初の水和生成物エトリンガイト、シンゲナイトの形成
- エーライト、ビーライトの表面反応（セメントの組成により石膏とポルトランダイトにも）

いわゆる関連性はいろいろな方法を用いて導き出される。最も重要な機器はESEM–FEGである (Möser/Stark, 1999)。

■水和初期中の空隙溶液

遊離石灰が十分な量だけ存在する場合その消和は，ポルトランダイトの生成をもたらす。その際ポルトランダイトの平衡濃度に（カルシウム約20ミリmol, 水酸化物 約40ミリmol）に達する。これは25℃の場合pH約12.45に一致する。

アルカリ硫酸塩の溶液は高い濃度のアルカリイオン（実質的にカリウムイオン）と硫酸塩イオンに導かれる。実際に存在する濃度はセメント中の可溶性アルカリ硫酸塩含有量による。それに応じて所謂イオンの濃度は大きく変動する。次の値はアルカリに富む，およびアルカリに乏しいCEM I 42.5について，水和1時間後に計測したものである：

カリウム＝453または141 mmol/l，ナトリウム＝52または15 mmol/l，硫酸塩＝206または/49 mmol/l。溶解するアルカリイオンは実質的に硫酸塩と結合しているが，溶解している硫酸塩イオンとアルカリイオンの総計は化学量論的に同量ではない。硫酸塩イオンの不足はエトリンガイトと石膏の生成で説明できる。2つの硫酸塩を含む鉱物の析出は硫酸塩イオンの消費を引き起こすので，アルカリイオン量はそれに妨げられることは無い。溶液中の電荷中立の保持のためアルカリ陽イオンはもはや硫酸塩イオンばかりでなく次第に水酸化イオンと平衡を保

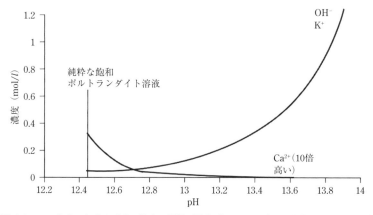

図-2.34　pHとカルシウムイオン濃度の関係（飽和ポルトランダイト溶液にKOHの添加）

つ。それに応じてエトリンガイトの生成は溶液中水酸化イオンに硫酸塩イオンの代替を起こさせる。水酸化イオン濃度の上昇は純粋ポルトラダイト溶液の上述の値 12.45 を超えて pH が上昇することに一致する。同時にカルシウムイオン濃度は低下する，pH が高い場合カルシウムは溶液中に少量しか存在できないからである（図-2.34）。

シンゲナイトの一時的生成は硫酸塩イオン濃度とカリウムイオン濃度の暫定的な減少へ導く。

溶液中の珪素の濃度は全水和過程で非常に減少する。

■セメントの風化

誘導期に現れる一時的なプロセスが湿潤な条件に長期間不適切に貯蔵した場合部分的に生ずることがある。特に石膏からまたはアルカナイト（K_2SO_4）を有する他の硫酸カルシウムからシンゲナイトの生成が認められる（図-2.35）。その際セメントの凝集は後の作業性にマイナスに影響する。

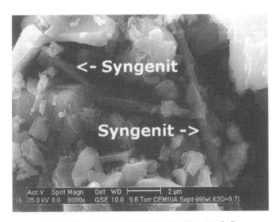

図-2.35　セメント保管中のシンゲナイト生成

■主水和段階

初期の反応の後，数時間静止状態が続く。反応しやすいアルミネート相はエトリンガイト被膜の形成により阻止され，エーライトの主反応はまだ始まらない（休眠期または主水和への誘導）。

2 セメント

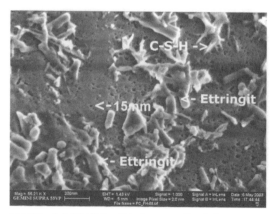

図-2.36 主水和の初め，最初のC-H-S相の生成の際クリンカー表面に空洞が現れる

　クリンカーに含まれるエーライトの反応は約2〜3時間後始まる（加速）。クリンカー相の表面には初めて散発的に非常に小さいC-S-H相が生成する。同時に穴または空洞が粒表面に観察される（図-2.36）。

　C-S-H相は水和の進行に伴い長さ約1〜2μm，径約50nmまでに成長する。針はしかし断面寸法が数ナノメータからなる小さい構造体からなっている。個々のC-S-H相の小さい寸法はセメントペーストの高い表面積を引き起こす（約50〜200m^2/g）。エーライト水和の間にクリンカー粒の周りに針状C-S-H相の密なカバーを生成する。通常C-S-H相は空隙の方にのみ成長する。これは数時間後個々の水和物縁の合体と安定なマトリックスの形成を起こさせる（図-2.37）。

　W/Cが小さい場合，粒子はお互い非常に近い所に存在し組織は非常に密実になる。それに伴う空隙量の減少と個々のクリンカー粒子の物理的結合はW/Cの低い場合コンクリート強度を上昇させる基本である。

　C-S-H相の水和物縁の空隙体積方向への成長は一部のクリンカー粒子ではまだ水和していないクリンカー粒子と既に存在する水和生成物の間に割れ目を生じさせるように作用する。この割れ目は場合により他の相により充填される（図-2.38）。

　水和物縁はクリンカー粒のエーライトの範囲周辺にのみ生成するのではない。長期にわたって反応するビーライトやフェライトの周辺でもそれにより覆われる。

68

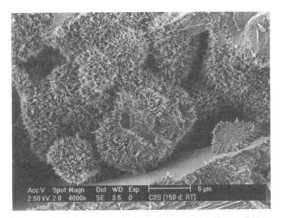

図-2.37 反応中粒子周辺の C–S–H 相縁の指向性ある成長による組織緻密化（プレパラート C_3S）

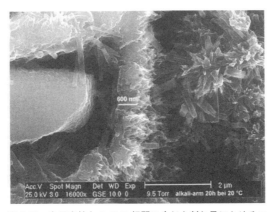

図-2.38 未反応核と C–S–H 相間に生じた割れ目におけるエトリンガイト結晶

引き続き C–S–H 相の他の個体物質表面への析出という結果となる。水和中セメントに例えば微粉砕した石灰石粉を添加すれば C–S–H 相はクリンカー粒子ばかりでなく石灰石粉表面にも生成する（**図-2.39**）。

C–S–H 相の水和縁は主要な部分に存在し、その間に個々のエトリンガイトがある（**図-2.40**）。その際エーライトに遊離酸化物として含まれているアルミニウムの反応生成物が重要であると思われる。それとは反対にアルミネート相の表面のエトリンガイトは非常に密になる（**図-2.41**）。

2 セメント

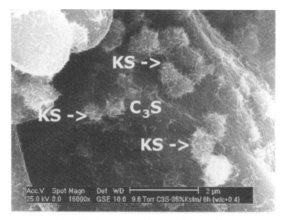

図-2.39 石灰石粒子表面の C-S-H 相

図-2.40 C-S-H 相間のエトリンガイト結晶

セメント水和で発生するエーライト，ビーライトの針状水和生成物はC-S-H相として表記される。方向性（横，斜）のある針状水和物は結合が多くの化学的組成を有していることを示唆している。Ca/Si比について1.6〜1.9の値（原子比）を示す。C-S-H相の水含有量は20〜40M.-%に達する（Taylor, 1997）。

エーライトの主水和は加速期に始まる。クリンカー粒子の周りにC-S-Hからなる密実な覆いの生成はしかしながら時間とともに水和速度を低下させる（減速期）。小さい粒子は完全に反応可能である一方で大きな粒子では未反応の核を残している（図-2.38）。基本的にゆっくり反応する相ビーライトとフェライトは濃

2.6 水 和

図-2.41 組織におけるエトリンガイトの局部的濃縮

図-2.42 クリンカー粒子のまだ水和していない核における支持相の濃縮

縮する（図-2.42）。

　他のクリンカー相エーライトとアルミネートの一部は転移しないので，水和物縁は非常に密実で，溶液相とクリンカー相間の交換は強く制限される結果となる。減速期には反応速度は大きく低下するので，遅い時期の転移は低いレベルである事が明らかである。その際おそらく実質的にビーライトとフェライト相の反応が重要である。最終段階の間（約1～2日の後）現れるプロセスは最終強度にとって非常に重要である，組織は決定的な密実性を獲得するからである。水和に必要

2 セメント

な水を予定より早く絶つことは空隙が多いマイクロ構造へと導きその耐久性（炭酸化，凍害）に関し不十分な特性を有することになる。これは特にゆっくり反応するセメント，例えば高炉セメントに通用する。

　C–S–H相の生成の際，エーライトの溶解時に遊離する全ての酸化カルシウムが結合することはしない。過剰なカルシウムは組織中に水酸化カルシウム（鉱物学表記：ポルトランダイト）として析出する。ポルトランダイトはクリンカー粒子の間にしばしば過大な凝集に成長する六角状板を形成する（図-2.43，図-2.44）。

　C–S–H相はエーライトとビーライトからのみ析出するのではなく他の表面（図

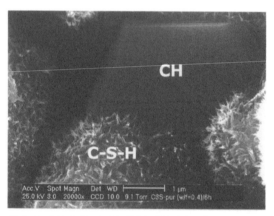

図-2.43　個々のポルトランダイト結晶（プレパラート：C_3S）

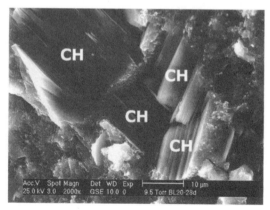

図-2.44　モルタル組織におけるポルトランダイトの凝集

-2.39) からも析出する．追加の成長面を通じて水和縁はクリンカー粒子周辺に少し密実性に欠けて生成し，水和はより早く進行する．**図-2.45**に微粉砕した石灰石粉（KSM）を添加したC$_3$S水和における熱量を示す．

反応している相の希釈によって反応代謝の上昇は可能であることは明白である．石灰石粉の添加によりC–S–H相は石粉の表面に析出することができる，水和縁は密実性が低く発達しそしてC$_3$S粒子は著しく増大してC–S–H相とポルトランダイトに転移する可能性がある（**図-2.46**）．

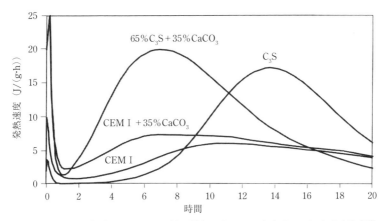

図-2.45 非常に微粉砕された石灰石粉の添加によるC$_3$Sまたはセメントの水和促進（C$_3$S曲線65％に基準化）

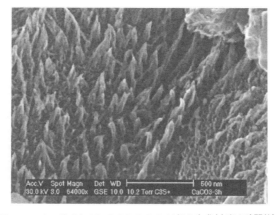

図-2.46 カルサイト上にC$_3$SからC–S–H相の生成（水和3時間後）

2 セメント

人工的に作られた C–S–H 相の場合, X–Seed（BASF社）と名付けられた製品は似たように, しかし更に強く懸濁液中で沈殿するように作用する。ここでも大きさナノメートルの C–S–H 相は結晶の核として作用する。

微粉砕の石粉の添加によって表面積の増大することに加えて, クリンカーの長い粉砕またはセメントの厳密なふるい分けにより, 水和度とそれにより圧縮強度が上昇する。粉砕時間が長くなることは, セメントが細かくなり大きな粒子が少なくなる働きをする。クリンカーの細粒部は完全に水和し, 一方粗大な粒子では未反応な核を残すことになる。それにより大きなセメント粒子の場合水和度は低いことが予期される。

主水和の開始（促進期）で最初の C–S–H 相が生成され, エーライトの盛んな反応に至る。その際水と石膏の反応の新しいアルミネートが生成される（図–2.47）。

アルミネート（C_3A）とフェライト（C_4AF）からアルミニウムの遊離に加えて, エーライトとビーライトの水和の時と同様にアルミニウムは溶解する。この2つの相にアルミニウム（加えてナトリウム, カリウム, マグネシウム, 他の元素）は外来イオンとして含まれる。宿主である相の反応では含まれている外来酸化物

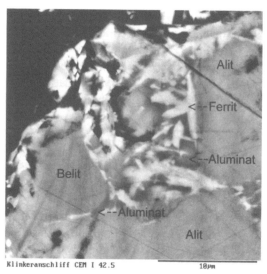

図–2.47　クリンカー粒子の組織の概観（研磨面の顕微鏡写真）

は同様に反応する。

　遊離しているアルミニウムは優先的に結合しエトリンガイトに結合される。この反応は約1日後に凝結調節材が完全に消費されることに導く。今や溶解したアルミニウム（アルミネート相，フェライト相から，もしくはエーライトやビーライト中遊離酸化物として）は凝結調節材の消費の後，式2.13〜2.15に相応して反応する。

$$C_3A + Ca(OH)_2 + 18H_2O \rightarrow C_4AH_{19} \qquad (2.13)$$
$$C_3A \cdot 3CaSO_4 \cdot 32H_2O + 2C_3A + 4H_2O \rightarrow 3(C_3A \cdot CaSO_4 \cdot 12H_2O) \quad (2.14)$$
$$C_3A + CaCO_3 + 11H_2O \rightarrow C_3A \cdot CaCO_3 \cdot 11H_2O \qquad (2.15)$$

式2.13〜2.15中の反応生成物は上位概念AFm相の下に統合できる。

エネルギー観点から室温では式2.13〜2.15の全ての反応は可能である。競合反応と取り扱うこともできる。どのAFm相ができるかはいろいろな環境条件による：

- 温度が低い場合カルシウムアルミネートハイドレート（式2.13）が有利であり，一方モノサルフェート（式2.14）は高温の場合に現れる（Stark et al., 2003）。
- カルシウムアルミネートハイドレートの生成にはモノサルフェート生成よりも多くの水が必要であり，2回目の反応の時エトリンガイトに存在する水が消費される可能性がある。そのため少ない水は溶解中のアルミネート（C_3A）を取り囲んでいるエトリンガイト被膜を通して運ばれなければならない。むしろこの被膜自身と直接反応するに至る。この速度論的要因はモノサルフェート生成に有利である。
- 石灰石粉（通常セメント製造の時，副成分として添加される）の存在はモノカーボネートの生成を可能にする（式2.15）。

式2.16に適うモノサルフェート生成が進行する時，最初のエトリンガイト量の減少に至る。モノサルフェートはしかし室温では不安定でエトリンガイトとカルシウムアルミネートハイドレートへの反応へと向かう（式2.16）。

$$3(C_3A \cdot CaSO_4 \cdot 12H_2O) + 8H_2O \rightarrow C_3A \cdot 3CaSO_4 \cdot 32H_2O + 2C_3AH_6 \quad (2.16)$$

この2次エトリンガイトの生成は非常にゆっくり進行し，場合によっては組織の損傷を伴う可能性がある。

2 セメント

■セメント水和中の空隙溶液

セメントの水和の際進行する反応は固体反応ではなく，溶解過程と充填過程を経た結果である（Glasser, 2003）。それは水と溶けやすいクリンカー鉱物の接触がクリンカー相の解離に至ることを意味する。その時溶液中の相応するイオン濃度がある値まで上昇すると，相応する鉱物の溶解生成物と記述することができる。難溶性の水和物に関して溶液の過飽和に至る。この過飽和は溶液から水和物相の結晶化へ導く。反応は溶解‐充填‐プロセスを表しているので，水分の多い相（空隙溶液）の試験は水和の間進行する過程にヒントを与える。

空隙溶液は水和の初期では比較的大量に存在しそのため比較的簡単に入手できる。水和の進行に伴い水和物相に水が取り込まれるため空隙の乾燥に至る（自己乾燥）。この理由でW/Cが小さく水和期間が長い場合，セメントペーストの空隙溶液を入手することは常に可能というわけではない。通常の方法として空隙溶液の抽出は初期の段階では負圧環境としフレッシュペーストを高速回転する遠心分離器にかけることで行われる。凝結したセメントペーストの場合，空隙溶液は非常に高い圧力（約320MPa）で絞り出される。空隙溶液の分析は含んでいるイオンの濃度やpHについて行われる。更に弱酸（OH^-，CO_3^{2-}，HCO_3^-，$H_2SiO_4^{2-}$など）の酸残基の総和が滴定により定められる。この際実質的には水酸化イオンが重要である。

計測されたイオン濃度から特定の溶液はそれぞれ異なる鉱物について過飽和か未飽和か計算できる。それから試験された相は溶液から生成しうるのか（過飽和），それは他の相が生成するため消費されるのか（未飽和）推定することができる。ふさわしい計算を基に測定した濃度を活動度に変更する。活動度は分析で証明された濃度がまさに鉱物の生成または溶解に関与する割合を意味する。それに応じて修正された濃度が重要である（Brdicka, 1990；Sigg/Stumm, 1996；Pitzer, 1991）。算出されたイオン活動度は試験した鉱物のイオン生成物の計算に役立つ。特定の相に対するイオン生成物が対応する平衡値（可溶性生成物）より小さければ溶液は未飽和で相は溶解できる。イオン生成物は可溶性生成物に応じて，溶解と試験した鉱物の間の平衡値が存在する。イオン生成物が可溶性生成物を超えていると水溶液相から鉱物の析出に至る（式2.17）。

$$SI = \log (IP/Ksp) \tag{2.17}$$

SI：飽和指数

IP：イオン生成物

Ksp：可溶性生成物

図-2.48と**図-2.49**に高硫酸塩抵抗性を有するセメント（SRセメント）の水和におけるイオン濃度もしくは過飽和の時間経過を示す。

水和の早い時期には遊離石灰の反応，アルカリ硫酸塩の解離あるいはいろいろな環境におけるエトリンガイト，シンゲナイト，石膏の生成が重要である。アル

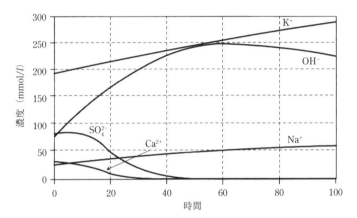

図-2.48 SRセメント水和におけるイオン濃度の時間経過

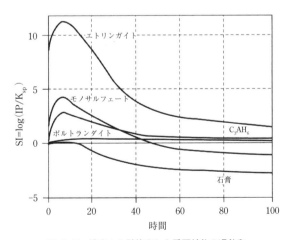

図-2.49 濃度から計算された重要鉱物の過飽和

2 セメント

カリイオン濃度と硫酸塩濃度の急速な上昇がそれと結びついている。硫酸イオンの消費に応じて溶液の pH が上昇する，理由はエトリンガイトと石膏の生成の影響により溶液中の硫酸塩イオンが水酸化イオンと置き換わるためである。

　最初の激しい反応の後数時間にわたりイオン濃度はほとんど変化しないことが重要である。エーライト反応の始まりにより引き続きアルミネート（C_3A）は水と反応しやすくなる。エトリンガイト生成が続いているときには溶液中の硫酸塩は消費される。硫酸塩イオン濃度は硫酸カルシウム（無水石膏，バサナイト，石膏）の後溶解により，比較的高いレベルを保つ。凝結調節材の完全な消費の後初めて硫酸塩イオン濃度は明らかに低下する。図-2.49 では現存する相に石膏が存在しなくなる水和期間 12 時間までこの鉱物（石膏）の軽い過飽和が存在することが明らかである。16 時間後に初めて石膏の未飽和が証明される。それに応じて凝結調節材の完全な消費はこの時点までに終了する。それに対応して空隙溶液中の硫酸塩濃度は明白に減少するに至る（図-2.48）。

　初期段階では空隙溶液は硫酸塩イオンのほかアルカリ硫酸塩イオンに支配される。セメントクリンカーの冷却の際クリンカー粒子の表面で結晶したアルカリ硫酸塩から直ちに可溶性のアルカリが生ずる。その際クリンカー焼成の出発物質に応じて実質的には硫酸カリウムが重要である。水和の進行に伴いアルカリ濃度の上昇に至る。これは外来酸化物としてナトリウムとカリウムを含む溶解したクリンカー相からアルカリの後溶解した結果として生ずる。更に水和の際生ずるセメントペーストの自己乾燥はアルカリ濃度を上昇させる。理由はアルカリを溶解できる水が不足するためである。高いアルカリ濃度の場合，このイオンの一部は十分可逆性で C–S–H 相に吸収される（Hong/Glasser，1999）。

　アルカリの C–S–H 相自体への取り込みは，一方では証明されていない（Richardson/Groves，1993）。カリウムイオンの濃度の進行はシンゲナイトの一時的生成により影響を受ける，しかし相似のナトリウムを含む結合は存在しない。空隙溶液の乾燥，例えば高い真空では C–S–H 相間に薄いアルカリに富んだフィルムが生成する（図-2.50）。

　空隙溶液中における連続するアルカリ濃度の上昇と硫酸塩イオンの減少により pH は，即ち水酸化イオン濃度は上昇する。イオンの性質が実質上プラス電荷を補償するためである。水酸化イオン濃度の増加はしかしながら溶液からカルシウ

2.6 水 和

図-2.50 空隙の乾燥の場合C-S-H相間に薄いカリウムを含むフィルムが生成

ムイオンを押しのける。これは水酸化イオン濃度の増加はカルシウムイオン濃度を低下させることを意味する。これは所謂ポルトランダイトの平衡をもたらす。図-2.34はpH即ち水酸化イオン濃度とカルシウムイオン濃度の関係の経過を示す。

空隙溶液のpHは中でもW/Cに依存する。W/Cが低くなると低いほど自己乾燥の傾向が大きくなり、アルカリの受け入れに自由になる溶液相への供給が減少する。そのため空隙溶液のpHは明白に上昇する。

溶液中のアルミニウムと珪素の濃度は非常に小さい。そのためこれらのイオンの精密な量的分析は非常に難しい。アルミニウム濃度の定量はモノサルフェート、エトリンガイトと他のアルミニウムを含む鉱物の過飽和に関する計算が必要である。

図-2.49では水和の最初の1時間に非常に高いエトリンガイトの過飽和を知ることができる。比較可能な値は同じような試験でもたらされている（Rothstein et al., 2002）。約10という飽和指数により均一な核生成が生じたと推定できる。僅かな過飽和はおそらく単に長いエトリンガイトの成長を可能にするだけである。エトリンガイトの形態と過飽和の関係を図-2.51に示す。

水和の後、水和物相、不十分に転移のクリンカー粒子、空隙、高アルカリ性空隙溶液からなるセメントペースト組織が存在する。普通ポルトランドセメントの場合には次の水和相が期待される：C-S-H、ポルトランダイト、エトリンガイト、

2 セメント

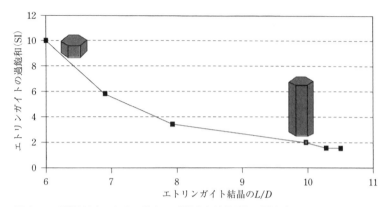

図-2.51 空隙溶液中エトリンガイトの過飽和と結晶形態の関係 (Rößler/Stark, 2003)

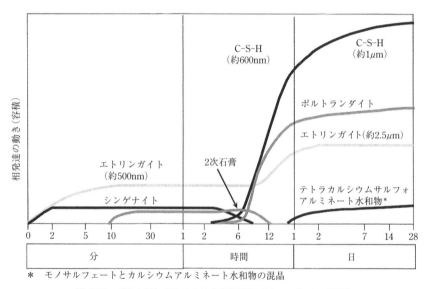

* モノサルフェートとカルシウムアルミネート水和物の混晶

図-2.52 ポルトランドセメント水和の略図 (Möser/Stark, 2002)

AFm。AFm の代わりにハイドロガーネット（C_3AH_6）も生成される。

クリンカー鉱物の反応程度は様々である。エーライトやアルミネートは高い水和度に達する，一方ビーライトやフェライト相は反応キャリアである。相発達の試験結果は図-2.52 により総括できる。

2.6.6.4 水和度

　水和度は水和硬化過程の進行度合いを示す尺度である。水－セメント系の水和が
ある時点でどの程度最終状態に近づいているか定める指標である。水和度はセメン
トペーストの空隙構造に決定的に影響を及ぼすので，セメントペーストの耐久性に
対し重要な影響度を示す。ポルトランドセメントの場合，水和継続期間中の水和特
性値は度々観察，評価され，ある特定の時期と水和の最終値の関係から求められる。

　水和進行の尺度として有用な特性値は，強熱減量，水和熱，圧縮強度，導電性
または生成水酸化カルシウム量などである。特性値に基づく水和度計算の基準値と
して，長期の水和期間（例90日）の後，測定されたもしくは計算された最終値が
用いられる。水和進行の判断で最適なことは，水和期間毎に測定された強熱減量を
用いて化学的に結合した水量を求めることが考えられる。クリンカー相の水和反応
式を利用して近似的に計算された最大結合水量に対し水和度は直接導かれる。

　スラグセメントの場合水和度の計算には問題がある。後期硬化ポテンシャルが大
きいため仮定する最終値の測定は，非常に長い水和期間が経過した後，可能になる
からである。結合した最大水量の計算もまた困難である。スラグガラスの複雑性は
一般に適用できる水和の反応式の記述はできない。にもかかわらずこのセメントの
水和度の計算を可能とするため，所謂選択溶解法－その対象を既に水和した水砕
スラグの部分とまだ水和していない部分とに分ける－が考えられる。

■ポルトランドセメントの水和度

　期間 t における水和度は化学的に結合した水量 m_{wt} から算出される。同じセメ
ント量とセメント種類を使い完全に水和した時に結合する水量が照合基準として
使用される：

$$\alpha_H = \frac{m_{w,t}}{m_{w,\max}} \cdot 100\% \tag{2.18}$$

　期間 t における化学的に結合する水量は一般に強熱減量（Glühverlust, GV）[2]
から計算される。

　2）　強熱減量（Glühverlust）：炭酸化していない供試体1 000gを1 050℃で30分間マッフルオーブン
　　を用いて強熱する。供試体冷却の後，質量減少を計算する。

2　セメント

$$m_{w,t} = \frac{GV}{100-GV} \tag{2.19}$$

期間 t におけるクリンカー相の質量は X 線回折法または赤外分光法（IP）により定められる。

完全に水和した時の化学的結合水量（$m_{w\max}$）は個々のクリンカー相の結合水により算出できる。

クリンカー鉱物の結合可能水量

クリンカー鉱物は化学量論に相応した水が結合できる。計算に重要なのは常に反応の最終生成物の想定である。実際は多数の異なる最終生成物あるいは混合物が生まれる。最初の手掛かりとなる時点に必要な混和水量を得るため，一定の組成を有する反応生成物の想定による意図的な単純化が必要である。

次の例は C_3S の水和の際に必要な水量算出の計算方法を詳細に明らかにしようとしたものである。$C_3S_2H_4$ は C–S–H 相の平均組成に相応する。

▶例

$2C_3S$　　　　　　$+7H \rightarrow C_3S_2H_4$　　　　　　　　$+3CH$

$2(3CaO \cdot SiO_2) + 7H_2O \rightarrow 3CaO \cdot 2SiO_2 \cdot 4H_2O + 3Ca(OH)_2$ $\quad$ (2.20)

モル質量：

$2(228.33)$	$+7 \cdot 18 \rightarrow 3 \cdot 56.08 = 168.24$	$+3(56.08+18)$
	$2 \cdot 60.09 = 120.18$	
	$4 \cdot 18 \quad = 72.00$	
	360.42	
456.66	$+ 126 \quad \rightarrow 360.42$	$+222.24$
$(\Sigma = 582.66)$	$\rightarrow (\Sigma = 582.66)$	
$\cdot\ 456.66g\ C_3S$	$= 126g\ H_2O$	
$100g \quad C_3S$	$= xg\ H_2O$	
x	$= 27.6g\ H_2O$	
m_w	$= 0.276$	

表-2.11 は可能な反応を示す。

表-2.11　C_3A と C_4AF の可能な水和反応

反応	結合水	必要 SO_3
C_3A		
$C_3A + 6H \rightarrow C_3AH_6$	0.400g H_2O/1g C_3A	0gSO_3
$C_3A + C\bar{S}H_2 + 10H \rightarrow C_3A \cdot C\bar{S} \cdot H_{12}$	0.667g H_2O/1g C_3A	$0.296SO_3$/1g C_3A
$C_3A + 3C\bar{S}H_2 + 26H \rightarrow C_3A \cdot 3C\bar{S} \cdot H_{32}$	1.733gH_2O/1g C_3A	0.889g SO_3/1g C_3A
C_4AF		
$C_4AF + 2CH + 10H \rightarrow 2\,(C_3A_{0.5}F_{0.5}H_6)$	0.370g H_2O/1g C_4AF	0g SO_3/1g C_4AF
$C_4AF + 2C\bar{S}H_2 + 2CH + 18H \rightarrow$ $2(C_3A_{0.5}F_{0.5} \cdot C\bar{S} \cdot 12H)$	0.667g H_2O/1g C_4AF	0.329g SO_3/1g C_4AF
$C_4AF + 6C\bar{S}H_2 + 2CH + 50H \rightarrow$ $(C_3A_{0.5} \cdot F_{0.5} \cdot 3C\bar{S} \cdot 32H)$	1.852g H_2O/1g C_4AF	0.988g SO_3/1g C_4AF

2.7　DIN EN 197-1 によるセメント

セメントは DIN EN 197-1 により定義されている：

セメントは水と混合されてセメントペーストを生じさせる水硬性結合材，即ち微粉砕された無機質材料であり，それは水和により凝結・硬化し，硬化後は水中においても固く容積安定性を保つものである。

EN 197-1 によるセメント，所謂 CEM セメントは適正に計量され骨材や水と適正に混合された後コンクリートまたはモルタルとなり，十分に長い時間作業性に優れ一定時間経過後定められた強度レベルに達しなければならない。そして長期間容積安定でなければならない。

セメント種類では基本的に次に分類される：

- ポルトランドセメント（CEM I）
- ポルトランドコンポジットセメント（CEM II）
- 高炉セメント（CEM III）
- ポゾランセメント（CEM IV）
- コンポジットセメント（CEM V）

主分類の中で CEM II，CEM III，CEM IV，CEM V は個々のセメント種類毎に主要構成成分により個々のセメント種類に対して更にいろいろな名前が備わっている。

2 セメント

　セメントは DIN EN 197–1 （通常セメント） と DIN EN 14216 （特殊セメント）
により 4 つの強度クラス （材齢 28 日最小圧縮強度，N/mm^2）に分類される。

- 22.5
- 32.5
- 42.5
- 52.5

■セメント添加剤

　EN 197–1 の意味における添加剤は，主要構成成分や副構成成分では考慮されず，
セメントの製造または特性を改善するために添加される構成成分である。

　添加剤の総量はセメントに対する質量（色素を除く）で 1.0％を超えて添加し
てはならない。有機質添加剤の質量は乾燥状態でセメント質量の 0.5％を超えて
はならない。

　この添加剤は鉄筋の腐食を促進，またはセメントの特性，またはセメントで製
造されるコンクリートやモルタルの特性を損ねてはならない。もし基準シリーズ
EN 937 によるコンクリート，モルタル，または注入モルタル用添加剤がセメン
ト製造時に使用された場合，添加剤の記号が納品書に記載されねばならない。

　表–2.12 に現在 DIN EN 197–1 に規格化されているセメント種類（規格セメント）
を示す。

表 2.12 の略記号の説明

CEM I	ポルトランドセメント
CEM II	ポルトランドコンポジットセメント
/A	80–94％ポルトランドセメント–クリンカー
/B	65–79％ポルトランドセメント–クリンカー
–S	水砕スラグ （S 高炉スラグ）
–D	シリカフューム （D ダスト）
–P	天然ポゾラン （P 天然ポゾラン）
–Q	天然ポゾラン，徐冷
–V	珪酸に富んだフライアッシュ
–W	石灰（酸化カルシウム）に富んだフライアッシュ
–T	焼成頁岩 （T 焼成頁岩）

2.7 DIN EN 197-1 によるセメント

–L	TOC（全有機炭素）含有量＜0.50％の石灰石（L 石灰石）
–LL	TOC（全有機炭素）含有量＜0.20％の石灰石
CEM Ⅲ	高炉セメント
/A	35 ～ 64％ポルトランドセメント–クリンカー
/B	20 ～ 34％ポルトランドセメント–クリンカー
/C	5 ～ 9％ポルトランドセメント–クリンカー
CEM Ⅳ	ポゾランセメント
/A	65 ～ 89％ポルトランドセメント–クリンカー
/B	45 ～ 64％ポルトランドセメント–クリンカー
CEM Ⅴ	コンポジットセメント
/A	40 ～ 64％ポルトランドセメント–クリンカー
/B	20 ～ 38％ポルトランドセメント–クリンカー

セメントの EN 197-1 による規格記号

セメントの規格記号は少なくとも次を含んでいなければならない：

- 表–2.12 による名称
- 規格の指示
- 表–2.12 によるセメント種類の略記号
- 表–2.13 による強度クラスの数値

基準強度のそれぞれのクラスについて初期強度に関して3クラスが定義されている：

低い初期強度のクラス L（＝ LOW），普通の初期強度のクラス N（＝ Normal），高い初期強度クラス R（＝ Rapid）と表記される（表–2.13）。

特別な特性を有するセメントは更に次の文字が与えられる：

LH　低い水和熱のセメント（low heat of hydration）

VLH　非常に低い水和熱のセメント（very low heat of hydration）

SR　高い硫酸塩抵抗性を有するセメント（sulfate resistant）

NA　低アルカリセメント（Zement mit niedrigen wirksam Alkaligehalt）

FE　早強セメント（Zement mit frühem Erstarren）

SE　超早強セメント（Schnellerstarrende Zemente）

HO　有機成分を多く含むセメント（Zement mit erhöhtem Anteil an organis-chen Bestandteilen）

2 セメント

表-2.12 セメント種類と組成 M.-% (DIN EN 197-1)

主要セメント種類	27製品の記号（通常セメントの種類）	主要構成材										副構成材
		ポルトランドセメントクリンカー K	水砕スラグ S	シリカフューム D[a]	ポゾラン 天然 P	ポゾラン 天然(焼成) Q	フライアッシュ 高シリカ質 V	フライアッシュ 高石灰質 W	焼成頁岩 T	石灰石 L	石灰石 LL	
CEM I	ポルトランドセメント											
	CEM I	95~100	–	–	–	–	–	–	–	–	–	0~5
CEM II	ポルトランドスラグセメント											
	CEM II /A-S	80~94	6~20	–	–	–	–	–	–	–	–	0~5
	CEM II /B-S	65~79	21~35	–	–	–	–	–	–	–	–	0~5
	ポルトランドシリカフュームセメント											
	CEM II /A-D	90~94	–	6~10	–	–	–	–	–	–	–	0~5
	ポルトランドポゾランセメント											
	CEM II /A-P	80~94	–	–	6~20	–	–	–	–	–	–	0~5
	CEM II /B-P	65~79	–	–	21~35	–	–	–	–	–	–	0~5
	CEM II /A-Q	80~94	–	–	–	6~20	–	–	–	–	–	0~5
	CEM II /B-Q	65~79	–	–	–	21~35	–	–	–	–	–	0~5
	ポルトランドフライアッシュセメント											
	CEM II /A-V	80~94	–	–	–	–	6~20	–	–	–	–	0~5
	CEM II /B-V	65~79	–	–	–	–	21~35	–	–	–	–	0~5
	CEM II /A-W	80~94	–	–	–	–	–	6~20	–	–	–	0~5
	CEM II /B-W	65~79	–	–	–	–	–	21~35	–	–	–	0~5
	ポルトランド頁岩セメント											
	CEM II /A-T	80~94	–	–	–	–	–	–	6~20	–	–	0~5
	CEM II /B-T	65~79	–	–	–	–	–	–	21~35	–	–	0~5
	ポルトランド石灰石セメント											
	CEM II /A-L	80~94	–	–	–	–	–	–	–	6~20	–	0~5
	CEM II /B-L	65~79	–	–	–	–	–	–	–	21~35	–	0~5
	CEM II /A-LL	80~94	–	–	–	–	–	–	–	–	6~20	0~5
	CEM II /B-LL	65~79	–	–	–	–	–	–	–	–	21~35	0~5

2.7 DIN EN 197-1 によるセメント

			クリンカー							0~5
CEM II	ポルトランドコンポジットセメント [b]	CEM II/A-M	80~94	←6~20→						0~5
		CEM II/B-M	65~79	←21~35→						0~5
CEM III	高炉セメント	CEM III/A	35~64	36~65	–	–	–	–	–	0~5
		CEM III/B	20~34	66~80	–	–	–	–	–	0~5
		CEM III/C	5~19	81~95	–	–	–	–	–	0~5
CEM IV	ポゾランセメント [b]	CEM IV/A	65~89	–	←11~35→			–	–	0~5
		CEM IV/B	45~64	–	←36~55→			–	–	0~5
CEM V	コンポジットセメント [b]	CEM V/A	40~64	18~30	←18~30→			–	–	0~5
		CEM V/B	20~38	31~50	←31~50→			–	–	0~5

a) シリカフュームの割合は10%までに制限されている
b) ポルトランドコンポジットセメント CEM II/A-M, CEM II/B-M, ポゾランセメント CEM IV/A, CEM IV/B, コンポジットセメント CEM V/A, CEM V/B では、主要構成材料はクリンカーを除いてセメントの記号により表示されなければならない

2 セメント

▶表記例

1. ポルトランドセメント：強度クラス 42.5，高い初期強度

   Portalandzement EN 197-1-CEM I 42.5R

2. ポルトランド石灰石セメント：石灰石質量 6 〜 20%，TOC（全有機炭素）含有量 0.50% 以下（L），強度クラス 32.5，普通の初期強度

   Portlandkalksteinzement EN 197-1 CEM II/A-L32.5N

3. ポルトランドコンポジットセメント：水砕スラグ(S)・珪酸に富むフライアッシュ（V）・石灰石（L）の総量 6 〜 20%，強度クラス 32.5，高い初期強度

   Portlandkompositzement EN 197-1 CEM II/A-M（S-V-L）32.5R

4. コンポジットセメント：水砕スラグ（S）質量 18 〜 30%，珪酸に富むフライアッシュ質量（V）18 〜 30%，強度クラス 32.5，普通の初期強度

   Kompositzement EN 197-1 CEM V/A（S-V）32.5N

5. 高炉セメント：水砕スラグ質量 66 〜 89%，強度クラス 32.5，普通の初期強度，低発熱量，高い耐硫酸塩抵抗性

   Hochofenzement EN 197-1 CEM III/B32.5N-LH/SR

規格表示のほかに目印として用途の可能性を示すセメントの標識が存在する。例えば：

-st-	道路建設用セメント	特に舗装スラブの施工に特徴
-pe-	疎水性特殊セメント	難しい地盤の挙動（シルト質地盤，単粒砂）の際，耐久的な固化を可能にする
-se-	トンネルセメント 吹付セメント	トンネル工事，地下工事の斜面や囲いの安定，中でも促進剤の使用が許されない吹付コンクリートの施工に利用
-ft-	コンクリートプレキャスト製品用セメント	プレキャスト部材工場で脱型期間を非常に短くすることができるセメント
-dw- -sw-	白色セメント	特別な造形の課題のため明るい白色のセメント
-sb-	吹付けセメント	とりわけ凝結反応の観点から吹付コンクリート（促進剤のある場合，無しの場合）の施工を最適にするセメント
HT		ポルトランドセメントクリンカー，水砕スラグ，硫酸カルシウムからなる水硬性結合材：水硬性結合した地盤および地盤改良・地盤強化に特徴

88

2.7　DIN EN 197-1 によるセメント

2.7.1　セメントの要求基準

機械的，物理的，化学的要求は**表‒2.13**，**表‒2.14** に含まれている。

表‒2.13　特性値として定義された機械的物理的要求

強度 クラス	規格	圧縮強度 MPa			凝結開始	容積安定性 （膨脹量）
		初期強度		基準強度		
		2 日	7 日	28 日	min	mm
22.5	DIN EN 14216	–	–	≧ 22.5　　≦ 42.5	–	–
32.5L	DIN EN 197‒1	–	≧ 12	≧ 32.5　　≦ 52.5	≧ 75	≦ 10
32.5N.	DIN EN 197‒1	–	≧ 16			
32.5R	DIN EN 197‒1	≧ 10	–			
42.5L	DIN EN 197‒1	–	≧ 16	≧ 42.5　　≦ 62.5	≧ 60	
42.5N	DIN EN 197‒1	≧ 10	–			
42.5R	DIN EN 197‒1	≧ 20	–			
52.5L	DIN EN 197‒1	≧ 10		≧ 52.5　　–	≧ 45	
52.5N	DIN EN 197‒1	≧ 20				
52.5R	DIN EN 197‒1	≧ 30				

表‒2.14　特性値として定義された化学的要求

特性	試験法	セメント	強度クラス	要求 [a]
強熱減量	EN 196‒2	CEM I CEM III	全て	≦ 5.0%
不溶解残渣	EN 196‒2 [b]	CEM I CEM III	全て	≦ 5.0%
硫酸塩含有量 （SO_3 として）	EN 196‒2	CEM I CEM II [c] CEM IV	32.5N 32.5R 32.5N	≦ 3.5%
		CEM V CEM III [d]	42.5R 52.5N 52.5R 全て	≦ 4.0%
塩化物含有量	EN 196‒21	全て [e]	全て	≦ 0.10% [f]
ポゾラン反応性	EN 196‒5	CEM IV	全て	試験を満足

a)　要求はセメントの質量％として定められる

b)　塩酸と炭酸ナトリウム中で不溶解残渣の定量

c)　セメント種類 CEM II /B‒T は全ての強度クラスで硫酸塩（SO_3 として）4.5％まで含んで良い

d)　セメント種類 CEM III /C は硫酸塩（SO_3 として）4.5％まで含んで良い

e)　セメント種類 CEM III は塩化物 0.10％より多く含んでよい，ただしその場合実際の塩化物量は包装または納品書に記載されねばならない

f)　プレストレストコンクリートに使用するためセメントは低い値の要求で製造することができる。その場合 0.10％に置き換わった低い値が納品書に記載されねばならない

2 セメント

■基準強度

規格に従って**表–2.13**の強度クラスが分類されている。強度クラスの指数として DIN EN 197–1 に定めた 28 日強度が適用される。

■初期強度

セメントの初期圧縮強度 – DIN EN 196–1 により材齢 2 日または 7 日と定められている – は**表–2.13**の要求を満足しなければならない。基準強度クラスのそれぞれについて 2 クラスの初期強度が定義されている；普通の初期強度（付加文字 N）と高い初期強度（付加文字 R）。

■凝結時間

コンクリートの場合，凝結はグリーンコンクリートの移行を経て作業性を失うヤングコンクリートに至ることを示す。凝結始期として通常に製造された水セメント混合物がある一定のこわばりに達する時を表す。DIN EN 196–3 で定められた凝結始発時間はフレッシュペーストについてビカー針装置で定められる。

■容積安定性

耐久性を有するコンクリートの製造にはセメントは容積安定でなければならない，即ち一定の膨張量を超えてはならない。全てのセメントは種類と強度クラスに対して DIN EN 196–3 により定められた膨張量は**表–2.13**の要求を満足しなければならない。

■耐久性に対する要求

多数の使用状況の中，特に極端な環境下ではセメントの選択はコンクリート，モルタル，注入モルタルの耐久性 – 例えば凍害抵抗性，侵食性の水や地盤の抵抗性，鋼材腐食の防止などの観点から – に影響がある。セメントの選択は DIN EN 197–1 により，特に各種使用状況や環境クラスに対する種類や強度クラスを考慮して，相応する規格もしくはコンクリートやモルタルの規則に従わねばならない。

2.7.2 DIN EN 197-1,DIN EN 14216,DIN 1164により特別な特性を有するセメント

1. 低水和熱のセメント（LH）

低水和熱（LH）セメントはセメントと水が固まるとき比較的熱の発生が少なく，それ故，温度応力によるひび割れ発生の危険を避けるためマッシブなコンクリート部材の施工に適する。

高い水和熱のセメントは高い早期強度のコンクリートや寒冷な気象の際のコンクリート打設に使用される。各種セメントの水和熱を表-2.15に示す。

EN 197-1による低水和熱セメントの許容水和熱量は最初の7日で270J/gセメント，そしてDIN EN 14216による超低水和熱（VLH）セメントはそれに比べて220J/gを超えてはならない。

各種セメントの水和熱発生は図-2.53に表している。

表-2.15 各種セメントの水和熱の手掛かりとなる数値

強度クラス	強度と熱の発生	液体カロリーメータで計測した水和熱量，18-21℃ (J/g)			
		材齢1日	材齢3日	材齢7日	材齢28日
32.5	緩速	60〜175	125〜250	150〜300	200〜375
32.5R 42.5	普通	125〜200	200〜335	275〜375	300〜425
42.5R 52.5 52.5R	急速	200〜275	300〜350	325〜375	375〜425

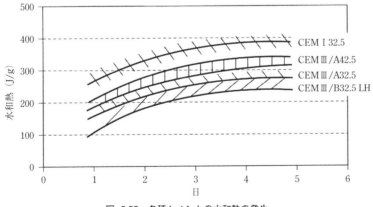

図-2.53 各種セメントの水和熱の発生

2 セメント

表-2.16 特殊セメント (VLH) と DIN EN 14216 によるその組成 (M.-%)

主セメント種類	6種の特殊セメントの表記	組成 M.-% 主構成材										副構成材
		ポルトランドセメントクリンカー	水砕スラグ	シリカフューム	ポゾラン		フライアッシュ		焼成頁岩	石灰岩		
					天然	天然(焼成)	高シリカ質	高石灰質				
		K	S	D	P	Q	V	W	T	L	LL	
VLH III 高炉セメント	VLHⅢ/B	20~34	66~80	–	–	–	–	–	–	–	–	0~5
	VLHⅢ/C	5~19	81~95	–	–	–	–	–	–	–	–	0~5
VLH IV ポゾランセメント	VLHⅣ/A	65~89	–	11~35								0~5
	VLHⅣ/B	45~64	–	36~55								0~5
VLH V コンポジットセメント	VLHⅤ/A	40~64	18~30	–	18~30							0~5
	VLHⅤ/B	20~38	31~50	–	31~50							0~5

2.7 DIN EN 197-1によるセメント

2. 超低水和熱セメント（VLH）

非常に低い水和熱のセメントは DIN EN 14216 により VLH（Very Low Heat of Hydration）と表現する（**表-2.16**）。

3. 耐硫酸塩セメント（SR）

高い硫酸塩抵抗性を有するセメントは DIN EN 197-1 により次のように 3 つの主要セメント種類に分類される；

高い硫酸塩抵抗性のポルトランドセメント	
CEM I –SR 0	高い硫酸塩抵抗性ポルトランドセメント（クリンカー中 C_3A 含有量 = 0%）
CEM I –SR 3	高い硫酸塩抵抗性ポルトランドセメント（クリンカー中 C_3A 含有量 ≤ 3%）
CEM I –SR 5	高い硫酸塩抵抗性ポルトランドセメント（クリンカー中 C_3A 含有量 ≤ 5%）
高い硫酸塩抵抗性の高炉セメント	
CEM III/B–SR	高い硫酸塩抵抗性高炉セメント（クリンカー中 C_3A 含有量要求無し）
CEM III/C–SR	高い硫酸塩抵抗性高炉セメント（クリンカー中 C_3A 含有量要求無し）
高い硫酸塩抵抗性ポゾランセメント	
CEM IV/A–SR	高い硫酸塩抵抗性ポルトランドセメント（クリンカー中 C_3A 含有量 ≤ 9%）
CEM IV/B–SR	高い硫酸塩抵抗性ポルトランドセメント（クリンカー中 C_3A 含有量 ≤ 9%）

耐硫酸塩（SR）セメントの組成は**表-2.17**の基準に一致しなければならない。セメント種類の表記は DIN EN 197-1 基準の要求に適合しなければならず，CEM I セメントには追加の記号 SR 0，SR 3，SR 5，CEM III セメント，CEM IV セメントには SR のみ含んでいなければならない。

$SO_4^{2-} \leq 1\,500mg/l$ の場合 SR-セメントに代わり，一定の条件のもとでセメントとフライアッシュの混合物が用いられてよい（DIN 1045-2）。

4. 低アルカリセメント（NA）

コンクリートに有害なアルカリ反応を避けるためドイツのいくつかの連邦州では骨材状態に基づいて，一定の使用状況ではコンクリートを製造するに当たって DIN 1164-10 による有効アルカリ量の少ないセメントを使用することが必要である。

全アルカリ量は次式により Na_2O 当量（質量 M.-%）として計算される。

$$Na_2O - 当量 = Na_2O + 0.658K_2O \tag{2.21}$$

低アルカリ（NA）セメントに対する追加の要求は**表-2.18**に示す。

93

2 セメント

表-2.17 耐硫酸塩セメント

主種類	7種製品の表記 (高い硫酸塩抵抗性セメント)		組成 M.-% [a]				副構成材
			主構成材				
			クリンカー	水砕スラグ	天然ポゾラン	高シリカ質フライアッシュ	
			K	S	P	V	
CEM I	耐硫酸塩ポルトランドセメント	CEM I –SR0	95〜100	–	–	–	0〜5
		CEM I –SR3					0〜5
		CEM I –SR5					0〜5
CEM III	耐硫酸塩高炉セメント	CEM III /B–SR	20〜34	66〜80	–	–	0〜5
		CEM III /C–SR	5〜19	81〜95	–	–	0〜5
CEM IV	耐硫酸塩ポゾランセメント [b]	CEM IV/A–SR	65〜79	–	21〜35		0〜5
		CEM IV/B–SR	45〜64	–	36〜55		0〜5

a) 表の数値は主構成材副構成材の合計に適用する

b) 耐硫酸塩ポゾランセメント即ちセメント種類 CEM IV/A–SR, CEM IV/B–SR についてクリンカーのほか主構成材はセメント種類の表記に述べている

表-2.18 NA セメントの要求基準

セメント種類	Na_2O- 当量に対する要求 %
CEM I から CEM V まで	≤ 0.60
更に次のセメントについて要求は適用される	
CEM II /B–S	≤ 0.70
CEM III /A[a]	≤ 0.95
CEM III /A[b]	≤ 1.10
CEM III /B	≤ 2.0
CEM III /C	≤ 2.0

a) 水砕スラグ量 ≤ 49M.-%に適用

b) 水砕スラグ量 ≥ 50M.-%に適用

5. 凝結時間が早いセメント（FE セメント，SE– セメント）

DIN 1164–11 により早い凝結（FE）と非常に早い凝結（SE）セメントに分けられる。凝結について特別な要求を**表-2.19**に示す。

6. 有機添加物を多く含むセメント（HO⁻セメント）

DIN 1164–12 により有機セメント添加物総量はセメントの質量に対して1M.-%を超えてはならない。

2.8 高硫酸塩スラグセメント（Sulfathüttenzement, SHZ）

表-2.19 FE セメントおよび SE セメントの凝結に対する要求

強度クラス	凝結開始
FE セメント	
32.5N と 32.5R	≧ 15 分と＜ 75 分
42.5N と 42.5R	≧ 15 分と＜ 60 分
52.5N と 52.5R	≧ 15 分と＜ 45 分
SE セメント	
32.5N と 52.5R	≦ 45 分

2.8 高硫酸塩スラグセメント（Sulfathüttenzement, SHZ）

SHZ は水砕スラグに富んだセメントであり，それは水砕スラグの潜在水硬性が硫酸塩により発現させられるものである。水砕スラグの硫酸塩に刺激される可能性は 1908 年 Kühl により発見され，特許「高炉スラグ製セメントの製造に関する方法」として 1908 年 12 月 23 日登録された（Kühl, 1908）。

ドイツでは SHZ は古くから石膏スラグセメントとして表示され，規格セメントとして 1937 年に認可された。終戦後特別な意味を獲得した，それは何の燃焼プロセス無しでほぼ製造できたことである，そして当時甚大な燃料不足が蔓延していた。

ドイツでは 1970 年代以降 SHZ は建設監督官庁から認可が取り消され，もはや規格セメントではなくなった。原因はもはや水砕スラグが望ましい組成（高い Al_2O_3 の含有量）で生産されなくなったことである。加えて不十分な養生の場合，しばしば固化したコンクリート表面が撒砂状態（Absanden）になることである。

SHZ はもはやドイツの規格セメントには含まれていないが，ここでは短く取り扱うことにする，SHZ コンクリート製の建物の復旧の可能性がある場合このセメントの知識が必要だからである。SHZ は数年前からオーストリア（Slagstar）とスイスで再び生産され始めた。ヨーロッパ基準のドイツ語版は 2010 年 4 月の DIN EN 15743 である。

SHZ は 75〜85％ の高アルカリ性水砕スラグ，12〜18％ 無水石膏（硫酸塩キャリア）と 0〜5％ ポルトランドセメントクリンカーからなる。

以前は Al_2O_3 の量が水砕スラグの適性として重要であった。以前の SHZ–

DIN 4210によれば最低13M.-%，最適≧15M.-%に達しなければならない。

更にDIN 4210は次を要求していた：

$$\frac{CaO + MgO + Al_2O_3}{SiO_2} \geq 1.6 \tag{2.22}$$

硫酸塩による刺激を十分機能させるため確実なアルカリ度が必要である。SHZの硬化の際適応するpHは決定的な意義を有する。ポルトランドセメントクリンカーの添加は0〜5%の少量で，エトリンガイト（$C_3A \cdot 3C\bar{S} \cdot H_{32}$）生成に最適なpH11.5〜12に合わせることに役立つ。エトリンガイトはSHZの硬化に重要な役割を果たす。それ故，以前水砕スラグのAl_2O_3含有量に特別な要求がなされていた。あまりにも少ないAl_2O_3含有量はエトリンガイト生成を妨げる。

今日，水砕スラグの微粉砕が可能となったことからSHZはAl_2O_3含有量<13%で問題なく生産できる。

高炉セメントと違ってSHZの場合には水砕スラグは無水石膏と一緒に水硬性の特性を有する唯一のキャリアである。

初期強度の発現にはエトリンガイトの生成が重要である。これはプラスチックな状態で進行するので，体積膨張を起こさない，そのためコンクリートに害を与えないからである。遅い段階では強度発現はC–S–H相の生成，主要な水和生成物により定められる。C–S–H相とエトリンガイトのほか，更なる水和生成物はモノサルフェート（$C_3A \cdot C\bar{S} \cdot H_{12}$）とC–A–H相，$Al(OH)_3$が生成する（Stark，1995；Tsumura，1959）。

その特別な組成に基づいて水和の際ほんの160〜210J/gという非常に低い水和熱を発生する（Kühl，1961）。ポルトランドセメントはこれに対して水和熱は350〜550J/gを示す（**図-2.54**）。

マスコンクリートとりわけダム構造ではSHZの低熱発現が並はずれた有利性を発揮する。熱によるひび割れの発生はほとんどないからである。SHZの収縮傾向はエトリンガイト生成による体積膨張に拘わらず少ないと報告されている。それは常時十分湿潤のコンクリートにのみ通用することである。

SHZコンクリートのコンクリート表面の品質について養生は重要な意味を有する。早期の乾燥は水和，特にエトリンガイトの生成を阻害し，表面は撒砂状態になる。原因は化学的に結合する水の要求が比較的高いことである。エトリンガ

2.8 高硫酸塩スラグセメント（Sulfathüttenzement, SHZ）

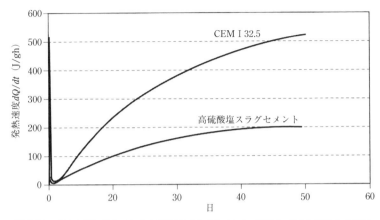

図-2.54 ポルトランドセメントと硫酸塩スラグセメント（SHZ）の水和熱発生の比較

イトは46％の化学的に結合した水を含んでいる。そのためSHZコンクリートは一般に$W/C > 0.5$で製造され，そして部分的に3週間に至るまで養生しなければならない。

良好な養生の場合，SHZコンクリートは非常に密実な組織を生成する。その侵食性の水，塩類，溶液に対する高い抵抗性能力はポジティブである。

SHZは貯蔵安定性が限られている。3か月までの貯蔵は可能である。それ以降はSHZ中のポルトランドセメント部が空気中の湿度または空気中のCO_2と反応する可能性が生ずる。エトリンガイト生成に好都合なpHの範囲に収まらくなり初期硬化に遅れが生じうる。

SHZコンクリートの強度特に初期強度はポルトランドセメントの成分の割合，硫酸塩添加，水砕スラグのAl_2O_3含有量に依存する。一般にポルトランドセメントに比肩しうる最終強度に達する。高い水砕スラグ含有量に拘わらずSHZの後期硬化能力の高さはポジティブである。以前のSHZ製造で普通であったものに比べて水砕スラグの高い粉砕度の場合，即ち比表面積$4\,500\mathrm{cm}^2/\mathrm{g}$では，良い水砕スラグであればポルトランドセメントの添加を止めることができる，エトリンガイト生成に必要なアルカリ環境を水砕スラグの微粒部から獲得できるからである。

SHZの欠点は非常に強い炭酸化傾向である。乾燥した供用条件ではSHZコン

2 セメント

クリートの炭酸化速度は中でもポルトランドセメントコンクリートよりも高い。
SHZ ではエトリンガイトが優先的に炭酸化する。それは明白な組織の粗大化と
後に続く強度低下に結び付き SHZ コンクリートのコンクリート表面の撤砂状態
の原因と判断される。

　SHZ コンクリートは水利構造物，例えばダム，水槽，水門，池，それから橋梁，
基礎，支柱，床，そしてオーストリアでは化学侵食に対する SHZ の有利な抵抗
能力のためなかんずくバイオガス施設に利用が見られる。

2.9　ファインセメント（コロイドセメント）

　最近，コンクリート補修やジオテクニックスの分野においてファインセメント
またはミクロファインセメントの開発によって水硬性結合充填剤による注入対策
利用の可能性が著しく拡大した。

　ファインセメントは非常に微粒の水硬性結合材で，その化学的・鉱物的組成お
よび安定した狭い範囲に分級された粒子分布に特徴づけられる。

■組成

　ファインセメントは一般に通常のセメント原材料，例えばポルトランドセメン
トクリンカー，水砕スラグ，凝結調節材（例：石膏）からなる。特別に開発され
た技術方式は特殊な利用に備えてポルトランドセメントや水砕スラグをベースと
する選抜された原料成分から組成の製造を可能とした。

　原料ベースとしてポルトランドセメントベースのファインセメントのほかに水
砕スラグベースのそれが効果的と証明されている。特別に精選された＞ 65％の
水砕スラグのファインセメントは硫酸塩侵食が懸念されるケースに利用と見なさ
れている。

■ファインセメントと規格セメントの違い

　規格セメントとの境界を定めるファインセメントの実質的な特徴は，最大粒子
が同時な場合，比較すれば高い粉末度である。表–2.20 はファインセメントと規
格セメントを区別する各種指標を含む。

2.9 ファインセメント（コロイドセメント）

表-2.20 規格セメントとファインセメントの指標値（Schmidt, 1997；Kühling, 1992）

指標	規格セメント		ファインセメント	
	CEM I 32.5R	CEM I 52.5R	ファインセメント A	ファインセメント B
比表面積 cm²/g	2 700〜3 300	5 400〜5 700	11 000〜12 000	15 000〜16 000
密度 kg/dm³	3.10〜3.20	3.10〜3.20	約 3.00	約 3.16
嵩密度 kg/dm³	0.90〜1.20	0.90〜1.20	約 0.70	約 0.70
粒径分布				
< 2μm　M.-%	10〜12	17〜22	30〜35	45〜50
< 16μm　M.-%	41〜50	75〜85	95〜98	100
< 32μm　M.-%	62〜75	96〜99	100	100

　規格セメントとファインセメントの違いは明らかに比表面積である。それによればファインセメントは規格セメントよりも3倍まで細かい。密度はほぼ同じで，ファインセメントのかさ密度は平均約 0.70kg/dm³ で明らかに規格セメントよりも小さい。

　ファインセメントの**決定的な指標**は比表面積ではなく**粒度分布**である。例えば岩の割れ目，地盤または構造物の小さなひび割れに良好な侵入を可能とするため，注入グラウト中にセメントグラウトの侵入を阻害したり，阻止する浸透阻害粒量（「大きな」セメント粒）がほんの少ししか存在しないことである。標準値として通過値は 16μm（0.016mm）と考えられる。ファインセメントの場合，通過値は > 95M.-% に達しなければならない。構造物補修ではその値は 100% でなければ

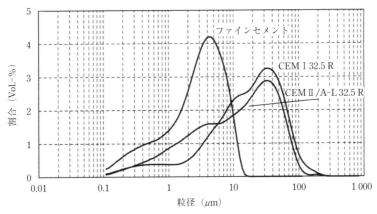

図-2.55　ファインセメントと CEM I 32.5R，CEM II/A-L32.5R の粒径分布の比較

2 セメント

ならない。ファインセメントは更に，粒径分布が常に証明されねばならない。図-2.55 に規格セメントとファインセメントの粒度分布を示す。

■利用

ファインセメントは2つの主な利用範囲がある。

- ジオテクニック（地盤強化）
- コンクリート補修（ひび割れ充填）

コンクリート壁や組構造のひび割れ補修は以前には広く化学的注入材が考えられていた（エポキシ樹脂注入）。今日ではファインセメント製セメント懸濁液はひび割れを閉じる，または密閉する充填材，更に任意に濡れたひび割れ面の圧力嵌め結合として注入される。使用分野には中でもダムや排水路の補修などが挙げられる。

文献

Bellmann F（2009）Beiträge zur Hydration hydraulischer Bindemittel. Habilitationsschr, Bauhaus–Uni. Weimar

Bensted J（2002）Gypsum in cements. In; Benstedt J, Barnes PJ（ed）Structure and performance of cements, 2nd edn. Spon Press, London

Bogue RH, Lerch W（1934）Hydration of Portland cement compounds. In Eng Chem 26: 837–867

Brdicka R（1990）Grundlagen der physikalischen Chemie. Wissenschaft, Berlin

DIN 1164–10:2012–03–Zement mit besonderen Eigenschaften–Teil 10: Zusammensetzung, Anforderungen und Üereinstimmungsnachweis von Zement mit niedrigem wirksamem Alkaligehalt

DIN 1164–11:2003–11–Zement mit besonderen Eigenschaften–Teil 11: Zusammensetzung, Anforderungen und Übereinstimmungsnachweis von Zement mit verskürztem Erstarren

DIN 1164–12:2005–06–Zement mit besonderen Eigenschaften–Teil 12: Zusammensetzung, Anforderungen und Übereinstimmungsnachweis von Zement mit einem erhöhten Anteil an organischen Bestandteilen

DIN EN 196–1:2005–05–Prüfverfahren für Zement–Teil 1: Bestimmung der Festigkeit; Dtsch. Fass. EN196–1: 2005

DIN EN 196–3:2009–02–Prüfverfahren für Zement–Teil 3: Bestimmung der Erstarrungszeiten und der Raumbeständigkeit; Dtsch. Fass. EN196–3: 2005 ＋ A1: 2008

DIN EN 197–1:2011–11–Zement–Teil 1: Zusammensetzung, Anfordrung und Konformitätskriterien von Normzement; Dtsch. Fass. EN197–1: 2011

DIN EN 450:2010–04–Flugasche für Beton–Teil 1: Definition, Anforderungen und Konformitätskriterien; Dtsch. Fass. prEN450–1: 2010

DIN EN 14216:2004–08–Zement–Zusammensetzung, Anforderungen und Konformitätskriterien von

2.9 ファインセメント（コロイドセメント）

Sonderzement mit sehr niedriger Hydrationswärme, Dtsch. Fass. EN14216: 2004

DIN EN 12620:2011–03 –Gesteinskörnungen für Beton; Dtsch. Fass.Fpr EN12620: 2011

DIN EN 15743:2010-04-Sulfathüttenzement-Zusammensetzung, Anforderungen und Konformitätskriterien; Dtsch. Fass. EN15743: 2 010

Glasser FP（2003）The pore fluid in Portland cement: its composition and role. In: Proc. 11th Intern. Conf. Chem. Cem., Durban, p.19–30

Hong SY, Glasser FP（1999）Alkali binding in cement pastes. Part 1: The C–S–H phase. Cem Concr Res 29: 1893–1903

Kühl H（1908）Verfahren zur Herstellung von Zement aus Hochofenschlacke. DRP Nr.137 777 v. 23.12

Kühl H（1961）Zement–Chemie, Bd.3–Die Erhärtung und die Verarbeitung der hydraulischen Bindemittel, 3. überarb. u. erw. Aufl., Technik, Berlin

Kühling G（1992）Feinstzemente–mikrofeine hydraulische Bindemittel. Tiefbau Ingenieurbau Straßenbau 32: 782–784

Labahn O（1982）Ratgeber für Zementingenieure. Bauverl, Wiesbaden, Berlin

Locher C（1988）Zum Einfluß verschiedener Zumahlstoffe auf das Gefüge von erhärtetem Betonstein in Mörteln und Betonen. Diss., Rhein–Westfäl. Tech. Hochsch. Aachen

Mindness S, Young JF（1981）Concrete. Prentice–Hall Inc, New Jersy

Möser B（2000）Der Einsatz eines ESEM–FEG für hochauflösende und mikroanalytische Untersuchungen originalbelassener Baustoffproben. In: 14. Intern. Baustofftag. ibausil, Weimar, Tagungsber. Bd.1, S.89–144

Möser B, Stark J（1999）A new scanning electron microscope for the building materials research. Zem–Kalk–Gips 52; 212–221

Möser B, Stark J（2002）A new model of ordinary Portland cement hydration derived by means of ESEM–FEG. Mater Sci Concr, Am Ceram Soc Spec vol. 89–107

Pitzer KS（1991）Activity coefficients in electrolyte solution, 2nd edn. CRC–Press, Boca Raton

Regourd M（1986）Slags and slag cement. In; Cement technology and design, Cement replacement materials, vol 3. Surry University Press, Glasgow, London

Richardson IG, Groves GW（1993）The incorporation of minor and trace elements into calcium silicate hydrate. Cem Concr Res 23; 131–138

Rößler C, Stark J（2003）The influence of superplasticizers on the hydration of normal Portland cement. In: 15th Intern. Baustofftag. ibausil, Weimar, Tagungsber. Bd.1. S. 509–522

Rothstein D, Thomas J, Christensen BJ, Jennings HM（2002）Solubility behavior of Ca–, S–, Al– and Si–bearig solid phases in Portland cement pore solutions as a function of hydration time. Cem Concr Res 32: 1663–1671

Schießl P（1990）Wirkung von Steinkohlenflugaschen in Beton. Beton 40: 519–523

Schießl P（1996）Vorstudie zu den Wirkungsmechanismen bei der Hydratation von HOZ. Forsch. Ber. F547, Inst. Bauforsch. Rhein.–Westfäl. Tech. Hochsch. Aachen

Schmidt M（1992）Zement mit Zumahlstoffen . Zem–Kalk–Gips 45: 64–69

Schmidt M（1997）Sonderzemente. In: 13. Intrn. Baustofftag, ibausil, Weimar, Tagungsber. Bd.1, S.1071–1080

Sigg LM, Stumm W（1996）Aquatische Chemie. Teubner, Zurich

Smolczyk HG（1980）Slag structure an identification of slags. In: 7th inten. Cong. Chem. Cem., vol 1.

2 セメント

Stockholm

Stark J（1995）Sulfathüttenzement. Wiss Z Hoch Archit Bauwes Weimar, Nr. 41（6/7）: 7–15

Stark J, Huckauf H, Seidel G（1988）Bindebaustoff–Taschenbuch, Bd. 3–Brennprozeß und Brennanlagen, 2. bearb. Aufl., Bauwesen, Berlin

Stark J, Möser B, Bellman F（2003）New approaches to ordinary Portland cement hydration in the early hardening stage. In: Proc. 11th Intern. Conf. Chem. Cem., Durban pp.261–277

Stark J, Möser B, Eckart A（2001a）Neue Ansätze zur Zementhydratation, Teil 1. Zem Kalk Gips Intern 54: 52–60

Stark J, Möser B, Eckart A（2001b）Neue Ansätze zur Zementhydratation, Teil 2. Zem Kalk Gips Intern 54: 114–119

Stark J, Wicht B（1998）Geschichte der Baustoffe, Bauverl, Wieswaden, Berlin

Stemmermann P, Schweike U, Garbev K, Beuchle G, Möller H（2010）Celitement – a sustainable prospect for the cement industry. CEM. Intern 8（5）: 52–67

Taylor HFW（1997）Cement chemistry, 2nd edn. Thomas Telford Publ, London

Tsumura S（1959）Über die Reaktionsfähigkeit von Hochofenschlacken für Sulfathüttenzement. Zem–Kalk–Gips 22: 392–407

Zementtaschenbuch（2008）VDZ（Hrsg）51. Aufl.Bau + Techn.

③ コンクリートの炭酸化

3.1 沿革

鉄筋コンクリート（Stahlbeton；Stahl 鋼，Beton コンクリート）の初期に−当時まだ Eisenbeton（Eisen 鐵）と呼ばれていた−既に鉄筋を囲むコンクリートのアルカリ環境の意義について無意識のうちに認められていた。1879 年には鉄を囲むセメントのカバーがその腐食を阻止する可能性があることが報告され（Klasen, 1879），そして 1908 年には既に鉄の腐食を防ぐのはアルカリ環境である（Rohland, 1908）ことが知られていた。1916 年には，「公共の安全性という立場から，鉄筋コンクリート中に配置された鋼材の化学的挙動が特別に重要であるので，鋼材の腐食問題にあらゆる注意を払うことが最も望ましい事である」が明白となった（Zschokke, 1916）。

1919 年，鉄筋のさび生成を阻止するには 1.5cm のかぶりコンクリートで十分であることが確かめられた（Probst, 1919）。

1950 年代半ば以降，炭酸化に関連する全ての問題に対する集中的研究が始まった。

専門書は，炭酸化の事象の表記法について，Carbonatisierung と Karbonatisierung を同等に取り扱い，また Carbonisation と Carbonatisieren も利用されている。二酸化炭素（CO_2）のほかに二酸化窒素（NO_2），またひょっとすると二酸化硫黄（SO_2）もセメントペーストのアルカリ度の減少を助長するので，炭酸化の代わりに中性化

103

3 コンクリートの炭酸化

（Neutralisierung）もしばしば用いられる（Knöfel/Scholl, 1991；Engelfried/Tölle, 1985）。

3.2 炭酸化の本質

　二酸化炭素とセメントペースト相の反応を炭酸化と称する。相は炭酸塩および更に反応が進んだ生成物へと変化し，セメントペースト組織の変化と空隙溶液のpHの低下へと導かれる。

　コンクリートの化学的エージングとも定義できる炭酸化は無筋コンクリートではあまり重要なことではない。鋼材を利用する場合にはじめて，この化学的反応に注意を払われなければならない。コンクリートを練混ぜた直後，練混ぜ水は非常に高いpHとなる。飽和した水酸化カルシウム（$Ca(OH)_2$）溶液のみでpHは約12.5に達する。溶液にアルカリ（KOH，NaOH）が溶け出すため，アルカリ度はpH13.0～13.8の間に上昇する。水酸化カルシウム（$Ca(OH)_2$）は珪酸三石灰（C_3S）と珪酸二石灰（C_2S）の水和の時，最初に遊離する。

$$2C_3S + 6H \rightarrow C_3S_2H_3 + 3CH \tag{3.1}$$
$$2C_2S + 4H \rightarrow C_3S_2H_3 + CH \tag{3.2}$$

水和の更なる進行に伴なって，空隙水中の$Ca(OH)_2$量は事実上ゼロに近づき，高アルカリのKOH/NaOH溶液が存在する。

　地球の大気中に存在して酸を形成する気体CO_2とSO_2は，ポルトランダイトとして存在する$Ca(OH)_2$や高アルカリの空隙溶液を中性化しようとする。それ故，鋼材を保護する機能は失われ，さらに大気中の水分と酸素が作用することにより，コンクリート中に配置された鋼材は腐食する。

　炭酸化は化学的プロセスの1つであるが，それはほとんどいつも，コンクリートの耐久性を害する望ましくないプロセスであると考えられている。しかし，炭酸化は石灰と化合した建設材料を強化させるという建設工学にとって有益な反応でもあることを軽く見過ごしていることになる。

$$Ca(OH)_2 + CO_2 + H_2O \rightarrow CaCO_3 + 2H_2O \tag{3.3}$$

炭酸化（または中性化）に関連するコンクリートの劣化により発生する問題はとりわけ次の原因に帰することができる：

- **より高い強度クラスセメントの割合が増加したこと**

所定のコンクリート強度クラスに達するため,高強度クラスのセメントを使用することによりセメント量を減らすことができる。実際にはセメント量を一定に保ち,軟練りのコンクリートで作業を容易にすることがたびたび行われている。それに関連してより高い W/C となるため,コンクリートの空隙度が大きくなる。コンクリートは透気性となり,そのため耐久性が低下する。第一に減水剤や流動化剤が十分な量を確保できない国々に該当する。

- **鉄筋のかぶりが小さ過ぎること**

炭酸化フロントが構造物の期待寿命に達する前に鉄筋に到達する。

図-3.1 炭酸化によるコンクリートの被害

- **大気中 CO_2 量が微増を続けること**

19世紀初頭から今日まで CO_2 量は 280ppm(0.028 Vol.-%)から 390ppm(0.039 Vol.-%)まで上昇した。この上昇は基本的に工業化と地球人口増加に伴う化石燃料消費量増大が主因であるが,人間活動に由来しない気候変動にも原因がある。

- **同様に一部大気有害物質(NO,NO_2,SO_2)が増加することによる付加的影響**
- **不適切なコンクリートの施工**

3.3 炭酸化の段階

炭酸化のプロセスはいろいろな影響値を有する一連の中間段階から成り立つ。最も重要な3つの段階は次の通りである:

1. コンクリートの毛細管空隙を通る CO_2 の拡散

最初の段階は，セメントペーストの空隙中へ CO_2 の物質移動が行われる。この移動では純粋な拡散過程が問題となる。

- 毛細管空隙の直径＞10nm
- CO_2 分子の大きさ＝0.23nm

上記と平行して空隙内壁の湿潤な膜に結晶 $Ca(OH)_2$ の溶解と解離が生ずる。

$$Ca(OH)_2 \rightarrow Ca^{2+} + 2OH^- \tag{3.4}$$

2. 空隙内壁の湿潤膜と（または湿潤膜への）CO_2 の反応または溶解

第2段階では，CO_2 は空隙表面の水膜に溶ける。溶解した CO_2 は非常に少量だけ水と反応して炭酸（H_2CO_3）となり，炭酸は水中で水素イオンと炭酸イオンに解離する。

$$CO_2 + H_2O \rightarrow H_2CO_3 \rightarrow 2H^+ + CO_3^{2-} \tag{3.5}$$

その際 H_2CO_3 は炭酸イオン CO_3^{2-} と平衡を保っている。

3. H_2CO_3 による $Ca(OH)_2$ の中性化

第3段階では本来の炭酸化反応が進行する。

$$Ca(OH)_2 + H_2CO_3 \rightarrow CaCO_3 + 2H_2O \tag{3.6}$$

$$Ca^{2+} + 2OH^- + 2H^+ + CO_3^{2-} \rightarrow CaCO_3 （ほとんど溶解しない） + 2H_2O \tag{3.7}$$

同時に**水酸化アルカリ KOH と NaOH** が炭酸化する：

$$2NaOH + CO_2 \rightarrow Na_2CO_3 + H_2O \tag{3.8}$$

この際，発生する炭酸アルカリは直ちに溶解 $Ca(OH)_2$ と反応して $CaCO_3$ と水酸化アルカリを生成する。

$$Na_2CO_3 + Ca(OH)_2 \rightarrow CaCO_3 + 2NaOH^{[1]} \tag{3.9}$$

これは $Ca(OH)_2$ が空隙溶液中にもはや存在しなくなってはじめて水酸化アルカリが炭酸化することを意味する。$Ca(OH)_2$ はしかし空隙水中に常に次から次へと供給される。理由は，空隙溶液の炭酸化のため $Ca(OH)_2$ の不足が生じ，この不足はセメントペースト中に存在する固体 $Ca(OH)_2$ 結晶（Portlandit）の溶解へと導くためである。

アルカリの水和物およびアルカリ土類の水和物に加えて他の全てのセメント

---

1) KOH の挙動は NaOH と同様である。

ペースト水和物（例えば C–S–H 相）も炭酸化する：

$$C_xSH_y + x\,CO_2 \rightarrow x\,CaCO_3 + SiO_2 \cdot yH_2O \qquad (3.10)$$

空隙溶液の高い pH は固体 $Ca(OH)_2$ とアルカリが存在する限り保たれる。図-3.2，図-3.3 および図-3.4 にポルトランダイト結晶の炭酸化の詳細を示す。

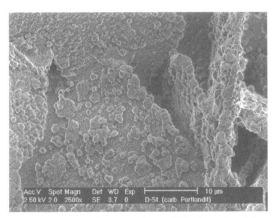

図-3.2 炭酸化したポルトランダイト；板状ポルトランダイト結晶上の炭酸カルシウム

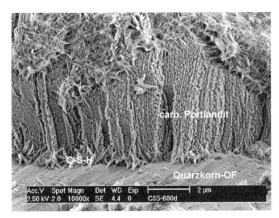

図-3.3 表面から骨材境界に沿って始まった厚さ約 150nm スレート状ポルトランダイト結晶の炭酸化

3 コンクリートの炭酸化

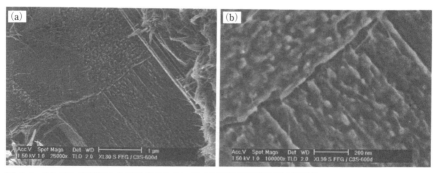

図-3.4 (a) CO_2 負荷による緻密ポルトランダイト結晶の平滑表面の構造化
(b) (a)の詳細（倍率 100 000）；プロセスの始めに大きさ 20～50nm の炭酸化ゾーンが形成される

3.4 炭酸化の影響

炭酸化はコンクリートにプラスとマイナスの効果を有している。

■プラスの影響
- 新しく生成される炭酸カルシウムにより体積膨張が生じ，コンクリート組織の緻密さが増す

    $Ca(OH)_2 \rightarrow CaCO_3 \quad \Delta V = +11\%$ \hfill (3.11)

- 全空隙量が 20～28% ほど減少することにより，水と気体に対する緻密性が向上する
- コンクリートの強度（圧縮 β_D，曲げ β_{BZ}，引張り β_Z）はセメントの種類により 20～50% 高くなる

■マイナスの影響
- 空隙溶液の pH 低下およびそれによる鋼腐食の危険性；鋼の腐食生成物のため，鉄筋上のかぶりコンクリートが剥離する
- コンクリートの空隙組織には，周囲からの水分供給に平衡して自由に蒸発できる水を含んでいる。この視点から考えれば，鋼材腐食に関する前提条件が存在する。コンクリートの空隙溶液は，実質的に，セメントの水和の際生成

される高アルカリの KOH/NaOH 溶液からなっている。

コンクリートの空隙溶液は pH 約 13.0〜13.8 である。鋼材がこのような高アルカリ性（そして鋼材を侵食するイオンが存在せず）のセメントペーストで隙間なく埋められていると，鋼材には完全に無傷の**不動態皮膜**が形成される。この不動態皮膜は酸化鉄および水酸化鉄からなる少数の原子層の厚い酸化物膜（2〜20nm 厚）で，鉄筋腐食に対し理想的な保護作用を形成する。

コンクリート中では，他の保護対策を必要とすることなく，鋼材は通常，腐食から保護され耐久的である。鋼材の防食作用はコンクリートにより次により生ずる：

- 基本的に空隙溶液の高アルカリ性による
- 第二にかぶりコンクリートの緻密性による

空隙溶液の中性化により導かれる影響は pH の低下である。

$$Ca(OH)_2 + CO_2 \rightarrow CaCO_3 + H_2O \tag{3.12}$$
　　pH12.5　　　　　pH 約 9

pH が約 11 で鋼材はその不動態皮膜を失い，酸素と湿度の存在のもと腐食し始める。

3.4.1　pH

pH（**potentio hydrogenii** ＝ 水素イオン指数）は水素イオン濃度の逆数の常用対数である。

$$pH = -\log C_{H^+} \tag{3.13}$$

純水は電流を通さないので，一種の非電解質である。ごくわずかの水分子は次のように電離する。

$$HOH \leftrightarrows H^+ + OH^- \tag{3.14}$$

この際，**電離平衡**が存在する。

質量作用の法則により，25℃ における電離定数 K を公式で表す。

$$K = \frac{C_{H^+} \cdot C_{OH^-}}{C_{H_2O}} = 1.8 \cdot 10^{-16} \, \text{mol} / l \tag{3.15}$$

　C_{H_2O} ：水濃度　（mol/l）

電離の程度が極端に小さいので C_{H_2O} は，実質上水の全濃度（25℃で 997g/l）

と同一である。

$$C_{H_2O} = \frac{997g \cdot mol}{l \cdot 18g} = 55.4 \frac{mol}{l} \tag{3.16}$$

イオン濃度が $1.8 \cdot 10^{-16}$ mol/l と極端に小さいのに対し，電離していない水の量は実質的に一定である，即ち，数値 55.4 を定数の中に含めることができる。その結果，質量作用の法則は次の表現に単純化される。

$$K \cdot C_{H_2O} = k_W = C_{H^+} \cdot C_{OH^-}$$
$$k_W = 1.8 \cdot 10^{-16} mol/l \cdot 55.4 mol/l = 1 \cdot 10^{-14} \; mol^2/l^2 \tag{3.17}$$

この「水のイオン生成」は純水に対してだけでなく，あらゆる水溶液に対しても適用できる，理由は OH^- と H^+ イオン濃度の比較的小さい移動に対して，電離していない H_2O 分子の量は常に一定だからである。2つのイオン濃度の積は常に値 10^{-14} をとるので，H^+ と OH^- の量を定めることができる。

このことから簡単な方法で濃度を定めるには，パートナーのイオン濃度を定めるだけで十分であることが明らかである。この考えに基づいて pH を算出する。14に対する補完が pOH である。

$$pH + pOH = 14 \tag{3.18}$$

または

$$pOH = 14 - pH$$

この方法で算出した pH のスケールは図-3.5 に示す通りである。

この pH のスケールは pH が単位量，例えば 5 から 4 に変わると，事実上初期

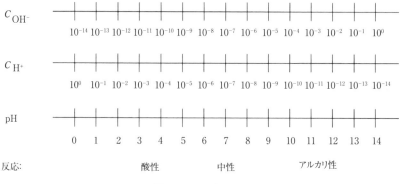

図-3.5　pH スケール

値の 10 倍に達する濃度の移動が生じたことを意味する。本ケースの場合，H^+ イオン濃度が 10 倍大きくなっている。

▶例

OH^-濃度から pH を計算する：

$$pH = -\log C_{H^+} = 14.0 - (-\log C_{OH^-})$$

例えば：

$$C_{OH^-} = 500 \, mmol / l = 0.5 mol / l$$
$$\rightarrow pH = 14.0 + \log 0.5 = 14.0 - 0.30\,1 = 13.7$$

C_{OH^-} [mol/l]	pH
0.010	12.00
0.050	12.70
0.100	13.00
0.200	13.30
0.300	13.48
0.400	13.60
0.500	13.70
0.600	13.78
0.700	13.85
0.800	13.90
0.900	13.95
1.000	14.00

▶例

飽和 $Ca(OH)_2$ 溶液の pH の計算：

1 l の水に 1.26g $Ca(OH)_2$ が溶解（電離）する。

$Ca(OH)_2$ モルに換算：

$$\frac{1.26g \cdot mol}{l \cdot 74g} = 1.70 \cdot 10^{-2} \frac{mol}{l}$$

$Ca(OH)_2 \, \rightleftarrows \, Ca^{2+} + 2OH^-$ であるので，2 倍に相当する OH^- イオンが生成し

なければならない：

$$C_{OH^-} = 2 \cdot 1.70 \cdot 10^{-2} \frac{\text{mol}}{l} = 3.40 \cdot 10^{-2} \frac{\text{mol OH}^-}{l}$$

対数に直して

$$-\log(3.40 \cdot 10^{-2}) = -(\log 3.40 + \log 10^{-2}) = -0.532 + 2.000 = 1.47$$

$$\rightarrow \text{pOH}^- = 1.47$$

$$\text{pH} + \text{pOH}^- = 14 = \text{const.}$$

$$\rightarrow \text{pH} = 14.0 - 1.47 = 12.53$$

pH の測定は基本的に2つの方法により行われる。

- 電気化学的方法
- 呈色，**指示薬**による方法（**図-3.6**）

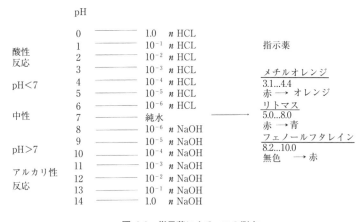

図-3.6　指示薬による pH の測定

3.4.2　鉄筋の腐食

■電気化学的腐食（一般）

電解質（水）が存在すると格子面から金属イオンが溶解し，原子または分子と境を接する媒質と反応を起こす。金属はその時本質（**図-3.7**）を失う。鉄の場合「錆」と呼んでいる。

3.4 炭酸化の影響

■鉄筋の腐食

鉄筋の腐食は次の条件が存在するとき発生する：

- 電解質の存在（湿ったコンクリート）
- 鋼材表面の不動態皮膜の消滅または塩化物の存在
- 鋼材まで酸素が侵入
- 金属表面の部位間に，ポテンシャルの差が存在（局部電池の形成，これは実質的にいつも生じている）

鉄筋の腐食を生じさせないためには，次のことが考えられる：

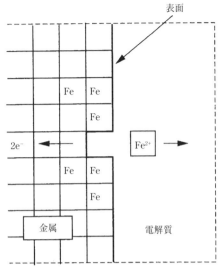

図-3.7　金属腐食のアノードの部分的プロセス (Knoblauch/Schneider, 1995)

- 水中または非常に湿潤な環境（炭酸化しない）
- 著しい乾燥（例えば乾燥した室内），電解質が存在しないからである

暴露条件が変化する場合，腐食の大きな危険性が存在する。時として，個々の腐食要因が極大に作用する状態が現れるからである（図-3.8）。

鉄筋の腐食は電気化学的腐食である。アノードとカソードが鋼材表面に形成さ

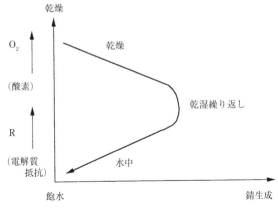

図-3.8　コンクリートの湿潤状態と腐食確率の関係（Tuutti, 1982）

113

れ，本体の鉄筋により電気的に短絡している。鋼は完全に均質な材料ではなく，結晶構造が認められるのでこれはありうることである。そのうえ鋼材の表面には，施工時既に，空気との接触により直ちに酸化膜が発達しているが，完全に均質ではない。その結果，水に浸漬した時形成される電解質二重層は全表面にわたって完全に均質に合成されることはありえない。表面部にはいろいろなポテンシャルが形成されることがありうる（Tritthart，1989）。特にカソードはそこかしこに発達し，そこではカソード反応が容易に進行する。**図-3.9** に鉄表面に存在する水滴部における鉄の腐食をわかり易く，模式図を用いて表現している。

鉄が溶解する部分は−腐食部分でもある−中央にある（アノード）。濡れている鉄表面の外縁はぴかぴか（カソード）のままであり，錆は両者の間に形成する。理由は水による鋼までの拡散ルートが特に短く酸素の補給が最もよく行われるところ，つまり縁部ではカソード反応が容易に進行するからである。鉄の溶解は酸素が容易に入り込めないところつまり中央で行われる。

このとき次の電気化学的プロセスが展開している：
- アノード：　　　　　　$Fe \rightarrow Fe^{2+} + 2e^-$ （鉄の溶解）
- カソード：　　　　　　$4e^- + O_2 + 2H_2O \rightarrow 4OH^-$ （水酸化イオンの生成）
- 更に継続する反応：　　$Fe^{2+} + 2OH^- \rightarrow Fe(OH)_2$
　　　　　　　　　　　　$4Fe(OH)_2 + O_2 \rightarrow 4FeOOH + 2H_2O$

鉄イオン（Fe^{2+}）と水酸化イオン（OH^-）の間では水酸化鉄（Ⅲ）（ゲル状の

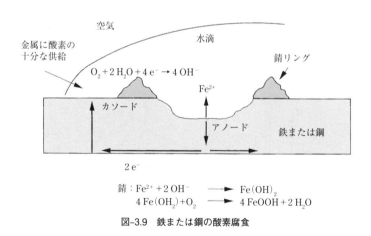

図-3.9　鉄または鋼の酸素腐食

コンシステンシーな物質，緑色），さらに酸化が進行して水酸化酸化鉄（Ⅲ）（多孔質，赤褐色），有名な錆へと変化する（**図-3.10**）。

腐食生成物は鉄金属より大きな体積を占める。それにより周囲のコンクリートに圧力を与え，劣化のケースでしばしば生ずるが，薄すぎるかぶりコンクリートを破壊するには十分である（**図-3.11**）。

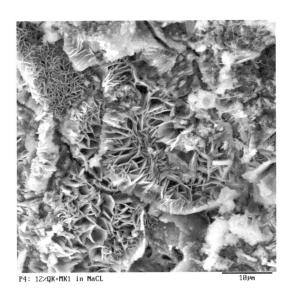

図-3.10 NaCl 作用による鋼の腐食生成物：薄板状の Fe-Chlorid 結晶および Fe-Oxid-Hydroxid 結晶からカードハウス構造の形成

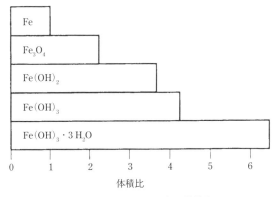

図-3.11 各種腐食生成物の体積比

3 コンクリートの炭酸化

■ひび割れ形成時の腐食

　鉄筋コンクリート構造物に荷重が載荷された時, 大抵の場合, かぶりコンクリートのひび割れは避けることができない。ひび割れ幅は鉄筋の腐食発生にとって重要である (Schießl, 1976)。一般にひび割れ幅が大きくなると危険性は高まるといわれている。その時, 基本的に図-3.12 に表した関係が通用する。

　ひび割れ部においても緻密で十分に厚いかぶりコンクリートにより, 腐食速度は十分小さく保たれる。鉄筋表面のひび割れ幅はコンクリート表面の半分よりも小さい。幅の小さいひび割れは雨水作用による炭酸カルシウムや (または) よごれの沈着および鉄筋腐食生成物により塞ぐことができる。それにより, 腐食に必要な物質が更に浸透することにブレーキがかけられる (自癒効果)。

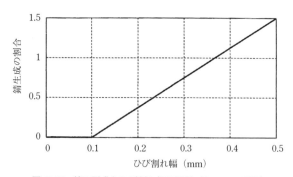

図-3.12　錆の形成とひび割れ幅の関係 (Soretz, 1967)

■腐食を抑制する対策

- ひび割れ幅の制限
- かぶりを大きくする
- コンクリート緻密性の改善:
  コンクリートかぶり層の緻密性はコンクリート硬化体の空隙により特性づけられる。それはセメント量, 水セメント比および養生に影響を受ける
- 規格:
  コンクリートのかぶりと鉄筋径の要求基準は環境条件に合わせなければならない (DBV 注意書き「EC2 によるかぶりと鉄筋」)。炭酸化により引き起こされる腐食におけるかぶりに対する要求基準は DIN1045-1 表-3.1 (2012 年

表-3.1 炭酸化に起因する腐食に対する鉄筋のかぶりと暴露クラス（DIN 1045-1[a]：2012年7月1日よりEurocode 2 DIN EN, 1992）の関係

暴露クラス	最小かぶり Cmin mm		余裕 Δc mm	標準かぶり Cnom＝Cmin+Δc mm	
	鉄筋	PC鋼線 即時／後から付着[b]		鉄筋	PC鋼線 即時／後から付着[b]
XC1	10	20	10	20	30
XC2 XC3	20	30	15	35	45
XC4	25	35	15	40	50

a) 多数の暴露クラスに当てはまる場合最大の要求基準の暴露クラスが標準となる；かぶりを小さくしたり，大きくする並びに付着を保証する更なる要求はDIN 1045-1（2012年7月1日より（Eurocode 2 DIN EN 1992）を参照すること

b) 後から付着のPC鋼線の最小かぶりはシースの表面からが適用される

7月1日よりEurocode 2 DIN EN 1992）により暴露クラスに関連して含まれている。

3.5 炭酸化深さを測定する方法

コンクリートの炭酸化深さは種々の方法で定めることができる：
- 指示薬による測定
- X線回折
- 赤外線吸収スペクトル分析
- 顕微鏡
- 示差熱分析
- 化学分析

■指示薬による測定

炭酸化深さを測定するもっとも簡単な方法は，ある適切な指示薬を用い，pHの変化を試験する方法である（Grube/Krell, 1986）。モルタルとコンクリートの判定には，70%アルコールに1%フェノールフタレインを溶解したものが選ばれる。その色はpH＞9の範囲で無色から赤紫に変化する。新鮮な破断面に噴霧すると炭酸化した範囲の溶液は無色のままであり，炭酸化していない範囲は赤紫に

3 コンクリートの炭酸化

変色する（図-3.13）。炭酸化深さ y は変色する境界からそれぞれのコンクリート表面までの距離として定められる（図-3.14）。

実験室では最大骨材寸法 16mm までのコンクリートでは断面 10×10cm，最大骨材寸法 32mm までのコンクリートでは断面 15×15cm の桁の製作が推奨される。異なる試験時期に対するそれぞれの薄片に分割できるからである。構造物または部材の炭酸化深さを定めるためには，試験する表面から採取した直径 10 ～ 15cm のコアによる試験が選ばれる。コア側面の炭酸化の影響を小さくするため，試験はコア採取後 2 ～ 3 日以内に行われなければならない。

試験する供試体について，新鮮な破断面は可能な限り供試体表面に垂直に製作しなければならない。

切断されたコンクリート面は炭酸化深さの測定には適当ではない。理由は

- 水を用いたコアボーリングや切断では，炭酸化していない範囲で，Ca(OH)$_2$ が洗い流されて，アルカリ反応性を示さなくなる
- 炭酸化している範囲では未水和のクリンカーが切断されて，アルカリ性を示

図-3.13　フェノールフタレインによる炭酸化深さ試験：無色＝炭酸化，赤紫＝アルカリ

3.5 炭酸化深さを測定する方法

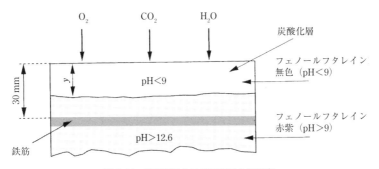

図-3.14 指示薬による炭酸化深さの測定

すようになる

指示薬溶液は均等に破断面に散布されなければならない。散布は明確に色の変化が認められるまで繰り返されなければならない。散布後供試体は一般に測定まで24時間気乾状態で保管されねばならない。変色境界は供試体の水分量に関連し炭酸化深さの大きい方に動く可能性があるからである。

■顕微鏡

光学顕微鏡試験では，偏光顕微鏡により微小組織の炭酸化範囲が測定できる。クロスニコルでは炭酸化の範囲は隣接する未炭酸化マトリックスよりも常に明るく色づいている（**図-3.15(a)**）。その際，両領域間の境界は常に良く把握できる。粒子の大きさのため，高複屈折のカルサイト（$CaCO_3$）に対して典型的な干渉色は識別できない。パラレルニコルでは炭酸化および未炭酸化マトリックス範囲の

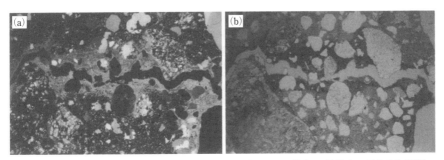

図-3.15 薄片研磨：ポルトランドセメントコンクリート中における微小ひび割れシステムのひび割れ縁の炭酸化 30 倍；(a) クロスニコル，(b) パラレルニコル

3 コンクリートの炭酸化

違いを識別することは難しい。色および組織の違いが使用セメント（ポルトランドセメントまたは高炉セメント）にも，生成カルサイトの多い層の厚さにも影響されるからである（図-3.15(b)）。

■湿式化学分析

本方法ではコンクリートをスライス状に切断し粉砕する。粉状物質の OH^- 濃度は OH^- イオンを滴定することにより測定される。

■電気化学的測定

本方法では同様にコンクリートをスライス状に切断し粉砕する。粉末はスラリー状にし，水溶液の pH を電極（ポテンシャル測定）により定める。

炭酸化深さを定める比較的新しい非破壊試験法は所謂腐食センサー（環電流）である（第7章7.11.1節参照）。このセンサーはコンクリート打設の際，コンクリート表面からそれぞれ異なる位置，例えば鉄筋位置になるようにコンクリート中に埋め込まれる。炭酸化フロントがある深さに達すると当該の鉄筋に計測可能な腐食電流が流れる。それゆえ，表面近くのコンクリート層の非破壊による状態観察が可能である。

3.6　炭酸化進行の計算

炭酸化の進行をあらわす拡散式から，鉄筋コンクリート構造物の寿命が計算できる。寿命について炭酸化フロントがコンクリートの鉄筋に到達し，与えられた環境により鉄筋の腐食が始まるまでに経過する期間と理解される。耐久性に害を与える他の影響は考慮しない純粋な理論計算である。拡散式により，炭酸化フロントは次の関係（Fick の第1式）が成り立つ。

$$dm = \frac{D' \cdot F(c_0 - c)}{y} \cdot d\tau \tag{3.19}$$

dm：時間 $d\tau$ 間に供試体表面から拡散する CO_2 量

D'：炭酸化コンクリート中 CO_2 の有効拡散係数 （mm^2/a, $a=$年）

F：CO_2 が拡散する供試体表面積

$c_0 - c$：供試体表面および吸着部における CO_2 の濃縮（$c_0 = $ 大気中 CO_2-0.04％まで，即ち約 0.8g/m³ 空気）

y：炭酸化コンクリート層の厚さ

$$dm = m_0 \cdot F \cdot dy \tag{3.20}$$

m_0：コンクリート単位体積当りに吸着される CO_2 質量（10 000 〜 50 000g/m³ コンクリート，即ち 1m³ コンクリートが完全に炭酸化するに必要とされる）

$$m_0 \cdot F \cdot dy = \frac{D' \cdot F \cdot (c_0 - c)}{y} \cdot d\tau \tag{3.21}$$

$$y \cdot dy = \frac{D' \cdot (c_0 - c)}{m_o} \cdot d\tau \tag{3.22}$$

積分して

$$\frac{y^2}{2} = \frac{D' \cdot (c_0 - c)}{m_0} \cdot \tau \tag{3.23}$$

$c = 0$ の時 y は：

$$y = \sqrt{\frac{2D' \cdot c_0}{m_0} \cdot \tau} \tag{3.24}$$

$$k = \sqrt{\frac{2D' \cdot c_0}{m_0}} \tag{3.25}$$

k は各コンクリートに対する炭酸化フロント進行を示す特性値を表す係数であり，炭酸化係数と記される。

$$y = k \cdot \sqrt{\tau} \tag{3.26}$$

または k について解いて

$$k = \frac{y}{\sqrt{\tau}} \qquad ただし k = \frac{\mathrm{mm}}{a^{0.5}} \qquad a(= \mathrm{years})$$

炭酸化深さ y は CO_2 濃度の平方根が基準であるので，周囲における CO_2 濃度が 4 倍高くなって初めて炭酸化深さは 2 倍となる。実験室でしばしば行われる $CO_2 = 3$％の迅速炭酸化試験では，炭酸化速度の係数は $\sqrt{100} = 10$ 倍高められる結果となる。

3 コンクリートの炭酸化

▶例

生成した全ての $Ca(OH)_2$ が炭酸化するために必要な理論的 CO_2 の計算

仮定：

$1m^3$ コンクリート → 350kg セメント → 280kg クリンカー

$\qquad\qquad$ 60% C_3S: $\qquad\quad$ $168C_3S/m^3$ コンクリート

$\qquad\qquad$ 20% C_2S: $\qquad\quad$ $56C_2S/m^3$ コンクリート

$\qquad$ $2C_3S + 7H \rightarrow C_3S_2H_4 + 3CH$

$\qquad$ $2(3CaO\cdot SiO_2) + 7H_2O \rightarrow 3CaO\cdot 2SiO_2\cdot 4H_2O + 3Ca(OH)_2$

$2\ (3\ |40 + 16|\ +\ |28 + 32|\ )$ $\qquad\qquad\qquad\quad$ $3\ (56 + 18)$

$\quad$（モル質量）$\qquad\qquad\qquad\qquad\qquad\quad$ $3\ (56 + 18) = 222g/mol$

$2\cdot 228 = 456g/mol$

$\quad 456 : 222 = 1\,000 : x$

即ち $1kg\ C_3S$ から $0.487kg\ Ca(OH)_2$ が生成する。

$\qquad$ $2C_2S + 5H \rightarrow C_3S_2H_4 + CH$

$\qquad$ $2\cdot 172 = 344g/mol$ $\qquad$ $74g/mol$

即ち $1\,kg\ C_2S$ から $0.215kg\ Ca(OH)_2$ が生成する。

$\qquad$ $168kg\ C_3S\cdot 0.487kg\ Ca(OH)_2/kg\ C_3S = 81.8kg\ Ca(OH)_2$

$\qquad$ $56kg\ C_2S\cdot 0.215kg\ Ca(OH)_2/kg\ C_2S = 12.0kg\ Ca(OH)_2$

$\qquad\qquad\qquad\qquad\qquad\quad = 93.8kg\ Ca(OH)_2/m^3$ コンクリート

$93.8kg\ Ca(OH)_2/m^3$ コンクリートが完全に炭酸化するためには，次の CO_2 量が必要である：

$\qquad$ $Ca(OH)_2 + CO_2 + H_2O \rightarrow CaCO_3 + 2H_2O$

$\qquad$ $74g/mol$ $\quad$ $44g/mol$

$\quad 74 : 44 = 1\,000 : x$

即ち $0.594\,kg\ CO_2/kg\ Ca(OH)_2$

$\qquad$ $= 0.594\cdot 93.8 = 55.7kg\ CO_2/m_3$ コンクリート

■未知なコンクリートの炭酸化係数 k の実用的な決定：

1. フェノールフタレインによってコンクリート破面における炭酸化深さ y の測

122

定(cm)
2. 建設時の資料などからコンクリート材令 τ の算定 (a)

$$k = \frac{y}{\sqrt{\tau}}$$

k が小さいほど
- 炭酸化進行に対するコンクリートの抵抗性が大きい
- 理論的寿命が大きい（図-3.16）

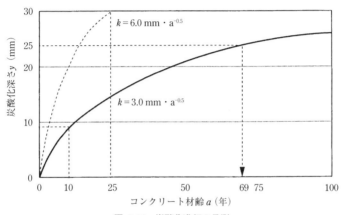

図-3.16 炭酸化進行の予測

▶例

コンクリートの品質クラス：C30/37

コンクリートの材齢 τ：10 年

炭酸化深さ：9.5mm

鉄筋の最小かぶり：25mm

炭酸化係数の計算：

$$k = \frac{y}{\sqrt{\tau}} = \frac{9.5\text{mm}}{\sqrt{10a}} = 3.0 \frac{\text{mm}}{a^{0.5}}$$

材令 1 年の炭酸化深さの計算：

$$y = k \cdot \sqrt{\tau} = 3.0 \frac{\text{mm}}{a^{0.5}} \cdot \sqrt{1a} = 3.0\text{mm}$$

3 コンクリートの炭酸化

コンクリートの工学的寿命の計算（即ちかぶり厚25mmの鉄筋に何時炭酸化フロントが達するか？）

$$\tau = \frac{y^2}{k^2} = \frac{625}{9} = 69.4a$$

即ち約69年後，鋼材表面に炭酸化のフロントが到達する（図-3.16）。

かぶりコンクリートが**厚い**ほど，その**水密性**が大きいほど，炭酸化フロントが鉄筋に達するまで時間が長くなる。

例えばコンクリートに大きいひび割れが存在しなければ，かぶりが2倍になれば期待寿命は4倍に達する。

屋外部材では，降雨の際，大気中の相対湿度や毛細管の湿潤状態で変化にさらされる。この理由により，$\sqrt{t}$ 式は炭酸化有効時間の導入により修正される（図-3.17）。建設現場における標準的な雨の期間，乾燥した期間および降雨確率の期待値を含めて炭酸化深さは1つの式で計算できる。それ故，CO_2 拡散係数を算入して，部材に関する特性を考慮した炭酸化進行予測が可能である。

建設の実際では，現実の炭酸化フロントは平方根式より小さいことが期待できるようである。

炭酸化したコンクリートの劣化の時間的進行（塩化物を含む環境における劣化にも同様に通用する）では導入期と劣化期に区別される（図-3.18）。

SchießlとGehlenにより開発された鉄筋コンクリート構造物の確率論的耐用

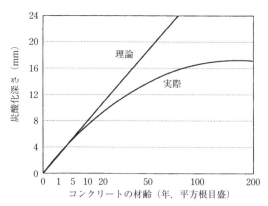

図-3.17 相対湿度の変化と降雨による湿潤を考慮した炭酸化深さの予測（Bunte, 1993）

年数算定モデルにより時間経過による炭酸化深さの増大の計算が可能である（Gehlen, 2000）。

3.7 炭酸化収縮

炭酸化の結果生成するCaCO$_3$は、反応により体積膨張を生じ空隙の減少へと導く。Ca(OH)$_2$, CO$_2$からCaCO$_3$, H$_2$Oが生成する。3つのCaCO$_3$の変態が生成する可能性がある。その体積膨張はそれぞれ異なっている。

    Aragonit   3％体積膨張
    Calcit   12％体積膨張
    Vaterit   19％体積膨張

この体積膨張に拘わらず、炭酸化のため収縮が生ずる。

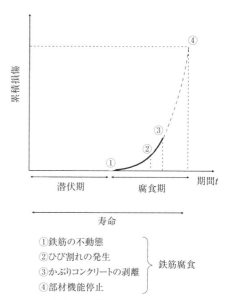

図-3.18 腐食の危険性のある鉄筋コンクリート構造物の累積劣化の時間的経過（Tuutti, 1982）

セメントペーストで4mm/mに達する可能性がある注目すべき収縮変形の原因は、ドラステックに変化する炭酸化セメントペーストの空隙構造とそれに釣り合って変化する湿度である（Houst, 1997）。BET表面積は炭酸化により50％ほど減少する。それにより、炭酸化したセメントペーストは水を失い、乾燥収縮に相似してその体積を減少する。同じ相対湿度の環境で、炭酸化していない供試体に比して炭酸化セメントペースト中で減少する水量は最終的に炭酸化収縮の主原因である。

この収縮はかなり拘束されるので微小クラックの形成へと導き、そのため炭酸化は更に促進される。乾燥収縮と炭酸化収縮は重なっている（図-3.19）。

3 コンクリートの炭酸化

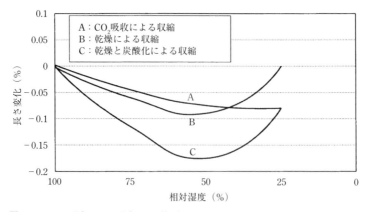

図-3.19 CO_2 吸収による脱水および収縮に及ぼす相対湿度の影響（Verbeck, 1958）

3.8 炭酸化に対する影響要因

コンクリートの炭酸化は一連の要因に影響される。それらには CO_2 濃度，大気有害物質，湿度と温度，当初配合の W/C，セメント種類，コンクリートの養生，骨材，混和剤および混和材などがある。

3.8.1 CO_2 濃度

大気中の CO_2 は約 0.04％（約 800mg/m^3 空気）で，実際上一定である。しかし排気ガス中では CO_2 量は実質的にかなり高い。このため，少量の排気ガスでも空気中の CO_2 濃度を非常に高める。高い空気中 CO_2 量濃度（0.1％まで）は特に自動車交通の施設（車庫，トンネル）で発生する。果物や野菜の貯蔵庫，動物の飼育舎などでも，高い CO_2 濃度に出会うことがある。

工業化と世界人口の増加による化石燃料（石炭，石油，天然ガス）の消費拡大は，近年大気中の CO_2 量を上昇させ，炭酸化速度を僅かながら高めている。

3.8.2 湿　度

湿度は炭酸化の反応パートナーとして不可欠なものである。十分湿った，ほぼ飽水状態のコンクリートは実際上ほとんど CO_2 を吸収しない（炭酸化第1段階

参照)。炭酸化は生じない。相対湿度100％でも同様である。

CO_2の**拡散係数**は次に達する。

- 気体空間　　$1.5 \cdot 10^{-8}$ m^2/s
- 水中　　$0.8 \sim 5 \cdot 10^{-12}$ m^2/s

気体空間における拡散は水中のそれに比し，約10 000倍早い，即ち水で飽和している空隙では拡散は非常に緩慢である。

完全に乾燥しているセメントペーストもまた炭酸化しない。ある程度の水が存在しないと炭酸化の化学反応は進行できないからである(炭酸化の第2段階参照)。相対湿度30％以下の非常に乾燥した環境では炭酸化は非常にゆっくりと進行する。

炭酸化の最大速度は空気中の相対湿度60～80％で表れる。それはほぼ中部ヨーロッパの気象条件に適うものである。

炭酸化反応の際，分離した水は拡散により素早く遠ざかり，更なる炭酸化の進行には作用しない。

上述の関係から，降雨に晒される屋外のコンクリート部材は，屋外にあって降雨を受けない部材に比し，実質的に炭酸化はゆっくりと進行する。雨の為，吸収された水はCO_2の移動を阻害し，水が蒸発して初めて炭酸化が再び始まる（図-3.20～3.22)。

屋内のコンクリート部材の場合，気象の影響をうける屋外部材よりも炭酸化深

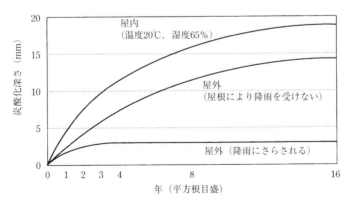

図-3.20　種々の暴露条件下における炭酸化深さの基本的な進行（Bakker/Roessink, 1991)

3 コンクリートの炭酸化

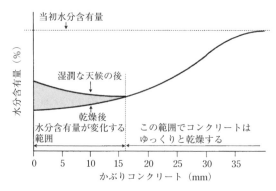

図-3.21　降雨の影響を受けない屋外コンクリートの水分含有量の推移（Bakker/Roessink, 1991）

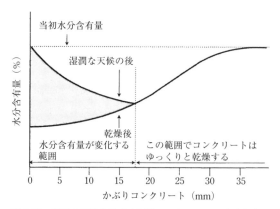

図-3.22　降雨の影響を受ける屋外コンクリートの水分含有量の推移（Bakker/Roessink, 1991）

さは大きい。

コンクリートの炭酸化深さの比は，各環境条件により次のごとく進行する；

屋内構造物：降雨を受けない屋外構造物：十分湿潤の屋外構造物
　　1　　：　　　0.5　　　　　：　　0.2 ～ 0.3

3.8.3　W/C

水セメント比は炭酸化速度や深さを指標とするコンクリートの耐久性に対し，

主体的役割を演ずる。水セメント比が高くなると毛細管空隙が多くなり，その結果セメントペーストの透気性が増大する。

炭酸化深さと水セメント比の関係は一次関数で表すことができる（**図-3.23**）。
水セメント比 $W/C < 0.4$ の場合炭酸化は実質的に零である！
炭酸化深さ y と W/C の間には線形関係があり，

$$y \sim W/C \tag{3.27}$$

コンクリート圧縮強度 β_D と W/C の関係は

$$\beta_D \sim 1/W/C \tag{3.28}$$

であるので炭酸化深さ y とコンクリート圧縮強度には次の関係が成り立つ（**図-3.24**）。

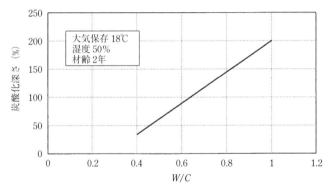

図-3.23 水セメント比と炭酸化深さの関係（Meyer *et al*., 1967）

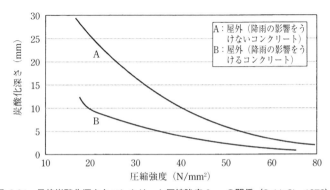

図-3.24 最終炭酸化深さとコンクリート圧縮強度 β_{W90} の関係（Schießl, 1976）

3　コンクリートの炭酸化

$$y \sim 1/\beta_D \tag{3.29}$$

　W/C が 0.2 の高強度コンクリート（超高強度コンクリート UHPC）の場合，現実には炭酸化は生じない。水は 2，3 日後完全に使いつくされる。そのためさらなる反応は不可能である。引き続きコンクリートの密実な組織は CO_2 と H_2O の浸透を阻止する（Pfeifer *et al.*, 2010）。

3.8.4　セメントの種類

　炭酸化進行に決定的に影響するものは単位セメント量とセメントの種類である。

　炭酸化フロントが更に進行する前に，ポルトランドセメントクリンカー相 C_3S と C_2S の水和の際生成される $Ca(OH)_2$ の量が多いほど多くの CO_2 が結合される。加えて炭酸化の際生成する新しい相は全体として当初存在したよりも大きな体積を占める。それにより炭酸化したセメントペーストの空隙は減少し，拡散抵抗性は高められる（Bier, 1988；Koelliker, 1990）。それ以外の条件が同じならば，クリンカー分の多いセメント（CEM Ⅰ）を利用した場合，クリンカー分の少ないセメント（CEM Ⅱ，Ⅲ）よりも炭酸化の進行は緩慢であることが観察されている（**表-3.2** と**図-3.25**）。

　炭酸化フロントの進行はセメントのアルカリ量にも影響される（Reschke/Gräfe, 1997）。**図-3.26** は炭酸化深さがアルカリ量の多くなるに従い小さくなることおよびそのため炭酸化の進行が抑えられることを示している。この関係は基本的にアルカリに富むセメントの初期水和が早まることに起因する。それによってモルタル組織は早い時期に緻密となり，初めから炭酸化はよりゆっくりと進行する。

表-3.2　セメント種類が炭酸化深さに及ぼす影響

セメント種類	相対炭酸化深さ（$W/C=0.6$ の場合）
早強ポルトランドセメント	0.7
普通ポルトランドセメント	1.0
低発熱ポルトランドセメント	1.1
ポルトランドスラグセメント（スラグ量 30%）	1.3
ポルトランドポゾランセメント	1.3
高炉セメント（スラグ量 70%）	1.6

3.8 炭酸化に対する影響要因

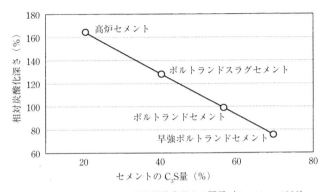

図-3.25 セメントの C_3S 量と炭酸化深さの関係（Krenkler, 1980）

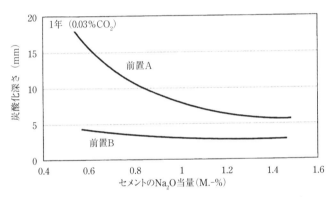

図-3.26 セメントの Na_2O 当量と炭酸化深さの関係（Reschke/Gräafe, 1997）
保存A：1日（脱型），1日（20℃湿室），26日（20℃，相対湿度65%の恒温室）
保存B：1日（脱型），1日（20℃湿室），26日（20℃，ステンレス箔）

　アルミナセメント（TZ）をベースとしたコンクリートはポルトランドセメントをベースとするコンクリートに比較して，同一期間内において，2～3倍炭酸化深さが大きいことが実証されている（Nürnberger, 1990）。アルミナセメントを使用したプレストレストコンクリート構造物の劇的な被害はアルミナセメントコンクリートの炭酸化に関する集中的な研究を喚起するきっかけとなった。

3.8.5 養　生
　脱型後コンクリートを湿潤に保つ養生（Curing）は表面の品質，それに関連し

3 コンクリートの炭酸化

て炭酸化の進行と炭酸化深さに特別な意味がある。

十分な養生をしなければ,完全な水和プロセスに必要な水量を確保できない。このことは多孔質なコンクリート組織に導き,CO_2に対する拡散抵抗性が小さくなるため,炭酸化の進行を促進する。

十分な水和プロセスに対して必要な水量が無ければコンクリートは乾燥して,その体積は減少しコンクリートは収縮する。組織応力や自己応力が発生し,ひび割れが発生する可能性が生ずる。コンクリートは大気中湿度が低ければ低いほど,風速が大きければ大きいほど早く乾燥する。温度,特に硬化中のコンクリートと直接周囲の温度差が重要な役割を演ずる。コンクリートの表面が周囲の大気よりも暖かければコンクリート表面の乾燥が促進される。**図-3.27**はいろいろな条件における水の蒸発量の大きさを概観したものである。

不十分な養生のマイナスの影響はとりわけ硬化の遅いセメント(高炉セメント)

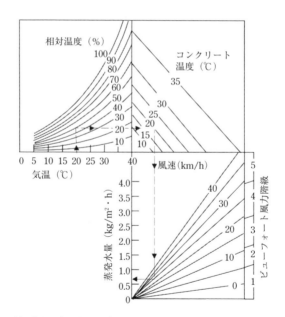

例:気温20℃,相対温度40%でコンクリート温度20℃,風速20km/hの場合,蒸発する水量は約0.7kg/m²・hである

図-3.27 風速,大気中湿度,温度とコンクリートの乾燥挙動の関係(セメントハンドブック 2008)

3.8 炭酸化に対する影響要因

表-3.3 DIN 1045-2 による暴露クラスにおけるコンクリートの最小養生日数（XO, XC1, XM を除く）

表面温度 τ (℃)[b]	最小養生期間（日） コンクリート強度発現[3]　$r = f_{cm2}/f_{cm28}$ [a]			
	急速 $r \geq 0.50$	中間 $r \geq 0.30$	緩速 $r \geq 0.15$	非常に緩速 $r < 0.15$
$\tau \geq 25$	1	2	2	3
$25 > \tau \geq 15$	1	2	4	5
$15 > \tau \geq 10$	2	4	7	10
$10 > \tau \geq 5$	3	6	10	15

a) r の中間値には内挿が許容される
b) コンクリートの表面温度の代わりに大気中温度用いることができる（DafStb, Heft526 参照）

に顕著に現れる。結合材がゆっくり反応すればするほど十分な水和度に達するまで長くかかる。DIN 1045-3 はこの関係を比例値 r（2 日強度と 28 日強度の比）で整理している（**表-3.3**）。

コンクリートの縁端部は，施工の際および構造物の供用中，内部コンクリートとは異なる条件と更に厳しい負荷に晒される。鉄筋コンクリート構造物の耐久性にとって，縁端部の性質は非常に重要である（Meyer, 1989）。

コンクリートの**縁端部**（コンクリートの表面，コンクリートの表面に近い部分）はコンクリートの炭酸化深さに関して**決定的な層**である！

コンクリート表面層の品質を高めることには，吸水性があり脱水作用のある吸水（透水）性型枠を設置することにより可能である（例：Zemdrain）。この種の型枠により表面近くのコンクリートの実質的水セメント比と毛細管空隙が明確に

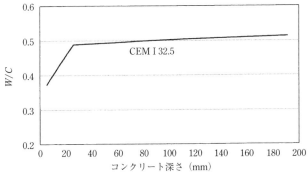

図-3.28　吸水性型枠が有効 W/C に及ぼす影響

3 コンクリートの炭酸化

小さくなり,炭酸化に対する抵抗性が向上する(**図-3.28**)。特にこの対策は高炉セメントに対して推奨される(非常に高価!)(**図-3.29**)。

化学養生剤と十分な養生期間は炭酸化速度を小さくすることに極めて有効に働く(**図-3.30**,**図-3.31**)。養生は毛細管空隙に特に影響を及ぼす(**図-3.32**,**図-3.33**)。

DIN 1045-3 により,コンクリート打設後のコンクリートの養生と保護について,次の対策に注意する必要がある:

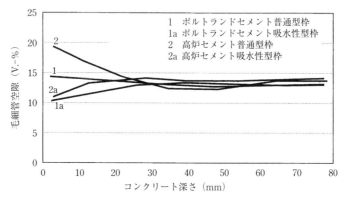

図-3.29 吸水性型枠が毛細管空隙に及ぼす影響

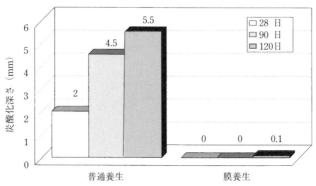

図-3.30 養生剤(脂肪族炭化水素が基)がコンクリート(CEMⅢ/B32.5NW-HS)の炭酸化深さに及ぼす影響

3.8 炭酸化に対する影響要因

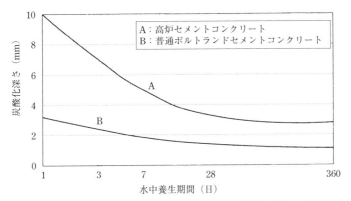

図-3.31 養生期間がコンクリート（$W/C = 0.60$ 一定）の炭酸化深さに及ぼす影響

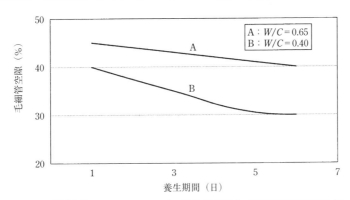

図-3.32 養生期間がセメントペースト（CEM I 32.5R）の毛細管空隙量に及ぼす影響（Bier, 1988）

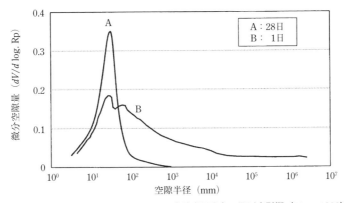

図-3.33 養生期間がセメントペーストの空隙半径分布に及ぼす影響（Bier, 1988）

3 コンクリートの炭酸化

■養生方法

1) 適切な養生方法についてとりわけ次のことが保証されなければならない。コンクリート表面で水の蒸発度が小さく保たれること，さもなければコンクリート表面は常に湿潤に保たれなければならない。

次の方法は単独でも組み合わせても養生に適している：

- 型枠中に放置する。
- コンクリート表面を蒸発しない箔（縁や継ぎ目が通気から守られている）で覆う。
- 水を保持する覆いを掛け，常に水を含み同時に蒸発から保護されるようにする。
- コンクリート表面に目に見える水膜（例：散水，流水などにより）を保持する。
- 特性が証明されている養生剤を使用する。

コンクリート表面から水の著しい蒸発を防ぐという要求が満足されるならば，他の養生方法を行って良い。

2) 自然条件により養生が必要な期間コンクリート表面から水の蒸発が非常に少ない時，例えば湿って，雨模様や霧のかかった天候の場合，1) 項にかなう対策なしで十分な養生という結果が得られる。それは相対湿度85％を下回らない場合に当てはまる。

3) 養生期間は縁端部におけるコンクリートの特性の発達に依存する。

DIN 1045–3 は養生期間に関する規定を設けている。

4) DIN 1045–2 の暴露クラス（X0，XC1，XM を除く）に適う環境下の場合，コンクリートは表面に近いコンクリート強度が特性強度の50％に達するまで（証明）または表–3.3 による最小養生期間に適合するところまで養生しなければならない。

5) DIN 1045–2 の暴露クラス X0，XC1 に適う環境下の場合（例：無筋の建設部材，屋内建設部材）コンクリートは最低半日間養生しなければならない。作業時間が5時間を超える時，養生期間は適切に延長しなければならない。

コンクリート表面温度が5℃以下の場合，温度が5℃以下を示す時間だけ養生期間を延長しなければならない。

3.8 炭酸化に対する影響要因

6) プレキャスト部材の場合，コンクリートが養生後の部材表面の実際の温度履歴をもとに，表面温度 20℃養生期間 12 時間以上保持すると仮定して得られるマチュリティーと同じであることが証明されるのであれば X0，XC1 に必要な最低 0.5 日間の養生を下回ってよい。

7) DIN 1045–2 の暴露クラス XM に適う摩耗に曝されるコンリート表面について，コンクリート強度が特性強度の 70%に達するまで養生しなければならない。正確な証明がされない場合，**表–3.3** の最小養生期間の値を 2 倍する。

8) 暴露クラス XC2，XC3，XC4，XF1 に対して**表–3.3** の値に代わって**表–3.4** による必要養生期間を定めることができる。鋼型枠や型枠のない表面のコンクリート部材を利用する場合，硬化初期段階で適切な保護対策によりコンクリートの過度の冷却が防止される時は**表–3.4** のみ適用される。

9) 養生剤は一般にコーティングを必要とする表面または他の材料との接合が必要な表面に対する施工継ぎ手には許容されない。この場合には，次の作業に悪い影響がないこと，または養生剤がコンクリート表面から完全に取り除かれることが証明されなければならない。

10) 養生剤は仕上げが要求される表面に用いてはならない。それが有害な作用をしないことが証明される場合には別である。

表–3.4 DIN 1045–2 による暴露クラス XC2，XC3，XC4，XF1 におけるコンクリートの最小養生日数

施工時フレッシュコンクリート温度 τ_{fh}（℃）	コンクリート強度発現 $r = f_{cm2}/f_{cm28}$ [a]		
	急速 $r \geq 0.50$	中間 $r \geq 0.30$	緩速 $r \geq 0.15$
$\tau \geq 15$	1	2	4
$15 > \tau \geq 10$	2	4	7
$10 > \tau \geq 5$	4	8	14

a) r の中間値には内挿が許容される

3.8.6 骨材，混和剤，混和材

軽量骨材を用いたコンクリートは普通骨材コンクリートに比べ，骨材の空隙のため，CO_2 と空気中の湿分が浸透することに対する抵抗性が小さい（Kidokoro/Tomita, 1984）。炭酸化の進行は普通コンクリートよりも大きい。炭酸化深さへの影響は骨材の粒度曲線と最大骨材粒径が関係している。

3 コンクリートの炭酸化

コンクリート用混和剤の炭酸化への影響について一部再度述べることにする (Eckler/Bergholz, 1991)。

流動化剤はプラスに作用する, 即ち炭酸化の進行が抑えられる。AE剤は本来不利に作用するものであり, 練混ぜ水の割合を大きくするのと同様の影響を及ぼすものである。しかし経験ではプラスの効果が存在する。

混和材 (例：フライアッシュ) の影響は適切なコンクリートの施工や十分な養生をすれば炭酸化の進行を抑制しプラスの作用を有する (Schießl, 1990)。フライアッシュのポゾラン反応は空隙組織を緻密化し, その結果, コンクリートのCO_2や水分に対する透過性減少へと導く。フライアッシュ60M.-%量までは空隙溶液におけるアルカリ度喪失の危険性がなく, またpH減少の限界を超えることはない (Meng/Wiens, 1997)。

3.8.7 温度および熱力学的観点
■温度

温度は多くの要因について炭酸化の進行に影響を与える。その際, 温度変化の影響は観察している炭酸化相に関係する。

$Ca(OH)_2$の水への溶解は温度に関係して図-3.34に示す。温度が降下するに従い, 空隙溶液中の$Ca(OH)_2$濃度は上昇する。温度が下がるに従い空隙溶液中の$Ca(OH)_2$の濃度が増加する。これは低温の時, 炭酸化にとって有利という結果をもたらす。

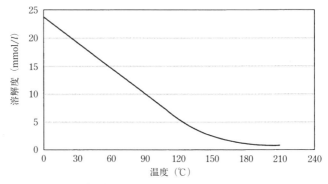

図-3.34　$Ca(OH)_2$の水への溶解度と温度の関係 (Osin, 1954)

これと反対に低温時，温度降下に伴いセメントペーストへのCO_2拡散は分子の運動が緩慢になることによって悪くなる。そのうえ低温では，大抵，非常に高い大気の相対湿度が存在する。このことは一定の絶対湿度のもとで，温度が降下する場合，相対湿度が上昇することに帰せられる。相対湿度が上昇することにより，セメントペースト空隙中では水をより多く，空気をより少なく含むようになる。これは同様にCO_2拡散を低下させる効果をもたらす。通常の温度範囲では，炭酸化速度と温度の強い依存性を定めることはできない。

■熱力学的観点

熱力学 Thermodynamik（ギリシャ語：thermo＝熱，暖，dynamos＝力学，エネルギー）は，熱から他のエネルギー形（またはその逆）への変換について，その法則性の研究を取り扱う物理化学の一分野である。化学的熱力学は化学的プロセスに熱力学の手法を応用するものである。動力学（Kinetik）とともに熱力学は化学的置換や相転移について複合する現象の全体を把握できる。しかし化学反応の速度や時間に伴う物質転移を考察する動力学と異なって，熱力学は平衡状態を取り扱う（Babuschkin *et al.*, 1965）。

熱力学により，次のことを定めることができる：
- 反応のエネルギー確率とプロセスの進行方向
- 反応時の熱変換，プロセスの熱バランスの計算が可能である
- 反応の優位性および生成結合物の安定性
- 反応生成物の最大平衡状態濃度とその最大生成量
- 望まない反応の抑制と副生成物を遮断する方法
- 最適反応条件の選択（温度，圧力，濃度）

炭酸化反応の進行は熱力学的観点から，各種の温度における自由反応エンタルピーΔG_R^Tについて計算することができる。その時，ΔG_R^Tが負になればなるほど，反応が進行する確率が増大する。もし$\Delta G_R^T > 0$であれば，与えられた条件で反応は進行しない。

熱力学的観点から，基本的に全ての水和生成物は炭酸化する。

室温では，セメントペースト・CO_2系においてカルサイト（Calcit, $CaCO_3$），石英（Quarz, SiO_2），ギブサイト（Gibbsit, $Al(OH)_3$）のみが熱力学的に安定な

3 コンクリートの炭酸化

固体相である。

　これから計算する温度25℃，－5℃における値は反応が絶対的に進行することを必ずしも保証するものではない，化学的反応は熱力学のほかに他の要因にも影響されるからである。

■炭酸化反応の熱力学的確率の計算

　これからの計算で使用する熱力学上の定義と記号：

T＝温度（絶対温度 K）

H＝エンタルピー（熱量）：

　結合物の増成時エレメントから遊離する（発熱反応）または消費される熱量（吸熱反応）に関する記号。定義により，あるシステムから渡される熱量は「－」がつけられる。

S＝エントロピー（ある系－気体，液体または固体の平衡状態に対する量）

G＝自由反応エンタルピー（Gibbs のポテンシャル）：

　系のエネルギーの最大部を表すプロセスの定圧ポテンシャルである－仕事に変えることができる。

H, S および G はその変化が当初および最終状態により表される状態量である。その際エントロピーのエネルギー貢献は**利用できない**。

cp＝比熱容量：

　観察された温度上昇に対する系に伝わった熱容量の比

a, b, c＝関数 $cp＝f(T)$ に対する物質に特有な表値

指数：

T　温度 T の時

インデックス：

R　反応生成物質

A　出発物質

E　最終物質

■算定式

　各種存在する熱力学データに応じて，最も目的に適った次の計算式が利用される：

140

必要なデータ:

- 標準的な条件のもとでエレメントから出発物質と最終物質の生成エンタルピー ΔH^0_{298}
- 標準条件における出発物質と最終物質のエントロピー S^0_{298}
- 出発物質と最終物質の熱容量の温度依存式　$cp = f(T)$
- 表に掲げた近似式 $cp = a + bT + cT^{-2}$ が用いられる

計算の過程:

- 298K における反応エンタルピーの確定

$$\Delta H_R^{298} = \sum \Delta H_E^{298} - \sum \Delta H_A^{298} \tag{3.30}$$

- 298K における反応エントロピーの確定

$$\Delta S_R^{298} = \sum S_E^{298} - \sum S_A^{298} \tag{3.31}$$

- 熱容量の温度依存式における係数の確定

$$\Delta c_{p,R} = \sum c_{p,E} - \sum c_{p,A} \tag{3.32}$$

式 $\Delta c_{p,R} = \Delta a + \Delta b \cdot T + \Delta c \cdot T^{-2}$ で表現される。 (3.33)

$$\Delta H_R^T = \Delta H_R^{298} + \int_{298}^{T} \Delta c_p \cdot dT = \Delta H_R^{298} + \int_{298}^{T} \Delta a \cdot dT + \int \Delta b \cdot T \cdot dT + \int \Delta c \cdot T^{-2} \cdot dT$$

$$\int_{298}^{T} \Delta c_p \cdot dT = \Delta a T + \frac{\Delta b \cdot T^2}{2} - \Delta c \cdot \frac{1}{T} \Big|_{298}^{T}$$

$$\Delta H_R^T = \Delta H_R^{298} + \Delta a \left(T - 298\right) + \frac{\Delta b}{2} \left(T^2 - 298^2\right) - \Delta c \left(\frac{1}{T} - \frac{1}{298}\right)$$

$$\Delta S_R^T = \Delta S_R^{298} + \int_{298}^{T} \frac{\Delta c_p}{T} \cdot dT = \Delta S_R^{298} + \int \Delta a \cdot \frac{dT}{T} + \int \Delta b \cdot T \cdot \frac{dT}{T} + \int \frac{\Delta c}{T^2} \cdot \frac{dT}{T}$$

$$\int_{298}^{T} \Delta c_p \cdot dT = \Delta a \cdot \ln T + \Delta b \cdot T - \frac{\Delta c}{2T^2} \Big|_{298}^{T}$$

$$\Delta S_R^T = \Delta S_R^{298} + \Delta a \ln \frac{T}{298} + \Delta b \left(T - 298\right) - \frac{\Delta c}{2} \left(\frac{1}{T^2} - \frac{1}{298^2}\right)$$

ΔG, ΔH および ΔS の間には次の関係が存在する（Gibbs–Helmholtz の式）:

$$\Delta G_R^T = \Delta H_R^T - T \cdot \Delta S_R^T \tag{3.34}$$

3　コンクリートの炭酸化

表-3.5　計算用値（Babuschkin *et al.* 1986）

化合物の型	$-\Delta H_0^{298}$ [kJ/mol]	S_0^{298} [J/mol·K]	$c_p = f(T)$ [J/mol·K]		
			a	$b \cdot 10^3$	$c \cdot 10^{-5}$
$Al(OH)_3$	1 292.9	68.4	36.2	190.9	–
$CaCO_3$	1 207.7	92.9	104.6	21.9	–6.0
C_3AH_6	5 551.7	404.9	288.5	532.4	–
C_2AH_8	5 439.5	445.5	286.5	642.5	–
C_4AH_{19}	10 094.4	954.6	512.3	1 649.6	–
$Ca(OH)_2$	985.3	83.4	79.8	45.2	–
$C_2SH_{1.17}$	2 667.6	160.8	173.3	93.8	–31.0
$C_3S_2H_3$	4 786.4	312.3	341.4	188.8	–61.4
$C_5S_6H_{5.5}$	10 702.7	611.9	463.1	791.3	–
C_3A	3 563.0	205.6	260.8	19.2	–50.6
$C_3A \cdot C\bar{S} \cdot H_{12}$	87 77.4	747.8	476.4	1 033.5	–
$C_3A \cdot {}_3C\bar{S} \cdot H_{32}$	17 590.1	1 748.4	870.9	3 102.1	–
$CaSO_4 \cdot 2H_2O$	2 024.0	194.1	91.4	318.2	–
CO_2	393.8	213.8	44.2	9.0	–8.5
H_2O	286.0	70.0	53.0	47.7	7.2
SiO_2	911.7	41.9	47.0	34.3	–11.3

　もし ΔH と ΔS が既知であれば，ΔG は定められる。

　セメントペースト相の自由エンタルピー ΔG_R^T は誘導された式と**表-3.5** による物質特性値により次のように計算できる（例：$+25℃$，$-5℃$）。

▶**例**

$$C_3AH_6 + 3CO_2 \rightarrow 3CaCO_3 + 2Al(OH)_3 + 3H_2O$$

$$\frac{1}{3}C_3AH_6 + CO_2 \rightarrow CaCO_3 + \frac{2}{3}Al(OH)_3 + H_2O$$

　　（出発物質A）　　　　　　（最終物質E）

ΔH_R^{298} の計算

$$\Delta H_R^{298} = \sum \Delta H_E^{298} - \sum \Delta H_A^{298}$$
$$= \left[(-1\,207.7) + \left(-\frac{2}{3} \cdot 1\,292.9\right) + (-286.0) \right] - \left[\left(-\frac{1}{3} \cdot 5\,551.7\right) + (-393.8) \right]$$
$$= (-2\,355.6) - (-2\,244.4)$$
$$= -111.2 \text{kJ/mol}$$

142

ΔS_R^{298} の計算

$$\Delta S_R^{298} = \sum S_E^{298} - \sum S_A^{298}$$

$$= \left(92.9 + \frac{2}{3} \cdot 68.4 + 70.0\right) - \left(\frac{1}{3} 409.9 + 213.8\right)$$

$$= 208.5 - 348.8$$

$$= -140.3 \, \mathrm{J/mol \cdot K}$$

$\Delta c_{p,R}$ の計算

$$\Delta c_{p,R} = \sum c_{p,E} - \sum c_{p,A}$$

$$= \Delta a + \Delta b \cdot T + \Delta c \cdot T^2$$

$$\Delta a = \sum a_E - \sum a_A$$

$$= \left(104.6 - \frac{2}{3} \cdot 36.2 + 53.0\right) - \left(\frac{1}{3} \cdot 288.5 + 44.2\right)$$

$$= 181.7 - 140.4$$

$$= 41.3$$

$$\Delta b = \sum b_E - \sum b_A$$

$$= \left[10^{-3}\left(21.9 + \frac{2}{3} \cdot 190.9 + 47.7\right) - 10^{-3} \cdot \left(\frac{1}{3} \cdot 532.4 + 9.0\right)\right]$$

$$= (196.9 - 186.5) \cdot 10^{-3}$$

$$= 10.4 \cdot 10^{-3}$$

$$\Delta c = \sum c_E - \sum c_A$$

$$= 10^5 \cdot \left[\left(-26.0 + \frac{2}{3} \cdot 0 + 7.2\right)\right] - \left(\frac{1}{3} \cdot 0 + (-8.5)\right)$$

$$= -10.3 \cdot 10^5$$

25℃の場合：

$$\Delta G_R^{298} = \Delta H_R^T - T \cdot \Delta S_R^T$$

$$= -111.2 - 298 \cdot (-140.3)$$

$$= -111\,200 \, \mathrm{J/mol} + 41\,809.4 \, \mathrm{J/mol}$$

$$= -69\,390.6 \, \mathrm{J/mol}$$

$$= -69.39 \, \mathrm{kJ/mol}$$

3 コンクリートの炭酸化

－5℃の場合：

$$\Delta H_R^{268} = \Delta H_R^{298} + \Delta a(T-298) + \frac{\Delta b}{2}(T^2 - 298\ ) - \Delta c\left(\frac{1}{T} - \frac{1}{298}\right)$$

$$= -111.2 + 41.3 \cdot T + \frac{10.4 \cdot 10^{-3}}{2} \cdot T^2 - \frac{-10.3}{T} \cdot 10^5 \Big|_{298}^{268}$$

$$= -111\,200 + \left[(41.3 \cdot 268) + \left(\frac{10.4 \cdot 268^2}{2 \cdot 10^3}\right) - \left(\frac{-10.3 \cdot 10^5}{268}\right)\right] -$$

$$\left[(41.3 \cdot 298) + \left(\frac{10.4 \cdot 298^2}{2 \cdot 10^3}\right) - \left(\frac{-10.3 \cdot 10^5}{298}\right)\right]$$

$$= -111\,200 + (11\,068.4 + 373.5 + 3\,843.3) - (12\,307.4 + 461.8 + 3\,456.4)$$

$$= -111\,200 + (-940.0)$$

$$= -112\,140.4$$

$$= -112.14 \text{ kJ/mol}$$

$$\Delta S_R^{268} = \Delta S_R^{298} + \Delta a \ln\frac{T}{298} + \Delta b(T-298) - \frac{\Delta c}{2}\left(\frac{1}{T^2} - \frac{1}{298^2}\right)$$

$$= -140.3 + \left[(41.3 \cdot \ln 268) + \left(\frac{10.4 \cdot 268}{10^3}\right) - \left(\frac{-10.3 \cdot 10^5}{2 \cdot 268^2}\right)\right] -$$

$$\left[(41.3 \cdot \ln 298) + \left(\frac{10.4 \cdot 298}{10^3}\right) - \left(\frac{-10.3 \cdot 10^5}{2 \cdot 298^2}\right)\right]$$

$$= -140.3 + (41.3 \cdot 5.59 + 2.787 + 7.17) - (41.3 \cdot 5.697 + 3.10 + 5.79)$$

$$= -140.3 + 240.86 - 244.18$$

$$= -143.62 \text{ J/mol} \cdot \text{K}$$

$$\Delta G_R^{268} = \Delta H_R^T - T \cdot \Delta S_R^T$$

$$= -112\,140.4 - 268 \cdot (-143.62)$$

$$= -73.65 \text{ kJ/mol}$$

この計算式により，例えば＋25℃，－5℃における各種セメントペースト相の自由反応エンタルピーを計算できる。

$$C_2AH_8 + 2CO_2 \rightarrow 2CaCO_3 + 2Al(OH)_3 + 5H_2O$$

$$C_4AH_{19} + 4CO_2 \rightarrow 4CaCO_3 + 2Al(OH)_3 + 16H_2O$$

$$Ca(OH)_2 + CO_2 \rightarrow CaCO_3 + H_2O$$

$$C_2SH_{1.17} + 2CO_2 \rightarrow 2CaCO_3 + SiO_2 + 1.17H_2O$$

$$C_3S_2H_3 + 3CO_2 \rightarrow 3CaCO_3 + 2SiO_2 + 3H_2O$$

表-3.6　各セメントペースト相の反応生成物自由反応エンタルピー

セメントペースト相		ΔG_R^T (kJ/mol)	
		25℃	−5℃
$Ca(OH)_2$	(Portlandit)	−74.58	−78.61
$C_3S_2H_3$	(Afwillit)	−74.37	−78.24
C_2AH_8		−72.18	−75.29
C_3AH_6	(Hydrogranat)	−69.39	−73.65
C_4AH_{12}	(Tetrahydrat)	−67.24	−68.78
$C_3A \cdot C\overline{S} \cdot H_{12}$	(Monosulfat)	−63.25	−66.26
$C_2SH_{1.17}$	(Hillebrandit)	−61.72	−65.94
$C_5S_6H_{5.5}$		−47.43	−50.96
$C_3A \cdot 3C\overline{S} \cdot H_{32}$	(Ettringit)	−50.79	−49.06

$$C_5S_6H_{5.5} + 5CO_2 \rightarrow 5CaCO_3 + 6SiO_2 + 5.5H_2O$$

$$C_3A \cdot C\overline{S} \cdot H_{12} + 3CO_2 \rightarrow 3CaCO_3 + 2Al(OH)_3 + C\overline{S} \cdot H_2 + 7H_2O$$

$$C_3A \cdot 3C\overline{S} \cdot H_{32} + 3CO_2 \rightarrow 3CaCO_3 + 2Al(OH)_3 + 3C\overline{S}H_2 + 23H_2O$$

ΔG_R^T がマイナスになると反応の確率は上がるので，いろいろな炭酸化反応の進行順序を定めることができる（表-3.6）。

低温では炭酸化反応に対する熱力学的確率が上がることを確認できる。唯一例外はエトリンガイトの生成である。

3.9　鉄筋コンクリートに有害な炭酸化に対する保護および補修対策

3.9.1　保護対策

鉄筋コンクリート構造物の保護対策の目的はいろいろな化学的，機械的作用に対する抵抗性を高めることである（Gieler/Dimmig–Osburg，2006 参照）。炭酸化の結果として生ずる劣化に対する保護は第1に抵抗能力のあるコンクリートを施工する対策であり，第2に鉄筋腐食抵抗性（コンクリートおよび鉄筋に関する技術的観点）を高める対策である。各種コンクリート工学的対策について既に3.8節で詳細に取り上げたので，ここでは簡単に要約する。

3　コンクリートの炭酸化

■コンクリート工学上の対策

緻密性のあるコンクリート

　緻密性のあるコンクリートを施工，即ち特に屋外部材の表面に近い部分の空隙を少なくすることは炭酸化フロントの急速な進行を抑制する。それを達成するため，一般に次のことが有効である：

- DIN EN 206–1 および DIN 技術報告 –100（第 1 章 コンクリートの耐久性に関する指標値と影響要因参照）に従いコンクリートの配合や特性に関する限界値を厳守する
- 実務的に完全な締固めを達成する，即ちエントラップドエア（コンシステンシーに関連して $\varepsilon \leqq 2.0\mathrm{Vol.-\%}$）量を最小にする
- 適切で，十分長い養生により，高い水和度を保証する
- 吸水性型枠などで表面の緻密性を高める

十分なかぶり厚

　DIN 1045 による最小かぶり厚を厳守する。かぶり厚はセメント種類，セメント量，コンクリート強度ならびに暴露クラスに依存する。

　良く機能する目的に適ったスペーサ（コンクリート打設開始前に撤去）の利用および必要な場合非破壊試験による硬化コンクリートのかぶり検査。

　ドイツコンクリート協会が 2011 年 1 月に発行した「かぶりと鉄筋 – Eurocode 2 に基づく鉄筋およびコンクリートの設計，施工，組み立てにおけるかぶりの確保」は必要なすべての対策について詳細に記述している。

炭酸化の抑制

　拡散に関して，局部的な圧力差や濃度差による気体移動が問題である。ここでは濃度勾配が駆動力となる。

　移動メカニズム：

- 気体拡散　H_2O と CO_2
- 表面拡散　H_2O のみ
- 溶液拡散　H_2O と CO_2

　比較的緻密性である材料では，気体拡散は少なく，物質移動は溶液拡散を介して行われる。溶液拡散能力に関して CO_2 は H_2O よりも大幅に劣る。

　それ故，緻密な組織のコーティングは H_2O よりも CO_2 に対して数倍緻密性が

ある。更に H_2O 分子は CO_2 分子よりも小さく軽い。

炭酸化抑制として次をベースとするコーティングが適切である：

- ポリウレタン樹脂
- エポキシ樹脂
- 高分子材料デスパージョン

撥水剤（間接的に湿度吸収を減ずる）

- シリコン
- シロキサン（高分子有機珪素化合物，コンクリートのアルカリ構成成分に耐性でなければならない）
- メタクリル酸の重合エステル＝アクリル樹脂
- ステアリン酸カルシウムデスパージョン＋亜硝酸塩洗浄

■鉄筋に関する技術的対策

次の対策は鉄筋を保護するまたは他の材料で代用するもので，炭酸化を抑制するものではない。

- 高分子材料で鉄筋をコーティングまたは塗装，例：エポキシ樹脂
- 鉄筋のメッキ

  亜鉛が電気化学的電池を形成することにより鋼材の腐食を抑止する。効果は亜鉛の消費によって生ずるので，時間的に限りがある。

- 高合金鋼

  クロム，ニッケル，モリブデンのような合金を添加することにより耐食性を高める（「ステンレス鋼」）。

- FRP ロッド

  鋼材に代わって，プレストレストコンクリート用緊張材として，ガラス繊維，アラミド繊維または炭素繊維を合成高分子材料で結合させた複合材を用いることができる（高価である！）。

- 鋼材のカソード防食

  鋼材の防食性はアノード分極の不動態化に基づいている。鋼材のポテンシャルはカソード方向への外部電源により消却されるので，鋼材はもはや陽イオン化することができない（手間がかかる！）。

3 コンクリートの炭酸化

3.9.2 補修対策

炭酸化による劣化は，本質的に鋼腐食の結果，コンクリートがはく離する現象として現れる表面の劣化が問題である（**図-3.35**）。

補修対策は劣化程度により異なる目的がある：

- 炭酸化により失われたコンクリートのアルカリ媒質を再アルカリ化により回復
- コーティングや塗装により鉄筋防食の耐久性を再生
- 劣化したコンクリートを新しいモルタルやコンクリートで耐久性あるものに代える

コンクリート部材の保護および補修に関して DAfStb 補修基準が 20 年以上にわたり有

図-3.35　炭酸化による被害

効に利用されてきた。1989～2007 年の間，ヨーロッパ基準シリーズ EN 1504 がコンクリート部材の保護と補修の観点から作業がなされた。この基準シリーズはコンクリート部材の製品に CE マークの要求をするばかりでなく保護や補修の計画実行作業も定めるものである（Raupach/Kosalla，2011；Bütter/Raupach，2009）。EN 1504（DIN EN 1504）の調和に取れた製品基準は 2009 年当初から有効となった。

DAfStb 基準の補修原則は腐食プロセスと鉄筋腐食の際発生する電気化学的関連に基づいている。腐食プロセスは 3 つの部分プロセスから成り立つ：

- アノードの鉄溶解
- カソードの酸素反応
- 電気分解質部分プロセス

腐食はもし部分プロセスが妨げられると停止状態となる。これは DAfStb 基準の基本原則に反映されている（**図-3.36**）。

EN 1504 ではコンクリート部材の劣化が細分され，そして鉄筋の劣化が取り扱われている（**図-3.37**，**図-3.38**）。可能性のある劣化原因に基づいて DIN EN

3.9 鉄筋コンクリートに有害な炭酸化に対する保護および補修対策

1504-9 11 補修原則では2つのグループ－原則1-6「劣化コンクリートの補修」と原則7-11「腐食劣化鉄筋の補修」－に細分されている。

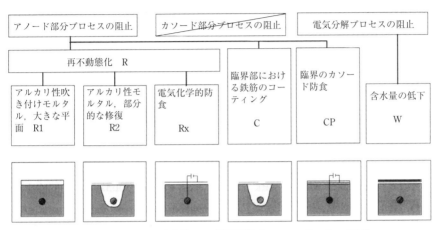

図-3.36 DAfStbの補修基準による補修原則（Raupach/Kosalla, 2011）

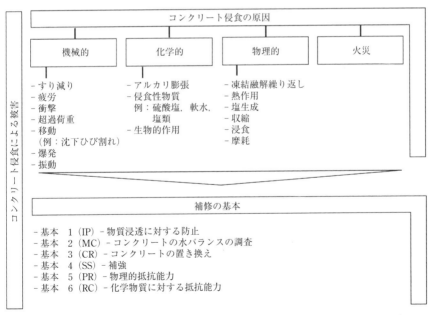

図-3.37 DIN EN 1504のコンクリートの劣化原因と補修原則（Raupach/Kosalla, 2011）

3 コンクリートの炭酸化

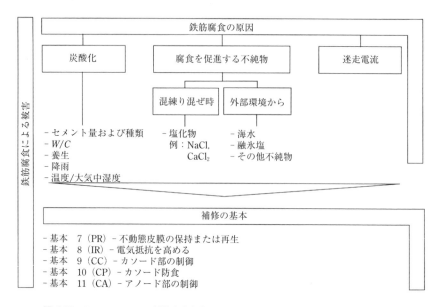

図-3.38 DIN EN 1504 の鉄筋腐食劣化の原因と補修原則 (Raupach/Kosalla, 2011)

図-3.37 と**図-3.38** の補修原則の建設実務への移行が DIN EN 1504 で組み立てられた方法で行われている。

炭酸化により鉄筋腐食に伴う劣化が発生する。鉄筋腐食（原則 7-11）を避ける方法はアノードにおける鉄筋の溶解を防ぐよう目指すことである。DIN EN 1504 の補修原則と補修方法は内容的に 2001 年の DAfStb の国内基準における原則 R, C, W および K に適うものである：

- アルカリ環境の回復による防食（**補修原則 R**）

  原則はセメント系補修材を塗布することによって鋼材表面に不動態皮膜を再生（再不動態化）することに基づく。

- コンクリート中含水量の制限による防食（**補修原則 W**）

  原則はコンクリート中含水量を下げることに基づく。腐食速度が実用上無視できるまで電気伝導度を低下させる。

- 鉄筋コーティングによる防食 – coating – （**補修原則 C**）

  原則は鉄筋表面に適切なコーティングを配してアノードにおける鉄筋溶解を抑制することに基づく。

3.9 鉄筋コンクリートに有害な炭酸化に対する保護および補修対策

- カソード防食（**補修原則 K**）

外部電流および（または）犠牲アノードまたは挿入アノードの配置により，鉄筋に目的の駆動力を与え，全鉄筋がカソードとして働き，その腐食が抑制されるようにする。

各種補修原則を組み合わせる場合における作業プロセスを図-3.39，図-3.40 に示す。

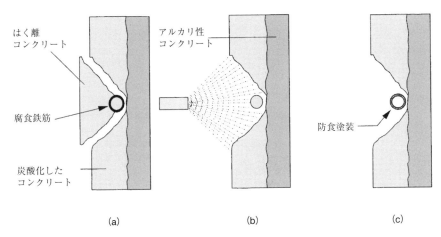

図-3.39 補修対策の概要，第1部
  (a) 劣化状況
  (b) 前処理：高圧水または湿砂ブラストによるコンクリート表面の洗浄，緩んだ部分の除去，サンドブラストによる鉄筋露出および除錆
  (c) 防食：塗装2層（多くの場合無溶剤エポキシで十分な層厚形成，鉄筋フシにも），絶対乾燥石英砂 0.4～0.7mm を2層に散布

■コンクリートの再アルカリ化

再アルカリ化では一般に炭酸化したコンクリートまたはモルタルの縁端部にアルカリ環境を回復させることと理解される（Budnik, 1993）。

- アルカリ溶液にコンクリートを浸漬する
  （例：石灰乳，しかし個々の粒子が大き過ぎるので，効果はほとんどない；拡散しない）
- セメントを結合材としたコンクリートまたはモルタル層（高分子材料添加の有／無）の施工（事情によって，炭酸化防止混和剤の添加）

3 コンクリートの炭酸化

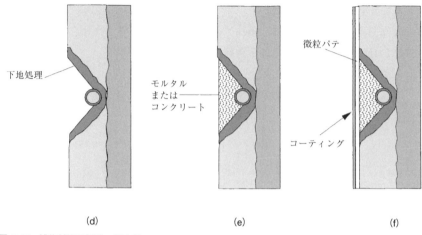

図-3.40 補修対策の概要，第2部
(d) 下地処理：ポリマーセメントモルタルまたは高粘性エポキシ樹脂による下地処理により，コンクリートに充填するモルタルとの付着力を改善（ショットクリートの場合行われない）
(e) モルタル，コンクリートの打設：一般に多層で充填モルタルの施工，欠損部が大きい場合コンクリートまたはショットクリートの挿入。充填モルタルまたはコンクリートは適切な養生により十分長い間保護されねばならない
(f) パテ仕上げおよび塗装：微粒パテで気泡のない下地を作る，その後通常下塗りおよび2層の塗装を行う

- 電気化学的再アルカリ化

設定された電気場の影響下で，アルカリが移動する原理による。電解質としてコンクリート表面にアルカリ溶液－その中に電極ネットが埋め込まれている－が調達される。電極ネットと電気的な接続のため局部的に露出させた鉄筋は電流源として機能する整流器の極と結合される。外部に取り付けられた電極はアノードとして，鉄筋はカソードとして接続される。スウィッチを入れた後，いろいろな電気化学的プロセスが発生する。鉄筋周囲の反応や外部からの（物質）移動によりコンクリートのアルカリ度が再びある値まで上がり，それにより再アルカリ化が可能となる（図-3.41）(Mietz et al., 1996)。

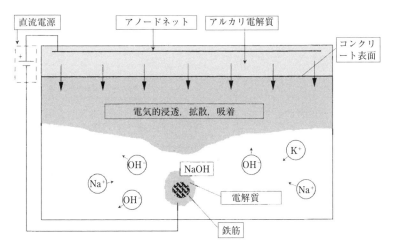

図-3.41 炭酸化した鉄筋コンクリート部材に対する電気化学的再アルカリ化の基本 - 陰影部=処理によりpHがふたたび上昇する範囲（Mietz et al., 1996）

3.9.3 炭酸化を抑制するコーティング効果の判断

鉄筋コンクリート中のCO_2拡散を後からの表面処理により減少させようとする時，CO_2拡散に対し本質的に大きな拡散抵抗性を有するコーティングの利用が欠かせない。このようなコーティングを炭酸化抑制と表記する。これらは第1の定義により

- コンクリートの炭酸化抵抗性kを少なくとも10倍高める．または第2の定義により
- 空気換算厚として表される拡散抵抗性Rは少なくとも50mを有しなければならない（Weber, 1983, 1988）

炭酸化抑制として，コーティングの有効性を等級づけるため，コンクリートとコーティングの炭酸化抵抗性を計算する必要がある。計算は両者の場合簡単な式でなされる。

$$R = \mu_{CO_2} \cdot s \quad (m) \tag{3.35}$$

ここで，

R：拡散抵抗または換算拡散空気層厚（m）

μ_{CO_2}：CO_2に対する拡散抵抗数（同一条件で材料が，例えばコーティングが空気に比し，どの程度不透気性かを示す）

3 コンクリートの炭酸化

s：層厚（m）（炭酸化深さまたはコーティング厚）

コンクリートのμ_{co_2}値は，品質により250から400の間に分布する。中程度のコンクリートでは約300程度と算定される。

▶例1

あるコンクリートについて，10年経過後炭酸化深さが10mmに達した。

この時点について式3.35により空気層の炭酸化抵抗性は次のように計算される：

$$R = 300 \cdot 0.01\text{m} = 3.00\text{m}$$

3m空気層の炭酸化抵抗性とは定義1により，コンクリートの炭酸化を抑制する塗装は少なくとも30mの炭酸化抵抗（50mがより望ましい）を有すべきことを意味する。

2つの異なるコーティングシステムについて，所謂コンクリート用炭酸化抑制として適切かどうか検証する。両者は厚さ100μmで塗布されたとする。

表-3.7　CO_2に対する拡散抵抗数 μ_{CO_2}　（Klopfer 1978）

塗装材料	拡散抵抗数　μ_{CO_2}
水ガラス塗装	$2 \cdot 10^4$
デスバージョン塗装	10^6
エポキシ樹脂モルタル	$10^5 \sim 10^6$
アクリル樹脂溶液	$2 \cdot 10^6$
1成分ポリウレタン塗装	$7 \cdot 10^7$

1. 水ガラス塗装：

$$\mu_{co_2} \cdot 10^4$$
$$s = 100 \cdot 10^{-6}\text{ m} \quad \rightarrow R = 2 \cdot 10^4 \cdot 100 \cdot 10^{-6} = 2\text{m}$$

2. デスバージョン塗装：

$$\mu_{co_2} = 10^6$$
$$s = 100 \cdot 10^{-6}\text{ m} \quad \rightarrow R = 10^6 \cdot 100 \cdot 10^{-6} = 100\text{m}$$

計算例は水ガラス塗装が炭酸化抑制としては適していないことを示す。CO_2に対してコンクリートよりも透気性が良いからである。これに反しデスバージョン塗装は$\mu_{co_2} 10^6$で提出された要求を満たす。

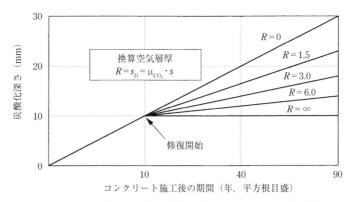

図-3.42 コーティングの CO_2 拡散抵抗性の違いがコンクリートの炭酸化深さに及ぼす影響

図-3.42 は CO_2 に対する各種拡散抵抗性がコンクリートの炭酸化深さに与える影響を示す。

▶例2

10 年経過したコンクリート構造物の修復，炭酸化深さは 10mm に達している。

1. $R = 0$，CO_2 に対して抵抗性がない
   例：$\mu_{co_2} = 30$ の漆喰の塗装
   →コンクリートは不処理面と同様更に炭酸化する。
2. $R = \infty$，CO_2 の侵入不可能
   例：$\mu_{co_2} = 7 \cdot 10^7$ の 1 成分ポリウレタン層の塗装
   →もはや炭酸化しない。

3.10 ひび割れの自癒

3.10.1 自然の自癒

ひび割れの自癒とは，ひび割れを貫流する水が，関与する媒質と反応し，極端な場合，反応生成物がひび割れを完全に塞ぐに至る複雑な化学的物理的プロセスである。

現実的には自癒に関する唯一の原因として，水に含まれる炭酸塩または重炭酸

3 コンクリートの炭酸化

塩とセメントペースト中の $Ca(OH)_2$ の反応によって,ひび割れに生ずる $CaCO_3$ 結晶の新しい生成が問題となる。

水を通すひび割れ部における $CaCO_3$ の生成は次のステップにより進行する (Edvardsen, 1994):

第一に,物質システム CO_2-H_2O:

1. 大気中の CO_2 は水に拡散し,水とともに少量(約 0.1%)の炭酸(H_2CO_3)に変化する(**図-3.43**)。
2. 炭酸は第 2 段階で,重炭酸(HCO_3^-)イオンと炭酸塩イオン(CO_3^{2-})を生成する(**図-3.44**)。

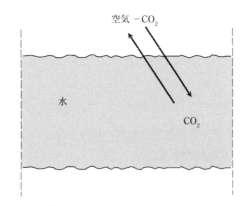

図-3.43 水に CO_2 が溶解し炭酸が生成 (Edvardsen, 994)

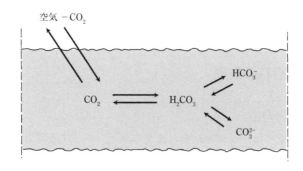

図-3.44 炭酸の解離 (Edvardsen, 1994)

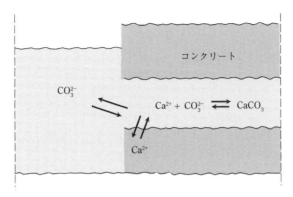

図-3.45 透水性ひび割れ中に炭酸カルシウムが生成（Edvardsen, 1994）

ひび割れ部で，物質システム $CaCO_3$-CO_2-H_2O 中，次の反応が進行する：

3. 水 – コンクリート接触面ではコンクリート中 $Ca(OH)_2$ から Ca^{2+} イオンが溶解する（**図-3.45**）。

4. 溶液にある Ca^{2+} 濃度と CO_3^{2-} 濃度のイオン生成物は，炭酸カルシウム（K_L）の溶解生成物より上回る。そのため溶液は過飽和となり $CaCO_3$ の析出に至る。

段階1から段階4の合算は炭酸カルシウム生成の全体式を与える。

$$Ca^{2+} + 2HCO_3^{-} \leftrightarrow CaCO_3 + CO_2 + H_2O \qquad (3.36)$$

両方で記述した物質システムで，それぞれ進行する反応は種々の要因，例えば温度，圧力，pH（式の誘導はここでは省略する）に影響をうける：

温度：温水は冷水よりも CO_2 の溶解がすくない。同様に $CaCO_3$ の溶解は温度上昇に伴い減少する。

圧力：CO_2 の部分圧が上昇するとともに溶液は Ca^{2+} イオンは多く含むことができる。常圧（$p = 1atm$）では，大気の部分圧 p_{co2} は約 $0.3 \cdot 10^{-3}$atm である。大気に平衡する水は15℃で約0.6ppmの CO_2 を含む。

pH：pHの上昇とともに Ca^{2+} イオン濃度は減少する。一方 CO_3^{2-} イオン濃度は上昇する。

上述の全ての要因は $CaCO_3$ の析出または溶解条件に大きな意味を有している。システム $CaCO_3 - CO_2 - H_2O$ が平衡状態にある場合，外的または内的環境により，ただちに CO_2 分圧，温度または pH の変化が生ずるので平衡が崩れる。システムは新しい状態に適合しなければならないので，まもなく，新しい $CaCO_3$ の

3 コンクリートの炭酸化

析出または溶解により,再び,新しい平衡状態の釣り合い条件に適合するようになる。

ひび割れの自癒にとって興味深いカルサイト析出のため,次の変化が重要となる:

$CaCO_3^-$ 析出	$CaCO_3^-$ 溶解
水中で p_{CO2} の低下	水中で p_{CO2} の上昇
水温上昇	水温低下
pH 上昇	pH 低下

$CaCO_3$ の析出の蓋然性を判断できる若干の条件が1つのモデルに表されている (Edvardsen, 1994)。このモデルでは,最初に自癒前のひび割れの条件が定義されている (**図-3.46**)。

上から下へ CO_2 を含む水を流下させる分離したひび割れが前提である。ひび割れとそのコンクリート周辺で温度は一定である。ひび割れの水が流入する側では,一定の液圧が存在する。液圧はひび割れの長さ方向に沿い,大気(排出)の側に向かって完全に消滅する。ひび割れの横断面に,パラボラ状の速度分布を有

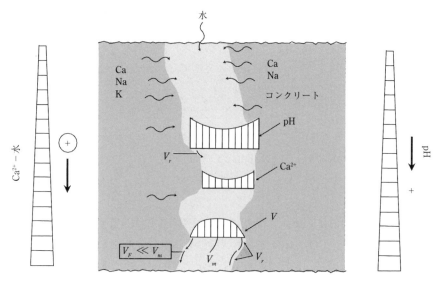

図-3.46 水が貫流するコンクリートひび割れ中の物理的化学的条件 (Edvardsen, 1994)

する層流が出発点である。更に水は，ひび割れを流下する前，大気中の CO_2 と平衡状態にあると仮定する。

それ故，水の CO_2 部分圧は $p_{co2} \approx 10^{-3.5}$ である。水の pH は 5.5 〜 7.5 の範囲にある。水は最初から重炭酸イオン（HCO_3^-）に加えて一定の Ca^{2+} イオン量を含んでいるので，$CaCO_3$ についてまだ飽和していない。CO_2 を含む水はセメントペースト中を貫流している間，コンクリートの $Ca(OH)_2$ と C–S–H から Ca^{2+} イオンを溶かし，水の pH は上昇する。同時に空隙水は貫流水と混合するので，空隙水に含まれるアルカリ KOH と NaOH は pH を上昇させるように働く。コンクリートの溶脱はひび割れの長さ方向およびひび割れの経路に沿う平均 Ca^{2+} 濃度の上昇へと導く，pH と同様平均 Ca^{2+} 濃度の勾配も存在する（**図-3.46**）。即ちひび割れの内壁にカルサイトの析出が有利となる条件を提供する。

ひび割れの自癒は，$CaCO_3$ の析出のため，緩んだコンクリート粒子と水を含む物質の集積を伴う。

研究は，ひび割れ幅 < 0.2mm で最低 5 週間の水を供給した場合，ひび割れの完全な密封が可能であることを明らかにした。その際，カルサイト生成の程度はセメント種類，骨材種類，水の種類および粉体の種類などのパラメーターと無関係である。

DAfStb 基準「コンクリート水密構造物」（WU 基準）2003 年 11 月および 2006 年 3 月制定によれば次の場合ひび割れの自癒を見積もってはならない（DAfStb, Heft 526 参照）。

- > 40mg/l CO_2（石灰を溶解する炭酸）の腐食性水

- pH < 5.5

3.10.2 微生物学的な自癒

ひび割れの自癒は微生物学的プロセスの作用でも発生する。実験室の試験では特殊なバクテリアや特定の有機成分の添加により微生物に起因するひび割れの自癒に到達した（Jonkers/Schlangen 2009）。利用したバクテリア（Bacillus pseudofirmus DSM8715）は不安定な炭酸カルシウム（Metabolisch Calciumcarbonat）を生成することができる。有機成分としてペプトン，乳酸カルシウム，カルシウムグルタメイトが役立つ。炭酸カルシウムの生成は ESEM および X 線試験で証明された。

3 コンクリートの炭酸化

文献

Babuschkin VI, Matweew GM, Mtschedlow–Petrosjan OP（1965）Thermodynamik der Silikate, Bauwesen, Berlin

Babuschkin VI, Matweew GM, Mtschedlow–Petrosjan OP （1986） Termodinamika Silikatov, Strojizdat, Moskwa

Bakker RFM, Roessink G （1991） Zum Einfluß der Carbonatisierung und der Feuchte auf die Bewehrung im Beton, Beton–Inform 31 （3/4）: 32–35

Bier T （1988） Karbonatisierung und Realkalisierung von Zementstein und Beton, Diss., Tech. Hochsch. Karlsruhe

Budnik J （1993） Realkalisierung karbonatisierter Betonrandzonen, Ber. Bundesanst. Straßenwes., Ser. Brücken und Inginieurbau, Heft B 1, Bundesanst. Straßenwes., Bergisch Gladbach （Hrsg.）, Wirtschaftsverlag NW, Bremerhaven

Büttner T, Raupach M （2009） Schutz und Instandsetzung von Betonwerken nach der Europäischen Normenreihe EN 1504, Beton 59: 552–557

Bunte D （1993） Zum karbonatisierungsbedingten Verlust der Dauerhaftigkeit von Außenbauteilen aus Stahlbeton, Diss. Tech. Hochsch. Braunschweig

DAfStb–Heft Erläuterungen zu den Normen DIN EN 206–1, DIN 1045–2, DIN 1045–3, DIN1045–4 und DIN EN 12620, H526 2011–12

DAfStb–Heft Erläuterungen zur DafStb–Richtlinie wasserundurchlässige Bauwerke aus Beton, Heft 555, 2006–03

DAfStb Richtlinie–Wasserundurchlässige Bauwerke aus Beton （WU Richtlinie） 2003–11

DAfStb （2001） Schutz und Instandsetzung von Betonbauteilen （Instandsetzungsrichtlinie）. DAfStab,Berlin

DBV–Merkblatt "Betondeckung und Bewehrung nach EC2" （2011）, Dtsch. Betonverein

DIN 1045–2:2008–08 –Tragwerke aus Beton, Stahlbeton und Spannbeton – Beton Festlegung, Eigenschaften, Herstellung und Konformität–Anwendungsregeln zu DIN EN 206–1

DIN 1045–3:2012–3 – Tragwerke aus Beton, Stahlbeton und Spannbeton – Teil 3: Bauausführung; Anwendungsregeln zu DIN EN 13670

DIN EN 206–1:2001–07 – Beton –Teil 1: Festlegung, Eigenschaften, Herstellung und Konformität; Dtsch. Fass. EN 206–1:2000–

DIN EN 1504–1 bis 10:2005 bis 2008 –Produkte und Systeme für den Schutz und Instandsetzung von Betontragwerken –Definitionen, Anforderungen, Güteüberwachung und Beurteilung der Konformität

DIN EN 1504–9:2008–11 – Produkte und Systeme für den Schutz und Instandsetzung von Betontragwerken –Definitionen, Anforderungen, Güteüberwachung und Beurteilung der Konformität –Teil 9; Allgemeine Grundsätze für die Anwendung von Produkten und Systemen; Dtsch. Fass, EN 1504–9:2008

DIN EN 1992–1–1:2011–01 – Eurocode 2: Bemessung und Konstruktion von Stahlbeton– und Spannbetontragwerken – Teil 1–1: Allgemeine Bemessungsregeln und Regeln für den Hochbau

DIN–Fachbericht 100 –Beton –Zusammenstellung von DIN EN 206–1 Beton –Teil 1: Festlegung, Eigenschaften, Herstellung und Konformität und DIN 1045–2 Tragwerke aus Beton, Stahlbeton, Spannbeton –Teil 2: Beton – Festlegung, Eigenschaften, Herstellung und Konformität; Anwendungsregeln zu DIN EN 206–1, Ausg. 2010–03

Eckler HO, Bergholz W （1991） Erhöhung der Nutzungsdauer von Stahlbeton durch Carbonatisierungsinhibitoren, Forsch.–Ber., Inst. Baust. Weimar

Edvardosen,C.K.（1994）Wasserdurchlässigkeit und Selbstheilung von Trennrissen in Beton, Diss., Rhein.–Westfäl. Tech.Hochsch. Aachen

Engelfried,R., Tölle,A.（1985）Einfluß der Feuchte und des Schwefeldioxidgehaltes der Luft auf die Carbonisation des Betons, Betonw + Fertigteil–Tech 51,（11）: 722–729

Gehlen C（2000）Probabilistische Lebensdauerbemessung von Stahlbetonbauwerken: Zuverlässigkeitsbetrachtungen zur wirksamen Vermeidung von Bewehrungskorrosion. Schriftenreihe Dtsch. Aussch. Stahbeton Nr 510, Beuth, Berlin

Gieler RP, Dimmig–Osburg A（2006）Kunststoffe für den Bautenschutz und die Betoninstandsetzung. Birkhäuser, Basel–Boston–Berlin

Grube H, Krell J（1986）Zur Bestimmung der Carbonatisierungstiefe von Mörtel und Beton, Beton 36: 104–108

Houst YF（1997）Carbonation shrinkage of hydrated cement paste, In: 4. CANMET/ACI Intern. Conf. Durab. Concr., Sydney, Suppl. Pap., p.481–492

Jonkers HM, Schlangen HEJG（2009）Bacteria–based self–healing concrete. Restor Build Monum 15; 255–265

Kidokoro T, Tomita R（1984）Long–term experiments on the carbonation of artifical lightweight aggregate concrete, In: Rev. 38th Gen. Meet. Tokyo, May, Cem. Assoc. Jpn（eds.）, p.284–287

Klasen I（1879）Zementüberzug von Eisen zum Schutz gegen Rostbildung, Tonind–Ztg 3: 355–356

Klopfer H（1978）Die Carbonisation von Sichtbeton und ihre Bekämpfung, Bautenschutz und Bausanierung 1: 86–88, 91–97

Knoblauch H, Schneider U（1995）Bauchemie, 4., neubearb. u. erw. Aufl. Werner, Düsseldorf

Knöfel D, Scholl E（1991）Einfluß von NO_2–angereicherter Atmosphäre auf zementgebundene Baustoffe. Betonw + Fertigteil–Tech 57（1）: 55–60

Koelliker E（1990）Die Carbonatisierung von Beton: ein Überblick, Beton– und Stahlbetonbau 85: 148–153, 186–189

Krenkler K（1980）Chemie im Bauwesen, Anorganische Chemie, Bd 1. Springer, Berlin

Meng B, Wiens U（1997）Wirkung von Puzzolanen bei extrem hoher Dosierung － Grenzen der Anwendbarkeit, In: 13. Intern. Baustofftagung ibausil, Weimar, Tagungsber. Bd.1, S.175–186

Meyer A（1989）Oberflächennahe Betonschichten – Bedeutung für Dauerhaftigkeit, Beton 39; 148–153

Meyer A, Wierig HJ, Husmann K（1967）Karbonatisierung von Schwerbeton, Schriftenreihe Dtsch. Aussch. Stahlbeton, Heft 182, Beuth, Berlin

Mietz J, Fischer J, Isecke B（1996）Elektrochemische Verfahren als Korrosionsschutz für Bewehrungsstahl in Stahlbetonbauwerken, In: Festschr. für Prof.N.V.Waubke, BMI, Heft 9, 129–132

Nürnberger U（1990）Korrosion und Kororosionsschutz der Bewehrung im Massivbau, Schriftenreihe Dtsch. Aussch. Stahlbeton, Heft 405. Berlin

Osin BV（1954）Negaschenaja izvest́ kak novoe vjazhushhee veshhestvo. Promstrojizdat Moskva

Pfeifer C, Möser B, Stark J（2010）Hydratation, phase and microstructure development of Ultra High Performance Concrete. Zem Kalk Gips Intern 64（10）: 71–79

Probst（1919）Ein Nachweis für die Rostsicherheit des Eisens im Eisenbeton. Dtsch Bauztg, 63–66

Raupach M, Kosalla K（2011）Korrosionsschutzverfahren für Stahlbeton nach EN 1504. In: Proc. 3–Länder–Korrosionstag –Möglichkeiten des Korrosionsschutzes von Stahl im Betonbau, Wien, S.21–29

3 コンクリートの炭酸化

Reschke T, Gräf H（1997）Einfluß des Alkaligehaltes im Zement auf die Carbonatisierung von Mörtel und Beton, Beton 48: 664–670

Rohland P（1908）Über die Oxidation des Eisens und den Eisenbeton, Tonind–Ztg 32: 2049

Schießl P（1976）Zur Frage der zulässigen Rißbreite und erforderlichen Betondeckung im Stahlbetonbau unter besonderer Berücksichtigung der Karbonatisierung des Betons, In: Schriftenreihe des Dtsch Aussch für Stahlbeton, Nr.225, Ernst & Sohn, Berlin

Schießl P（1990）Wirkung von Steinkohlenflugaschen in Beton, Beton 40: 519–523

Soretz S（1967）Korrosionsschutz im Stahlbeton, in: Betonsteinzeitung 33: 52–63

Tritthart J（1989）Zur Korrosion von Stahl in Beton, Österreichische Ing Archit Z 134: 607–615

Tuuti K（1982）Corrosion of Steel in Concrete, CBI forskning/res. fo 4.82, Swedish Cem. Concr. Inst., Stockholm

Verbeck GJ（1958）Karbonatisierung von hydratisiertem Portlandzement, Zem–Kalk–Gips 11: 272–277

Weber H（1983）Berechnungsverfahren über den Carbonatisierungsfortschritt und die damit verbundene Lebenserwartung von Stahlbetonbauteilen. in: Betonw + Fertigteil–Tech 49: 508–514

Weber H（1988）Schutz von Stahlbetonbauteilen gegen Karbonatisierung und Chloridionenaufnahme, Betontech 2（9）: 46–49

Zement Taschenbuch（2008）, 51. Ausg., Hrsg.: Ver. Dtsch. Zem. –Werke, Bau + Technik, Düsseldorf

Zschokke B（1916）Über das Rosten der Eiseneinlagen. Schweiz Bauztg 68: 285–289

4 硫酸塩侵食

4.1 沿 革

　コンクリートの耐久性に関する最も重要な要因として，硫酸塩侵食に対する抵抗性は水硬性結合材の利用以来常に大きな関心が持たれてきた。その場合，当初，主として海水による侵食が硫酸塩劣化として理解されていた。1890年ごろCandlot と Michaelis が硫酸塩作用により進行するセメントペースト中の反応に関する最初の組織的研究を行った（Candlot, 1890；Michaelis, 1892）。Candlotは 1890 年，モルタルの水酸化カルシウムは海水中に溶けた硫酸マグネシウムと反応して石膏と水酸化マグネシウムを生成すると書いた。一度生成した石膏はクリンカー相アルミネートと水和して水に不溶性の「石灰のサルホアルミネートSulfo–Aluminat des Kalks」に転化する。この結合は合成され，引き続く化学分析は組成 $C_3A \cdot 2.5CaSO_4 \cdot xH_2O$ つまりエトリンガイトをもたらした。Candlot はサルホアルミネートの生成は関係するモルタルまたはコンクリートの劣化へ導くと述べた。アルミネート量の少ないセメントはそれに応じてよい動きをする筈である。現実にはこのようなセメントにもしばしばコンクリートの劣化が観察されている。著者は 19 世紀の終わりには既にエトリンガイトの生成は重要な劣化の原因であるが，しかし劣化の原因の全てとは限らないことを結論づけた。

　セメントペーストの組織劣化に関して Michaelis は発見された錯体の結晶水に富む結合物，エトリガイトを典型的な針状形態像のため，「セメントバチルス」

163

と名づけた。Candlot はエトリンガイトのほか更に石膏やブルーサイト（水酸化マグネシウム，Mg(OH)$_2$）の生成のように別の反応が劣化を招くことを立証した。

ドイツでは 1890 年頃マグデブルグ（Magdeburg）で，最初のセンセーショナルな被害が橋梁構造物に発生した。エルベ川を渡る橋は工事終了後，数年で著しいコンクリート被害のため取壊しとなった。原因は高い硫酸塩含有量（約 2 000mg SO$_4^{2-}$/l）の湧き水と特定されたが，若令コンクリートに対する侵食作用はまだ知られていなかった（Biczok, 1968）。この劣化事例のため硫酸塩侵食に対するコンクリートの安定性を高める可能性を探る一層の研究が始まった。時代の経過に伴い，適切なコンクリート技術的対策，多数の規格や基準の糸口が見出された。

1990 年代初めまでにエトリンガイトや石膏の生成のみが硫酸塩侵食の劣化原因として認められた，しかし次第にタウマサイトも劣化原因物として追加されるようになった。劣化コンクリート構造物におけるタウマサイトの最初の証明は 1965 年から知られるようになった（Erlin/Stark, 1965）。1990 年代になって英国ではコンクリート構造物に多くのタウマサイトが関係する劣化例が記録された。その目的で設立された研究委員会，タウマサイト専門家グループは橋の組織的調査の後，若干のケースでタウマサイトの生成が橋梁基礎のコンクリートの完全な崩壊に至らしめたことを明らかにした。

4.2　劣化メカニズム

コンクリートが硫酸塩侵食を受ける場合，セメントペーストに硫酸塩が作用することにより，硬化コンクリートの劣化は発生する。湿度の存在のもと硫酸塩イオンはセメントの水和生成物，或いは更に存在するセメント構成成分と反応し新しい硫酸塩鉱物を生成する。これはセメントペーストの組織を弛緩させ，それゆえ強度と耐久性にマイナスに影響する。劣化を生ずる新しい生成物は鉱物エトリンガイト，石膏，タウマサイトが問題である。

劣化機構は溶解または膨張の 2 種類に分けられる。

溶解侵食の場合，ポルトランダイト Ca(OH)$_2$ または C–S–H 相のようにセメントペーストのカルシウムを含む鉱物相は溶脱および溶出される。それは物質の損

失による劣化に至るあるいはタウマサイト生成による C–S–H 相の分解の場合には完全な強度損失に至る可能性がある。

膨張侵食の場合，出発物質に比べて大きな体積を占める硫酸塩鉱物が発生する（硫酸塩膨張）。体積の大きい鉱物が生成の際発生する結晶圧はコンクリート組織にひずみと応力を発生させる。セメントペーストの引張強度を部分的に超えるとコンクリートにひび割れの発生や破壊を起こさせる。膨張侵食はとりわけエトリンガイトや石膏の生成時に想定される。

DIN 4030 に従いコンクリートの硫酸塩侵食とは接する水や地盤に含まれている硫酸塩を含有する鉱物酸，硫酸塩，硫化物を介して発生する。外的硫酸塩侵食ではコンクリート表面の硫酸塩イオンはセメントペースト中に浸透（例えば拡散または移動により）しなければならないので，まずセメントペースト中における化学的プロセスではなく表面におけるコンクリート組織の緻密性が硫酸塩侵食速度の物理的パラメータとして重要である。さらにまた組成（硫酸塩溶液の陽イオンの種類と濃度）や作用期間や作用強度がコンクリート劣化の程度を定める。侵食は石膏やエトリンガイトのような膨張性硫酸塩鉱物生成の結果として表面ひび割れが発生することにより強く促進され，そしてコンクリートの完全な破壊を招く。

外的硫酸塩侵食は燃焼行程から生ずる硫黄を含む排気ガス（SO_2, SO_3）並びに浄化槽または下水道中に含まれる硫化水素（H_2S）がバクテリアの酸化作用により硫酸に変化する時，発生するガスによっても生じうる。

セメントモルタルを使用して補修した石膏を含む壁の劣化もまた外的硫酸塩侵食の結果である。

それに対して**内部硫酸塩侵食**は一般に硬化後コンクリート中に硫酸塩イオン－例えば無水石膏のような難溶性硫酸塩や表面活性のあるコンクリート混和剤の硫酸塩から－硫酸塩イオンが遊離したとき初めて発生する。この場合コンクリート中の硫酸塩ポテンシャルは制限されるので，コンクリート劣化の速度は減少する。

全体的にコンクリートに対する硫酸塩侵食はコンクリート組織を完全に破壊に導くことがある非常に複雑な化学的物理的プロセス系のことである。

4.3 硫酸塩侵食におけるセメントペースト中の微細構造的変化

　セメントペーストに硫酸塩溶液が作用する場合，暴露された範囲では実質的に
セメントペーストの水和生成物が転移してエトリンガイト，石膏，ブルーサイト
に至る。相転移は微小ひび割れと溶脱によるカルシウム不足を伴う。鉱物はその
生成のためにそれぞれ最低硫酸塩イオン濃度を必要とする。最初に硫酸塩イオン
濃度が低くても反応が進行する（エトリンガイト生成）。その際高い硫酸塩イオ
ン濃度を必要とする反応の場合よりも部材のより深いところまで到達する（石膏
生成）。

　石膏は微細構造中，散発的にも単独または多数の表面に平行な束の形でも発生
する。石膏の束は太さ 10～30μm であり，長さ 100～200μm でお互いにまたは表
面から平行に走っている。硫酸マグネシウムの作用では硫酸ナトリウムの作用よ
りも多くの石膏の束が現れる。同時に石膏の石目に対して部分的に平行に，部分
的に垂直に走るひび割れが発生する。平行するひび割れはしばしば石膏の石目と
隣接するマトリックス間の接触層に直接存在する。垂直ひび割れは部分的に石膏
層から始まりそこから内部に走っている。個々の微小ひび割れ発生に至る原因の
正確な分類は条件付きで可能である。石膏またはエトリンガイトの生成のプロセ
スはほぼ同時に進行するからである。ポルトランダイトは表面に近い範囲でほぼ
完全に石膏に転移するか，または溶脱するので空隙度は高まる。表面における炭
酸カルシウムから緻密な縁の生成はカルシウムの溶脱を伴う。外側の範囲ではエ
トリンガイトの炭酸化または石膏，水酸化アルミニウムの転移に起因するエトリ
ンガイト含有量の減少が発生する。溶脱や石膏生成により妨げられる深い範囲で
は，C–S–H 相，ポルトランダイト，エトリンガイトは固定される。これに対し
て更に深い無劣化の範囲では C–S–H 相のカルシウム／珪素の比率は一定に保た
れる一方で唯一モノサルフェートのエトリンガイトへの転移が発生する。エトリ
ンガイト生成がどの深さまで到達するかはセメントペースト，侵食性溶液の濃度，
暴露期間と場所，結合材の組成と粉末度による。

　石膏とエトリンガイトの生成はとりわけ反応生成物の体積が固体の出発物質よ
りも大きいことが特徴である。固体物質体積が増大することはとりわけ一時的な

4.4 硫酸塩を含む水の浸透に対するコンクリートの物理的抵抗性

強度の増大を伴う組織の緻密化が現れる。微小ひび割れやマクロひび割れが生じたのち初めて硫酸塩侵食により強度の低下が起こる。同じように表面のひずみの増大はマクロひび割れの発生により明白に促進される。これは特に硫酸ナトリウム溶液の作用時に当てはまる。石膏やエトリンガイト生成による表面部のひずみは核部における引張り応力の発生に至る。

硫酸マグネシウム溶液と同時にブルーサイト（$Mg(OH)_2$）と石膏からなる層が表面に追加生成し，それは硫酸イオンの拡散を遅くさせる。ひずみ，それにより発生したマクロひび割れのため表面保護層にもひび割れを発生させる。これは石膏やブルーサイトの再生により直ちに閉じられることはなく硫酸塩溶液の浸透を可能とする。セメントペーストの内部では同じくポルトランダイトと硫酸マグネシウムからブルーサイトと石膏の生成に至る。ポルトランダイトの完全な消費の後 C–S–H 相からカルシウムもまた溶出する。

上述の微小ひび割れの変化は室内実験の環境下で連続して硫酸塩に曝されるセメントペースト，モルタル，コンクリートに適用される。実際の環境下では更に湿潤乾燥の繰り返しやコンクリート空隙における蒸発吸引力の発生に至る。これにより移動プロセスが強化される。これは極端な場合露出していないコンクリート表面に容易に溶解する白華，例えばテナルド石（芒硝石，Thenardit，Na_2SO_4）によって現れる。さらなる違いはコンクリート中の骨材粒子の存在にある。セメントペーストと骨材粒子の相境界面は高い空隙度が明らかになる。そのため範囲には強い拡散，部分的に浸透した硫酸塩の溜りが現れる。ここから機械的に弱い場所の遷移帯が形成される。セメントペーストの膨張の際，それゆえ骨材粒子の周りにしばしば微小ひび割れが生成する（Johanson *et al.*, 1993）。

4.4 硫酸塩を含む水の浸透に対するコンクリートの物理的抵抗性

高い物理的抵抗性により－緻密なコンクリートの施工－コンクリート内部への硫酸塩イオンの浸透を抑えられる。コンクリートの硫酸塩抵抗性に関する緻密性の影響について多数の実験研究がある。セメントペーストが緻密であればあるほど硫酸イオンが拡散を通じて，また濃度勾配による緩やかで連続した移動を通じてセメントペースト中へ移動する可能性は小さくなる。拡散の流れは組織の毛細

167

管空隙に依存する。毛細管空隙が少ない場合，浸透深さは明らかに減少する。コンクリートの硫酸塩抵抗性はそれ故低い W/C そして少ない毛細管空隙により可能となる。$W/C<0.40$ の場合ほんの僅かの劣化が見込まれるだけである。完全な水和の後，$W/C<0.36$ ではもはや毛細管空隙は存在しない（Locher，1975）。コンクリートの毛細管空隙度と硫酸塩抵抗性は室内試験，現場試験で何回も確認されている。それにも関わらず低い毛細管空隙度でも劣化はなくなってはいない。

　可能な限り緻密なコンクリートを目指すさらなる可能性は潜在水硬性材料やポゾラン材料を添加することであり，水砕スラグ，石炭フライアッシュ，シリカフュームが重要な混和材料に数えられる。混和材料はポルトランドコンポジットセメントまたは高炉セメントに直接添加するかコンクリート製造中ポルトランドセメントまたはポルトランドコンポジットセメントに加える。大半の潜在水硬性およびポゾラン材料の遅い水和により，硫酸塩イオン浸透の原因である毛細管空隙の割合が低下する。当然ながら潜在水硬性とポゾラン材料の特性－それを使用して製造したコンクリートの硫酸塩安定性に対して明白な影響を及ぼす－についても考慮しなければならない。それには材料の粉末度，化学的組成，ポゾラン活性度が上げられる。

　硫酸塩イオンによる化学的侵食の場合，DIN EN 206–1 および DIN 1045–2 により緻密なコンクリートの製造が要求されている。例えば弱い侵食性水（SO_4^{2-} $=200\sim600\mathrm{mg}/l$）の場合，最大 W/C が 0.60 の強度クラス C25/30，最小単位セメント量 $280\mathrm{kg/m^3}$ が必要である。暴露クラス XA3 の強い侵食性水の場合，表面に追加の保護対策が必要である。ポゾラン混和材料添加の場合セメント量と W/C に算入することが定められている（第 1 章 コンクリートの耐久性に関する指標値と影響要因）。

　硫酸イオン浸透に対して高い物理的抵抗性のコンクリートは低い W/C と潜在水硬性やポゾラン混和材の添加のほか最適混和と締固め，十分な養生を行う適切な施工が絶対的な前提となっている。

4.5　硫酸塩による化学的侵食

セメントペーストの物理的抵抗性が硫酸イオンの浸透を抑えるために十分でな

4.5 硫酸塩による化学的侵食

図-4.1 硫酸塩侵食により可能な新しい相生成物；(a) エトリンガイト，(b) 石膏，(c) タウマサイト

いとき硫酸イオンはセメントペーストと化学的反応する。その際エトリンガイト，石膏または，タウマサイトの生成に至る（**図-4.1**）。それと並行して侵食性溶液が硫酸イオンの他にマグネシウムイオンをも含んでいるとブルーサイトが生成する。この鉱物はいろいろな形でコンクリートを劣化させ破壊作用をすることがある（有害鉱物 Schadminerale）。

結合材組成の適切な操作により生成される有害鉱物の量を減少させることができる。硫酸塩イオンはアルミニウムを含む相とエトリンガイトやモノサルフェートを生成するので，C_3A や Al_2O_3 含有量の少ないポルトランドセメントの使用によりとりわけ化学的抵抗性を高めることができる。この目的に適う潜在水硬性またはポゾラン混和材の添加により同時にコンクリートの物理的抵抗性も改善できる。

しかし化学的方法で全ての有害相の生成を同時に防ぐことはこれまでできていない。

4.5.1 エトリンガイト生成

鉱物エトリンガイトでは次の化学的組成を有する難溶性錯塩が問題である：

$$3CaO \cdot Al_2O_3 \cdot 3CaSO_4 \cdot 32H_2O \tag{4.1}$$

あるいは，$C_3A \cdot 3C\overline{S} \cdot H_{32}$

天然に存在する鉱物として，エトリンガイトは 1874 年 Lehmann により，Eifel（ライン片岩山地）の Ettringer Bellerberges bei Mayen の玄武溶岩の石灰石包有物（封じこめられたもの）として発見された。天然のエトリンガイトはその他，Clermont–Ferrand/ 仏，Kuruman/ 南ア，Franklin/New Jersey と Crestmore/Riverside Country（米）でも発見された。

鉱物の単位セルはそれぞれ 1 Al^{3+} イオンと 3Ca^{2+} イオンが交互に配列された柱からなる。その陽イオンは水酸化物群の酸素の陰イオンと単位セル毎の Ca–OH–Al 柱は 26 個の水分子と 3 個の硫酸塩イオンと化合して六角状水平断面を有する角柱構造になる。その際多数の水分子は非常に緩く結合する。そして温度または真空の作用により非常に早く放出される。硫酸塩の格子サイトでは炭酸塩，水酸化物または塩化物が，そしてアルミネートの格子位置では珪素，鉄，チタン，マンガン，クロムが置換され，一部混晶の生成もありうる（Taylor, 1997）。この相は AFt 相の大概念にまとめることができる。

エトリンガイトは一般に針状の形態を持っている。構造中におけるこの特徴的な弱い水分子の結合はエトリンガイトが周囲の大気中の相対湿度の変動で結晶水を授受する能力を有する原因である。そのため膨張や収縮が起こりうる（Mehta/Hu, 1978；Mehta/Wang, 1982）。エトリンガイトの生成は低温の時優先して進行する。次式は硫酸塩侵食を受ける硬化コンクリート中のモノサルフェート（C$_3$A・C$\overline{\text{S}}$ ・H$_{12}$）からエトリンガイト生成の道筋の可能性を示している。

$$3CaO \cdot Al_2O_3 \cdot CaSO_4 \cdot 12H_2O + 2Ca(OH)_2 + 2SO_4^{2-} + 20H_2O$$
$$\rightarrow 3CaO \cdot Al_2O_3 \cdot 3CaSO_4 \cdot 32H_2O + 4OH^- \tag{4.2}$$

または，Ca–Al 水和物より

$$4CaO \cdot Al_2O_3 \cdot 13H_2O = 3CaO \cdot Al_2O_3 \cdot CaSO_4 \cdot 12H_2O \tag{4.3}$$

例えば，$3CaO \cdot Al_2O_3 \cdot Ca(OH)_2 \cdot 12H_2O + 2Ca(OH)_2 + 3SO_4^{2-} + 20H_2O$

$$\rightarrow 3CaO \cdot Al_2O_3 \cdot 3CaSO_4 \cdot 32H_2O + 6OH^- \tag{4.4}$$

モルタル供試体の硫酸塩抵抗性に対するクリンカー鉱物の影響に関する多数の試験により C$_3$A からのエトリンガイト生成が主たる劣化原因として特定された。C$_3$S，C$_2$S および高 C$_4$AF 含有量は事実上劣化を低くする。

鉱物エトリンガイトは練り混ぜ水の存在のもと C$_3$A と凝結調節材石膏または無水石膏の反応によるセメント水和中に既に生成されている。凝結調節材にはいろいろな形態の硫酸カルシウムが存在する。水を混和した後，最初の数分で取り分けカルシウムアルミネートの表面にエトリンガイトが生成する。反応の継続は約半日後に凝結調節材の消耗をもたらす。この**最初**のエトリンガイトの生成は高い体積膨張を生じさせるが，まだ未硬化の混合物中のため圧力を生じない。

C$_3$A，エトリンガイト，モノサルフェートのモル体積の比較：

- $p_{C_3A} = 3.04 \text{ g}/\text{cm}^3$

- $M_{C_3A} = 270.2 \text{ g/mol}$ $\qquad \text{Mol Vol.} = \dfrac{270.2 \text{g cm}^3}{3.04 \text{g mol}} = 88.8 \text{cm}^3/\text{mol}$

- $p_{Ettringit} = 1.75 \text{ g/cm}^3$

- $M_{Ettrngit} = 1\,254.6 \text{ g/mol}$ $\qquad \text{Mol Vol.} = \dfrac{1\,254.6 \text{g cm}^3}{1.75 \text{g mol}} = 716.9 \text{cm}^3/\text{mol}$

- $p_{monosulfat} = 2.01 \text{ g/cm}^3$

- $M_{monosulfat} = 621.09 \text{ g/mol}$ $\qquad \text{Mol Vol.} = \dfrac{621.09 \text{g cm}^3}{2.01 \text{g mol}} = 309 \text{cm}^3/\text{mol}$

- 結果：比 $= \dfrac{\text{Mol Vol. Ettringit}}{\text{Mol Vol. } C_3A} \cong 8$

- 結果：比 $= \dfrac{\text{Mol Vol. Ettringit}}{\text{Mol Vol. Monosulfate}} \cong 2.4$

エトリンガイトと SO_3 のモル体積の比から

$$比 = \frac{1\,254.6}{80.06 \cdot 3} = 5.2$$

1% SO_3 は 5.2％のエトリンガイト量を生成することができる。

硫酸塩の消耗の後，溶解しているカルシウムアルミネートは水とカルシウムアルミネートハイドレート（C_4AH_{19}, C_3A_{H6}）へ，炭酸カルシウムとセメントの副組成物質からモノカーボネート（$3CaO \cdot Al_2O_3 \cdot CaCO_3 \cdot 11H_2O$）へ，または既に生成されたエトリンガイトからモノサルフェート（$3CaO \cdot Al_2O_3 \cdot CaSO_4 \cdot 12H_2O$）への反応が行われる可能性がある。コンクリートの硬化の後，このアルミニウムを含む水和物相の量が多ければ多いほど，後に硫酸塩侵食を受けた場合多量のエトリンガイトを生成する。他のクリンカー鉱物（エーライト，ビーライト，フェライト）や混和材（石炭フライアッシュ，水砕スラグなど）の反応から Al_2O_3 が遊離することもまた，アルミニウムを含む相の生成に寄与する。とは言ってもエーライトやビーライト中の Al_2O_3 の外部酸素量は少なく約 1～2％に過ぎない。両方のクリンカー相は長い水和期間の後高い反応度を有しているので，それに含まれるアルミニウムのほぼ完全な遊離が始まる。フェライトの Al_2O_3 含有量

は相対的に大きな変動幅に分布するので，C_2F と C_2A 間の混晶の構成が重要である。小さい鉄率（$=Al_2O_3/Fe_2O_3$）で製造される高い硫酸塩抵抗性を有するセメント用クリンカーのフェライトは非常に低い A/F 比を示す*。

水和度は他の条件が等しければフェライト中の A/F 比に依存する。結合材中の Fe_2O_3 の量が高くなると水和速度は減少する。アルミナの易燃性に起因する不均一なクリンカー相においてアルミニウムに富む部分は優先的に反応する。それ故，原料中の鉄率減少により，水和中のアルミニウムの遊離が少なくなり，C_3A 量とフェライトの反応度が減少する。それによりエトリンガイトの生成が少なくなり硫酸塩抵抗性が上昇する。クリンカー相もまたフェライト，アルミニウムを遊離するので，セメント中のそれらの割合は約 15 % とされる限界値を超えることはない（Bizcok，1968；Lea，1956；Kalousek *et al.*，1976）。

水和反応が弱まったのち，モノサルフェート生成と並行して再び消費される可能性があるエトリンガイトのほかに，他のアルミニウムを含有する相の明白な量が存在する。これは SO_4^{2-} 濃度が低い場合浸透した硫酸塩イオンと反応してエトリンガイトを生成する可能性がある。このプロセスは通常外的膨張を連想させる。膨張は再び硫酸塩イオンの浸透を強める可能性がある微小ひび割れの形成に導く。劣化メカニズムとエトリンガイトにより引き起こされる膨張の正確なプロセスについていろいろな仮説が存在する。

- エトリンガイトはその生成時に消費された固体物質よりも大きな体積を有しているので，モノサルフェート，モノカーボネートや C_4AH_{19} からエトリンガイトになる反応の際体積膨張を生じ，前述の出発物質がマトリックスにしっかりと捕捉されているため，水が空隙に浸透してくると膨張圧が生ずる。微小構造の中にアルミニウムを含み硫酸塩に敏感な相が緻密に内包されている場合エトリンガイトの結晶化は溶解 − 沈殿 − 反応によりひび割れの発生をもたらすセメントペーストマトリックスの膨張へと導く。これは優先的に骨材粒子の周りで発生する（Brown/Taylor，1999；Johansen *et al.*，1993；Erlin，1996）。これは，この範囲は比較的多孔質で，そのため引張強度が低いこと

---

* 訳者注：耐硫酸塩を配慮し，小さい鉄率で原料を調合するが，製造工程上アルミナ相は密度が小さく一部系外に出るため，クリンカーのアルミナ分が少なくなり，鉄率はより小さくなる。

4.5 硫酸塩による化学的侵食

に帰する。それに必要な水はいずれの場合にも外から受け入れる必要はない。膨張セメントの伸びは出発物質の初期の結合の際，緻密なマトリックスや大きな空隙にまだ存在する練り混ぜ水の結合における膨張により伸びをひき起こすことを証明している。多分結晶の成長圧のみならずその際空隙溶液に発生する静力学的圧力も伸びに貢献する（Locher, 2000）。ポルトランダイトが存在する場合，空隙水のアルミニウム溶解は非常に少ないが，鉱物ポルトランダイトがない場合にはアルミニウムイオンはさらに拡散でき，おそらく大きな空隙には優先的にエトリンガイトが生成するが，無害である（Brown/Taylor, 1999）。ここに述べられたエトリンガイトの結晶圧による伸びのメカニズムは微構造試験の結果と一致する。

• エトリンガイトの生成は既に存在するひび割れの拡大をもたらす。セメントペーストの引張強度はエトリンガイトの圧縮強度よりも小さい。エトリンガイトは既に存在するひび割れを満たしセメントペーストの周期的な膨張と収縮に至るとき，セメントマトリックスの膨張によりひび割れの縮小が拘束されるとひび割れの拡大に導かれる。このメカニズムにより仮定された水の吸収と続く乾燥による周期的な膨張と収縮は通常の実験室試験では不可能であり，述べられたメカニズムはおそらく単に副次的な意義を有している。

■結晶化圧

有害鉱物の生成は一部硫酸塩に暴露されたコンクリートの外的伸び－力学的力の作用が推測される－を伴う。硫酸塩侵食の間化学的反応により力が引き起されることは明白である。これに関連してエネルギー保存の法則に基づき化学的エネルギー（自由反応エンタルピーの変化）と機械的エネルギー（結晶化圧力）の平衡式を立てることができる。結晶化圧力の構成について2つの条件が満たされねばならない。第1に結晶の成長拘束と第2に水溶相中に結晶の過飽和が存在しなければならない。成長拘束の概念によりエトリンガイトと石膏のそれぞれの生成は外的伸びを生じさせてはならないことが明らかである。それは空隙やひび割れの有害鉱物生成はおそらく危険ではない，以前から水で満たされた空隙は生成された結晶を受け入れることができるからである。これとは対照的にポルトランダイトから石膏またはモノサルフェートからエトリンガイトの原位置における生成

173

は，もし出発物質が周囲の C–S–H 相のマイクロ構造に捕捉されていると膨張の拘束により結晶圧が生起する。この場合，結晶水に富む反応生成物の合成に必要な水は空隙を通り近づき，出発物質と反応生成物の体積の差はマイクロ組織の劣化へと導く。それ故，膨張拘束は結晶圧による外的伸びに対する必要条件である。もし作用する化学的エネルギーがその抵抗性よりも大きければ，マイクロ組織の劣化に至る。伸び拘束力では一般に弱い分子間結合が重要である。結晶化により放出されるエネルギーは化学的ポテンシャルの意味で，生成過剰の鉱物に関する過飽和溶液のイオンと固相の溶解生成物との間に存在するエネルギー差である。溶解生成物に対するイオン生成物の比が大きくなればなるほど，即ち過飽和が大きければ大きいほど，結晶化の際エネルギーが多く放出され，それだけ多く結晶圧が生ずる。小さな結晶では，当然大きな表面積のため高い過飽和が必要である。結晶圧は膨張面の結晶学上の方向にも影響される（Scherer, 2004）。供試体の外部に発生した結晶圧は内部では引張応力の発生に至る（Santhanam, 2003）。

4.5.2　石膏の生成

　石膏は硫酸カルシウム（$CaSO_4 \cdot 2H_2O$）の結晶水に富んだ形態である。鉱物はしばしば無水石膏と粘土，炭酸塩，岩塩，カリウム塩と塩の沈殿を発生する。石膏は水分子により結合された Ca–O–S 層から合成される。層構造は良く割裂する原因である。単位セルは単斜晶である。石膏は約 $100 \sim 140℃$ で半水石膏（$CaSO_4 \cdot 0.5H_2O$），後に無水石膏（$CaSO_4$）に変わる。石膏の溶解度は温度に依存する。室温では $2.036g$ $CaSO_4$ は $1\,l$ の水に溶け，そのため純粋な計算では $1\,412$ $mgSO_4^{2-}/l$ の硫酸塩濃度となる。

　　モル質量　　$CaSO_4 \cdot 2H_2O = 172.17g/mol$

　　モル質量　　$CaSO_4 = 136.04g/mol$

　　モル質量　　$SO_4^{2-} = 96.06g/mol$

$$\frac{M_{SO_4^{2-}}}{M_{CaSO_4}} = \frac{96.06}{136.04} = 0.7061$$

　　$2\,000 mgCaSO_4 \cdot 0.7061 = 1\,412 mgSO_4^{2-}/l$

約 $1\,500 mgSO_4^{2-}$ という飽和石膏溶液に一般的に与えられている少し高めの値

4.5 硫酸塩による化学的侵食

は外来イオンの存在の結果である。

硫酸ナトリウム溶液のシリケートクリンカー相エーライト，ビーライトに対する作用は石膏の生成に導くが，ほとんど伸びは無い。

$$Ca(OH)_2 + 2Na^+ + SO_4^{2-} + 2H_2O \rightarrow CaSO_4 \cdot 2H_2O + 2Na^+ + 2OH^- \qquad (4.5)$$

硫酸マグネシウム溶液の侵食では伸びも組織劣化も観察される。これは$MgSO_4$の侵食によりポルトランダイトから石膏の生成とブルーサイトの析出に帰すことができる。

$$Ca(OH)_2 + Mg^{2+} + SO_4^{2-} + 2H_2O \rightarrow CaSO_4 \cdot 2H_2O + Mg(OH)_2 \qquad (4.6)$$

ポルトランダイトから石膏の生成は外的伸びを伴うことがあるが，部分的に非常に遅く発生する。有害な石膏生成と外的伸びはポルトランダイトがポゾラン反応中に追加される C–S–H 相へ転移することにより避けることができる。外的体積膨張のほか石膏生成によって暴露されるセメントペースト表面の軟化が記録されている。

石膏は実質的にセメント水和の際析出するポルトランダイトから生成するので，エーライト量の高いセメントは石膏生成が増大する傾向にある。それに対してエーライトはセメントペーストの強度と密度にプラスの貢献をして，コンクリートとモルタルの物理的耐硫酸塩性を大きく改善する。有害石膏生成の証明はいくつかの国では耐硫酸塩ポルトランドセメントのエーライト量を制限するように導いている。それによりポルトランダイトの生成が少なくなり，遅れて硫酸塩侵食がある場合，石膏の生成が可能となる。エーライト量制限の要求が規格化に採用されている国々にロシアやアルゼンチンなどが挙げられる。

高い硫酸塩濃度の場合に考えられる 2 つの有害鉱物石膏とエトリンガイトの生成はアルミネート量が少ないポルトランドセメントにポゾラン質混和材を組み合わせて利用する化学的方法により防止することができる。少量のアルミネートにより硬化コンクリート中の 2 次的エトリンガイト生成を制限できる。ポゾラン反応によりポルトランダイト量を低下させ，その結果石膏の生成を少なくできる。ポゾラン反応または潜在水和反応は緻密な組織を形成する結果となり，物理的に耐硫酸塩抵抗性を改善する。

4.5.3 タウマサイト生成

エトリンガイトと石膏の生成によりコンクリートとモルタルが害を受けることは 19 世紀には証明されていた。有害鉱物グループにタウマサイトを入れることは基本的に遅れて始まった。

1878 年 Nordenskiöld は天然に由来する鉱物タウマサイト（$CaSiO_3 \cdot CaSO_4 \cdot CaCO_3 \cdot 15H_2O$）について初めて記述した。

酸素に対する珪素の通常の正 4 面体配位と対照的に，ほとんどすべての他の珪素を含む鉱物が有しているようにタウマサイト中の珪素は正 8 面体配位を有している。タウマサイトの構造はそれ故非常に長い間議論の余地があるように思われた。タウマサイト（図-4.2）は構造的にエトリンガイト（図-4.3）と似通っている。

エトリンガイトに対してタウマサイト中ではアルミニウムは珪素と代わり，同様にカーボネートは部分的に硫酸塩の場所と置き換わっている。近い類似性のためタウマサイトとエトリンガイトの混晶が可能である，その際アルミニウムの珪素への部分的な置換並びに硫酸塩のカーボネートへの置換が考えられる，しかし明白なミスシビリティギャップ（混和間隙）が発生する。

英国で 1990 年代に明らかとなった損傷のケースの後，損傷解析のため組織された研究委員会によりいくつかの構造物でタウマサイトの生成が当該するコンクリートを完全に崩壊に導いたことが突き止められた。損傷を受けた部分の深さは

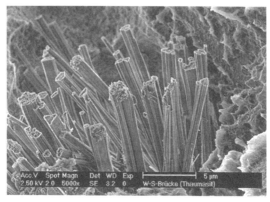

図-4.2　タウマサイトの ESEM 写真

4.5 硫酸塩による化学的侵食

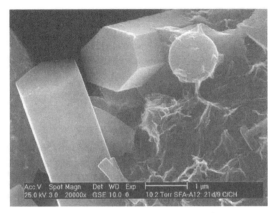

図-4.3 エトリンガイトの ESEM 写真

暴露条件（露出地盤の硫酸塩または硫化物の含有量，温度，湿度供給）と内部要因（セメント量，W/C，使用骨材）に依存していた。

英国において 1987 年から 2002 年までの期間に調査されたコンクリートとモルタルの硫酸塩侵食による損傷事例の 95％以上はタウマサイトの生成に帰せられ，一方ほんの少数石膏とエトリンガイトの生成が原因とされた（Crammond, 2002）。これから当時通用していた基準の規制はエトリンガイトと石膏の生成について考慮していたがコンクリートはタウマサイト生成による損傷に対して抵抗力がないことを推論できる。ドイツ語圏では 1975 年に既にタウマサイト生成によるトンネル構造物の部分的破壊について報告されている。吹き付けコンクリート殻の部分的膨らみや最終的にコンクリートの完全な破壊の結果となった（Lukas, 1975）。

コンクリート構造物の損傷のほかにセメントモルタルで復旧された石膏擁壁や石灰 – 石膏 – 漆喰にもタウマサイト損傷が発生する（Larbi/Hees, 2000；Collepardi, 1999；Leifeld et al., 1970）。セメントで補修の場合，通常高い硫酸塩抵抗性と見なされている C_3A 量の少ないポルトランドセメント（CEM I –SR）でも損傷を受けやすいことが証明された（Hempel, 1993）。

コンクリート中にタウマサイトが生成することが原因の損傷は 2 種類に分類することができる：

1. 空隙，ひび割れおよび組織の欠陥部にタウマサイトが散発的に析出すること

は一般に TF（"taumasite formation"）と表記されコンクリートの巨視的特性（強度，弾性係数など）に対して無害と見なされる。

2. コンクリート組織の主要強度形成物である C–S–H 相からタウマサイトの生成はコンクリートの完全な破壊へと導く，そのためほぼ強度のない程度に変わる。損傷を受けた断面の大きさに応じて構造部の残存強度は低下する。損傷のこの形は TSA（"thaumasite form of sulfate attack"）と表記される。

　走査型電子顕微鏡（SEM）検査により 2 つのプロセスは良く区別できるが，その変化の効果はこれまで明白でなかった。無害と誤解されていた空隙やひび割れ中のタウマサイト（TF）生成は完全な組織破壊（TSA）の前兆の可能性がある，一方タウマサイトの生成（TF）は組織破壊の始まる前に停止する可能性もある（Crammond，2002）。そのため TSA による激しい組織変化と空隙やひび割れ中の無害のタウマサイトの生成が明白に区別できないケースに対して "Incipient TSA"（初期 TSA）が導入された（Sims/Huntley，2004）。

　タウマサイト生成に関して文献では 2 つの反応経路が述べられている（Bensted，2000）。

　第 1 の反応経路では前に生成したエトリンガイトイオンが置換し，その結果ゆっくりと再結晶してタウマサイトが生成する。この反応経路はタウマサイトとエトリンガイトの混晶にちなんで "Woodfordit–Route" と命名された。

$$C_3A \cdot 3CaSO_4 \cdot 32H_2O + C_3S_2H_3 + 2CaCO_3 + 4H_2O \rightarrow$$
$$2(CaSiO_3 \cdot CaSO_4 \cdot CaCO_3 \cdot 15H_2O) + CaSO_4 \cdot 2H_2O + 2Al(OH)_3 + 4Ca(OH)_2 \tag{4.7}$$

　反応の際エトリンガイト中で珪素は包囲している C–S–H 相からアルミニウムの位置に挿入される。同時に硫酸塩の一部はカーボネートと置換される。遊離したアルミニウムはポルトランダイトと外部侵食からの硫酸塩に応じて新しいエトリンガイトを生成する，そして更にタウマサイトの生成に至り膨張反応が進行する。

　第 2 の反応経路は C–S–H 相が硫酸塩，カーボネートと反応して直接タウマサイトになることから始まる。

$$C_3S_2H_3 + 2(CaSO_4 \cdot 2H_2O) + 2CaCO_3 + 24H_2O \rightarrow$$
$$2(CaSiO_3 \cdot CaSO_4 \cdot CaCO_3 \cdot 15H_2O) + Ca(OH)_2 \tag{4.8}$$

この反応経路の特徴は結晶構造に置換が生じていないことである。反対に過飽和溶液からタウマサイトの析出という結果に至っている。タウマサイトに関するこのような過飽和の条件は硫酸塩イオン，水酸化イオン，カルシウムイオン，カーボネートイオン，珪化水素イオンの濃度が他の相（石膏，カルサイト，ポルトランダイト，C–S–H 相）の部分溶解（partial solution）または外部（硫酸塩）からの浸透によりタウマサイトの飽和濃度を超えることである。

タウマサイトは外部硫酸塩の侵食の場合のみに発生する，理由はセメント中に含まれる内部硫酸塩（凝結調節材）はエトリンガイト生成に供されるからである。出発物質 C₃A が内部および外部からの硫酸塩によりエトリンガイトが完全に生成して初めてタウマサイトの生成に到る。直接経路も Woodfordit ルートの場合にも外部硫酸塩侵食が存在し十分な水量が使用できることが前提である（Juel *et al.*, 2002）。トンネル構造物で吹き付けコンクリート用アルカリフリー凝結促進剤として硫酸アルミニウムを比較的多量に添加した場合にも，内部硫酸塩侵食の結果として追加のタウマサイトの生成は観察されなかった（Breitenbücher *et al.*, 2008）。

温度低下に伴い珪素の正八面体配位への傾向が上がるので，タウマサイトの生成は低温の時（＜10℃）優先的に進行する（Bensted, 1988）。勿論タウマサイトの生成は室温でも状況によってそれ以上でも可能である（Oberholster, 2002, Collepardi, 1999）。温度とは無関係に湿度の十分な供給が必要である。水はコンクリート中の硫酸塩の移動ばかりでなく水に富む結晶の合成自身にも必要である。

劣化に導くタウマサイト生成に対する硫酸塩イオン濃度の最小値は現在知られていない，多くの室内実験は非現実的な高濃度の硫酸塩溶液を使い，損傷の場合侵食した硫酸塩濃度を一般に十分正確に算定することができないからである。実験的研究はしかし硫酸塩濃度が低い場合（1 500mg/*l*）にもタウマサイトが生成されることを示している（Mulenga, 2002）。現場調査では硫酸塩濃度が低い場合（約2 000mg/*l*）にもタウマサイトによる損傷が証明されている（Gouda *et al.*, 1975）。これは，現在適用されるドイツ基準により硫酸塩安定として通用する結合材は本来そうではないことを意味する。硫酸塩侵食の際タウマサイト生成の可能性を排除できないからである。それにポルトランド石灰石セメントと石炭フラ

イアッシュの特別な混合物（CEMⅡ/A–L＋20％石炭フライアッシュ）－硫酸塩イオン濃度1500mgSO$_4^{2-}$/lを指定できる－が挙げられる。事実上このような結合材はその高い石灰石量によりタウマサイトが生成しやすく，侵食性媒体中で硫酸塩イオン濃度が高められる場合，結合材を組み合わせて使用することは重大な損傷に至る可能性がある。ポルトランド石灰石セメントを利用して硫酸塩イオン濃度1500mg/lまで許す上記のいわゆるドイツ基準に対して，英国基準はこのセメントの使用を最大400mgSO$_4^{2-}$/lの侵食性地下水までに制限している。

　地下水に溶けた硫酸塩のほかに露出している岩石や建設地盤にある硫化物（例えば黄鉄鉱）は酸化の後重大な硫酸塩損傷を引き起こす可能性があり問題となりうる。被害は地下水中の硫酸塩濃度の明白な上昇が証明されること無しで発生しうる（Baronio/Berra，1986）。それ故侵食性の水に接触するコンクリート構造物の計画には侵食性水と暴露する建設地盤の分析の際には硫酸塩量の他に硫化物についても定めなければならない。これは特に吹き付けコンクリートが使用されるトンネル構造物に通用する。

　タウマサイト生成の更なる外的影響は大気中二酸化炭素である。湿潤な環境で大気中CO$_2$はカルシウムを含むセメント相（C–S–H，ポルトランダイト，エトリンガイトなど）と反応してタウマサイト生成の出発要素を意味するカルシウムカーボネートを生成する。炭酸化は一般にコンクリートの表面部に限られる。

　タウマサイト生成のセメント化学的影響はこれまで十分に知られていない。そのためコンクリート施工に関する基準に有害なタウマサイト生成を避けるリコメンデーションは組み込まれていない。特にエトリンガイトと石膏の生成に当てはまる対策をいかに評価するか不確実性が存在する。

　一般にこれまで推奨された少量のC$_3$Aはタウマサイト生成を避けるという保証を意味することではないのは確実である（Thaumasite Expert Group，1999；Nobst/Stark，2003a；Hempel，1993；Eden，2003；Bellman，2005）。高いC$_3$A量は硫酸塩をエトリンガイトにする反応を容易にするので，場合によればタウマサイトの生成を抑制するかもしれない（Juel *et al.*，2002）。タウマサイト自身はアルミニウムを含まないので，アルミニウムの役割はおそらく触媒の作用に限られる。これは化学的視点からばかりでなく微小組織の損傷にも通用する。

　高炉セメントの利用は普通ポルトランドセメントに比べて長所を供するが，劣

化を阻止することはできない。室内実験は高炉セメントについても長期の損傷について高いポテンシャルを示した（Nobst/Stark, 2003b）。

　セメントに石炭フライアッシュの添加は様々な評価を受けた。実際には石炭フライアッシュのコンクリートはフライアッシュのないコンクリートに比しはるかに勝っている。勿論室内実験は石炭フライアッシュの利用は損傷を防ぐことはできず，単に遅らせるだけである（Mulenga et al., 2002）。石炭フライアッシュ添加によりコンクリート耐久性の改良はおそらくポゾラン反応による組織の緻密化，ポルトランダイトの消費，珪素に富む C–S–H 相の発達に帰すことができる。石炭フライアッシュと似た挙動はシリカフュームにも書き加えることができる。

　タウマサイトの生成にはカーボネートの供給源が必要である。カーボネートは副構成材（例えば CEM I）または主構成材（例えば CEM II/A–L）として通常クリンカーへ石灰石を添加することによりセメント中に存在する。さらなるカーボネートの供給源は石灰石粉（吹き付けコンクリート，自己充填コンクリート）と炭素を含む骨材の利用により存在する。同じようにコンクリートの表面部では環境中の二酸化炭素の作用によりポルトランダイトからカルシウムカーボネートの部分的生成がカーボネート供給源を形成する。これに対して表面部の完全な炭酸化（C–S–H 相を含む）は硫酸塩侵食の防護を形成する（Lea, 1956）。タウマサイト生成の危険性はすべてのカーボネート供給源により与えられる。カーボネートはカルシウムカーボネートのみならずドロマイトのような他の鉱物も同様である。カーボネート供給源の形は場合によっては進行する損傷からも影響を受ける。タウマサイト生成による損傷ではしばしばドロマイトを含む骨材に遭遇する（Mittermayr et al., 2009）。

　タウマサイト生成のセメント化学的影響は次のように総括できる。

- 現在使用されている全てのタイプのセメントは鉱物タウマサイトの生成に対する抵抗力がない
- 水砕スラグまたは石炭フライアッシュの利用は現在の知識によれば損傷を遅らせるがタウマサイト生成の危険性を取り除くものではない
- セメントに副構成材または主構成材として，またはコンクリート中のフィラーや骨材として石灰石粉の添加を断念することのみが最外部（炭酸化した）表面コンクリートにおけるタウマサイト生成を制限できる。

4 硫酸塩侵食

- 現実には硫酸塩を含む鉱物の酸化はタウマサイト生成によるコンクリート損傷の重大な原因となりうる

依然としてタウマサイト結晶の核生成メカニズムは，即ちどんなプロセスで C–S–H 相の正 4 面体 SiO_4^- 構造がタウマサイトの正 8 面体に転移するのか不明である。1 つの仮定は硫酸塩侵食により生成したエトリンガイト核は Al イオン不足の溶液で，カーボネートイオンの存在のもと増大する Si イオンが正 8 面体 Al 格子サイトに挿入でき，一方でカーボネートイオンは再びエトリンガイトの硫酸塩位置の一部を占拠し SiO_6 構造が安定化（特に低温の場合）するというものである。これはまた C_3A やメタカオリンのようなアルミニウムを含む成分があるとき，タウマサイト自身はアルミニウムを含んでいないにも関わらず何故コンクリートのタウマサイト生成が明白に促進されるかも説明する。エトリンガイト核を多く使用できればできるほどタウマサイト生成の強度は増す結果となる。

4.5.3.1 タウマサイト生成のモデル化

コンクリート中のタウマサイト生成について多くの異なる成分を持った非常に複雑なシステムが問題である。それには石膏，エトリンガイト，モノサルフェート，溶解硫酸塩，カルサイト，ポルトランダイト，シリカフューム，石英そしてまだ転移していないクリンカー鉱物が挙げられる。

以下タウマサイト生成によるコンクリート損傷に対する硫酸塩の作用について考える。その際最初に取り囲んでいる建設地盤または使用している骨材に固体相として存在できる石膏または無水石膏のような硫酸塩を含む鉱物の存在が問題である。更にまたタウマサイトの生成が可能となり劣化を生起する侵食性水中の最小硫酸塩イオン濃度が興味深い。

このような多数の物質システムの実験研究は極端に時間を要し効率的でない上に大きな間違いの源が隠されている。FIB では熱力学計算に基づいたタウマサイト生成のモデル考察を試みた（Bellman，2005）。一般にこの計算を利用して，特別な反応が進行できるのか，または特定の出発物質が期待された反応生成物に転移できるのか定めることに有効である。反応生成物はここではタウマサイトであり，その生成に与えるある特定混和材料の作用の仕方がシミュレートされた。

プロセスは小ステップに分けられた。最初は鉱物タウマサイトの熱力学的デー

タが定められた。これらは第 2 ステップで出発物質のいかなる相の組み合わせが
タウマサイト生成を可能とするのかという根拠の計算に役立った。それによりタ
ウマサイト生成の理解の体系化が可能となり，いかなる鉱物がタウマサイト生成
を有利にするか，いかなる鉱物がそれを抑制するか後から確認することが可能と
なる。

　次いでタウマサイトの生成はカルサイト，石英，ポルトランダイト，水，石膏
の混合物で試験された。続いて出発物質は段階的に交換された。それによりタウ
マサイト生成に対するいろいろな要因の影響をモデル化することができる。

　計算の結果でもし石膏（例えば外的硫酸塩侵食，セメントで石膏擁壁の復旧か
ら）が組織の中に存在すればタウマサイトが生成されうることが確認された。こ
の場合ポゾラン反応に効果がある混和材料（シリカフューム，石炭フライアッ
シュ）は化学的抵抗性を改善しないで，ただコンクリートの物理的性質を改良す
るのみである（緻密性）。

　硫酸塩が石膏の反応によるのでは無く，硫酸塩イオンの浸透により供給された
のであればポゾラン反応材料の添加によりタウマサイトの生成は阻止される。ポ
ゾラン反応による水酸化カルシウムの消費はタウマサイト生成にとってより高い
硫酸塩イオン濃度が必要となるように導くからである。タウマサイト生成に必要
な最低 SO_4^{2-} 濃度はポゾラン反応による水酸化カルシウムの消費の場合，
$1\,500\mathrm{mg}/l$ である。

　熱力学的計算から，もし固体相石膏，アモルファス SiO_2，カルサイトが存在
すれば炭酸化したコンクリート中で状況によりタウマサイトの生成は可能である
という結果である。この場合石膏の消費により，硫酸塩やカルシウムもまた提供
される。もし全カルシウムがカルサイトとして結合する，即ち C–S–H 相が炭酸
化するのであれば，熱力学的観点からコンクリート中のタウマサイト生成は溶解
硫酸塩の作用により阻止される。

　結果の略図を**図–4.4**に示す。

　熱力学的計算によりタウマサイト（エトリンガイトも）は理論的に炭酸化に対
して不安定であり，CO_2 の持続した作用により $CaCO_3$，$CaSO_4$，SiO_2 に分解する
ことが確認される。1998 年以前タウマサイト生成に帰せられた少数のコンク
リート構造物の劣化ケースは X 線回折の際に相似の回折スペクトルに基づいて

4 硫酸塩侵食

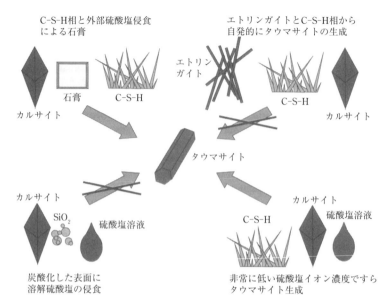

図-4.4　熱力学的計算結果の図示（Bellmann, 2005）

大部分間違ってエトリンガイトの生成がコンクリート劣化の原因として判断したことが明らかとなった。もう1つの説明はコンクリート中に生成する非常に微細なタウマサイトは CO_2 の作用により時間の経過とともに完全に分解され，このようにして先行したタウマサイト生成の痕跡を残さない可能性から生まれた。例えばトンネルの壁に漏れたタウマサイトスラッジはカルシウムカーボネートや石膏からなるシンター（沈殿物）面として存在する。必要条件は道路用トンネルに相当する濃度の CO_2 供給である。

この仮定は20℃，相対湿度90%，10%（容積）CO_2 で，20日間炭酸化室内放置によりタウマサイトスラッジが完全に石膏とアラゴナイトに分解する室内実験により確認できる。このような早い崩壊の原因はタウマサイトスラッジの非常に高い表面積にあり，一方でコンパクトな天然のタウマサイトは非常に小さい炭酸化傾向を示す。

タウマサイト生成は化学的観点からコンクリート中にカルシウムカーボネートの存在を排除する時のみ阻止できる。勿論カルシウム泉として石灰を含む山岳水も問題がある。

4.5.4 劣化プロセスに対する陽イオンの影響

侵食性溶液に存在する負に荷電した硫酸塩イオンは中和条件に基づいて陽に荷電したイオンにより相殺される。これまで考察した硫酸塩イオンの作用とは無関係にこの陽イオンは劣化プロセスを修正できる。考えられるイオンは1価（ナトリウム，カリウム，アンモニウム），2価（カルシウム，マグネシウム，銅，鉛，鉄），またはさらに高い価（アルミニウム，鉄）である。硫酸塩塩類の解離に代わり硫酸塩イオンは還元された硫黄化合物（例：硫化物）の酸化からも由来する。硫酸カルシウム溶液はいろいろな陽イオンで作られた硫酸塩溶液の中で最低の侵食程度を示す。これはカルシウムサルフェートハイドレート（石膏）の溶解度が限定的であることに基づく。室温では飽和石膏溶液中に1 500mg/l の硫酸塩イオン濃度が期待できる。これに対して他の硫酸塩塩類の溶解は非常に高い。溶解しやすい硫酸塩塩類は例えば Na_2SO_4（テナルダイド），K_2SO_4（アルカナイト），$(NH_4)_2SO_4$（硫酸アンモニウム），$MgSO_4 \cdot 7H_2O$（エプソマイト）が挙げられる。

硫酸マグネシウムを含む溶液の作用では硫酸マグネシウムとポルトランダイトが反応して石膏とブルーサイトが生成される。

■ $MgSO_4$ 溶液の作用

a)　C_3A 水和物および C_4AF 水和物と反応して AFt ないし AFm となる反応

$$Ca(OH)_2 + MgSO_4 + 2H_2O \rightarrow CaSO_4 \cdot 2H_2O + Mg(OH)_2 \tag{4.9}$$

$$3CaO \cdot Al_2O_3 \cdot 6H_2O + 3(CaSO_4 \cdot 2H_2O) + 20H_2O \rightarrow 3CaO \cdot Al_2O_3 \cdot 3CaSO_4 \cdot 32H_2O \tag{4.10}$$

b)　$Ca(OH)_2$ がほとんど溶解しない $Mg(OH)_2$ へ変化することにより，塩基度低下が生じ，最終的に C–S–H 相の崩壊に至る

$$3CaO \cdot 2SiO_2 \cdot nH_2O + 3MgSO_4 \rightarrow 3(CaSO_4 \cdot 2H_2O) + 3Mg(OH)_2 + 2SiO_2 \cdot nH_2O \tag{4.11}$$

引き続き不溶性でゲル状のマグネシウムシリケートが生成する。

■ $(NH_4)_2SO_4$ 溶液の作用

a)　$MgSO_4$ と同じように硫酸塩を含有する腐食生成物の生成

b) 可溶性構成物質，特に Ca^{2+} の溶脱に導くセメントペーストの塩基度低下

$$2NH_4^+ + Ca(OH)_2 \rightarrow Ca^{2+} + 2NH_3\uparrow + 2H_2O \qquad (4.12)$$
$$NH_3（アンモニア）はガスとしてなくなる$$

$Ca(OH)_2$ の分解によりセメントペースト組織の弛緩が現れる。

$(NH_4)_2SO_4$ 溶液は全ての硫酸塩溶液で最も強い腐食作用を有する！

2つの体積の大きい反応生成物石膏とブルーサイトの生成により表面を密閉する結果となる。体積増大でひび割れの形成や化学的欠陥に至らない限り，硫酸塩の浸透は減速される。ポルトランダイトの消費後さらに C–S–H 相が分解し強度損失が発生する（Cohen/Bentur，1988）。

ポゾラン反応によるポルトランダイトの消費に応じて C–S–H 相に対して急速な侵食に至り，一部で硫酸塩抵抗性の低下に至る。C–S–H 相と結合した珪素は硫酸マグネシウム溶液侵食の際，ゲル状の相に析出し，後に非常に緩やかにブルーサイトと反応し，様々なマグネシウム－珪素比で構造に乏しいマグネシウムシリケートハイドレートを生成する。その際場合により蛇紋岩（セルベンチナイト $M_3S_2H_2$）が問題である（Gallop/Taylor，1992）。

硫酸マグネシウム溶液に比べ，硫酸アルカリ溶液の陽イオンは副次的な影響しかない。一般に陽イオンの作用は次の順序で弱まる：$NH_4^+ > Mg^{2+} > Na^+ > Ca^{2+}$。

劣化反応に関与しない他の溶解した塩の存在はすべてのイオン類の活動係数を変化させる（活動インデックス－熱力学の定義－は混合物中において物質のうち活動する物質量の割合を示す尺度で，活動量の割合と実際の物質量の割合の商で与えられる）。これに基づいて海水中のエトリンガイトや石膏はより高い溶解度を示す（Lea，1956）。この効果並びに更なる要因は，海水は他の溶解塩が存在しない比較可能な濃度の溶液よりも侵食作用は明白に小さい（Mehta，1999）。

$1\,600 \sim 1\,900mg\ SO_4^{2-}/l$ および $110 \sim 180mg\ Mg^{2+}/l$ の硫酸塩を含む地下水がある石膏洞窟に 8℃ の恒温でコンクリート供試体を暴露した試験では $327kg/m^3$CEM I /A–LL32.5（ポルトランド石灰石セメント + $82kg/m^3$ フライアッシュ）のコンクリート供試体は暴露期間 6 か月後には既に重大な損傷を示した。X 線回折は風化した材料（粉状スラッジ）の中に相の新しい生成物としてタウマサイトとブルーサイトを証明した。更にひび割れ表面のかさぶたにはエトリンガイトが発見された。CEM II /B32.5 N–N/HS の比較コンクリートには損傷はなかった。

この結果はポルトランド石灰石セメント使用時における最適フライアッシュ量は
まだ見つかっておらず，そして硫酸塩侵食を受けるマグネシウムには重大な注意
が向けられるべきことを示している。

　トンネル用吹き付けコンクリートを使用にあたり，硫酸アルミニウムベースで
アルカリフリーの凝結促進剤を使用する際，2次的エトリンガイトやタウマサイ
トの生成により遅れ破壊の可能性があるコンクリートに対する組織的研究は吹き
付けコンクリートに対する危険性ポテンシャルを巨視的にも微視的にも閉ざしう
ることを明らかにした。硫酸塩ははっきりと完全にエトリンガイト生成に消費さ
れるからである（Breitenbücher *et al.*, 2008）。

　硫酸塩を含む水や地盤により直接受ける損傷のほかに硫酸塩侵食は硫酸塩を含
む溶液の酸化により引き起こされる。

4.6　硫酸塩劣化

4.6.1　硫化物の酸化による硫酸塩侵食のため生ずるコンクリート構造物の劣化

　DIN 4030-1 に準拠してコンクリートを侵食する物質は硫酸塩（SO_4^{2-}）と硫化
物（S^{2-}）は区別される。構造物の建設が計画される土地では，建設地盤調査の
際しばしば地盤や地下水の硫酸塩含入量が試験されるが硫化物含有量は無視され
る。水に溶けない硫化物（黄鉄鉱，白鉄鉱）は大気中酸素や湿度の流入により酸
化され硫酸塩や硫酸になる。劣化報告の評価はしばしば建設地盤に硫化物の存在
が劣化原因であることを証明している（Siebert, 2009）。

■劣化例

1.　以下に硫化物の酸化によってタウマサイトの生成が生じる危険を認識させた
典型的な劣化ケースの調査を紹介する。そのとき，建設地盤の正確な解析により
劣化の鑑定や劣化源を避けるヒントを導くことができた（Bellman, 2005）。

　構造物について，露出している岩石に直接厚さ4〜10cmで被覆した水源施設
（図-4.5）の吹き付けコンクリートシェルのことである。

　構造物の運用開始後，数年で既にコンクリートにはっきりと表皮の風化と材料

4 硫酸塩侵食

図-4.5 劣化した吹き付けコンクリートシェル水源施設

の部分的"軟化"が現れるという損傷が認められた。

次の項目について調査が行われた:
- 鉱(山岳)水(pH, イオン濃度)
- 露出岩石(Rietveld による X 線相解析, 硫化物含有量の確認を含む化学分析)
- 劣化吹き付けコンクリート(相解析試験, 光学顕微鏡, 電子顕微鏡/ESEM, 炭酸化深さ)

著しく劣化し崩壊したコンクリートの範囲ではタウマサイト鉱物の明白な量が証明された。この範囲ではコンクリートは非常に柔らかく指で押しつぶすことができた。タウマサイト生成のための外部からの硫酸塩源は鉱水と露出岩石が問題となった。鉱水は非常に少量の硫酸塩イオン濃度であり, DIN EN 206–1 と DIN 1045–2 により侵食性がないと分類された。

露出岩石は暗色な硬い石灰質泥灰岩で黄鉄鉱型硫化物(黄鉄鉱, FeS_2)を明白な量含んでいた。黄鉄鉱の酸化では, カルサイトまたはポルトランダイトと反応して石膏に, もしくはカルサイトと C–S–H 相と反応してタウマサイトとなることができる硫酸塩イオンがコンクリート表面に直接遊離するという結果になった。これまで調査したタウマサイト生成によりコンクリートが損傷した過半数は硫化物の酸化により引き起こされている。地盤の最大硫化物量の限界値は DIN 4030 1 部により 0.08% である。本例で露出している石灰質泥灰岩では平均 0.40% と算

出された。この大量の硫化物の酸化により局部的なタウマサイト生成のもとで特徴的な硫酸塩侵食の結果となった。

$$2FeS_2 + 7O_2 + 2H_2O \rightarrow 2FeSO_4 + 2H_2SO_4 \qquad (Fe-II-硫酸塩) \qquad (4.13)$$

$$2FeSO_4 + H_2SO_4 + 0.5O_2 \rightarrow Fe_2(SO_4)_3 + H_2O \qquad (Fe-III-硫酸塩) \qquad (4.14)$$

黄鉄鉱の酸化は空洞の埋め戻し期間における地盤の換気と（または）酸素に富む水の滲みだしにより促進された。硫酸は水酸化カルシウムと反応して石膏になるか C–S–H 相を侵食するかである。

タウマサイト生成についてもう 1 つの基本的な仮定が存在する。それにはカルシウムカーボネート，水の存在と低温があげられる。

適切な時期に地盤中の硫化物量を定めることにより黄鉄鉱の酸化による硫酸塩侵食の危険性に有効に対処することができる（DIN 4030 1 部）。そこで得られた試験結果や実績のある専門家による判断は直接抵抗力のある吹き付けコンクリートの選択または露出している岩石に対する吹き付けコンクリートの物理的密閉をもたらす。

2. 中部ドイツの褐炭露天掘り跡にできた穴の氾濫の際，黄鉄鉱の酸化によるコンクリートに対する酸性水侵食が問題となった。比較的低い硫酸塩濃度（＜400mg/l）にも関わらず，いくつかのケースでは酸化は水の非常に低い pH（pH＝3 にまで）に導き，引き続いて酸性水侵食に至らしめた（Böing $et\ al.$, 2011）。

高い濃度の黄鉄鉱含有量は中でも南ニーダーザクセン Lias のアージライト（粘土質岩）並びにチュリンガー粘板岩山地の粘板岩や珪岩に存在する。ドイツの地表面で黄鉄鉱を含む岩石分布図は DIN 4030 1 部に含まれている。この基準ではもし地盤分析における硫化物量＞0.10％ S^{2-} が証明される場合，専門鑑定人の関与を要求している。建設地盤の硫化物量の確定に無関係に，タウマサイトの生成が水溶性硫酸塩により発生する可能性があるので，露出している水や地盤の硫酸塩の濃度も調査しなければならない。

3. この数年 FIB はチュリンゲン州で実際の条件におけるコンクリートのタウマサイト劣化の可能性に関する組織的な調査を行った（Bellman $et\ al.$, 2010）。自然条件で高くなった硫酸塩濃度の流水への負荷は比較的稀で，人工的作用によってのみ暴露クラス XA2 に達することが確認された。硫化物による負荷はトンネルや坑道の中，そして露天掘り穴の氾濫時に発生した。それらは高い劣化ポテン

4　硫酸塩侵食

シャルを有する硫酸塩侵食と酸性水侵食の組み合わせである。さらなる暴露の可能性は硫酸塩を含む鉱物への接触で，その際一般に自然に存在する硫酸カルシウムか人工的に持ち込まれた硫酸カルシウムの問題である。この場合，持続する劣化も同様に発生する。

コンクリートマトリックスに硫酸塩イオンがゆっくりと浸透することに基づく古典的な硫酸塩侵食による劣化深さは非常に小さいことが確定されている。つまり構造物が欠陥なく建てられると，供用期間中鉄筋位置のコンクリートかぶりの破壊に至ることはほとんどない。溶解しやすい塩の存在，黄鉄鉱の酸化または石膏との集中的な接触が原因である激しい侵食では，わずかな年数で建設部材や構造物の供用性や耐力の制限に至る劣化が生ずる可能性がある。もちろんこの暴露は比較的稀にのみ発生した。石膏の壁からなる歴史的構造物の補修，石膏を含む地盤中の地盤改良と地盤安定化，石膏を含むリサイクル材料の利用，石膏を含む岩石に吹き付けコンクリートの利用，生物活動の硫酸腐食，不適切な暴露における石膏漆喰または石膏石灰漆喰の利用，ボーリング杭，高濃度塩溶液による溶液侵食および接触が問題である。発生する劣化は通用する基準類を矛盾なく適用することにより防ぐことができる。もちろん適切な指示は多くの基準や指針に分かれていて，統一した表現に欠けることは各種要求が部分的に守られず，長期にわたる劣化の誘発をもたらす。20 の構造物の調査では硫酸塩侵食に対する抵抗性についてポルトランドセメント（CEM I –SR を含む）よりも高炉セメントが優れていることが示された。構造物の調査ではポルトランド石灰石セメントと石炭フライアッシュのコンクリートから製造されたものは皆無であった。しかしながら室内実験や暴露試験ではこのようなコンクリートには明白な劣化が認められた。予防対策として従来から定められた 20M.–%石炭フライアッシュをドイツ鉄筋コンクリート学会の公表に従い CEM II /A–LL セメントとの組み合わせで 30M.–%まで上げることである（Curbach，2012）。

比較的，害のないタウマサイト（TF）の生成は多数の構造物で証明されている。積極的な防護対策の他に（抵抗性ある結合材の利用，緻密なコンクリートの施工）犠牲層の形成，瀝青材の塗布などのような一般的な構造的対策は硫酸塩侵食の劣化を減少させる。タウマサイト（TF）生成と違って，コンクリートを分解させるタウマサイトの大量の転移（TSA）は黄鉄鉱の酸化でのみ観察される。DIN 4030

4.6 硫酸塩劣化

による岩石の硫化物濃度の試験は，それ故かかる劣化予防に対する重要な1歩である。

要約すれば次のように確定できる：

EN 206–1/DIN 1045–2硫酸塩抵抗性を有するコンクリートの要求にのっとり施工されたコンクリート構造物は一般に露出地盤に二硫化鉄（パイライト，黄鉄鉱）が存在していても劣化することはない。暴露クラスXA3またはそれ以上における強い侵食になって初めてコンクリートについて特別な対策が必要である。構造物の諸元を大きくする，例えば追加の「犠牲層」などである。既設コンクリート構造物に地盤中二硫化鉄の酸化による化学的侵食が認められ，後からの防護対策が必要な時にはポリアクリレート（Polyacrylat）の注入が有望である。この目的のため，構造部材，例えば地盤に接する外壁に内側から外側に向け孔を貫通させる。次いでポリアクリレートゲルを地盤/コンクリートの境界部に圧入する（Curtain Injection），そして建設地盤中の侵食性酸化生成物と構造部材の接触を阻止する（Siebert，2009）。

4.6.2 硫酸塩を含む城壁にセメント注入による城壁の劣化

硫酸塩を含む媒体に接触するコンクリート構造物の劣化のほか，構造物の完全な崩壊にまで至る硫酸塩を含む城壁の劣化反応も可能である。このような劣化は過去に歴史的城壁の補修の際しばしば城壁注入の結合材に発生した。これらの注入には一般にいわゆる注入モルタルが使用された。注入モルタル用結合材として主として水硬性結合材が利用された。モルタルは高圧で補修する城壁に注入された。そのためモルタルの硬化後堅固な組織が形成された。水硬性結合材をベースにした注入は硫酸塩を含んだ建設材料（石膏モルタル，石膏ドロマイト岩やドロマイト岩）で製造された城壁への場合，不適当な使用をすれば大きな劣化をもたらす。

■劣化例（Mielke，2003）

1. 2つの市城壁における消石灰とSRセメントをベースとした継ぎ目モルタルの劣化。

古い城壁は主として石膏あるいは無水石膏からなる砕石（城壁1）並びに砂岩

4 硫酸塩侵食

図-4.6 城壁1の詳細,破壊された継ぎ目モルタル

と石灰岩およびドロマイト(城壁2)で建設された。継ぎ目充填剤として石膏モルタルが使用された。城壁1では復旧の際,継ぎ目カバーモルタルが掻き落された城壁継ぎ目に手作業で比較的薄い層として塗られ(図-4.6),城壁2では継ぎ目はブラストにより除去され,次いで硫酸塩抵抗性がある特殊モルタルを乾式吹き付け法で処理された。

劣化写真は両方の城壁について継ぎ目カバーモルタルの剥落を表している。モルタル片の背面と継ぎ目にまだ残っている砕けやすい特殊モルタルの残片はX線検査によってタウマサイトが証明された。

これらの城壁は復旧の際城壁頂部の笠木が保存されなかったので,水は多かれ少なかれ支障なく浸透できた。直接的な凍害作用とタウマサイト生成が劣化作用を生じさせたが,その際劣化原因の明白な順位は確定できなかった。

2. チュリンゲンの城郭と城における注入劣化

注入モルタルは当初主として純粋セメント懸濁液として始まった。硬化セメントペーストは高い強度($70N/mm^2$ は稀ではない)に達し,その特性について注入材の特性は歴史的城壁に釣り合わなかったので,他の新しい注入モルタルに加えてセメントと石灰石粉の混合物も使用された。石灰石粉により強度は大幅に減少した;セメントと石灰石粉それぞれ50M.-%利用された混合物では圧縮強度 $20〜30N/mm^2$ が計測された。石膏モルタルを含む構造物に対して一般的なSAセメントが使用されたにも関わらず復旧作業後まもなく弱材齢で既に重大な劣化が問題となった。例としてここに石膏モルタルと貝の石灰から作られた城郭(図

-4.7），および石膏モルタルと主として砂岩から建設された城（図-4.8）がある。

城に対する城壁固定は高い硫酸塩安定性のポルトランドセメントと石灰石粉（それぞれ50M.-%）をベースとする硫酸塩安定が保証された圧入モルタルでなされた。約半年後には既に最初のひび割れが城壁に発生し，その後絶え間なく広がり，長くなり最後には構造物の範囲全体を取り囲んだ（図-4.9）。注入モルタルサンプルの試験ではモルタルは「柔らか」で完全に強度を失っていた。ひび割れ，建物が一部崩壊するまでの膨らみ，そして地下丸天井上の床が円形に弓なりに膨張するという著しい劣化は最終的に膨張鉱物の生成を示唆した。

タウマサイト生成自体は非常に小さな体積膨張を伴う結合であるので，先行するエトリンガイト生成が問題である。更なる劣化進行はモルタルの弱体化をもたらし，劣化した擁壁の荷重を受け止められなくなり完全な機能停止に至った。

図-4.7　城郭，窓壁のアーチ

図-4.8　城，窓開口部梁のひび割れ

4 硫酸塩侵食

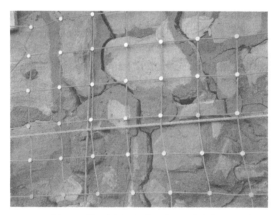

図-4.9 城,復旧4年後,金網で安全確保

4.6.3 石灰-セメント-結合材による地盤改良後地盤の隆起

道路建設対策以前の地盤改良の際,一般にそれぞれの地盤（約30cm厚）の1〜3層は結合材と混合され転圧される。具体的な例では60% CEM I,8.5% $CaCO_3$,35%生石灰からなる結合材4%が利用される。地盤は大量の石膏,粘土鉱物を含んでいる。石膏と特に石灰分との化学反応の結果発生した床板の隆起は14cmに達した。X線検査では5%エトリンガイトと7〜14%タウマサイトが証明された。室内サンプルで追跡された土壌・結合材サンプルの伸びは70日後10mm/mの長さ変化が生じた（図-4.10）。

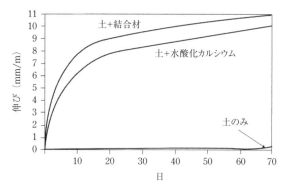

図-4.10 地盤,地盤-結合材混合物（結合材：60% CEM I,35%生石灰）の長さ変化の進行

同様の劣化を避けるには石膏を含む土壌材の改良について，可能な限り少ない生石灰と水酸化カルシウムを含むまたは水和の間遊離する結合材を用いることである。

4.7 規格による規制

4.7.1 暴露クラス

コンクリートの硫酸塩侵食は暴露クラス XA1〜XA3 に定義されている。特別な腐食防止に対する環境，化学的侵食特に硫酸塩による限界値並びにコンクリートの配合と特性に関する記述については第 1 章 コンクリートの耐久性に関する指標値と影響要因参照。

4.7.2 適するセメント種類

DIN EN 197-1 による耐硫酸塩セメント（SR セメント）として次が適用される。CEM I セメント C_3A 無し（CEM I –SR 0），≦3% C_3A（CEM I –SR 3），≦5% C_3A（CEM I –SR 5），高炉セメント CEM III/B–SR，CEM III/C–SR クリンカーの C_3A 量の要求無し，ポゾランセメント CEM IV/A–SR，CEM IV/B–SR クリンカーの C_3A 量≦9%。

この際 C_3A 量は Bogue 式により算定し，実際の C_3A 量を意味するのではないという注記がある。X 線回折からリートベルト法により C_3A を求めると，実際の C_3A 量はセメントの分析（$C_3A = 2.650 \cdot Al_2O_3 - 1.692 \cdot Fe_2O_3$）から計算した値とはっきりと相違する。

米国基準 ASTM C150 はタイプ V セメントの C_3A 量を 5% に，同時にフェライト量（$2 \cdot C_3A + C_4AF < 25\%$）に制限している。タイプ II に対する C_3A 量の限界値は 8% である。

■代替えセメント種類

ポルトランドセメントクリンカーと混和材料から製造したセメント種類のほかに，他の種類のセメントの特性が調査された。それには高硫酸塩スラグセメントとアルミナセメントが挙げられる。これらのセメントの組成と特性についてセメン

4　硫酸塩侵食

ト化学の参考文献を参照していただきたい（Taylor, 1997；Stark/Wicht, 2000；Locher, 2000）。

　両方の種類のセメントは高い耐硫酸塩を有している。高硫酸塩スラグセメントには通常組成に石膏が含まれるが，まだスラグのアルムミニウムと反応せずエトリンガイトとなっていない。それ故硫酸塩と反応してエトリンガイトになるカルシウムアルミネートハイドレートの存在はありえない。高硫酸塩スラグセメントの水和では浸透した硫酸塩イオンと反応して石膏になるポルトランダイトが遊離しない。この種のセメントは化学的見地から安定であるが，高硫酸塩セメント製の供試体の暴露では部分的に伸びが確認される。有害タウマサイト生成に対する抵抗性についてこれまで確実な結果はない。

　アルミナセメントは同様に硫酸塩侵食には良い作用をする。この種のセメントでも水和の間ポルトランダイトは生成しないので，ポルトランドセメントで典型的な硫酸ナトリウムと反応して石膏となることは不可能である。アルミナセメントのエトリンガイト生成に対する抵抗は結合材の組成による。アルミナセメントの水和と転移はカルシウムアルミネートハイドレートを生成し，水酸化アルミニウムの遊離のもと硫酸塩イオンと反応してエトリンガイトとなることができる。

4.7.3　耐硫酸塩抵抗性を改善する鉱物質混和材

　いろいろな鉱物質混和材料がコンクリートの耐硫酸塩抵抗性を改善できる，その中にスラグ，石炭フライアッシュ，シリカフュームが最も重要な材料として挙げることができる。他の混和材料，焼成粘土や天然ポゾランは副次的な意味しか持たない。混和材料はポルトランドコンポジットセメントまたは高炉セメントの製造に直接投入されるかコンクリート製造中にポルトランドセメントあるいはポルトランドコンポジットセメントに添加される。

　高硫酸塩抵抗性を有する結合材の製造のため規格化に当てはまる状態で非常に高いスラグ量（≧66% CEMⅢ/B に対して）が必要である。セメントの硫酸塩安定性はスラグ量が増えるに従い上昇し，クリンカー中のアルミネートの割合が増加したり，スラグ中の Al_2O_3 量が増えるに従い低下する（Locher, 1966）。

　石炭フライアッシュはスラグに比べて明らかに酸化カルシウムが少ない（石炭フライアッシュ 1〜8%，水砕スラグ 30〜50%）。それはポルトランドセメントの

水和の際に析出するポルトランダイトを消費してポゾラン反応を行う。石炭フライアッシュ添加による硫酸塩抵抗性の改善は実験室や現場条件の下で行われた多くの研究で証明されている。勿論その適性についてフライアッシュ間の明白な違いが存在する。硫酸塩侵食に対して石炭フライアッシュの化学的組成もセメントペーストの鉱物的組成もいろいろなフライアッシュの特性の評価に考慮された。ドイツでは当時単に珪酸に富むフライアッシュ（最低 25% SiO_2）をコンクリート構造物に添加することが定められていた（DIN EN 450），フライアッシュ中の高いカルシウム含有量はポルトランダイト量の削減が不十分となるからである。

シリカフュームは純粋な珪素の生産の時発生し高い二酸化珪素含有量（約95%）を有する非常に微細なアモルファス粉からなる。

上述の混和材の添加により硫酸塩侵食に対してコンクリートの**化学的**抵抗性も**物理的抵抗性**も向上させる：

- ポゾラン反応の時クリンカー部の水和で生成するポルトランダイトの一部は結合して C–S–H 相を増加させる。それにより石膏生成に必要なパートナーは浸透した硫酸塩イオンから遠ざけられる。場合によるとエトリンガイトの生成もポルトランダイトの消費により影響を受ける。硫酸ナトリウム溶液と対照的に硫酸マグネシウム溶液の作用によりポルトランダイト量の減少は有害となりうる，C–S–H 相は先に侵食されるからである。反応度，SiO_2 含有量，ポゾラン材料の混和量が高いほど，結合材中のエーライト量が少ないほど，ポルトランダイトが多く分解される。石炭フライアッシュを硫酸塩抵抗性改善のために使用する時，暴露前，最低 4～6 週間のプレ水和（セメントを貯蔵または湿潤環境で取り扱うときに生ずる）が推奨される。それにより十分な水和度が保証される。温度上昇はポゾラン反応に有利であり硫酸塩抵抗性を向上させる。潜在水硬性スラグの反応の時水酸化カルシウム量（化学的方法で）はほんの少しだけ減少させる。

- 混和材料の添加により，（クリンカー鉱物の）水和生成物と硫酸塩イオンとから有害鉱物に転化する可能性があるクリンカー鉱物の希釈が生ずる。更に非常に微細な混和材の使用によりクリンカー鉱物の水和度は上昇する，大きな内部表面積が水和生成物の析出に自由になるためである。

- 大部分の潜在水硬性とポゾラン材料の遅れ水和により，硫酸塩イオンの浸透

4 硫酸塩侵食

の原因である毛細管空隙の割合を減少させる。従って潜在水硬性とポゾラン反応性材料の使用によりセメント結合物質の拡散抵抗性が高まる。

上述の要因のほかに硫酸塩抵抗性に対する2次的影響がある。均一性に劣るシリカフュームの添加により、場合によってはアモルファス酸化珪素の高い溶解性によりタウマサイト生成を助長するSiO_2の巣の生成をもたらす。シリカフュームの添加により結合材の所要水量が増加する可能性がある。酸化アルミニウム含有量が高い石炭フライアッシュはエトリンガイトの生成を助長する。ブリージングの傾向は、特にポルトランドセメントを使用した場合、石炭フライアッシュの添加により減少する。

硫酸塩侵食の場合、石炭フライアッシュの基本的にポジティブな作用は、CEM I 32.5 や CEM III/A32.5 のような自身硫酸塩抵抗性を有しないセメントを使用する時に立証されている（図-4.11）（Schießl et al., 1996）。

フライアッシュの効果は緻密な空隙組織、それ故高い拡散抵抗性、フライアッシュのポゾラン反応による$Ca(OH)_2$量の減少、セメント−フライアッシュ−混合物中のC_3A量の減少に帰せられる。4.5.3節に注意したようにポルトランド石灰石セメントの使用ではタウマサイト生成の可能性があるためこの表現は適用しない。

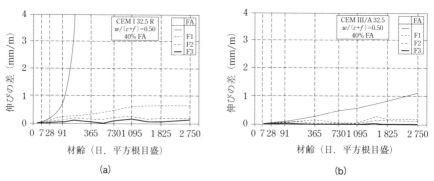

図-4.11 各種フライアッシュを添加した CEM I 32.5, CEM III/A32.5 モルタルの伸びの差の進行（硫酸塩保存）（Schießl et al., 1996）

4.8 試験方法

　長期間にわたってコンクリートとモルタルの硫酸塩安定性について予測できるようにするため，時間を早送りする室内促進試験が開発された。実際にはその際外的侵食がシミュレートされる。現場状況と比べて試験供試体寸法，物理的抵抗性，侵食条件が変えられる。侵食が早ければ早いほど物理的抵抗性が小さく，攻撃する溶液の濃度は高くなる（Bizcok，1968）。小さい供試体の場合，劣化を良く立証することができる，短い暴露期間で重要な断面部が損傷するからである。劣化の進行は質的に目視による指標と顕微鏡写真または量的に長さ変化，強度推移，質量損失，超音波伝播時間の低下により証明される。

　高いおよび非常に高い硫酸塩濃縮は，非常に強烈な硫酸塩侵食に至ることがあり，現場条件ではほとんど生ずることはない。コンクリートの通常の暴露に対して全く普通ではないにも関わらず，コンクリートとモルタルの硫酸塩安定性に対する大抵の試験方法は，促進効果を目指して 高い硫酸塩濃度が利用される（Wittekindt，1960；Koch/Steinegger，1960；Mulenga *et al.*，1999；ASTM C1012）。

■促進試験方法

　実験室で比較的短期の試験で，セメントの硫酸塩抵抗性を明らかにするため，数多くの促進法が開発された。この試験法の特徴は次のものである：

- 高濃度の塩溶液を選択することにより，侵食程度を極めて高くする－DIN 4030 または DIN EN 206–1 によって暴露クラス XA3「化学的に強い侵食性環境」に評価される地下水で$>3\,000$ mg SO_4^{2-}/l の濃度が生じた；室内試験法では，約 $25\,000$ mgSO_4^{2-}/l またはそれ以上が利用される。
- 供試体の抵抗能力を意識的に弱める；例えば組織の空隙を高める（高い水セメント比）。
- 体積に対する表面積の比が大きい供試体寸法を選択する。

　ドイツには，現在のところ，標準的な試験法はない。ヨーロッパ規格にも同種の試験方法は見ることはできない。従来の促進試験法の精度が低いので現在のと

4 硫酸塩侵食

ころ基準化は得策ではない（LOCHER，1999）。

4.8.1 外的侵食に対する試験方法

外的硫酸塩侵食に対し2つの試験方法（DIN による方法ではない）が現在ドイツで採用されている。小角柱と平板供試体（Wittekindt 法および Koch–Steinegger 法）を用いたセメントの硫酸塩抵抗性として次の規則が適用される：

水，$Ca(OH)_2$ または硫酸塩中に保存した 1cm×1cm×6cm の小角柱の曲げ強度比 $\beta_{BZ. 硫酸塩}/\beta_{BZ. 水}$ が少なくとも 0.7 以上で，硫酸塩中に保存した 1cm×4cm×16cm の平板供試体の相対長さ変化が 0.5mm/m を超えなければ，セメントは高硫酸塩抵抗性を有する結合材として通用する。試験のため小角柱および平板供試体モルタルは，セメント質量1，標準砂Ⅰ（細）質量1，標準砂Ⅱ（粗）質量2，蒸留水質量 0.6 の配合でつくられる。

● Wittekindt 法

1. 水セメント比 0.6 のモルタル角柱（上述の寸法および配合による平板供試体）を製作。平板供試体6個（1型枠）に対し次の量が必要である。
   - 250g　セメント
   - 250g　砂Ⅰ
   - 500g　砂Ⅱ
   - 150ml　水

2. 型枠中で2日間湿室保存する，脱型後更に 12 日間水中養生。

3. 20℃で，4.4% Na_2SO_4 溶液中に供試体を保存する。この溶液を作るには，水 1l あたり 99.80g$Na_2SO_4\cdot10H_2O$ を溶解させる。それは 24.80gSO_3/l（29.755gSO_4^{2-}/l）を含んでいる。

4. 角柱の伸びは正（額）面に取り付けた測定用突起間を測定する。水中保存の平板供試体の長さは最初に Na_2SO_4 溶液に浸漬する直前，材齢 14 日および8週間（規格期間）後に測定される。必要に応じ長さの時間依存性を把握するため更に長い測定期間，浸漬後 28 日，56 日，70 日および 91 日が計画される。しかし判断の標準尺度としては依然として浸漬後 56 日の規格期間である。浸漬の際測定した初期長さ l_0 と8週間後に測定した l から長さ変化 $l-l_0$（mm/m）が計算される。

高い硫酸塩抵抗性を有するセメントは，一般に8週間硫酸塩に浸漬した後のひずみは最大で0.5mm/mである．

● Koch-Steinegger法
1. モルタル角柱（上述の小角柱の寸法と配合）の製作．
   角柱4個（型枠1個）に次の量が必要である：
   - 15.0g　セメント
   - 15.0g　砂Ⅰ
   - 30.0g　砂Ⅱ
   - 9.0ml　水
2. 振動テーブルで締め固める．
3. 濡れたフィルタ紙で覆い（ただしモルタルには接触しない），温度20℃，湿度90%で24時間保存．
4. 28日間，蒸溜水中に保存．
5. 供試体の半分は，強度試験まで蒸溜水中に保存，残りの半分はゴム輪で10% Na_2SO_4 溶液につるす（溶液600mlのグラスに各4供試体）．
6. 毎日，2N硫酸で後滴定（Nachtitration）することにより，硫酸塩吸収量を間接的に試験（以前は数滴のフェノールフィタレンを添加）．
7. 硫酸塩中に14, 28, 56, 84日保存後，曲げ強度比 $β_{BZ 硫酸塩}/β_{BZ 水}$，即ち硫酸塩に侵食後の曲げ強度 $β_{BZ.硫酸塩}$ に対する水中保存後の曲げ強度 $β_{BZ.水}$ の関連を試験する（図-4.12）．
8. 評価表による外観状態（ひび割れ，崩壊）の目視評価．

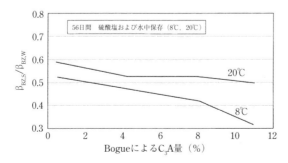

図-4.12　Koch-Steineggerによる小角柱供試体の C_3A 量と曲げ強度比の関係

4 硫酸塩侵食

●MNS 法

F.A.Finger 建設材料研究所（FIB）では，モルタルとコンクリートの実際に近い硫酸塩抵抗性を特徴づける新しい試験方法を開発した（Mulenga *et al.*）。

1. 寸法 40mm×40mm×160mm（フルイ曲線 A/B8）のコンクリート角柱，または古いコンクリートまたは新しく作られたコンクリート板（フルイ曲線 A/B16）からコア（$d=50$mm, $l=150$mm）の採取；$W/C=0.50$
2. 供試体は2日間型枠中で湿潤状態にした後，更に5日間水中養生する。その後，コンクリート角柱およびコアは，硫酸塩侵食まで 21 日間 20℃，65%相対湿度の恒温恒湿室に保存される。
3. 約 150mbar に減圧し水または 5% Na_2SO_4 溶液で供試体を飽水させる。
4. 8℃の水または 5% Na_2SO_4 溶液（33g/l）に保存する。溶液は毎月取り替えられる。
5. それぞれ 28 日経過後，供試体の正（額）面に取り付けられた引張刻印間における 1 軸引張強度が測定される（**図-4.13**）。

試験限界値として，硫酸塩または水に 56 日または 84 日間保存された供試体の引張強度比 $\beta_{BZ.硫酸塩}/\beta_{BZ.水}$ が少なくとも 0.7 以上であることが定められている。古いコンクリートは試験期間が 180 日である。

●CEN 法

1. DIN EN 206–1 により寸法 4cm×4cm×16cm のモルタル角柱を製作。

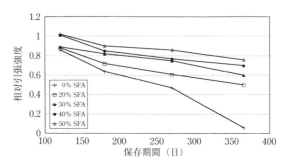

図-4.13　8℃で水または 5% Na_2SO_4 溶液に保存後，減圧飽水させたコンクリートコアの引張強度の変化とフライアッシュ（SFA）量の関係（コンクリートの配合 CEM I 42.5 および SFA S-B/E；$W/(C+f)$＝0.5；365 日水中前養生）

2. 型枠中で24時間湿潤室に保存，脱型後更に27日間水中に保存。
3. 16gSO$_4^{2-}$/l濃度のNa$_2$SO$_4$溶液に20℃で保存，毎月溶液は取り替える。比較のため水中にも保存する。
4. 4，8，12，16，20，28，40および52週後に長さ変化の測定。

• SVA法（DAfStb，SVA専門委員会による提案）
1. DIN EN 206–1により寸法4cm×4cm×16cmの標準角柱の製作：$W/C=0.5$
2. 2日間，型枠中で湿潤室に保存する。脱型後更に12日間飽和Ca(OH)$_2$溶液中に前保存。
3. 20℃で4.4% Na$_2$SO$_4$溶液（30g/l），または比較として飽和Ca(OH)$_2$溶液に保存（溶液は毎月取り替える）。
4. 91日後の伸びの差（$\Delta\varepsilon\leq0.50$）により硫酸塩抵抗性を判断する。

注意：CENとSVA法における20℃保存は実状になじまない；硫酸塩侵食は一般に地下で生ずる。地盤温度は大抵10℃以下であり，硫酸塩侵食は温度低下に伴い著しく強くなる。

4.8.2　内部侵食に対する試験法

• Le Chatelier-Anstett- 試験

1. 14日間水和させた乾燥セメント100部，石膏50部の質量比からなる微粉砕混合物（R$_{90\mu m}$=0）に水を加え，標準軟度になるまで攪拌する。
2. ルシャトリエ・リング（図-4.14）に詰め，ガラス板で覆い，24時間水中に

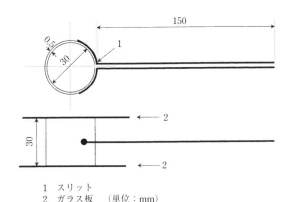

1　スリット
2　ガラス板　　（単位：mm）

図-4.14　DIN EN 196-03によるルシャトリエ・リング

4 硫酸塩侵食

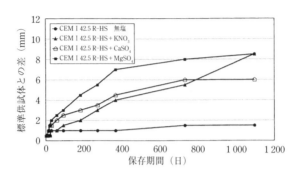

図-4.15 CEM I 42.5 R-HS 供試体（有害な塩化物 有／無，3 年水中養生後）の伸び（＝零点測定との差として針先端距離）

浸漬し，針先の距離を測定する（零値測定）。

3. 毎日，針先の距離を測定し，伸び（針先距離と零値との差，単位 mm）の確認をする。

ルシャトリエ・リングによる伸び測定は F.A.Finger 建設材料研究所で各種結合材と有害な塩との調和（相性）試験として行われた（Stürmer，1997）。結合材と塩の相性の尺度として2つのシステムの接触によって現れる伸びを測定した。その際，内部侵食をシミュレートした。即ち塩はモルタル練り混ぜ水に結合材重量をベースとして10％の量だけ溶解させた。図-4.15にそれぞれの塩の作用を塩の含まない供試体との伸びの差として示している。

4.8.3 アメリカの試験法

• ASTM C-452

本方法はポルトランドセメントの試験に対してのみ適用される。試験するセメントの SO_3 量は粉状にした石膏を加えることにより，7M.-％まで高められる。セメント-石膏混合物によりモルタルで2.5cm×2.5cm×25cm角柱を製作する(1: 2.75，W/C = 0.48)。水中保存の長さ変化がセメントの硫酸塩抵抗性の尺度である。28日間水中保存した後，ポルトランドセメントの伸びは 0～2M.-％ C_3A で平均約 0.35mm/m，10～13M.-％ C_3A で約 1.5mm/m に達する。本方法により，**内部硫酸塩抵抗性**が試験される。供試体は試験のはじめに既に均等に硫酸塩を含んでいるからである。

4.8.4　現場条件で進行した劣化プロセスの室内条件による再現

4.8.4.1　劣化プロセスに対する硫酸塩イオン濃度の影響

　室内試験では現場条件で進行した劣化プロセスをできるだけ正確に再現すべきである。侵食メカニズムの違いは得られた測定値の間違った解釈に導く。以下最も重要な試験条件，侵食媒体の濃度が劣化プロセスに与える影響について述べる。

　表-4.1 に各種基準と試験条件による硫酸塩濃度を掲げる。通常利用されている試験溶液の硫酸塩濃度はドイツでコンクリートが通常暴露される可能性がある約5〜11倍高いのは明白である。

　多数の室内および現場の経験は，石膏やエトリンガイトの生成はコンクリートの伸びと劣化に導く可能性があることを示している。勿論2つのメカニズムの影響を正確に判定するにはこれまでのところ達していない。2種類の劣化はコンクリートを完全に破壊させ，通常適用される室内試験法では並行して発生することを単に述べることができる。試験溶液中の侵食程度を過度に上げることは単に促進効果だけなのかまたは劣化メカニズムの違いが追加されるところまで至っているのか不確実性が残る。

　硫酸塩の濃度が低い場合，実質的にエトリンガイトにより腐食が発生する。硫酸塩濃度の上昇は劣化メカニズムの違いへと導く。それ故高い硫酸塩濃度では石

表-4.1　**各種基準試験方法による硫酸塩濃度** T- テナルダイト（Na$_2$SO$_4$），M- ミラビライト（Na$_2$SO$_4$・10H$_2$O）

	Na$_2$SO$_4^-$ 量 (M.-%)	溶液密度 (g/cm^3)	SO$_3^-$ 量 (mg/l)	SO$_4^{2-}$ 量 (mg/l)	SO$_4^{2-}$ 量 (mmol/l)
Koch & Steinegger	4.4(T) 10(M)	1.036	25 800	30 900	320
ASTM C1012	4.8(T)	1.042	28 200	33 800	352
Wittekindt	2.1(T)	1.017	12 000	14 400	150
弱い侵食 DIN EN 206-1 および DIN 1045/XA1	0.03(T)	1.000	170	>200[a] ≦600	2.1
中程度の侵食 DIN EN 206-1 および DIN 1045/XA2	0.1(T)	1.001	500	>600[a] ≦3 000	6.25
強い侵食 DIN EN 206-1 および DIN 1045/XA3	0.4(T)	1.003	2 500	>3 000[a] ≦6 000	31.25
飽和石膏溶液	−	1.002	1 100	1 300	14

　a)　水中

4 硫酸塩侵食

膏腐食が主たる役割を果たす（Biczok, 1968）。

熱力学的計算により得られた結果は侵食媒体中の非常に低い硫酸塩の濃度で既にタウマサイト生成による劣化が発生しうることを示している；これは FIB で実験により確かめられている。このとき現行の基準により硫酸塩濃度がコンクリート表面に物理的保護が予見される限界値よりもはっきりと低い場合でも劣化は発生した。しかしポゾラン材料や潜在水硬性材料の混和により劣化は阻止できる。これら材料の遅れ水和反応により組織の緻密化に至る。製造されたモルタルとコンクリートははっきりと毛細管空隙が少なくなり，そのため高い物理的硫酸塩抵抗性を有している。

FIB では実際上重要な硫酸塩濃度が両方の劣化を発生させるのか，実験室における試験条件を厳しくすることが劣化メカニズムを歪めさせるのか，研究が行われた（Bellmann, 2005）。その時，石膏生成と硫酸塩濃度の関係が求められた。石膏生成中の pH についても考慮された，pH は当該するプロセスに影響を及ぼすからである。

4.8.4.2 pH と石膏析出に関する計算

pH は空隙溶液の特性指標値の１つである。それはカルシウムイオン濃度に明白に影響しており，そのため石膏の生成に影響している。もし結合物からのイオン生成物（IP）が溶解生成物（K_{sp}）よりも大きくて過飽和が存在するならば，溶液から鉱物の析出は可能である。溶解生成物としてここで行う計算では，石膏に対し $3.02 \cdot 10^{-5}$ を使用する（Møller, 1988）。イオン生成物は，もし石膏の解離が式 4.15 により仮定するならば式 4.16 で計算できる。中カッコは濃度ではなく活動度が計算に採用されることを示している。活動度は Pitzer のイオン間相互作用モデルにより計算できる。

$$IP_{石膏} = \{Ca^{2+}\} \cdot \{SO_4^{2-}\} \tag{4.15}$$

$$CaSO_4 \cdot 2H_2O \rightarrow Ca^{2+} + SO_4^{2-} + 2H_2O \tag{4.16}$$

計算に当たって空隙溶液カルシウムイオン濃度は式 4.17，式 4.18 のポルトランダイト平衡を介して水酸化イオン濃度に制御されると仮定する。Babuschkin 等（1986）の熱物理学的データから $25℃$ に対して $6.26 \cdot 10^{-6}$ と計算される。

$$IP_{ポルトランダイト} = \{Ca^{2+}\} \cdot \{OH^-\}^2 \tag{4.17}$$

$$Ca(OH)_2 \rightarrow Ca^{2+} + 2OH^- \tag{4.18}$$

ポルトランダイトの平衡から水酸化イオンが上昇する時カルシウムイオン濃度は低下することが導かれる。その結果空隙溶液のpHが高いとき溶液には非常に低いカルシウムイオンしか存在しない。これは石膏の生成に影響する。もしカルシウムイオン濃度が低下するとそれだけ高い硫酸塩イオン濃度が要求される、そのため石膏の析出が可能となる。つまりpHの上昇の場合それだけ高い硫酸塩イオン濃度が必要となり、溶液中に石膏が生成される。

石膏の析出に代わってシンゲナイトの生成も考えられる（式4.19, 式4.20）。シンゲナイト（$2.72 \cdot 10^{-8}$）の溶解生成物はReardonから引用した化学的ポテンシャルから計算できる。

$$IP_{シンゲナイト} = \{K^+\} \cdot \{Ca^{2+}\} \cdot \{SO_4^{2-}\}^2 \tag{4.19}$$

$$K_2SO_4 \cdot CaSO_4 \cdot H_2O \rightarrow 2K^+ + Ca^{2+} + 2SO_4^{2-} + H_2O \tag{4.20}$$

図-4.16により叙述した関連は明らかにされている。そこでは硫酸塩イオン濃度は、もし考慮している溶液がポルトランダイトと石膏についてもしくはポルトランダイトとシンゲナイトについて飽和しているならばpHに左右される。描かれたグラフはデータのポイントから内挿された。それぞれの点に対して所定の水酸化イオン濃度が設定され、属する活動度が計算された。それに対応するpHは25℃における水の可溶性生成物について計算した水素イオン活動度のマイナス常用対数からもたらされた。水酸化イオン活動度からポルトランダイト平衡（式4.17）を経て所属するカルシウムイオンの活動度も計算できる。カルシウムにつ

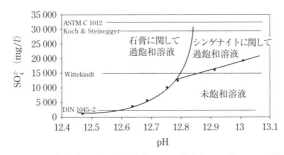

図-4.16 石膏生成に必要な硫酸塩イオン濃度とpH（K_2SO_4をポルトランダイト溶液に添加）の関係；計算値（線）と実験値（·）；水平線は表-4.1による限界値

いて得られた値は石膏またはシンゲナイト析出に必要な硫酸塩活動度の計算に役立つ（式4.15，式4.16）。活動度係数の利用により硫酸塩イオンの活動度は濃度に変換される。電気化学的中性は溶液中にカリウムイオンの適合量が存在することにより保証される。

図-4.16に描かれた計算結果はpHが高い場合非常に高い硫酸塩イオン濃度が存在しなければならず，そのため石膏の生成が可能となることを示している。約12.7（OH^-≈70mmol/l）のpHに至るまで石膏の析出に必要な硫酸塩イオン濃度は約5000mg/lまで単にゆっくりと上昇する。更に高いpHでは硫酸塩イオン濃度は非常に急な上昇を描く。pHが約12.9である限界値を超えると硫酸塩イオン濃度のさらなる上昇ももはや石膏の析出をもたらすことはない。

高い硫酸塩イオン濃度と並行して高いカリウムイオン濃度（例えば適応する試験溶液の利用により）が存在すると，pHが約12.8以上から石膏に代わってシンゲナイト（$K_2SO_4 \cdot CaSO_4 \cdot H_2O$）の生成が想定される。侵食媒体として$Na_2SO_4$が使用されるとシンゲナイト生成は不可能となる。**図-4.16**の石膏に対するグラフの位置はこの場合意味のないものに変わる。

図-4.16には3つの試験法の硫酸塩イオン濃度を更に加えて，DIN 1045-2に相当する限界値を水平線として記入している。実際と対照的に高濃度の試験溶液では石膏生成はpHの広い範囲可能であり，高い結晶圧を可能とする非常に高い過飽和が存在することが明白となった。

pH＝12.7〜12.9の範囲における急な上昇とは対照的にpH＝12.5〜12.7の石膏生成に必要な硫酸塩イオン濃度は比較的ゆっくりと低下する。pH12.45（25℃でアルカリ添加のない純粋ポルトランダイト溶液）では単に1400mg/lの硫酸塩イオン濃度が侵食溶液に存在しなければならないが，それに伴って石膏は生成できる。これはおおよそセメントに石炭フライアッシュを混和してコンクリートの硫酸塩安定性に到達する値に相当する，適合する結合材はSR結合材として最大SO_4^{2-}＝1500mg/l≈16mmol/lまで投入が許されるからである。

図-4.16は室内試験と違って実際の挙動では石膏生成によりコンクリートの劣化がほとんど生じない状態まで内挿が可能である。溶液の高いpHと3000mg/l以上の硫酸塩イオン濃度によりコンクリート表面の前述の物理的保護は妨げられる。

コンクリートの化学的抵抗性に対する石炭フライアッシュの貢献は試験法では無益と表現される。この違いの根拠は3 000mg/l 以上の硫酸塩濃度の場合コンクリートの受動的保護を指示している DIN 1045–2 の規定が生み出している。石炭フライアッシュの混和はセメントペースト組織におけるポルトランダイト含有量を減少させる。それにより石膏生成に対するマトリックスの感受性は低下する。化学的抵抗性に対する石炭フライアッシュの貢献は対応する結合材の投入がもはや許されない（＞1 500mg/l）硫酸塩濃度の際初めて現れる。石炭フライアッシュの物理的抵抗性に対する貢献はもちろん＜1 500mg/l の場合でも存在する。

侵食的な条件のもとでコンクリートとモルタルの暴露の際，室内における促進試験方法の間，石膏の生成は実際よりも確率が非常に高い，石膏の析出を可能とするため，空隙溶液の pH が実質的に低下しなければならないからである。更に試験溶液でのみ可能な高い過飽和は供試体に伸びやひび割れの発生に導く結晶化圧力を生ずることを可能とする。

pH と可能な石膏生成の関係から損傷の場所を特定できる。石膏の析出は空隙溶液中の水酸化イオン濃度の低下が可能なところである。それは暴露された傾斜面のみである。そのため石膏生成は供試体の縁に限定されている。一方 pH の高い内部は保護されている。

水中に置かれている間マトリックスからいろいろな種類のイオンが浸出する。当該する範囲では空隙度が上昇する。同時に表面のすぐ下から溶解したポルトランダイトからカルサイトの生成に至る。炭酸化は pH の低下を生じさせ，それにより硫酸塩イオン濃度が低い時には当該する範囲で石膏の生成が容易となる。これはしかし適切ではない，炭酸化は石膏生成に対して競合反応を起こすからである。これは炭酸化した範囲では石膏の生成は期待できないことを意味する，ポルトランダイトは硫酸塩の反応パートナーとして既に消費され尽くされているからである。

しばしば試みられたように試験溶液の濃度を過度に高くすることは時間の促進効果ばかりでなく劣化メカニズムの違いにも至る。有害石膏生成とそれにより引き起こされる供試体の伸びは主として実際の適用から排除され実験室でのみ可能な濃度の時発生する。硫酸塩を含む媒体によるコンクリートの劣化は現実には実験で推定されるより可能性として少ない。

4 硫酸塩侵食

　観察された石炭フライアッシュ混和による化学的硫酸塩抵抗性向上はポルトランダイトの量を低下させることに帰する，それにより石膏の生成を少なくできるからである。更にポゾラン反応により C–S–H 相のカルシウム‐珪素‐比は低下する。ポルトランド SR セメントの代わりに石炭フライアッシュを他のセメントに混和することは更に新しく加わった観点から考察すべきである。もし実際とはかけ離れた実内実験により有害石膏の生成を事実上制限するのであれば，DIN 1045-2 の要求に適ってポルトランダイト含有量を減らすことは建物の場合には無意味である。ポゾラン反応により反応（石膏生成）は妨げられ，$1\,500\mathrm{mgSO_4^{2-}}/l$ までは全く発生しない，そして $1\,500 \sim 3\,000\mathrm{mg}/l$ の間ではほんの小さい劣化ポテンシャルが証明される。現場条件下で石炭フライアッシュ混和による硫酸塩抵抗性の改善はおそらく化学的抵抗性向上に基づくものではない。

文献

Babuschkin VI, Matweew GM, Mtscheldow–Petrosjan OP（1986）Termodinamika Silikatov. Strojizdat, Moskwa

Baronio G, Berra M（1986）Concrete deterioration with the formation of thaumasite–analysis of the causes. Ⅱ Cem 83:169–184

Bellmann F（2005）Zur Bildung des Minerals Thaumasit beim Sulfatangriff auf Beton, Diss., Bauhaus–Univ. Weimar

Bellmann F, Erfurt W, Stark J（2010）Gefährdungspotential der Betonschädigenden Thaumasit–bildung. In: Finger–Inst. für Baustoffkunde FA（Hrsg）Schriftenreihe F.A. Finger–Inst. für Baustoffkunde, Heft 4, Bauhaus–Univ. Weimar

Bensted J（2000）Mechanism of thaumasite sulphate attack in cement, mortars and concretes. Zem Kalk Gips Intern 53:704–709

Bensted J（1988）Thaumasite – a deterioration product of hardened cement structures. Ⅱ Cem 85:3–10

Biczok J（1968）Betonkorrosion–Betonschutz. Bauwesen, Berlin

Böing R, Bolzmann P, Hüttl R, Riek C（2011）Beton mit erhöhtem Säurewiderstand für ein Schleusenbauwerk in der Lausitz. Beton 61:448–453

Breitenbücher R, Siebert B, Stark J, Nobst P（2008）Schädigungspotential infolge erhöhtem Sulfatgehalt bei Verwendung alkalifreier Erstarrungsbeschleuniger. Ser. Forschungsbericht: T3156, Frauenhofer IRB, Stuttgart

Brown PW, Taylor HFW（1999）The role of ettringite in external sulfate attack In: Marchand J, Skalny J（Hrsg）Mater, Westerville（Ohio），Am Ceram Soc, 73–97

Candlot E,（1890）Sur les propriétés des produits hydraulique, Bull. Soc. d' Encourag pour l' Ind Natl 89:685–716

4.8 試験方法

Cohen MD, Bentur A (1988) Durability of Portland cement silica fume pastes in magnesium sulphate and sodium sulfate solutions, ACI Mater J 85:148–157

Collepardi M (1999) Thaumasite formation and deterioration in historic buildings. Cem Conc Compos 21:147–154

Crammond NJ (2002) The thaumasite form of sulfate attack in the DK. In: First Intern. Conf. Thaumasite in Cem. Mater., 19.–21.6.,Garston (UK), paper 17

Curbach M (2012) Sulfatangriff auf Beton: Neue Erkenntnisse und Schlussfolgerungen. Beton 62:180–181

DIN 1045–2: 2008–08 – Tragwerke aus Beton, Stahlbeton und Spannbeton–Beton – Festlegung, Eigenschaften, Herstellung und Konformität–Anwendungsregeln zu DIN EN 206–1

DIN 4030–1:2008–6 – Beurteilung betonangreifender Wässer, Böden und Gase – Teil– I : Grundlagen und Grenzwerte

DIN EN 196–1:2005–05 – Prüfverfahren für Zement – Teil 1: Bestimmung der Festigkeit; Dtsch, Fass. EN 196–1:2005

DIN EN 196–3:2009–02 – Prüfverfahren für Zement–Teil 3: Bestimmung der Erstarrungszeiten und der Raumbeständigkeit; Dtsch, Fass.EN 196–3:2005 + A1:2008

DIN EN 196–1:2011–11 – Zement – Teil 1: Zusammensetzung, Anforderung und Konformitäts– kriterien von Normzement; Dtsch, Fass.EN 197–1:2011

DIN EN 206–1:2001–07 – Beton –Teil–1: Festlegung, Eigenscahften, Herstellung und Konformität; Dtsch. Fass. EN 206–1:2000

DIN EN 450:2010–04 – Flugasche für Beton–Teil 1: Definition, Anforderungen und Konformitäts –krierien; Dtsch. Fass. prEN 450–1:2010

Eden MA (2003) The laboratory investigation of concrete affected by TSA in the UK. Cem Concr Comp 25:847–850

Erlin B (1996) Ettringite–whatever you may think it is. In: Proc. 18th Intern. Conf. Cem. Microsc., Duncanville (Texas), Intern. Cem. Microsc. Assoc., pp380–381

Erlin B, Stark DC (1965) Identification and occurrence of thaumasite in concrete. Highw Res Rec 113:108–113

Gallop RS, Taylor HFW (1992) Microstructural and microanalytical studies of sulfate attack. 1. Ordinary Portland cement paste. Cem Concr Res 22:1027–1038

Gouda GR, Roy DM, Sarkar A (1975) Thaumasite in deteriorated soil–cements. Cem Concr Res 5:519–522

Hempel R (1993) Treibmineralbildung in historischem Mauerwerk. Bautenschutz–Bausanier. 16:49–52

Johansen V, Thaulov N, Skalny J (1993) Simultaneous presence of alkali–silica gel and ettringite in concrete. Adv Cem Res 5:23–29

Juel I, Herfort D, Gallop R, Konnerup–Madson J, Jakobsen HJ, Skibsted J (2002) A thermodynamic model for predicting the stability of thaumasite. In: Proc. 1st Intern. Conf. Thaumasite in Cem. Mater., 19.– 21.6., Garston (UK), paper 8

Kalousek GL, Porter LC, Harboe EM (1976) Past, present and potential developments of sulfate–resisting concretes. J Test Eval 4:347–354

Koch A, Steinegger H (1960) Ein Schnellprüfverfahren für Zemente auf ihr Verhalten bei Sulfatangriff, Zem Kalk Gips 13: S.317–324

Larbi JA, Hees RPJ van (2000) Quantitative microscopical procedure for characterizing mortars in

211

4 硫酸塩侵食

historical buildings. In: 14. Intern. Baustofftag. ibausil. Weimar, Tagungsber. Bd. 1, S.1051–1060

Lea FM（1956）The chemistry of cement and concrete. Arnold, London

Leifeld G, Münchberg W, Stegmaier W（1970）Ettringit and Thaumasit als Treibursache in Kalk–Gips–Putzen. Zem Kalk Gips 23:174–177

Locher FW（1998）Sulfatwiderstand von Zement und seine Prüfung. Zem Kalk Gips 51:388–398

Locher FW（1975）Volumenveränderungen bei der Zementhärtung. Zem und Beton 85/86:22–25

Locher FW（2000）Zement: Grundlagen der Herstellung und Verwendung. Bau + Tech, Düsseldorf

Locher FW（1966）Zur Frage des Sulfatwiderstandes von Hüttenzementen. Zem Kalk Gips 19:395–401

Lukas W（1975）Betonzerstörung durch SO$_2$–Angriff unter Bildung von Thaumasit und Woodfordit. Cem Concr Res 5:503–507

Mehta PK（1999）Sulfate attack in a marine environment. In: Marchand J, Skalny J（eds.）Mater. Sci. Concr. – Spec. vol: Sulfate attack mechanisms. Westerville（Ohio）: Am Ceram Soc, pp295–299

Mehta PK, Hu F（1978）Further evidence for expansion of ettringite by water absorption. J Am Cerm Soc 6:179–181

Mehta PK, Wang S（1982）Expansion of ettringite by water absorption. Cem Concr Res 12:121–122

Michaelis W（1892）Der Cement–Bacillus. Tonind–Ztg 16:105–106

Mielke I（2003）Sanierungsfall Schloss Wiehe/Thür. – Thaumasit – auch ein problem in der Denkmalpflege. Thesis, Wiss Z Bauhaus–Univ Weimar 49（5）:22–28

Mittermayr F, Klammer D, Köhler S, Böttcher S, Leis A, Dietzel M（2009）Sulfatangriff: Die Bildung von Thaumasit und die Auflösung von dolomitischen Zuschlagstoffen. In: 17. Intern. Baustofftag. ibausil, Weimar, Tagungsber. Bd.2, S.323–328

Moller n（1988）The prediction of mineral solubilities in natural waters: A chemical equilibrium model for the Na–Ca–Cl–SO$_4$–H$_2$O system to high temperature and concentration, Geochim et Cosmochim Acta 52:821–837

Mulenga DM（2002）Zum Sulfatangriff auf Beton und Mörtel einschließlich der Thaumasitbildung. Diss., Bauhaus–Univ. Weimar

Mulenga DM, Nobst P, Stark J（1999）Praxisnahes Prüfverfahren zum Sulfatwiderstand von Beton und Mörtel mit und ohne Flugasche, In: Beitr. 37. Forschungskolloq. Dtsch. Aussch. Stahlbeton, 7.– 8. 10., Weimar, S.197–213

Mulenga DM, Stark J, Nobst P（2002）Thaumasite formation in mortars containing fly ash. In: Proc. First Intern. Conf on Thaumasite in Cem. Mater., 19.–21.6., Garston（UK）, paper 37

Nobst P, Stark J（2003a）Grundlagenuntersuchungen zur Thaumasitbildung in Zementstein –pasten. In: 15.Intern, Baustofftag. ibausil, Weimar, Tagungsber. Bd. 2, S.685–700

Nobst P, Stark J（2003b）Investigations on the influence of cement type on the thaumasite formation. Cem Concr Compos 23;899–906

Oberholster RE（2002）Deterioration of mortal, plaster and concrete: South African laboratory and field case studies In: Proc. 1st Intern. Conf. on Thaumasite in Cem. Mater., 19.–21.6., Garston（UK）, paper 42

Santhanam M, Cohen MD, Olek J（2003）Mechanism of sulfate attack: A fresh look. Part 2: Proposed mechanisms, Cem Concr Res 33:341–346

Scherer GW（2004）Stress from crystallization of salt. Cem Concr Res 34:1613–1624

Schießl P, Härdtl R, Meng B（1996）Sulfatwiderstand von Beton mit Steinkohlenflugasche. Betonw + Ferteil–Tech 62（12）:97–105

4.8 試験方法

Siebert B（2009）Betonkorrosion infolge kombinierten Säure–Sulfat–Angriffs bei Oxidation von Eisendisulfiden im Baugrund. Diss., Ruhr–Univ, Bochum

Sim I, Huntly SA（2004）The thaumasite form of sulfate attack –breaking the rules. Cem Concr Compos 26:837–844

Stark J, Wicht B（2000）Zement und Kalk: Der Baustoff als Werkstoff. Birkhäuser, Basel, Boston, Berlin

Stürmer S（1997）Injektionsschaummörtel für die Sanierung historischen Mauerwerks unter besonderer Berücksichtigung bauschädlicher Salze, Diss. Bauhaus–Univ. Weimar

Thausite Expert Group（1999）The thaumasite form of sulfate attack: Risks, diagnosis, remedial works and guidance on new construction. Rep. Thaumasite Expert Group. DETR（Dep. Environ., Transp. Regions），London, Jan

Talyor HFW（1997）Cement chemistry, 2nd edn. Thomas Telford, London

Wittekindt W（1960）Sulfatbeständige Zemente und ihre Prüfung, Zement Kalk Gips 13:565–572

5 硬化コンクリートにおける
有害エトリンガイトの生成

5.1 沿　革

　コンクリートの体積安定性の問題は，19世紀末，コンクリートが建設材料とし
て広く利用されて以来，数多く研究の対象とされてきた。当時既に硬化コンクリー
ト中に膨脹現象が観察され，多くの場合セメントペースト中の反応について知らな
いために，しばしば「欠陥セメント」に起因するとされた。次の事柄が挙げられる：

- 石灰膨脹
- マグネシア膨脹
- 石膏膨脹 / 硫酸塩膨脹

　セメントまたはコンクリート中に含まれるそれぞれの「原因となるもの」の許
容最大量を定めることにより，このような劣化の阻止を目指した。同様に，膨脹
作用を引き起こす物質が，後からコンクリートに供給されることを避けなければ
ならなかった。

　エトリンガイトはセメントペースト中全ての新しい水和生成物の中で，実にい
ろいろな顔をもった化合物である。硬化初期段階で目指すエトリンガイト生成な
しでは，セメントの正常な凝結は考えられない。膨脹セメント，収縮補償セメン
トは高硫酸塩スラグセメントと同じように実質的にエトリンガイトの生成に基礎
をおいている。一部非常に少量であったが，ほとんど全てのモルタルとコンクリー
トでエトリンガイトは全く正常な構成物質である。

5 硬化コンクリートにおける有害エトリンガイトの生成

一方では既に硬化したコンクリート中，遅い時期にエトリンガイトが生成する事は部分的に大きな劣化へ－起こしてならないことであるが－導くことがある。そのようにしてみると，エトリンガイトはセメント化学のスフィンクス（Sphinx）と呼ぶことができる。

コンクリートを害する遅れエトリンガイトに関して最初に発表された業績は1945 年（Lerch，1945）と1965 年（Kennerly，1965）である。セメントを注入した石膏を含む壁の劣化を，遅れエトリンガイト生成に帰着させることができた（Ludwig，1991）。

網状ひび割れ形成，部分的に異常な膨脹，強度喪失という形で特徴づけられるコンクリートの劣化は1970 年代から増加するようになった。熱処理したプレキャストコンクリート部材（遠心力コンクリートポール，プレストレストコンクリート枕木，外壁材，階段など）で，供用期間中屋外に設置され，しばしば十分湿潤となるものについて，硬化コンクリートのエトリンガイト生成に関係する劣化がますます多く現れるようになった。この劣化は硬化コンクリート中にエトリンガイトが生成されるとともに進行することが確かめられている。とりわけ，高強度で高密度の高性能コンクリートが該当する。1980 年初頭以来，熱処理の結果としてコンクリート中に生成する**遅れエトリンガイト生成**（英語：DEF：Delayed Ettringite Formation）の研究が多く行われ，劣化メカニズムに関する多数の仮説がたてられた（Heinz，1986；Heinz *et al.*，1982 および 1989 他）。

熱処理されていないコンクリート部材では劣化と関連して同時に組織の欠陥や空隙にエトリンガイトの目立った生成が観察されるようになった。

5.2　基　礎

エトリンガイト（Tricalciumaluminat–Trisulfathydrat）は水和した市販セメント中で実質的な構造を形作る構成要素である。それは大部分，針状で六方柱状に結晶した鉱物で，次の化学組成を有している。

$$
\begin{aligned}
&3CaO \cdot Al_2O_3 \cdot 3CaSO_4 \cdot 32H_2O \\
&= Ca_6Al_2\left[(OH)_4\,SO_4\right]_3 \cdot 26H_2O \\
&= C_3A \cdot 3C\bar{S} \cdot H_{32}
\end{aligned}
\tag{5.1}
$$

エトリンガイトの理論的成分：

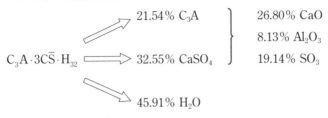

1molエトリンガイトに対して：

C_3A ・ $3C\bar{S}$ ・ $32H$

$270.20g + 3 \cdot 136.14g + 32 \cdot 18g = 1\,254.62g$

→単位モル質量は1 254.62g/molである。

純粋なエトリンガイトは化学分析では－無水として計算－次の組成を示す。

$CaO = 49.7\%$

$Al_2O_3 = 15.0\%$

$SO_3 = 35.3\%$

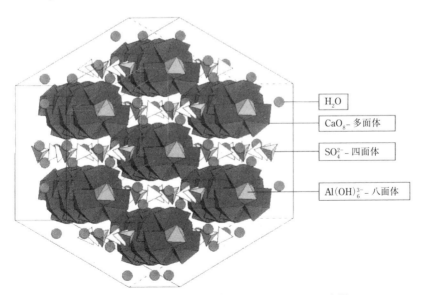

図-5.1　エトリンガイトの構造モデル（Neubauer/Erlangen大学）

エトリンガイトにおける質量比 SO_3/C_3A は次のようである：

$SO_3/C_3A = (3 \cdot 80.06g)/270.20g = 0.889\ SO_3/C_3A$

TAYLOR の構造モデルによれば，結晶中に組成 $(Ca_3[Al(OH)_6] \cdot 12H_2O)^{3+}$ の陽イオンからなる柱が存在する（図-5.1）（第 4 章 4.5.1 節）。

エトリンガイトは普通ポルトランドセメントが水和する際の反応生成物である。コンクリート中におけるエトリンガイトの存在は，必ずしもコンクリートに有害な反応を示唆するものではない。

5.3 硬化コンクリート中のエトリンガイト

走査型電子顕微鏡（REM）写真は，コンクリート中のエトリンガイトは様々な形態，即ち，多くはいろいろな大きさの球状集合体，フェルト状または平行に配列された柱状結晶の形として現れることを示す。

エトリンガイトの外観に関する環境走査型電子顕微鏡（ESEM）による研究は合成エトリンガイトと著しく劣化した実験室コンクリートのエトリンガイト形成について，従来の真空で行われる REM の際見受けられる比較的大きな針状エトリンガイト結晶（厚さ μm の範囲）は，多数の平行する，お互い密集する，非常に細長い厚さ 50～最大 500nm のエトリンガイト結晶からなることを示した（図

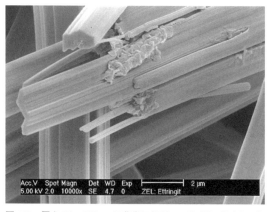

図-5.2 厚さ 20～200nm の非常に細長いエトリンガイト；お互い密に列び，厚い針状構造を形成している；水蒸気雰囲気下の ESEM 中で炭素蒸着は無い

–5.2，図-5.3）。それはコンクリート中のエトリンガイト結晶が空隙に自由に析出できるか，空間的に妨げられる遷移帯または溶液中で合成されたかとは関わりないことである。エトリンガイトが例えば空隙に晶出すると，そこでは成長は妨げられず，エトリンガイトは典型的な柱状形態を示し（**図-5.4**），典型的なエトリンガイト球（**図-5.5**）を形成する。

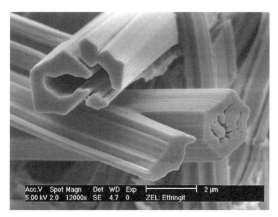

図-5.3　細長いエトリンガイト結晶；六角形断面と 2μm 厚の集合体からなる針状構造を形成している；水蒸気雰囲気下の ESEM 中で炭素蒸着は無い（劣化した実験室供試体で生成）

図-5.4　空隙中の柱状エトリンガイト

5 硬化コンクリートにおける有害エトリンガイトの生成

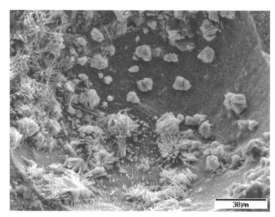

図-5.5　球状エトリンガイト形成の空隙

5.4　不適切な熱処理による有害エトリンガイトの生成

　プレキャストコンクリート工業では，熱処理により即ち外から熱を供給することにより，多くの場合セメントの水和速度を高める．その結果，コンクリートの強度発現は，数時間後には既に，早期強度の要求（脱型，積み重ねおよびプレストレスに必要な強度）を満たすことができる．

　迅速な強度発現が追及される一方，コンクリート部材の温度があまりにも高い場合，水和物相モノサルフェート/トリサルフェート（Trisulfat，エトリンガイト）の比は著しくモノサルフェートの方向に移動する．それはコンクリートの耐久性にとって広い範囲に及ぶ影響を招く．理由は供用中の一定の境界条件のもと，例えば鉄筋コンクリート部材を破壊する事ができる遅れエトリンガイトの生成が硬化コンクリート中に進行する可能性がある（図-5.6）からである．供用中しばしば湿潤に晒される熱処理したコンクリート部材に現れた被害が蓄積されて，1989年DAfStbの「コンクリートの加熱養生に関する基準」となった．DAfStbのこの基準に述べられた熱処理実施に関する規則を厳守する場合，これまでの経験により，有害エトリンガイトが生成しないことを期待できる．

　エトリンガイトの熱力学的安定は温度上昇に伴い（約70～90℃）モノサルフェートにとって有利となる．理論的転移温度は約90℃である．しかし空隙溶

5.4 不適切な熱処理による有害エトリンガイトの生成

図-5.6 高過ぎる熱温度処理の結果,遅れエトリンガイト生成により破壊したコンクリート部材

液に常に存在するアルカリによって90℃以下に降下する。エトリンガイトからモノサルフェートに転移する理論的温度は熱力学的計算により定めることができる。

5.4.1 エトリンガイト生成に関する熱力学的計算

熱力学的観点から,$C_3A/CaSO_4$ 比に無関係にトリサルフェート（エトリンガイト）の生成もモノサルフェートの生成も可能である。

25℃では,$C_3A/CaSO_4$ 比に無関係にトリサルフェートは安定である。トリサルフェートに向かう反応はモノサルフェートに向かう反応に比較し,自由反応エンタルピーの ΔG が常に高いマイナス値を示すからである（Babuschkin *et al.*, 1965）。

転移の自由反応エンタルピー ΔG は次式で

$$C_3A \cdot 3C\bar{S} \cdot H_{32} \rightarrow C_3A \cdot C\bar{S} \cdot H_{12} + 2C\bar{S}H_2 + 16H \tag{5.2}$$

+25℃でプラスの値（$\Delta G = +16.8\,kJ/mol$）を有している。即ち

- この反応は高い温度でのみ熱力学的に確率が高い,
- 反応パートナーが適切な化学量的組成で存在していると仮定すれば,通常の温度で熱力学的にトリサルフェートが存在しなければならない。

5　硬化コンクリートにおける有害エトリンガイトの生成

　熱力学的計算の正確さは手持ちの数値 ΔH, ΔS, c_p の正確さに依る。次に述べる自由反応エンタルピー ΔG_R^T の計算は 1986 年発表された熱力学的データに基づいている（Babuschkin *et al.*, 1986）。

■ **25℃, 50℃, 100℃におけるエトリンガイト生成に対する自由反応エンタルピー ΔG_R^T の計算**

$$C_3A + 3C\overline{S}H_2 + 26H \rightarrow C_3A\,3C\overline{S}\,H_{32} \tag{5.3}$$
（出発物質　A）　　　　（最終物質　E）

ΔH_R^{298} の計算

$$\Delta H_R^{298} = \sum \Delta H_E^{298} - \sum \Delta H_A^{298} \tag{5.4}$$

$$
\begin{aligned}
\Delta H_R^{298} &= 17\,590.1 - \left[-3\,563 + 3(-2\,024) + 26(-286) \right] \\
&= -17\,590.1 + 3\,563 + 6\,072 + 7\,436 \\
&= -519.1 \,\text{kJ/mol}
\end{aligned}
$$

ΔS_R^{298} の計算

$$\Delta S_R^{298} = \sum \Delta S_E^{298} - \sum \Delta S_A^{298} \tag{5.5}$$

$$
\begin{aligned}
\Delta S_R^{298} &= 1\,748.4 - (205.6 + 3 \cdot 194.1 + 26 \cdot 70.0) \\
&= 1\,748.4 - 205.6 - 582.3 - 1\,820 \\
&= -859.5 \,\text{J/mol} \cdot \text{K}
\end{aligned}
$$

$\Delta c_{p,R}$ の計算

$$
\begin{aligned}
\Delta c_{p,R} &= \sum c_{p,E} - \sum c_{p,A} \\
&= \Delta a + \Delta b \cdot T + \Delta c \cdot T^2
\end{aligned} \tag{5.6}
$$

$$
\begin{aligned}
\Delta a &= \sum a_E - \sum a_A \\
&= 870.9 - (260.8 + 3 \cdot 91.4 + 26 \cdot 53.0) \\
&= 870.9 - 1\,913.0 \\
&= -1\,042.1
\end{aligned} \tag{5.7}
$$

$$
\begin{aligned}
\Delta b &= \sum b_E - \sum b_A \\
&= 10^{-3} \left[3\,102.1 - (19.2 + 3 \cdot 318.2 + 26 \cdot 47.7) \right] \\
&= 10^{-3} \cdot (3\,102.1 - 2\,214.0) \\
&= 888.1 \cdot 10^{-3}
\end{aligned} \tag{5.8}
$$

$$\Delta c = \sum c_E + \sum c_A$$
$$= 10^5 \left[0 - (-50.6 + 3 \cdot 0 + 26 \cdot 7.2) \right] \qquad (5.9)$$
$$= -136.6 \cdot 10^5$$

25℃の場合

$$\Delta G_R^{298} = \Delta H_R^T - T \cdot \Delta S_R^T$$
$$= -519\,100 - 298 \cdot (-859.5)$$
$$= -519\,100 \text{ J/mol} + 256\,131 \text{ J/mol} \qquad (5.10)$$
$$= -262.969 \text{ kJ/mol}$$

50℃の場合

$$\Delta H_R^{323} = \Delta H_R^{298} + \Delta a(T - 298) + \frac{\Delta b}{2}(T^2 - 298^2) - \Delta c\left(\frac{1}{T} - \frac{1}{298}\right) \qquad (5.11)$$

$$\Delta H_R^{323} = -519.1 + \left[-1\,042.1 \cdot 323 + \frac{888.1 \cdot 323^2}{2 \cdot 10^3} + \frac{136.6 \cdot 10^5}{323} \right]$$
$$- \left[-1\,042.1 \cdot 298 + \frac{888.1 \cdot 298^2}{2 \cdot 10^3} + \frac{136.6 \cdot 10^5}{298} \right]$$

$$\Delta H_R^{323} = -519\,100 - 336\,598 + 46\,327 + 42\,291 + 310\,546 - 39\,433 - 45\,839$$
$$= -541.806 \text{ kJ/mol}$$

$$\Delta S_R^{323} = \Delta S_R^{298} + \Delta a \ln \frac{T}{298} + \Delta b(T - 298) - \frac{\Delta c}{2}\left(\frac{1}{T^2} - \frac{1}{298^2}\right) \qquad (5.12)$$

$$\Delta S_R^{323} = -859.5 + \left[-1\,042.1 \cdot \ln 323 + \frac{888.1 \cdot 323}{10^3} + \frac{136.6 \cdot 10^5}{2 \cdot 323^2} \right]$$
$$- \left[-1\,042.1 \cdot \ln 298 + \frac{888.1 \cdot 298}{10^3} + \frac{136.6 \cdot 10^5}{2 \cdot 298^2} \right]$$

$$\Delta S_R^{323} = -859.5 - 6\,021.25 + 286.856 + 65.46 + 5\,936.84 - 264.653 - 76.91$$
$$= -933.15 \text{ J/mol} \cdot \text{K}$$

$$\Delta G_R^{323} = \Delta H_R^T - T \cdot \Delta S_R^T$$
$$= -541\,806 - 323 \cdot (-933.15)$$
$$= -240\,399 \text{ J/mol} \qquad (5.13)$$
$$= -240.399 \text{ kJ/mol}$$

5 硬化コンクリートにおける有害エトリンガイトの生成

100℃の場合

$$\Delta H_R^{373} = \Delta H_R^{298} + \Delta a (T - 298) + \frac{\Delta b}{2}(T^2 - 298^2) - \Delta c \left(\frac{1}{T} - \frac{1}{298} \right)$$

$$\Delta H_R^{373} = -519\,100 + \left[-1\,042.1 \cdot 373 + \frac{888.1 \cdot 373^2}{2 \cdot 10^3} + \frac{136.6 \cdot 10^5}{373} \right]$$
$$\quad - \left[-1\,042.1 \cdot 298 + \frac{888.1 \cdot 298^2}{2 \cdot 10^3} + \frac{136.6 \cdot 10^5}{298} \right]$$

$$\Delta H_R^{373} = -519\,100 - 388\,703 + 61\,780 + 36\,622 + 310\,546 - 39\,433 - 45\,839$$
$$\quad = -584.127 \text{ kJ/mol}$$

$$\Delta S_R^{373} = \Delta S_R^{298} + \Delta a \cdot \ln \frac{T}{298} + \Delta b (T - 298) - \frac{\Delta c}{2} \left(\frac{1}{T^2} - \frac{1}{298^2} \right)$$

$$\Delta S_R^{373} = -859.5 + \left[-1\,042.1 \cdot \ln 373 + \frac{888.1 \cdot 373}{10^3} + \frac{136.6 \cdot 10^5}{2 \cdot 373^2} \right]$$
$$\quad - \left[-1\,042.1 \cdot \ln 298 + \frac{888.1 \cdot 298}{10^3} + \frac{136.6 \cdot 10^5}{2 \cdot 298^2} \right]$$

$$\Delta S_R^{373} = -859.5 - 6\,170.79 + 331.26 + 49.09 + 5\,940 - 264.7 - 76.9$$
$$\quad = -1\,054.66 \text{ J/mol} \cdot \text{K}$$

$$\Delta G_R^{373} = \Delta H_R^T - T \cdot \Delta S_R^T$$
$$\quad = -584\,127.63 - 373 \cdot (-10\,554.66)$$
$$\quad = -190.739 \text{ kJ/mol}$$

ΔG_R^T が小さくなるに従い，反応の確率は上昇する，即ち温度降下に伴いエトリンガイト生成の確率は増大し，温度上昇に伴いエトリンガイト生成の確率は低下する。

■ 25℃，50℃，100℃におけるモノサルフェート生成に対する自由反応エンタルピー ΔG_R^T の計算

$$C_3A + C\bar{S}H_2 + 10H \rightarrow C_3AC\bar{S}H_{12} \tag{5.14}$$

（出発物質　A）　　　　　（最終物質　E）

材料特性データを利用してエトリンガイト生成に倣って計算する（Babuschkin *et al.*, 1986）。

224

5.4 不適切な熱処理による有害エトリンガイトの生成

25℃の場合

$$\Delta G_R^{298} = \Delta H_R^T - T \cdot \Delta S_R^T$$
$$= -333\,400 - 298 \cdot (-351.9)$$
$$= -225\,530 \text{ J/mol} \tag{5.15}$$
$$= -225.53 \text{ kJ/mol}$$

50℃の場合

$$\Delta G_R^{323} = \Delta H_R^T - T \cdot \Delta S_R^T$$
$$= -339\,400 - 323 \cdot (-381.1)$$
$$= -216\,305 \text{ J/mol} \tag{5.16}$$
$$= -216.31 \text{ KJ/mol}$$

100℃の場合

$$\Delta G_R^{373} = \Delta H_R^T - T \cdot \Delta S_R^T$$
$$= -370\,690 - 373 \cdot (-420.69)$$
$$= -213\,772.63 \text{ J/mol} \tag{5.17}$$
$$= -213.77 \text{ kJ/mol}$$

ΔG_R^T が大きくなるに従い，反応の確率は低下する，即ち温度上昇に伴いモノサルフェート生成の確率も低下する．しかしその程度はエトリンガイト生成の確率よりも小さい（図-5.7）。

この結果を解釈するにあたって，無条件に次の事に注意しなければならない．即ち**アルカリが存在するとき**，計算した限界温度約90℃は下方に移動する．アルカリの存在する時の転移温度の計算はこれまでのところ不可能である．

エトリンガイトの熱安定限界は空隙溶液中のアルカリ量が増大するにともない低下する（Wieker *et al.*, 1996；Bollmann/Stark, 1996, 1997, 1998, 2000）。それ故エトリンガイトのその時々の安定限界よりも高い温度では，エトリンガイトが分解し，例えばモ

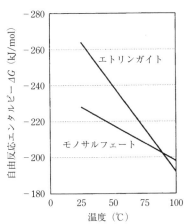

図-5.7 エトリンガイトおよびモノサルフェートの自由反応エンタルピーと温度の関係（Bauschkin *et al.*, 1965）

ノサルフェートと硫酸塩が生成する。モノサルフェートはその後の温度降下で準安定となり、十分水が供給される（水の作用）とエトリンガイトが再生することがありうる。このプロセスは熱処理とそれに続いて湿潤な環境で供用される時生ずる。

アルカリ含有量に関連して、水酸化アルカリ（KOH、NaOH）により、エトリンガイトの分解温度は 50〜60℃ の範囲まで低下する。そのためこの温度範囲で既に、モノサルフェート生成が有利である。

セメントの水和の際、空隙水には水酸化アルカリが常に生成される。K_2SO_4 と Na_2SO_4 の混合物として存在する硫酸アルカリは、クリンカー鉱物 C_2S と C_3S の水和の際生成する $Ca(OH)_2$ と反応して、石膏と水酸化アルカリに変化する：

$$Na_2SO_4 + Ca(OH)_2 + 2H_2O \xrightarrow{20℃} CaSO_4 \cdot 2H_2O + 2NaOH \tag{5.18}$$

生成した石膏は直ちに更に反応し難溶性エトリンガイトとなる：

$$C_3A + 3C\overline{S} \cdot H_2 + 26H \rightarrow C_3A \cdot 3C\overline{S} \cdot H_{32} \tag{5.19}$$

NaOH または KOH の存在で、反応はまず次のように進行する：

$$C_3A \cdot 3C\overline{S} \cdot H_{32} + 4NaOH \underset{20℃}{\overset{50\sim80℃}{\leftrightarrow}} C_3A \cdot C\overline{S} \cdot H_{12} + 2Na_2SO_4 + 2Ca(OH)_2 + 20H_2O \tag{5.20}$$

更に温度が上昇することにより（80℃以上）：

$$C_3A \cdot C\overline{S} \cdot H_{12} + 2NaOH \underset{20℃}{\overset{>80℃}{\leftrightarrow}} C_3A \cdot H_6 + Na_2SO_4 + Ca(OH)_2 + 6H_2O \tag{5.21}$$

結果として、温度条件に従い、結合硫酸塩および移動硫酸塩（Na_2SO_4、K_2SO_4）の平衡があらわれる。

$$CaSO_4 \cdot 2H_2O + 2NaOH \underset{20℃}{\overset{>50℃}{\leftrightarrow}} Ca(OH)_2 + Na_2SO_4 + H_2O$$

即ち 20℃ では、硫酸塩は例えばエトリンガイトとして結合する。>50℃ では例えば結合せずに空隙溶液中に存在する。

5.4.2 硫酸塩生成と硬化温度の関係

研究は熱力学計算から得られる硫酸塩生成は硬化温度に関連することを明らかにした（Wieker/Herr，1989；Herr *et al.*，1988）。フレッシュセメントペースト供試体を異なる温度で硬化させ，いろいろな材齢で硬化ペーストから空隙溶液を絞り出した。そしてその中に溶解しているイオンを定量し，特に硫酸イオン濃度（SO_4^{2-}）による硫酸塩結合の温度依存性を明らかにした（図-5.8，図-5.9，図-5.10）。

図-5.8，図-5.9，図-5.10に描かれた積算温度（1 300℃・h Saulによる）がほぼ同じ硬化条件では，高い熱処理温度の場合，大量の硫酸塩が結合せず空隙中に存在する事は明らかである。

熱処理の後コンクリートの空隙溶液中に500mVal/lまでの非常に高い硫酸塩濃度が存在する，一方通常養生のコンクリートでは空隙溶液中の硫酸塩濃度は5〜15mVal/lである。この高い硫酸塩濃度は既に生成したエトリンガイトそして一

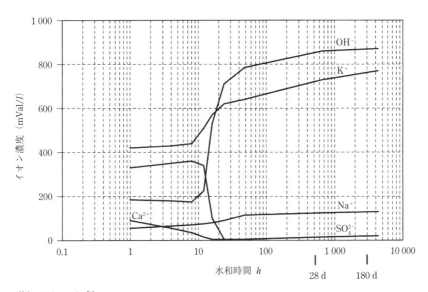

注） Val＝mol：価
　　→K$^+$，Na$^+$，OH$^-$ mVal＝mmol
　　→SO_4^{2-}，Ca^{2+} mVal＝1/2mmol （即ち200mVal/l＝400mmol/l）

図-5.8　正常に硬化したCEM I 52.5 空隙溶液の組成：Na$_2$O当量＝1.13%（Wieker/Herr，1989）

5 硬化コンクリートにおける有害エトリンガイトの生成

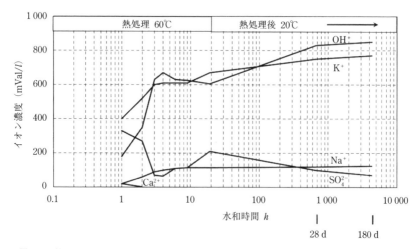

図-5.9 熱処理した CEM I 52.5 空隙溶液の組成：Na₂O 当量＝1.13%（Wieker/Herr，1989）

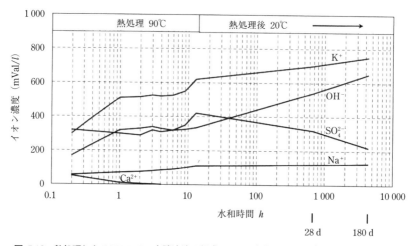

図-5.10 熱処理した CEM I 52.5 空隙溶液の組成：Na₂O 当量＝1.13%（Wieker/Herr，1989）

部高過ぎる熱処理温度の結果のモノサルフェートも分解に至らしめる。

　図-5.11 は空隙溶液中 SO_4^{2-} 濃度は熱処理の温度が高くなるに従い上昇するが，それはエトリンガイト分解に帰着することを示している。この効果はアルカリ量（% Na₂O 当量）とセメントの SO_3/Al_2O_3 モル比が大きくなればなるほど強化さ

5.4 不適切な熱処理による有害エトリンガイトの生成

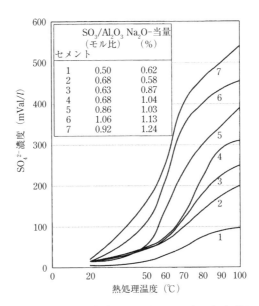

図-5.11 熱処理温度（SAULによる1300℃·h）とポルトランドセメントの組成が熱処理直後における空隙中硫酸塩濃度に及ぼす影響（Wieker/Herr, 1989）

れる。

　熱処理コンクリートでは，供用中通常の周囲温度の場合，その温度範囲で熱力学的に安定なエトリンガイトの生成に至る（一次または再結晶したエトリンガイト）。再生エトリンガイトの生成はモノサルフェートおよびC_3AH_6と空隙溶液中に存在するSO_4^{2-}（主として溶解硫酸アルカリ）や後述するC–S–H相に蓄えられていたSO_4^{2-}との反応から生ずる。**図-5.10**は，硬化セメントペーストから圧搾された空隙溶液は熱処理の終わりには約420mVal/lのSO_4^{2-}濃度を示し，+20℃で180日保存の後は約210mVal/lを示すことが明らかにしている。即ち最初の移動硫酸塩（溶液中の）は結合されたのである。エトリンガイトの形で硬化セメントペースト中の硫酸塩が結合することは結晶空間が不足する場合，結晶圧発生へと導かれ，セメントペーストの引張強度を超える場合ひび割れ発生に至る。

　例えばC_3AH_6と移動硫酸塩とからエトリンガイトが生成する場合，4.8倍の体積膨張が現れる！

5　硬化コンクリートにおける有害エトリンガイトの生成

		体積膨脹
C_3A	→ エトリンガイト	= 8.0X
$C(AF)$	→ エトリンガイト（AFt）	= 5.7X
C_3AH_6	**→ エトリンガイト**	**= 4.8X**
C_3AH_6	→ モノサルフェート	= 2.5X
モノサルフェート	→ エトリンガイト	= 2.3X

　他の研究は熱処理後の硬化コンクリート中エトリンガイトの生成メカニズムはナノ（nano）微結晶 C–S–H の組織を介する硫酸塩吸着とむしろ多く関連することを明らかにした。熱処理の際，水和は促進される，即ち同時に多くの C–S–H 相が現れる。熱処理の間，硫酸塩は促進された水和により現れた C–S–H 相に吸着結合しており，エトリンガイト生成に自由にならないと解される（Scrivener，1992；Scrivener/Wieker，1992；Scrivener/levis，1997；Odler/Chen，1996；Fu *et al.*，1994, 1995）。温度上昇は C–S–H 相を介する硫酸塩吸着を促進する。ナノ微結晶 C–S–H 相の組織が多く生成されればされるほど硫酸塩は多く挿入される。その結果結合できる硫酸塩濃度は低下し，エトリンガイト生成は制限される。C–S–H 相は硫酸塩の貯蔵場として働く，それは後に内部硫酸塩供給源として働く。湿潤保存の間硬化コンクリート中で行われる硫酸塩に乏しい化合物からエトリンガイトの生成はナノ微結晶 C–S–H からなる硬化組織からの硫酸塩拡散割合に依存する。高温で吸着された硫酸塩は通常の温度で吸着される硫酸塩よりもはるかにゆっくりと再び放出される。この緩慢な硫酸塩放出は**遅れ**エトリンガイト生成により劣化を引き起こす決定的な原因である。したがってナノ微結晶 C–S–H 組織を介する硫酸塩吸着を減ずる全ての対策，例えば熱処理コンクリートでも通常の硬化コンクリートでも水和初期の間高温（水和熱，盛夏の温度）をさけること，そして熱処理の時には前置き時間を十分とることは遅れエトリンガイト生成による劣化をさけることに貢献する（Fu *et al.*，1994, 1995）。

　硫酸塩は熱処理または高温で硬化した後，空隙溶液中（Wieker *et al.*，1996）または C–S–H 相（Odler/Chen，1996；Srivener，1992, 1998；Scrivener/Wieker，1992；Fu *et al.* 1994, 1995）に吸着して蓄積され保存される，そして湿潤な供用条件で移動硫酸塩（内部硫酸塩供給源）として遅れエトリンガイトの生成に役立つ。

5.4.3 遅れエトリンガイト生成に及ぼすコンクリート配合の影響

エトリンガイトは純粋な形を考えると C_3A，$CaSO_4$ および水からなる。コンクリートに有害な遅れエトリンガイト生成の危険性を低下させることを試みる際，セメントの化学 – 鉱物学的組成が最も主要な影響要因として研究に取り上げられることは当然と思われる。C_3A と SO_3 量は遅れエトリンガイト生成に関連する 2 つのセメント主要構成物質として挙げられる。加えてコンクリート $1m^3$ あたりのセメント量がエトリンガイト最大生成可能量の標準となることは自明である。

C_3A を含まないセメントの使用はアルミナ成分を欠くため有害エトリンガイトは生成しない。普通ポルトランドセメントではしかし C_3A 量とエトリンガイト間の関係は確立されていない。このセメントでは SR– セメントを除いて硫酸塩に対し常に C_3A 過剰である。ドイツで生産されるセメントクリンカー中 C_3A 量は 6.8 と 15.0％の間にあり CEM I 32.5R，CEM I 42.5R，CEM I 52.5R のセメントクリンカー SO_3 量は 2.35 から 4.14％である。その結果硫酸塩は生成可能な最大エトリンガイト量にとって量を定める反応パートナーとなっている。それ故，硫酸塩量は熱処理により生成するエトリンガイトに対する実質的な影響要因として見なされてきた。セメントの高い硫酸塩量は遅れエトリンガイト生成のための硫酸塩の内部ポテンシャルを大きくする。そのため熱処理に関連するエトリンガイト生成による劣化をさけるため多数の限界値が提案されている。例えばエトリンガイト生成が関連する伸びと SO_3/Al_2O_3 比の関係は発見されていない（Odler/Chen, 1995）。一方では SO_3/Al_2O_3 モル比を 0.60 以下に低下させることが推奨されている（図-5.12）。別の研究はこの値以下では熱処理したコンクリートに劣化は認められないことを明らかにした（Kalde $et\ al.$, 1998；Bielak $et\ al.$, 1993）。

ポゾラン質や潜在水硬性のフィラーまたは混和材を添加することは硫酸塩量を減じ熱処理時の劣化ポテンシャルを下げることにプラスに作用する（Heinz, 1986）。F.A.Finger 建設材料研究所の研究によればエトリンガイトの安定性に対する pH の影響について，これらを混入するプラスの作用は，硬化コンクリート中のエトリンガイト生成の場合，むしろ pH の低下に起因するように思われる。

別の研究は硫酸塩量と伸びには線形の関係は全くなく，そのため重要な影響要因と評価しないものである（Scrivener/Lewis, 1997）。5％の硫酸塩量の場合でさえも，正常に硬化するモルタルに測定可能な伸びは認められなかった。熱処理

5 硬化コンクリートにおける有害エトリンガイトの生成

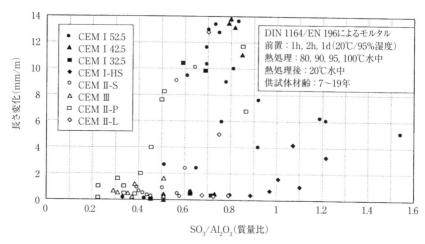

図-5.12 90種の熱処理セメントモルタルの最大伸びと SO_3/Al_2O_3 比の関係 (Kalde et al., 1998)

では3%の硫酸塩量で伸びは発生せず，4%で伸びは最大値に達し，5%で伸びは再び減少する。

　アルカリ量の影響に関する研究で，硫酸塩量が同じ場合，熱処理後の高いアルカリ量により空隙溶液中により高い硫酸塩濃縮が存在することが発見された。これはエトリンガイトの分解が高い割合になることを示し，OH^-イオン濃度を減少させる (Hübert et al., 1997)。エトリンガイト結晶化に対する高いポテンシャルの発生はモルタル供試体が後に湿潤な環境に保存される場合，大きな膨張とそのため大きな劣化に至る。セメント中のより高いアルカリ量は劣化ポテンシャルを熱処理の際とりわけ高い硫酸塩量と関連して高める。それ故セメント中のアルカリ量を制限することが推奨される (Glasser, 1996)．しかし熱処理に関連した公式な制限量はこれまで定められていない。

　コンクリートにシリカフュームを添加すると，とりわけ熱処理したコンクリートの場合伸びが減少する (Meland et al., 1997；Shayan et al., 1994)。これはアルカリとシリカフュームが反応し空隙中のアルカリ量を減少させるためである。空隙大きさの減少や二次的 C–S–H 相の生成により組織の緻密性が高まる。他のポゾラン質または潜在水硬性物質の添加もまた空隙溶液のアルカリ量を減少させ

232

る結果となる（Shayan *et al.,* 1996）。

5.4.4　熱処理コンクリートの耐久性に関する室内試験

熱処理したコンクリートの耐久性に関する長期試験の際，供試体に図-5.13に示す劣化写真が得られた。とりわけ1988年頃まで熱処理したPC枕木に使用されていた（$C=570kg/m^3$, $W/C=0.35$）と同じような配合のコンクリートが該当する。これらの供試体は不適切に熱処理後（短すぎる前置き時間，90℃まで十分に加熱），変化する保存条件（屋外の気象をシミュレートした乾湿と温度の繰り返し）に供された。

不適切な熱処理により，組織は主として物理的影響により既に乱されているが（潜在劣化），エトリンガイトの遅れ生成により更に強化される可能性がある。その結果，図-5.13, 図-5.15に示す劣化写真が生まれた。

極端に著しい伸びはW/Cが低く単位セメント量が多いコンクリート桁（10cm×10cm×40cm）で，数年間にわたる繰り返し環境変化に保存後計測された（図-5.14）。

桁の計測された長さ変化に対応して，明白な圧縮強度や動弾性係数の低下として現れるコンクリートの強い内部劣化が確かめられた（図-5.15）。

この長期試験の場合セメント量の増加，W/Cの低下，硬化温度の上昇，保存環境の繰り返し変化回数の増大などに伴い，明らかにエトリンガイト量の増加および現れる劣化が強化されることが確認できた，即ち

図-5.13　著しい網状ひび割れの形成とひび割れに新しい相が生成したコンクリート供試体；縁長10cmの立方体，90℃で熱処理後5年間 繰り返し変化の環境に保存，$W/C=0.35$, セメントのSO_3量＝3.9%

5 硬化コンクリートにおける有害エトリンガイトの生成

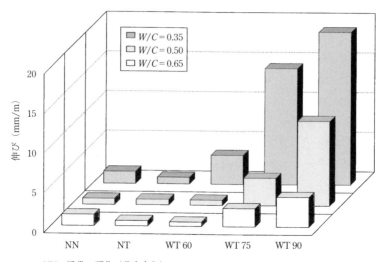

NN - 通常の硬化（養生有り）
NT - 通常の硬化（養生無し）
WT - 60℃，75℃，90℃で熱処理（養生無し）

図-5.14 3回繰り返し（乾湿と温度）サイクル保存後の伸び – 室内試験（CEM I 42.5R），セメントの SO_3 量＝3.3%

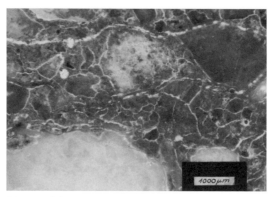

図-5.15 光学顕微鏡写真，著しく劣化したコンクリートの研磨供試体（W/C＝0.35, セメントの SO_3 量 3.9%；90℃熱処理後温度と乾湿を繰り返し変化），製造約5年後に試験，ひび割れと骨材の境界面にエトリンガイト（白色）

234

5.4 不適切な熱処理による有害エトリンガイトの生成

- 単位セメント量が多くなり W/C が低くなることは単位容積当たり反応パートナーの絶対量の増加と緻密組織の増加を意味する
- 初期硬化中の硬化温度の上昇は
  - 既に生成したエトリンガイトの分解を促す
  - エトリンガイトのその後の生成を阻害する
  - コンクリート組織の潜在劣化を促進する

次を引き起こす．

- しばしば十分湿潤となる屋外暴露（乾湿繰り返し保存によりシミュレート）はポテンシャルのある反応パートナー（アルミネート相，硫酸塩イオン，水）の移動と蓄積によりコンクリート組織の空隙部に新しい相生成を可能にする
- 潜在劣化は屋外暴露や新しい相生成により強化され，次第にコンクリートの完全な破壊へと導く

非常に緻密なコンクリート中で新しい相生成が行われると（ミクロひび割れに水の供給），組織劣化の危険性は大空隙の割合の高いコンクリートよりも明白に大きい。図-5.14 は $W/C = 0.35$ の熱処理コンクリートは著しく劣化している一方で，$W/C = 0.5$ および 0.65 のコンクリートは少ない，または劣化を証明できない。

硬化コンクリート中の新しい相の生成または相転移の時のように，使用特性を事実上低下させる劣化は，常に3つの条件に結びつけられる（**図-5.16**）：

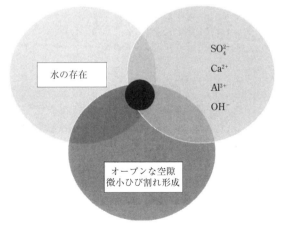

図-5.16　硬化コンクリート中の新しい相生成または相転移に対する前提

5 硬化コンクリートにおける有害エトリンガイトの生成

- **反応パートナー**は**水**により移動媒質や反応パートナーとして**空隙および（または）ひび割れシステム**に集まらなくてはならない

水分の供給など前提が満たされないと，不適切な熱処理で潜在劣化を有するコンクリート部材でも十分な使用特性を示す。

5.4.5 予防対策

熱処理温度が高すぎるため，遅れエトリンガイトが生成して発生する劣化はDAfStb基準「コンクリートの加熱養生に関する基準」（1989年9月）を遵守することにより防ぐことができる。その中には供用条件のもとコンクリートに予測される湿潤負荷に従い熱処理の要求基準，例えば最低前置き期間や最高温度などが定められている（**表-5.1**および**図-5.17**）。

表-5.1 型枠中コンクリート加熱限界値（DAfStb基準，1989年9月）

加熱処理		コンクリート部材の湿潤程度	
		WO	WF
前置き時間 t_V	(h)	1	3 4[1)]
最高コンクリート温度 T_V	(℃)	30	30 40[1)]
上昇率 R_A	(K/h)	$\leqq 20^{2)}$	$\leqq 20^{2)}$
最高コンクリート温度 $T_D^{3)}$	(℃)	80	60

1) 選択肢
2) 軽量コンクリートの場合，上昇率は10K/hに制限される
3) それぞれの値は5℃まで高めることができる

WO：乾燥環境における屋内部材
WF：環境（乾湿）が変化する屋外部材

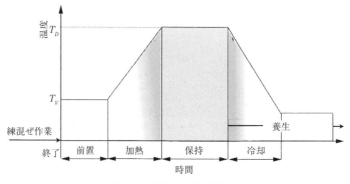

図-5.17 熱処理方式（規準図）

5.5 熱処理しないコンクリート中の遅れエトリンガイト

W/C が 0.4 以下のコンクリートは W/C が高いコンクリートよりも熱処理前の前置き時間の長いことがはっきりと要求される。凝結前および凝結中, 練混水に溶解している硫酸塩が最適に結合され, 内部硫酸塩供給源として後で結合に自由にならないためである (Locher *et al.*, 1976,1983)。

このようなコンクリートでは, 空隙溶液が非常に少量しか存在しないので, W/C が高いコンクリート中よりも硫酸塩は同時に溶解している C_3A 部と実質的にゆっくりと結合する。

エトリンガイトの生成は潜在水硬性および (または) ポゾラン質カルシウム結合混和材 (高炉スラグ, シリカフュームまたは石炭フライアッシュ) により大幅に制限することができる (Kalde *et al.*, 1998)。$Ca(OH)_2$ が消費されてカルシウムシリケート水和物 (C–S–H) が追加生成される。これは空隙を減少させ, 特に骨材周辺部を緻密な組織にする。それにより劣化を促進するコンクリート中の湿分と物質の移動を制限する (Wischers/Sprung, 1989；Shayan, 1996)。

5.5 熱処理しないコンクリート中の遅れエトリンガイト

遅れエトリンガイト生成という結果を伴う硬化中の高温は, 単に目的を持って行う熱処理ばかりでなく, コンクリートに都合の悪い境界条件下でも生ずる。可能性のある原因として次のようなものがある：

- 夏期の気象とそのために生ずる 30℃ をはるかに超える骨材温度
- 使用セメントの高い温度 (例 > 60℃)
- セメント水和による水和熱発現

上述の境界条件が重なると擁壁中心部では 70℃ を超える温度に達する (Lawrence *et al.*, 1997)。シャーベット状の氷の投入や液体窒素による冷却などが取りうる対策である。

水和熱発現 ｜マス部材および (または) 大きな単位セメント量｜ のみで, 例えば早強ポルトランドセメントを使用し単位セメント量 350kg/m^3 であれば, コンクリート構造物の中心部で温度上昇は 50K までありうる。

熱処理しないコンクリートでは**供用**中高温 (所謂, 遅れ熱処理) や乾湿繰り返しに晒されると熱処理したコンクリートと同様, 既に硬化したコンクリートにエ

トリンガイトが生成する可能性がある。

屋外に置かれたコンクリート版上層の温度測定は，厳しい太陽光線下のコンクリート表面の温度は60℃に達することが証明された（図-5.18）。暗い色の表面では60〜80℃の温度も報告されており，例えば太陽に晒されているコンクリート舗装面，外壁部，橋梁部材，駐車場デッキなどに現れることがある。

常に乾燥している通常の環境に暴露または利用されているコンクリートでは（例えば屋内部材），多年にわたる供用期間の後でもエトリンガイトを証明するのは難しい。エトリンガイト量は一般に検出限界以下（XRD）だからである。それにくらべ供用期間中乾湿が繰り返される環境に晒されると，硬化コンクリートの特性を本質的に害していることは証明できないものの（図-5.19），比較的短い期間（約6か月）に，もう空隙中にエトリンガイト結晶を確かめることができる（Bollmann, 2000）。しばしば骨材表面にエトリンガイトが濃縮されている白い層を観察できる。

乾燥期に高い温度が現れると空隙や骨材とセメントペーストの遷移帯中にエトリンガイト濃縮の影響が強化される。劣化コンクリート中ではエトリンガイトはひび割れにも発見できる。

硬化コンクリート中エトリンガイトの濃縮の原因は次のようであると思われる：

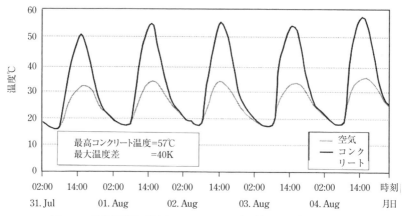

図-5.18　屋外の天候に晒されるコンクリート版（表層5mm）の温度変化

5.5 熱処理しないコンクリート中の遅れエトリンガイト

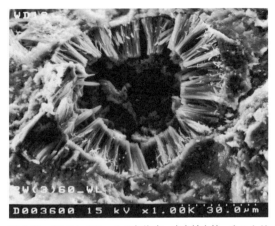

図-5.19 AE コンクリートの気泡中，方向性を持ったエトリンガイト結晶の生成

- 内部硫酸塩供給源（例えば移動プロセスや移動硫酸塩と関連して，既に存在するモノサルフェートまたは硫酸塩がない相）による**エトリンガイトの追加生成**
- **既存エトリンガイト**および（または）その相組成物，それらの移動，局部濃縮および再結晶）の移動

5.5.1 内部硫酸塩供給源と遅れ硫酸塩遊離

熱処理または高温が作用した後，硬化コンクリートにエトリンガイトが生成することは，とりわけ高温時に空隙溶液に硫酸塩が存在することおよび C–S–H 相の硫酸塩結合の可能性が強化されることに帰着する。この硫酸塩は相応する供用条件（湿度供給，低温）で移動硫酸塩として再びエトリンガイト生成に自由になる。それにより空隙溶液中の硫酸アルカリや C–S–H 相に蓄積されている SO_4^{2-} と硫酸塩に乏しい，または硫酸塩を含まないアルミネート相（例：C_3A，モノサルフェート，C_3AH_6）からエトリンガイトが生成する。この遅れエトリンガイト生成は外からの硫酸塩供給無しで行われる。

凍結融解/凍結融解塩負荷

凍結融解や凍結融解塩負荷がモノサルフェートからエトリンガイトの生成に導く事がある（Stark/Ludwig, 1995）。モノサルフェートは水和の間常に生成される。

5 硬化コンクリートにおける有害エトリンガイトの生成

エトリンガイトは凍結作用下では非常に安定である．一方モノサルフェートは一部エトリンガイトに転移する。凍結する前，硫酸塩は低温ではモノサルフェートからエトリンガイトという熱力学的に有利な転移に自由にならない。必要な硫酸塩は炭酸化に伴うモノサルフェートの部分的分解または融解塩作用時モノサルフェートからモノクロライドへの部分的転移から供給される。その際，生ずる石膏はまだ分解していない，または転移していないモノサルフェートと反応し，エトリンガイトの追加生成に至る。

炭酸化

たびたび CO_2 と水の協力のもとモノサルフェートから遅れまたは再生エトリンガイトの生成が表明されている（Pöllmann, 1984；Kuzel, 1996）。その後モノサルフェートは炭酸化によりヘミカーボネートとモノカーボネートの中間段階を経て安定な $CaCO_3$ と $Al(OH)_3$ に分解する。遊離石膏はまだ変化していないモノサルフェートとともに転移のため役立つ。炭酸化によるエトリンガイト生成が実際に実務的意味を有しているかどうかこれまでのところ証明されていない。

クリンカー

更なる内部硫酸塩供給源として何よりもクリンカー中に固体として挿入されている硫酸塩が注目される（Collepardi, 1999）。それは供用期間中，例えばクリンカー構成物質の水和進行により遊離し，そのため外部からの硫酸塩の供給無しで，硬化コンクリート中にエトリンガイトが追加生成するために提供される。

ドイツ産セメントのポルトラントセメントクリンカー中 SO_3 量は全ての製品の平均値は 0.78％である。最低値は 0.20％，最高値 2.07％である。後者の値は全く特別な原材料産出の結果生じたものである。規格に適合したセメントではクリンカー硫酸塩を内部硫酸塩源として除外する。

5.5.2 乾湿繰り返し負荷と劣化を促進する境界条件

いろいろな研究の結果は乾湿繰り返し条件下で空隙，ひび割れ，組織の弱点部にエトリンガイトの濃縮が促進されることを示している（Johansen *et al.*, 1984；Scrivener/Wieker, 1992；Stadelmann *et al.*, 1988；Stark/Bollmann, 1997）。高い pH では，エトリンガイトは相応して微結晶化し安定性はほとんどなくなる。そのため湿潤コンクリートの空隙溶液に溶解し，空洞部で再結晶化する。劣化を

促進する境界条件として，まず組織に水分や物質移動を可能とするコンクリートの潜在劣化，空隙サイズの分布，高い単位セメント量などがあげられる。

たびたび説明で引き合いにだしたエトリンガイトの温度に依存する安定性は熱処理しないコンクリートやアルカリ骨材反応で劣化した多くのコンクリートの場合，エトリンガイト濃縮の原因ではない。決定的な影響はセメントペースト，モルタルまたはコンクリート中溶液の組成とエトリンガイトの安定範囲が有している。

ポルトランドセメントに通常のアルカリ量は $0.7 \sim 1.1\%$ Na_2O 当量の範囲で，W/C が低い場合，空隙溶液の pH は常に $13.5 \sim 14.0$ である（**図-5.20**）。供用中炭酸化や溶脱現象が生じなければ高い pH にとどまり，エトリンガイトは初期に生成した形を保つ。

空隙溶液の組成は $320 \sim 375MPa$ の高圧でセメントペーストの空隙溶液を圧搾し，固体・液体相の分離後，液体相中イオン濃度の分析により定めるのが一番良い。

アルカリの主要部は水和開始後すぐ溶ける。濃度の更なる上昇は水和時の溶液相の消費と水和進行に伴うクリンカー鉱物からアルカリが遊離することに帰着する。大部分の通常のポルトランドセメント（NAセメントを除く）では，$W/C = 0.5$

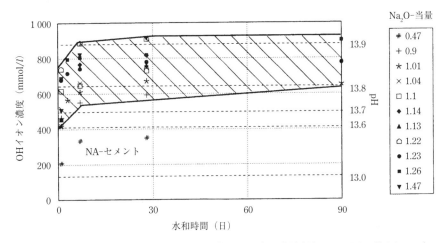

図-5.20　**各種セメント CEM I （記号：32.5；記号○，#：42.5）の空隙溶液の OH イオン濃度と pH**（$W/C = 0.5$）

のセメントペースト空隙溶液のpHは，1日で既に13.6を超え，水和進行時の溶液相の更なる消費により28日後には既に13.8を超える（**図-5.20**）。実際は実質的に，より低い*W/C*がしばしば利用されるので，溶液相が少なくイオン濃度は更に高い。即ち取り巻く媒質の水和物相は大抵OH⁻イオン濃度600mmol/*l*以上を示す。

供用中例えば屋外に暴露されるコンクリート部材では湿度の影響（移動または溶脱プロセス）を受け空隙溶液の組成が必然的に変化する。このプロセスは緻密なコンクリートでゆっくりと進行し，特に表面近い範囲が相当する一方で，高い毛細管空隙や微小劣化はこのプロセスを促進するので，部材の深い範囲においても早期に該当することがある。空隙溶液のアルカリ量，即ちイオン量はそれにより著しく低下する。

セメントペーストやモルタルの小さい供試体（$10 \times 10 \times 10 cm^3$）の試験では，常時水中または大気中保存に暴露されて1日で既に明らかとなる。化学分析は，1年間の保存の後，水溶性アルカリの割合が著しく低下（**図-5.21**）しており，これはpH低下という意味で，空隙溶液の組成に影響をもたらしたであろうことを明白に示している。その際，Na_2O量はK_2O量の僅か1/5であるが，K_2O量のように同じ仕方で減少する。固体で挿入されていたアルカリの一部も供試体の常

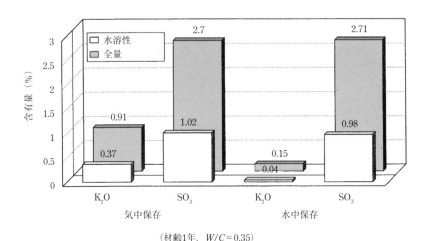

（材齢1年，*W/C* = 0.35）

図-5.21 1年間水中または大気中に保存したセメントペースト供試体中のアルカリ量と硫酸塩量（Bollmann/Stark, 2000）。

時水中保存では少なくなるので，当初セメントに固体として挿入されているアルカリは，水和進行により水溶性の形で存在することが始まったに違いない。

供試体を常時水中保存し，その際進行する溶脱プロセスのため水和生成物に固体で挿入されたアルカリの一部も減少する。それに反し硫酸塩は保存の仕方に無関係にそのままとどまるので，常時水中保存でもエトリンガイト生成に必要なパートナーは入手可能である。

pH を低下させる外的影響に加えて別なメカニズムも溶液相の組成に影響を与える。その中に固体反応生成物に対するアルカリの結合がある。例えばアルカリシリカ反応（AKR）の際，AKR ゲルに結合されるので周囲溶液のアルカリ量の低下に導く。

硬化コンクリート中エトリンガイト生成の結論

空隙溶液の試験およびアルカリモデル溶液における合成エトリンガイトの安定性に関する試験結果をコンクリート系に転用する時，健全なコンクリート中では水和の進行に伴い，しばしば溶液相の pH が支配的となり，そのような条件下では最初に生成されたエトリンガイトは不安定であることが明白となった。平均的アルカリ量のポルトランドセメントの利用では，大抵当初の pH は約 13.0 であるが，最初のエトリンガイトの生成が生じうる，一方水和の進行により 1 日で既に pH は 13.6，28 日で 13.8 以上にまで上昇する。この条件下では温度上昇の作用とは無関係にエトリンガイトの分解は生じうる。このことは何故エトリンガイトが多くの場合組織中にもはや検出できないかを明らかにしている。

熱処理により高い水和度に早く達することは短期間に溶液相を減少させ，溶液相中 pH 上昇のプロセスを促進する。しばしば述べた熱処理後のエトリンガイトの分解現象と空隙溶液中硫酸塩量の上昇は pH 上昇によるエトリンガイトの不安定化によるものであり，温度上昇によるエトリンガイトの不安定化はむしろ小さいことに帰着できる。熱処理したセメントペースト供試体の空隙溶液の組成および pH に関する試験はこの仮定を支持している（**図-5.22**，**図-5.23**）。

供用期間の経過に伴うモルタルまたはコンクリートの溶液相の変化およびそれに関連する pH の低下によりとりわけ空隙，相境界面，組織の弱点部においてエトリンガイトの再結晶を可能にする。乾湿の多数の繰り返し，または絶え間ない水の供給や組織の高い透過性，組織の損傷はアルカリ溶脱のプロセスを促進し，

5 硬化コンクリートにおける有害エトリンガイトの生成

エトリンガイトの再結晶を促すので，損傷した多くのコンクリート中では，エトリンガイトは再び測定できる量まで存在するようになる。

組織の微損傷は水分の作用によって組織中の移動プロセスや周囲との交換の原

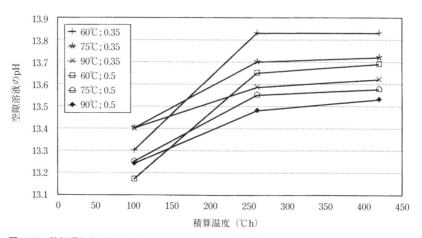

図-5.22 熱処理した CEM I 42.5R セメントペースト供試体の Saul による積算温度と空隙溶液 pH の関係；Na_2O 当量＝1.04％；(TD：60℃, 75℃, 90℃；W/C：0.35, 0.5)（Seyfarth/Stark, 1997,1998）

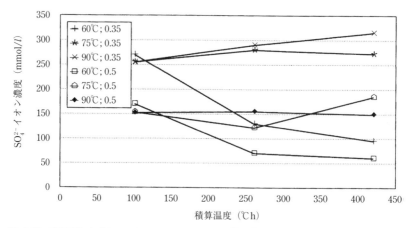

図-5.23 熱処理した CEM I 42.5R セメントペースト供試体の Saul による積算温度と空隙溶液の硫酸イオン濃度の関係；Na_2O 当量＝1.04％；(TD：60℃, 75℃, 90℃；W/C：0.35, 0.5)（Seyfarth/Stark, 1997,1998）

因となり，空隙溶液の組成の変化を促し，結晶の大きいエトリンガイトの再結晶化の必要条件を満たすという結論に至る。それ故微損傷はしばしば必要条件であり，硬化コンクリートにおけるエトリンガイト生成の結果ではない。

F.A.Finger 建設材料研究所の研究から次のメカニズムを導くことができる：

- 通常マトリックス中に現れる高い pH では，最初に生成されるエトリンガイトは大抵検出されない。エトリンガイトの再結晶のためには pH 低下－例えばアルカリの溶脱または他の pH を低下させる反応などによる－が前提である。
- 既に組織に存在する微損傷は，内的硫酸塩供給源が存在するとき，後に水分や物質移動が強化されることにより，（気象などの）攻撃を受けやすい場所にエトリンガイトの生成を促し，ひび割れ拡大の原因となる。
- 内部硫酸塩供給源としてのクリンカー SO_3 は遅れエトリンガイト生成の原因として析出する。クリンカー硫酸塩は容易に溶解しすぐに溶液となる。極めて稀であるがクリンカー中で生成される無水石膏（Anhydrit）はそれ自体すぐに溶解する。
- エトリンガイトはしばしば劣化メカニズムに全く関与せず，他の原因による組織損傷の結果として現象が現れることを排除できない。

エトリンガイトの生成はポゾラン質および（または）潜在水硬性カルシウム結合混和材（例：シリカフューム，石炭および褐炭フライアッシュ，高炉スラグ）を添加することにより制限される。$Ca(OH)_2$ を消費し C–S–H 相を追加生成する。そのため，空隙は減少し，骨材周辺のミクロ構造は緻密となる。それにより劣化を促進する境界条件（コンクリート組織への水分や物質の移動）が制約される。

組織を乱し，劣化に導く全ての影響要因は硬化コンクリート中のエトリンガイト生成を促進させる。古いコンクリートに大きいエトリンガイト結晶が生成することは，熱処理しないコンクリートでは一般に結果として現れたものであり，ひび割れ発生原因となることはほとんどない。

5.6 コンクリート劣化の証明

5.6.1 巨視的な劣化写真

硬化コンクリート中にエトリンガイトが生成することによって生ずる劣化は，一般に湿潤な環境に長年供されて初めて発生する。

最初に網状のヘアクラックが生じ，それは時間の経過とともに幅が大きくなる。発達した段階および気候の影響や静的，動的負荷を受けるとき，このひび割れは大きく肉眼ではっきりわかるようになる。同時にひび割れの形成は部分的に極端な長さ変化（膨脹）を伴う（図-5.24）。

図-5.24　劣化したコンクリート供試体（網状ひび割れと変形）

5.6.2 劣化を把握する特性値

実験供試体の長期試験では，種々の計測や試験方法により，劣化を定量的，定性的に把握することができる。劣化の進行程度や進行状況に関する知識を得，実際の劣化に当てはめる試みがなされて来た。実際の建設部材の劣化では，最初に劣化状況の肉眼による判断がなされる。ひび割れ幅や幅の変化が把握される。可能な限り劣化した部材からコアや供試体を取り出し，次に述べる試験が行われる。加えて取り出した供試体を，劣化を進行させた乾湿繰り返し状態に保存することにより更なる劣化プロセスの評価を実施する。

現れる組織劣化は，超音波や共鳴振動試験により算出される弾性係数の低下として表すことができる。更に強度減少によっても証明される。次の叙述は硬化コンクリート中のエトリンガイト生成が劣化を起こす影響の例として理解される。

ただし，ある選択された試験条件に対してのみ通用するものである。

伸びとひび割れ特性値

室内実験では，計測される伸びは劣化が現れたことに対する明白な判断基準である。建設部材の劣化の証明に関しては，伸びは条件付きで適用される，それは一般的に初期のデータがないからである。

実験供試体と恒温で一回の湿度変化を受けただけで劣化していない比較コンクリートとの伸びの違いが0.5mm/mよりも大きいことは組織劣化の可能性があることを示唆するものである。

ひび割れ幅，ひび割れ幅の変化や網の大きさを考慮することで劣化進行の評価に近づくことができる。更なる可能性は画像分析的に$1cm^2$当たりの微小クラックの計測数を算出することである。

質量変化と吸水

吸水または脱水による質量変化は実験供試体の場合同様に組織劣化のヒントを与えうる。供用期間の経過に伴い（ここでは保存条件の乾湿繰り返しによりシミュレート）空隙組織が劣化すると，吸水可能量も変化し，そのため湿度変化に従い質量変化が生ずる。次の図は劣化促進の境界条件における室内試験で，コンクリート供試体の吸水がどのように高められるかの例である。このコンクリート供試体では乾湿繰り返し終了後，空隙とひび割れ部に多量のエトリンガイトが検出された。

図-5.25は劣化が増大した供試体（高温の作用によって，**60℃で乾燥**にて実施）と劣化していない供試体（**20℃で乾燥**）について，乾湿が繰り返される間における質量変化を示したものである。供試体は水中（20℃）と乾燥庫（60℃），または水中（20℃）と恒温室（20℃）とに繰り返し変化させて保存した。

劣化の増大に伴い，湿潤と乾燥状態の質量の差が大きくなる。これはとりわけ，組織劣化がひび割れという形態で水を満たしうる空間が追加形成されたことにほかならない。

圧縮および曲げ強度

組織劣化に伴う強度減少はひび割れに対して鈍感な圧縮強度よりも，曲げや引張強度の減少により明瞭に反映される。

F.A.Finger建設材料研究所では乾湿をくり返した後の供試体（40mm×40mm

5 硬化コンクリートにおける有害エトリンガイトの生成

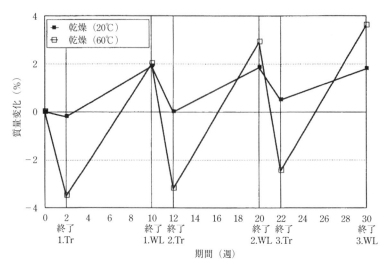

図-5.25 乾湿繰り返し中におけるコンクリートの質量変化;
Tr：乾燥，WL：水中，コンクリート供試体（W/C = 0.35；SO_3 量=3.3%）

×160mm）強度について考察した．劣化は高温（60℃乾燥）の場合，2回目で既に発生し，対応する比較供試体（20℃乾燥）は劣化無しであった．

　W/C が低くなるに従い，組織劣化が著しくなる傾向がある．それとは無関係に，このように劣化したコンクリートの場合でも，W/C が低くなると，圧縮強度が高くなるという規則性は保持している．W/C が低いほど，劣化コンクリートと劣化していないコンクリート間の圧縮強度の差が大きくなることが唯一，W/C の低いコンクリートの劣化がより著しいことを証明している（図-5.26）．

　圧縮強度とは異なって，W/C の低いコンクリートの増大する劣化は，曲げ強度において直接表れるのみならず，劣化をしていないコンクリートに対する差としても表れている（図-5.27）．60℃乾燥という乾湿繰り返しによる組織劣化の増大は，最も低い W/C の場合，健全コンクリートとは逆に最も低い強度を示すに至らしめる．

動弾性係数と超音波速度

　動弾性係数の絶対値とその変化は組織変化の判断，それにより硬化コンクリート中のエトリンガイト生成に関連する組織劣化の判断とすることができる．

　動弾性係数は一般に超音波インパルスの伝播時間測定により定めることができ

5.6 コンクリート劣化の証明

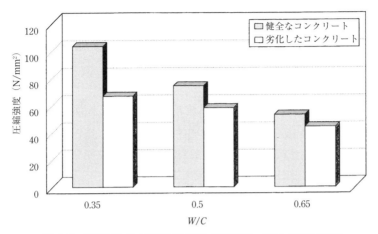

図-5.26 圧縮強度（1年間乾湿繰り返し後に調査），W/C と劣化の関係

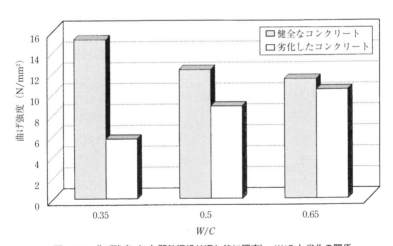

図-5.27 曲げ強度（1年間乾湿繰り返し後に調査），W/C と劣化の関係

る。

超音波伝播時間は超音波速度の算定により，直接，組織の特性と組織変化の評価手段とすることができる。ひび割れは超音波速度を顕著に減少させる。デジタル化した超音波曲線はとりわけ組織の減衰特性を表している。

5　硬化コンクリートにおける有害エトリンガイトの生成

劣化を受けた状態の弾性係数（E_t）と初期値（E_{28}）の比較では，弾性係数 E_t/E_{28} の変化が劣化程度の尺度である。値<1は弾性係数の低下と組織の劣化を示し，値>1は水和の進行により組織が強化された証明である。いろいろな時期に超音波伝播時間を測定するのみでも，この特性値を（ポアソン比の変化を無視して）大略計算することができる：$(t_{28}/t_t)^2$。

超音波伝播時間から計算した弾性係数 E_t/E_{28} の低下は，発生した組織劣化について曲げ強度変化 $\beta_{bz,t}/\beta_{bz,28}$ と同様の傾向を示す。それ故，曲げ強度測定という供試体の破壊を伴う試験方法を利用できない時，伝播時間を測定する非破壊試験方法を利用することができる。

5.6.3　エトリンガイトの劣化関与に関する証明
5.6.3.1　顕微鏡による劣化写真

顕微鏡による試験は，光を当てたコンクリート供試体の破断面について，立体顕微鏡（倍率 50:1 まで有意義）によるコンクリート供試体薄片，そして倍率 20：1〜100 000：1 までの従来の走査型電子顕微鏡（REM）による特別に処理された供試片または環境走査型電子顕微鏡（ESEM）による無処理の供試片について行う。

目指す顕微鏡試験は厚さ 0.02〜0.03mm の薄片で行われる。薄片はコンクリート供試体の興味ある範囲から製作し，蛍光剤を含浸させる。薄片から，コンクリート構造の詳細な写真と組織変化や組織劣化の種類，範囲を概観することが可能である。ひび割れの軌跡，頻度，幅の判定；結晶相の場所と向き；新しい生成相による空隙やひび割れの充填は劣化機構の解明に対するヒントとして貢献する（**図 –5.28**）。

更に進んだ形態学的，分析学的試験には分析装置（例えば，エネルギー分散型 X線スペクトロメーター EDX）が付属している REM を用いることができる。この分析型走査電子顕微鏡によって，REM の利用と情報の可能性が著しく拡大した。X線マイクロアナライザー（ESMA，英語 EPMA）[1] は顕微鏡的微小な含有物，

---

1)　ESMA–焦点を合わせた電子線（D≈1μm）を研磨プレパラートに照射する。原子を励起することにより蛍光X線が放射され，その強度は定量分析に利用される。後方散乱電子（BSE）の写図は電子密度，例えば鉱物やその粒子形状の判定が可能である。

250

5.6 コンクリート劣化の証明

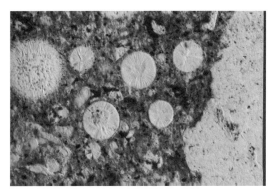

図-5.28 劣化したコンクリートの薄片顕微鏡写真：気泡中に
エトリンガイト結晶（標準尺＝0.25mm）

相の不均一性や全ての種類の新しい生成物の化学分析的同定に供せられる。それは表面，破断面，割裂面，無水で研磨された面などについて試験できる（図-5.29）。

図-5.29はマクロポア（ポアの直径約75μm－空隙はほとんどエトリンガイトに埋めつくされている）と石英骨材とセメントペーストの境界間隙（間隙幅約20μm）にはエトリンガイトが明らかに蓄積されていることを示している。更に未水和のクリンカー相の残存鉱物（エーライト，ビーライト，アルミネートなど－組織写真の明るい部分－カルシウムとアルミニウムの分布も見える）が見られる。

点分析（μm以下の範囲の定量分析，図-5.30参照）に加えて，電子線のもとで，試験片（研磨標本）を移動することにより，数cm^{2}までの平面に対して定量的に表現する線分析および面分析を行うことができる（積分分析）。更に組織の写真について，組織のいかなる所に，いかなる元素が存在するかを（点の密度が濃度の尺度を表す）デジタル化した元素分布写真（図-5.29参照）に撮影することができる。

5 硬化コンクリートにおける有害エトリンガイトの生成

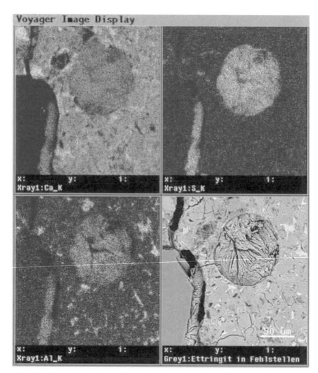

図-5.29 劣化したコンクリート供試体研磨面の組織写真におけるカルシウム,硫黄,アルミニウム元素のデジタル分布図（口絵参照）

20℃エトリンガイト（theor. 32 Mol H$_2$O：O = 63.7 M.%）

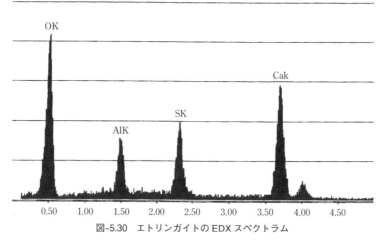

図-5.30 エトリンガイトのEDXスペクトラム

5.6.3.2　酸化物組成および相組成を定める分析法

　分析法（X線回折法，熱分析と化学分析）によるコンクリートの試験では顕微鏡的に発見される相やその鉱物的分類を量的に把握することにはしばしば満足できない。

　コンクリート中にはエトリンガイトは大抵，少量しか存在しないので，その量は検出限度またはそれ以下である。

X線回折法

　X線回折（XRD） を用いると相組成物の定性的考察，即ち混合物における個々の鉱物や相の同定を行うことができる。また定量的評価もまた，もちろん制限はあるが可能である。コンクリート中のエトリンガイトの定量は既に述べた理由により，そして検出限界が試験する材料の組成や結晶度に応じて，1〜3%の間で変化するので，問題を孕んでいる。

　X線回折は粉末プレパラートで行われる。エトリンガイトを定めるコンクリート供試体の調整には，二，三の特別な注意が必要である。供試体の粉末化はできる限り慎重に行わなければならない。試料の調整や乾燥の際，エトリンガイトは熱作用により，破壊される可能性がある。そのため，適切な「冷却剤」（例：Isopropanol）を用いて作業し，最高40℃までの温度で慎重に乾燥を続けなければならない。

　調整された試料におけるエトリンガイトのX線回折検出では，固有のコインシデンス（共鳴）しない干渉で最も強い強度を選択する。アノード物質として，銅を使用する場合，ASTM 13–350によりd値表は次のようである。

　　$2\Theta = 9.146°$　（$I = 100\%$）
　　$2\Theta = 15.802°$　（$I = 90\%$）
　　$2\Theta = 22.908°$　（$I = 60\%$）
　　$2\Theta = 32.409°$　（$I = 50\%$）
　　$2\Theta = 35.021°$　（$I = 60\%$）
　　$2\Theta = 40.901°$　（$I = 60\%$）

　コンクリート中にエトリンガイトは非常に少量しか存在しないので，試験供試体のX線回折の評価では，最も強い回折を見つけ出すように試みる。他の全ての干渉は強度が小さいので，識別することができない。

5 硬化コンクリートにおける有害エトリンガイトの生成

　粉末回折の定量評価はいわゆるリートベルト法を利用してなされる。その際個々の相の全スペクトルに対する寄与は計測された回折とシミュレートされた回折が最適に一致するまで変化させる。個々の相の寄与は粉末中の相の割合を定めることを可能とする量的情報（スケール効果）を含む。正確さは試験する材料と写真条件による。ばらつきの絶対値は2M.-％以下である。

　図-5.31，図-5.32に実験用供試体のエトリンガイトおよびモノサルフェートのX線回折図を示す。

熱分析

　物質分析と相分析のもう1つの可能性は熱分析法により与えられる。熱分析用コンクリート供試体は基本的に，X線検査試験用コンクリート供試体と同様に処理される。エトリンガイトを定性的定量的に試験するため，**示差熱分析（DTA）**が適当である。この方法では，試験する物質と不活性な比較供試体の温度差を，選択した温度プログラムにより処理している間，温度の関数として測定する。温度差は温度または時間との関係として表記される。同定はX線検査試験に近似して，DTA曲線の積算または純粋相の特性比較測定に基づいて行われる。

　熱方法としては熱重量分析（TG）と示差熱重量分析（DTG）が挙げられる。

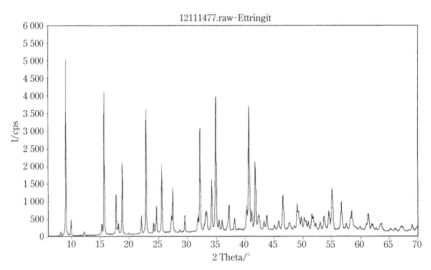

図-5.31　エトリンガイトのX線回折図（実験用供試体）；すべての反射エトリンガイト

5.6 コンクリート劣化の証明

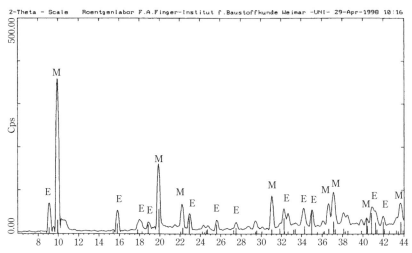

図-5.32 モノサルフェートのX線回折図（実験用供試体）；E：エトリンガイト，M：モノサルフェート

TGでは供試体物質の温度に関連する重量変化を算定する。同時に供試体のDTA測定，TG測定およびDTG測定を行うことは熱効果の判断を容易にする。

　純粋なエトリンガイト供試体では，DTA曲線は約125℃で明白な重量損失（TGまたはDTG）を伴う吸熱ピークを示す（**図-5.33**）。これはエトリンガイトの最初の脱水段階を示すものである。硬化セメントペーストに存在する他の相はこれ

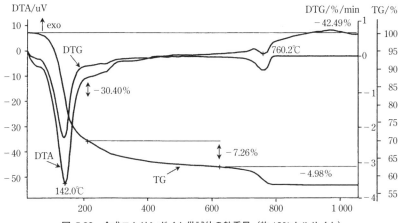

図-5.33　合成エトリンガイト供試体の熱重量（約10％カルサイト）

255

に反してより高温(例:モノサルフェートの場合 160℃,ポルトランダイトの場合 420～510℃)または相当緩慢に脱水するので,シャープな DTA シグナルは生じない(例:C-S-H 相)。

硬化セメントペースト中のエトリンガイトの定量には検量曲線をつくる必要がある。熱分析では,試験条件が測定結果に大きな影響を与える。他の結果と比較することが可能とするため,選択された後述の試験条件を定めるまたは一定に保つことが必要である。

- 計量
- 静的 / 動的温度ガイド
- 型,層厚,分布,供試物質の封緘密度
- 雰囲気,諸元,供試体容器の材料
- 熱電対の配置
- 使用機器
- 検量条件

ポルトランドセメントペーストの試験は熱処理直後に生成するエトリンガイト量がいかに種々の熱処理温度に影響されるかを示している(図-5.34)。熱処理温度 70℃ で既にエトリンガイトは熱重量では,もはや証明できなかった。

更にいろいろな温度で熱処理され,20℃ で 5 か月間保持されたセメントペースト供試体の試験がなされた。熱処理直後と 2～5 か月保持した後の DTA 試験により,セメントペーストに**遅れまたは再生エトリンガイト**の生成していることが証明された(図-5.35)。評価のため,約 100℃ における DTA のピークを例に示す。

X 線検査や熱分析によって突き止める定性的定量的なエトリンガイトの証明は劣化や劣

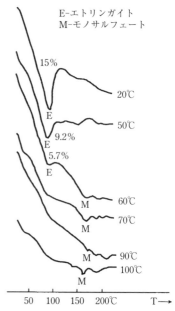

図-5.34 熱処理温度とエトリンガイト生成の関係(熱処理直後)(Wieker *et al.*, 1996);E:エトリンガイト,M:モノサルフェート

5.6 コンクリート劣化の証明

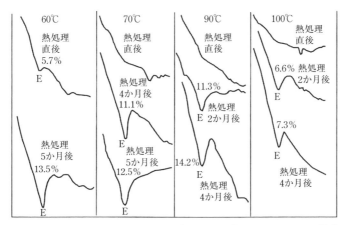

図-5.35 熱処理したセメントペースト中エトリンガイトの DTA による検出 (Wieker et al., 1996); b：熱処理，E：エトリンガイト

化の拡がりを明確に逆推定することはできない。十分水分が供給されているとエトリンガイトはコンクリート中に常に存在するからである。エトリンガイトの生成によって組織が劣化したかどうかは，生成時期と果たしてエトリンガイトが蓄積されたのか，また何処に蓄積されたのかによるからである。このなくてはならない方法のみで証明することはできない。

硬化コンクリート中のエトリンガイト生成による劣化について直接証明する方法はない。発生した劣化が硬化コンクリート中のエトリンガイトに関連するかどうか，他の劣化原因の除外，重要な境界条件の知見，組織変化を証明する種々な方法の利用，酸化物組成と相組成を定める定性的定量的測定をする分析方法などにより間接的に証明できる。

文献

Babuschkin VI, Matweew GM, Mtshedlow–Petrosjan OP (1965) Thermodynamik der Silikate. Bauwesen, Berlin

Babuschkin V.I, Matweew GM, Mtshedlow–Petrosjan OP (1986) Termodianamika Silikatov Strojizdat, Moskau

Bielak E, Hempel G, Rudert V, Weh S (1993) Differenzierende Betrachtung von betonschädigenden Treibreaktionen unter besonderer Berücksichtigung der Alkali–Zuschlag–Reaktion. Betonw + Fertigteil–

5 硬化コンクリートにおける有害エトリンガイトの生成

Tech 59:103–106

Bollmann K（2000）Ettringitbildung in nicht wärmebehandelten Betonen, Diss., Bauhaus–Univ Weimar

Bollmann K, Stark J（1996）Ettringitbildung im erhärteten Beton und Frost–Tausalz–Widerstsnd. Wiss Z Bauhaus–Univ. Weimar 42（4/5）:9–16

Bollmann K, Stark J（1997）Untersuchungen zur späten Ettringitbildung im erhärteten Beton. In: 13 Intern. Baustofftag. ibausil, Weimar, Tagungsber.– Bd. 1, S.39–52

Bollmann K, Stark J（1998）Wie stabil ist Ettringit? Thesis, Wiss. Z Bauhaus–Univ. Weimar 44（1/2）:14–22

Bollmann K, Stark J（2000）Ettringitbildung in nicht wärmebehandelten Betonen – ein Dauerhaftigkeitsproblem? In: 14. Intern Baustofftag. ibausil, Weimar, Tagungsber.– Bd. 44（1/2）:14–22

Collepardi M（1999）Concrete Sulfate Attack in a Sulfate–Free Environment. Pro. Sec. CANMET/ACI, Intern. Conf. High–Perform. Concr. and Qual. Concr. Struct., Gramado, RS,

Brazil, SP–186

DAfSb–Richtlinie zur Wärmebehandlung von Beton（1989）Beuth, Berlin

Fu Y, Xie P, Beaudoin JJ（1994）Effect of temperature on sulphate adsorption/desorption by tricalcium silicate hydrates. Cem Concr Res 24: 1428–1432

Fu Y, Gu P, Xie P, Beaudoin JJ（1995）A kinetic study of delayed ettringite formation in hydrated Portland cement paste. Cem Concr Res 25:63–70,

Glasser FP（1996）The role of sulfate mineralogy and cure temperature in delayed ettringite formation. Cem Concr Compos 18:187–193

Heinz D（1986）Schädigende Bildung ettringitähnlicher Phasen in wärmebehandelten Mörteln und Betonen, Diss., RWTH Aachen

Heinz D, Ludwig U, Nasr R（1982）Modellversuche zur Klärung von Schadensursachen an wärmebehandelten Betonfertigteilen, Teil II：Wärmebehandlung von Beton und späte Ettringitbildung. TIZ–Fachber Intern 106:178–183

Heinz D, Ludwig U, Rüdiger I（1989）Nachträgliche Ettringitbildung an wärmebehandelten Mörteln und Betonen. Betonw + Fertigteil–Tech 55（11）:56–61

Herr R, Wieker W, Winkler A（1988）Chemische Untersuchungen der Porenlösung im Beton– Schlußfolgerungen für die Praxis. Bauforsch.,–Baupraxis 216:45–51

Hübert C, Wieker W, Herr R, Jurga U（1997）Zum Einfluß der Alkalien auf die betonschädigende sekundäre Ettringitbildung in wärmebehandelten Zementsteinen und –mörteln. In: GDCh–Monogr., Bauchemie, Bd. 7, S.151–155

Johansen V, Thaulow N, Idorn GM（1984）Dehnungsreaktionen in Mörtel und Beton. Zem Kalk Gips 47:150–155

Kalde M, Heinz D, Ludwig U（1998）Schädigende späte Ettringitbildung in Zementpasten, Mörteln und Betonen. Thesis, Wiss Z Bauhaus–Univ. Weimar 44（1/2）:34–42

Kennerly RA（1965）Ettringite formation in dam gallery. J Am Concr Inst 62:559–576

Kuzel HJ（1996）Initial hydration reactions and mechanisms of delayed ettringite formations in Portland cements. Cem Concr Compos 18:358–360

Lawrence L, Carrasquillo RL Meyers JJ（1997）Premature concrete deterioration in Texas department of transportation precast elements. ACI Spring Conv. Seattle

Lerch W（1945）Effect of SO_3 content of cement on durability of concrete. PCA Res. Develop., 0285

Locher FW, Richartz W, Sprung S（1976）Erstarren von Zement Teil I：Reaktion und Gefügeentwicklung.

5.6 コンクリート劣化の証明

Zem Kalk Gips 29:435–442

Locher FW, Richartz W, Sprung S, Rechenberg W（1983）Erstarren von Zement Teil Ⅵ: Einfluß der Lösungszusammensetung. Zem Kalk Gips 36:224–231

Ludwig U（1991）Probleme der Ettringitrückbildung bei wärmebehandelten Mörteln und Betonen. In: 11th Intern Baustofftag. ibausil, Tagungsber. Bd 1, S.164–177

Meland I, Justness H, Lindgard J（1997）Durability Problems Related to Delayed Ettringite Formation and/or Alkali Aggregate Reactions. In: Proc. of 10th Intern Congr. Chem. Cem., Gothenburg, Schweden Ⅳ :4 iv 064/8S

Odler I, Chen Y（1995）Effect of cement composition on the expansion of heat–cured cement pastes. Cem Concr Res 25:853–862

Odler I, Chen Y（1996）On the delayed expansion of heat cured portland cement pastes and concrete. Cem Concr Compos 18:181–185

Pöllmann H（1984）Die Kristallchemie der Neubildungen bei Einwirkung von Schadstoffen auf hydraulische Bindemittel, Diss. Friedrich–Alexander–Univ. Erlangen–Nürnberg

Scrivener KL（1992）The effect of heat treatment on inner product C–S–H. Cem Concr Res 22:1224–1226

Scrivener KL（1998）Role of water in the expansion of heat cured mortars. In: Proc. of 3rd Intern. Bolomey Workshop: Pore Solution in Hardened Cement Paste

Scivener KL, Lewis M（1997）A microstructural and microanalytical study of heat cured mortars and delayed ettringite formation. In: Proc. of the 10th Intern Congr. Chem. Cem., Gothenburg, Schweden 4:4 iv 061/8S.

Scrivener KL, Wieker W（1992）Advances in Hydration at Low, Ambient and Elevated Temperatures. In: Proc.of 9th Intern Congr. Chem.Cem., New Dehl, Indien S.449–482

Seyfarth K, Stark J（1997）Schädigende Ettringitbildung in wärmebehandelten Betonen. In: 13th Intern Baustofftag. ibausil , Weimar Tagungber. Bd. 1, S.1–1003–1019

Seyfarth K, Stark J（1998）Ettringitbildung im erhärteten Beton–Schadensbilder, mögliche Schadensmechanismen. Thesis, Wiss Z Bauhaus–Univ. Weimar 44（1/ 2）:157–168

Shayan.A Quick GW, Lancucki CJ（1994）Reaction of Silica Fume and Alkali in Steam–Cured Concrete. In: Proc. 16th Intern Conf. Cem. Microscopy, Duncanville, Texas, pp399–410

Shayan A, Diggins R, Ivanusec I（1996）Effectivness of fly ash in preventing deleterious expansion due to alkali–aggregate reaction in normal and steam–cured concrete. Cem Conc Res 26:153–164

Stadelmann Ch, Herr R, Wieker W, Kurzawski I（1988）Zur Bestimmung von Ettringit in erhärteten Pordlandzementpasten. Silikattech 39:120–122

Stark J, Bollmann K（1997）Ettringite Formation– A Durability Problem of Concrete Pavements. In: Proc. 10th Intern Congr. Chem. Cem., Gothenburg, Schweden, 4 iv 062, 8S.

Stark J, Ludwig HM（1995）Zum Frost– und Frost–Tausalz–Widerstand von PZ–Betonen. Wiss Z Hochsch Archit Bauwes Weimar–Univ. 41（6/7）:17–35

Wieker W, Herr R（1989）Zu einigen Problemen der Chemie des Portlandzementes. Z Chem 29:312–327

Wieker W, Hübert C, Schubert H（1996）Untersuchungen zum Einfluß der Alkalien auf die Stabilität der Sulfoaluminathydrate in Zementstein und –mörteln bei Warmebehandlung. Schriftenreihe Inst. Massivbau und Baustofftechnol., Univ Karlsruhe,S.175–186

Wischers G, Sprung S（1990）Verbesserung des Sulfatwiderstandes von Beton durch Zusatz von Steinkohlenflugasche–Sachstandsber. Mai 1989. Beton 40:17–21

⑥ コンクリートへの酸侵食

6.1 沿 革

　強酸や弱酸の侵食によりコンクリート構造物の寿命は大きく減少するという最初の経験は 19 世紀の終わりや 20 世紀初めには既に存在していた。特に地下水や泥炭水に曝される構造物，下水施設内の構造物，酸を貯蔵・導流する構造物で観察された（Ehlert, 1898；Sell, 1909；Gary, 1922 等）。同時に酸侵食からコンクリートを保護する適切な対策の模索が始まった。20 世紀初頭には硫酸を生成するバクテリアが熱帯諸国の下水道を破壊させるという知識が存在した。ドイツではこの腐食が大規模な下水渠で広範な劣化が 1970 年ごろから一般に知られるようになり，それは最終的に原因究明の研究へと導いた（Klose, 1980；Bieleck, 1983；Bock, 1984）。これはまた 1990 年初頭から建設が増えたバイオガス施設の発酵ガス室にも微生物による硫酸腐食と呼ばれる侵食が同じように発生することとなった（König *et al.*, 2010）。1980 年から石炭火力発電所の冷却塔を通って浄化された排気ガスの排出は非常に強い酸侵食と結びつけられた。1990 年代中ごろからは腐食防止として利用されたコーティングに代わって高性能コンクリートが用いられるようになった（Hillemeier/Hüttl, 2000；Niepel *et al.*, 2007）。

6.2 酸侵食のメカニズム

塩酸（HCl），硫酸（H_2SO_4），硝酸（HNO_3）のような強い無機酸はセメントペーストの全ての組成物質を溶解させる（Biczok，1968；Henning/Köfel，2002），例えば次の反応により：

$$C_3S_2H_3 + 6HCl \rightarrow 3CaCl_2 + 2SiO_2 + 6H_2O \qquad (6.1)$$
C–S–H　　塩酸　塩化カルシウム　珪酸ゲル　　水

特に水酸化カルシウム $Ca(OH)_2$，鉱物ポルトランダイトは抵抗力がない。これらは酸侵食により溶解し，セメントペーストは完全にその機械的強度を失う。水酸化カルシウムはまず混和水に占められる範囲と骨材表面で生成する。水酸化カルシウムは酸に溶解しコンクリート組織に空隙を形成する。それにより侵食した酸は更にコンクリート中に浸透し相応の影響を及ぼす。骨材として石灰石やドロマイトを利用する場合にも腐食される。珪酸塩質の骨材は酸に対して一般に安定である。

有機酸は一般に無機酸よりも侵食程度は低い。薄められた酢酸や乳酸などの中程度の有機酸は，しかし高温の場合強い侵食作用がある。泥炭水から由来するフミン酸の侵食力は弱い，そのカルシウム塩は水にほんの少ししか溶解しないためである。酒石酸のような幾つかの有機酸はコンクリートを実際上侵食しない，反応生成物がコンクリート表面に沈殿して保護層を形成するためである。それ故コンクリート樽でワインの発酵が可能である。

硫酸や硝酸のような無機酸は一定の必要条件の下で生物活動により作られた微生物により生成される。

6.2.1 石灰侵食性炭酸による侵食

CO_2 を含む水（CO_2 は「炭酸」と呼ぶには正確ではない）はコンクリートや石灰コーティングを侵食する。水によく溶ける CO_2 は水と炭酸 H_2CO_3 を生成する。これは先ず $Ca(OH)_2$ と反応して難溶性炭酸カルシウム $CaCO_3$ を生成し，その後水溶性の炭酸水素カルシウムを生成する（Collepardi，2006）。

$$CO_2 + Ca(OH)_2 \rightarrow CaCO_3 + H_2O \qquad (6.2)$$
$$\quad\text{消石灰} \qquad\qquad \text{石灰石}$$

$$CO_2 + H_2O \rightarrow H_2CO_3 \qquad\qquad (6.3)$$
$$\quad\text{炭酸}$$

$$H_2CO_3 + CaCO_3 \rightarrow Ca(HCO_3)_2 \qquad (6.4)$$
$$\qquad\quad\text{水溶性炭酸水素カルシウム}$$

それについて継続して難溶性 $CaCO_3$ は分解し，水に溶けた $Ca(HCO_3)_2$ は運び去られる。この水は石灰石鉱床を貫流した後再び表面に至り，CO_2 が抜け出して $CaCO_3$ の析出に至る。このように例えばワイマール-エーリングドルフ（Weimar–Ehringdorf）のトラベルチン鉱床（Travertin，石灰華）が生まれた。

例えば花崗岩が露出する地域では大抵軟水が存在し，強いコンクリート侵食作用がある。例えばビール工場の大水槽中でこの軟水はコンクリート表面を僅かながら剥離させる。非常に緻密なコンクリートを施工することにより有効に対処できる。

侵食性（石灰を溶解する）炭酸に対するコンクリートの抵抗性に関してセメント量，セメント種類，W/C，骨材粒径など多岐の要因について行われた20年以上にわたる長期試験により，高炉セメントはポルトランドセメントよりも抵抗性が高いことが確認された（Locher $et\ al.$, 1984；Grube/Rechenberg, 1987）。これに関してとりわけ水酸化カルシウム量が少ないことに起因する（Efes/Lühr, 1980）。フライアッシュもコンクリート混和材として侵食性炭酸の攻撃に対してコンクリートの抵抗性を改善できる。その際一般にフライアッシュ量が増えるに従い効果も増大する。しかし抵抗能力について石炭フライアッシュとセメントのポジティブな共同作用を詳細に定めるため，利用する前に個々のケースについて特性試験が必要である（Backes/Schneider, 1988）。

6.2.2 生物活動による酸生成

定義「生物活動による硫酸腐食」（Biogene Schwerfelsäurekorrosion，BSK）はある定まった範囲，特に汚水処理システムやバイオガス施設におけるプロセスに代表される。そこでは微生物がセメントペーストマトリックスを溶解させる硫酸を生成する。生物活動による有害な硫酸はいろいろな要因がかなり複雑に作用

6　コンクリートへの酸侵食

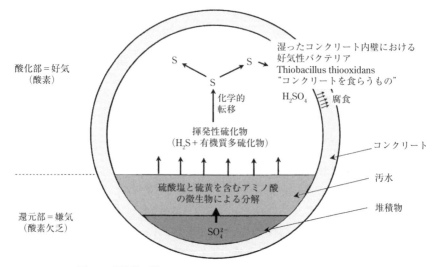

図-6.1　部分的に満たされた汚水管の微生物による硫酸腐食の基本図

することにより生成される。基本となる前提条件は汚水中やバイオガスに硫黄化合物が存在することである。生物活動による硫酸の生成は下水施設を例にして図-6.1 に基本図を示す。

H_2S と有機質多硫化物はタンパク質の生物による分解で生成する。空気中酸素と他の微生物の作用により揮発性硫黄化合物は酸化して元素・硫黄になる。元素・硫黄は硫黄から硫酸に変化させる（自動酸化）いろいろな Thiobacillus 属微生物の培地である (König et al., 1983)。60 種を超える様々な，Thiobacillen のうち Thiobacillus thiooxidans が最も強く硫酸を生成する微生物で，以前 Thiobacillus concretivorus「コンクリートを食らうもの」と表記されるものである。Thiobacillus thiooxidans は，Thiobacillen の微生物チェーン中の最後の環である。強いアルカリ表面（pH > 12）を有する新しく製造されたコンクリートでは腐食の原因となるバクテリアの類はほとんど生きる事ができない。炭酸化により pH が 9 以下になって初めて，この条件のもといろいろな種類の，Thiobacillen が次々と増殖する。汚水管の雰囲気中では高い CO_2 濃度のため－普通の空気中では CO_2 濃度（0.04Vol.-%）がここでは 1Vol.-% まで存在しうる－炭酸化には有利である。バクテリアの酸を生成する物質代謝作用によりコンクリート表面の pH は

5 以下に低下し，Thiobacillus thiooxidans の生息範囲に至る（Bock，1984）。こ
の微生物の最適生息条件は pH＝2.0 ～ 3.5 である。pH のほか周囲の温度も，
Thiobacillen にとって重要である。29℃の温度が生存および成長条件として最適
である。これらの条件が満たされると，Thiobacillus thiooxidans はこの状態で
1g 元素・硫黄から 3g の純粋な硫酸を生成する。

$$1g\ S \qquad \rightarrow \qquad 3g\ H_2SO_4 \qquad\qquad (6.5)$$
32g/Mol　　　　　98g/Mol

コンクリートに著しい酸性腐食を生じさせる。

バイオガス施設ではバイオガス中に含まれる H_2S は Thiobacillus 属の多種の微
生物により酸化され，発酵槽の壁表面に元素・硫黄が生成する。下水システムと
同じように炭酸化したコンクリート表面で Thiobacillen により元素・硫黄からよ
く知られた侵食メカニズムをひき起こす硫酸が生成する。最終的に水溶性の組成
物質 $Ca(OH)_2$，遅れて水和物相，硫酸塩相を溶解する。

6.2.3　酸–硫酸塩–複合侵食

表面に近い岩石層にはしばしば黄鉄鉱や白鉄鉱のような第二硫化鉄が存在する。
この岩石層は酸性硫酸塩土壌と表記される。それらの鉱物は建設工事の際土壌の
ゆるみや土の移動により大気中酸素と接触するに至る。そのため通常の土壌湿度
では微生物により硫酸や硫化鉄に酸化される。もしコンクリート構造物がこのよ
うな土壌と接触して建てられ，酸－硫酸塩の複合する作用に侵食されると既に長
く知られた問題が現れる（Siebert，2009）。酸により強度を形成する C–S–H 相
が侵食され，外から浸透した硫酸塩イオンはポルトランダイトと反応して石膏と
エトリンガイトになりうる。その結果膨張反応により例えばコンクリート中にひ
び割れが発生する。加えてコンクリート中にポルトランド石灰石セメントの利用
などで石灰石粉などカーボネートを含む化合物が存在すれば，タウマサイトの生
成が C–S–H 相の軟化を生じ劣化を招く結果となる（第 4 章参照）。

6.2.4　冷却塔と水槽の酸侵食

1980 年代から石炭火力発電所では冷却塔は単に水の冷却のみではなく同時に
浄化された廃ガスの排出にも利用されている。冷却塔内部のコンクリート表面に

6 コンクリートへの酸侵食

水蒸気 – 廃ガス混合物から生成された凝縮物は部分的に pH 約 3.5 を示し，それは暴露クラス XA3 上方の強い化学的侵食を意味する。生物活動で生成された無機酸は同様に冷却塔中コンクリートへの酸侵食に至る（Kirstein *et al.*, 1986）。

酸侵食は例えば褐炭露天掘り跡地の非常に酸性の高い湖水（pH2.7 〜 2.9）でも現れる。それ故同様に化学的侵食＞ XA3 が問題となる。採掘跡地の排水溝（魚道付属もありうる）のようなコンクリート構造物は高い酸抵抗性を有するコンクリートでなければならない。雨水や中性化施設による湖水の pH の上昇は非常に長く続く可能性があるからである（Böing *et al.*, 2011）。

6.3 酸侵食に対する保護対策

6.3.1 基本的な規定
能動的な対策

酸侵食に対する高い抵抗性の実質的な必要条件として第 1 に可能な限り緻密なコンクリートを保証するすべての対策が必要である（能動的な対策）。セメントペーストとコンクリートの緻密さは空隙特に毛細管空隙の体積，種類，分布により定まる。それ故コンクリートは他の条件が等しければより緻密で，W/C が低く，水和度が高いほど良い。

酸侵食では暴露クラス XA1 から XA3 までの基準を顧慮しなければならない。DIN 4030–1 による化学的特性値の限界値，特に石灰侵食性炭酸と pH，並びに DIN 104–2 に適合する高い抵抗性を有するコンクリートの配合と特性については第 1 章を参照する。

生物活動による酸生成に対する能動的対策は第一に腐食生成に導く条件を最小にしなければならない。ここでは特に下水設備を例にすると汚水から H_2S と他の揮発性の硫化物の放出を防がなければならない。これは特に下水網の合理的構造的な形成と目的に適った業務条件の達成により到達できる。これには次が挙げられる（Klose, 1985；Hägermann, 1983）：

- 円滑な流れを保証する下水管の十分な傾斜
- 下水がせき止められることの防止
- 乱流，渦の防止

- 縦シャフトによる通気，酸素供給
- 下水管の清掃と洗浄
- 機械的清掃による下水渠付着物の除去
- 下水温度できれば＜20℃

受動的対策

コンクリートは恒常的な酸侵食には十分抵抗できない。それ故強い酸侵食にはコンクリートの耐久性に富んだ保護が必要である。保護層として塗装，コーティング，シーリングシート，被覆が問題となる。

特に吸水やコンクリートと鋼を侵食する物質の浸透を防ぎ，既存の，またはたまたま新しく発生して温度や（または）荷重に従って変形するひび割れに対して耐久性的な架橋を保証する表面保護システムが効果的である。ビチュメン，パラフィンまたはポリマーを基材とするコーティングシステムは利用の段階に達している。下水領域の受動的腐食防護システムとして多数の方法 PVC–ソフト–フォイル，PVC–ハード–フォイル，PVC–ハード–エレメントまたは PVC–ハード–プレート，PE–プレート，V4A–プレートそしてガラス繊維補強高分子材製インライナーなどが挙げられる。

一般に建設および供用期間中の当該防護システムの高コスト費用を軽減するため，しかるべき高耐酸抵抗性を有する特殊なコンクリートを使用することは合目的的で意味深い（Kampen *et al.*, 2011）。

6.3.2　耐酸性のあるコンクリート

本質的な意味で酸に永続性があるコンクリートは存在できない。非常に低いpHではセメントペーストは溶解してしまうからである。これは例えばコンクリート中のセメント量を定めるとき HCl にセメントペーストを溶解させることに用いられる。

酸侵食のメカニズムから耐酸性のあるコンクリート製造に対して次のことが導き出される。

- 高い組織緻密度でなければならない
- $Ca(OH)_2$ 量は最少限にまで減らす
- $Ca(OH)_2$ を可能な限り細かく分布させなければならない

6 コンクリートへの酸侵食

　緻密なコンクリートの製造は可能な限り低い水 – 結合材 – 比により達成できる，ただし 0.40 以下ではもはや腐食抵抗性を改善するに至らない（Beddoe/Schmidt, 2009）。更にお互い最適に調整されたコンクリートの粒度曲線（Kornband）が必要である。それは骨材粒度と結合材に影響する。組織の緻密度に関する重要な役割を細粒分が果たす。それは骨材と結合材の空隙を充填する。細粒分は空隙を最適に満たし非常に緻密なコンクリート組織を可能とする。固体の高い充填密度により同時に所要水量を減らし高耐酸抵抗性のコンクリートの結合能力を改善する（Breit, 2002, Neymann et al., 2009）。$Ca(OH)_2$ を減らすことはフライアッシュ，シリカフューム，メタカオリンなどのポゾラン質混和材および（/ または）水砕スラグのような潜在水硬性混和材により達成でき，それらは加えて組織緻密度を高めることに貢献できる。酸に安定なコンクリート用骨材として珪酸塩をベースとする材料のみが適合する。

　高耐酸性のコンクリートは当初冷却塔のために発展した（Hillemeier/Hüttl, 2000；Hüttl et al., 2009）。ESW（Erhöhter Säure–Widerstand）とも表記される高耐酸性コンクリートは最適の骨材粒度のほかにポルトランドセメントをベースとした結合材にシリカフュームとフライアッシュから構成されている。このコンクリートは最初 Niederaußem 褐炭火力発電所の自然通風冷却塔建設の際，使用された。Boxberg 発電所の自然通風冷却塔には CEM Ⅱ /B–S42.5NA と作業特性を改善した乾式燃焼フライアッシュを一緒に使用した（Niepel et al., 2007）。水砕スラグとシリカフュームを含むセメント CEM Ⅱ /B–M(S–D)52.5 とフライアッシュの混合により，コンクリートは更に高い酸安定性を発揮した。コンクリートの結合材は特に緻密なセメントペースト構造を可能にし，空隙を極端に減少させた（Neumann et al., 2009）。例えばオーストリアで許可されている高硫酸塩スラグセメントもまたバイオガス施設の建設で実証されている。

6.4　高耐酸抵抗性を有するコンクリートの試験

　現在高耐酸抵抗性のコンクリートには標準となる規定はない。そのため利用には試験と監督のコンセプトが要求される。それには MPA Berlin–Brandenburg で開発された性能試験が定着している（Rieck/Hüttl et al., 2011）。コンクリート基

6.4 高耐酸抵抗性を有するコンクリートの試験

準で暴露クラス，材料の選択，コンクリート配合の関連をする査定するコンセプトに比べて，性能試験ではコンクリートの特性を供試体で直接調べる。高耐酸抵抗性を有するコンクリートに対する試験法ではコンクリート供試体はpH2.5〜3.5の硫酸に12週浸漬される。その後質量減少の定量が行われる。摩耗侵食が加わる際にはこれがシミュレートされる。次いで摩耗と損傷深さの測定が一般的に立体顕微鏡で行われる。最適な耐酸抵抗性を有する基準コンクリートは試験に供されたコンクリートとの比較として利用される。試験供試体コンクリートは基準コンクリートよりも損傷深さで最大10%まで許される。基準コンクリートの損傷深さは12週後，約1.1〜1.3mmにある（Hüttl *et al.*，2009）。

コンクリートの微小ひび割れの有無を調べるためCDF凍害試験法が利用される，その際通常28回の凍結融解繰り返しの代わりに56回が設定される。動弾性係数の低下は≦40%でなければならず，質量損失は古典的CDF試験のように≦1 500g/m^{2}でなければならない。

このコンセプトの適用はNiederaußemとBoxberg褐炭火力発電所で実証された。

硫酸に浸漬12週の損傷深さという室内試験結果を構造物50年以上の供用期間に外挿することは当然のことながら現在の段階では不確実性を孕んでいる。

文献

Backes HP, Schneider E（1998）Erhalten flugaschenhaltiger Mörtel bei Angriff kalklösender Kohlensäure. TIZ Intern 112:42–45

Beddoe RE, Schmidt K（2009）Acid attack on concrete – effect of concrete composition.
Cem Intern 7:89–94,87–93

Biczok J（1968）Betonkorrosion – Betonschutz. Bauwesen, Berlin

Bielecki R（1983）Erkenntnisse und Zielvorstellungen der Korrosionsforschung an Abwasser–Kanälen. Tiefbau, Ingenieurbau Straßenbau 26:240–250

Bock E（1984）Biologische Korrosion. Tiefbau Ingenieurbau Straßenbau 26:240–250

Böing R, Bolzmann P, Hüttl R, Riek C（2011）Beton mit erhöhtem Säurewiderstand für ein Schleusenbauwerk in der Lausitz. Beton 61:448–453

Breit W（2002）Säurewiderstand von Beton. 52:505–510

Collepardi M（2006）The new concrete. Grafiche Tintoretto, Villorba

DIN 1045–2;2008–08 – Tragwerke aus Beton, Stahlbeton und Spannbeton – Beton – Festlegung, Eigenschaften, Herstellung und Konformität – Anwendungsregeln zu DIN EN 206–1

6 コンクリートへの酸侵食

DIN 4030–1:2008–06 – Beurteilung betonangreifender Wässer, Böden und Gase – Teil 1; Grundlagen und Grenzwerte

Efes Y, Lühr HP（1980）Beurteilung des Kohlensäure–Angriff auf Mörtel aus Zementen mit verschiedenen Klinker–Hüttensand–Verhältnissen. TIZ–Fachber Rohst–Engin 104:158–167

Ehlert H（1898）Schädliche Wirkungen der Kohlensäure. Chemiker–Ztg 1/10

Gary M（1992）Versuche über das Verhalten von Mörtel und Beton im Moor. Dtsch. Aussch. Eisenbeton Heft 49, Ernst und Sohn, Berlin

Grube H, Rechenberg W（1987）Betonabtrag durch chemisch angreifende saure Wässer. Beton 37;446–451,495–498

Hägermann H（1983）Sulfid–Korrosion in Kanalisationseinrichtungen. Tiefbau, Ingenieurbau Straßenbau 25;350–354

Henning O, Knöfel D（2002）Baustoffchemie – Eine Einführung für Bauingenieure und Archtekten. 6. Aufl., Bauwesen, Berlin

Hillemeier B, Hüttl R（2000）Hochleistungsbeton – Beispiel Säureresistanz. Betonw + Fertigteil–Tech 66:52–60

Hüttl R, Lyhs P, Silbereisen R（2009）Beton auf Basis CEM Ⅱ mit erhöhten Widerstand gegenüber Säureangriff. In: 17.Intern. Baustofftag. ibausil, Weimar, Tagungsber. Bd.2, S.295–303

Hüttl R, Stadie R, Waschnewski J（2011）Project odoco Ⅱ（Odour and corrosion）; Arbeitts–paket Korrosion: Eine neue Großanlage zur Bestimmung der Beständigkeit von Materialien gegenüber biogener Säurekorrosion. Berliner Sanierungstage,

www. berliner–sanierungstage.de/

Kampen R, Bose T, Klose N（2011）Betonbauwerke in Abwasseranlagen, Bau, Instandhaltung. 5. Aufl., Bau + Techn., Düsseldorf

Kirstein KO, Stiller W, Bock E（1986）Mikrobiologische Einflüsse auf Betonkonstruktionen.Beton– und Stahlbetonbau 82;202–205

Klose N（1980）Sulfide in Abwasseranlagen– Ursachen– Auswirkungen– Gegenmaßnahmen. Beton 30;13–17,61–64

Klose N（1985）Betonbauwerke in Abwasseranlagen. Tiefbau Ingenieurbau Straßenbau 27; 76–80

König A, Rasch S, Neumann T, Dehn F（2010）Beton für biogenen Säureangriff im Landwirtschaftsbau. Beton– und Stahlbetonbau 1045:714–724

König WA, Aydin M, Rinken M, Sievers S（1983）Schwefelverbindungen als Verursacher von Betonkorrosion. Tiefbau Ingenieurbau Straßenbau. 25:434–436

Locher FW, Rechenberg W, Sprung S（1984）Betone nach 20jähriger Einwirkung von kalklösender Kohlensäure, Beton 34:193–198

Neumann T, Lichtmann M, König R（2009）Säurewiderstandsfähige Betone und ihre Anwendung. Eine Alternative zu teuren Baustoffen und kostspiegeligen Betonbeshichtungen. Beton W Intern（BWI）3:74–78

Niepel A, Hüttl R, Klöker T, Meyer J, Busch D（2007）Bau und Betrieb von Naturzugkühltürmen aus Beton mit erhöhtem Säurewiderstand, VGB Power Tech 12:109–115

Rieck C, Hüttl R,（2011）Beton mit erhöhtem Säurewiderstand für Rohre und Schächte – Prüfung, Entwicklung, Anwendung, Beton W Intern（BWI）3:140–146

Sell M（1909）Wie verhalten sich Zementrohre gegenüber der Einwirkung von Säuren bzw. säurehaltigen

6.4　高耐酸抵抗性を有するコンクリートの試験

Abwässern? Beton Ztg 670–671

　Siebert B（2009）Betonkorrosion infolge kombinierten Säure–Sulfat–Angriffs bei Oxidation von Eisendisulfiden im Baugrund. Diss., Ruhr–Uni. Bochum

7 コンクリートに対する塩化物の作用

7.1 沿　革

　塩化物とコンクリート－この問題点は近代コンクリート構造の初期の段階から存在する。最初，塩化カルシウム（$CaCl_2$）の硬化促進作用を知り，1873 年ドイツで初めて塩化カルシウムが促進剤として用いられた（Mierenz, 1984）。塩化カルシウムは最も有名でおそらく最も有効な促進剤であるが，鉄筋コンクリートの場合，腐食を助長させる特性のため，添加が禁止されたり制限されている。腐食を助長する特性は 1919 年既に知られていた。しかし 1960 年代初期までコンクリート中セメント量 2M.–% までの $CaCl_2$ 添加が硬化促進または凍結防止剤として普通であった。1963 年以来ドイツでは硬化促進剤として $CaCl_2$ の利用は許されなくなった。塩化物腐食に関する広汎な問題が冬期道路管理業務の融氷剤利用により発生した。1930 年代後半には積雪の融解や路面凍結との闘いに塩化ナトリウム（NaCl）の利点を知った。50 年代末以降，融氷剤は冬期路面管理上の好ましい対策に入れられた。塩化物を含む融解剤は車体部の損傷や融氷塩の土壌，水域への作用による環境汚染に加えて特にコンクリート，鉄筋コンクリート，鋼からなる交通施設に有害な作用をする。

7.2 コンクリート中の塩化物

　塩化物は電気的に負の構成物質として塩素を発生する化合物である。この中には，例えば NaCl，CaCl₂ のような塩酸の塩類が属する。これらの塩は水と接触すると多かれ少なかれ速やかに溶液となりイオンに分解する。Cl⁻ イオンは大抵塩化物（Chloride）と表わされる。

　コンクリートへの塩化物侵入は腐食劣化によりコンクリート構造物が危険となる本質的な原因である（DBV アセスメント報告書，1996）。その際，塩化物はセメントペーストの組織を凍結融解または自身の化学作用により劣化させる一方で鉄筋を腐食へと導く。塩化物に起因する腐食は鉄筋コンクリート構造物の耐久性を考察する際しばしば問題となる。

　塩化物はいろいろな方法でコンクリートに到達する：

- コンクリート製造の際，原材料として（コンクリートの構成材であるセメント，練混ぜ水，骨材，混和材料に含まれる所謂固有の塩化物）
- 外来の塩化物として後から持ち込まれる塩化物，例えば融氷塩や海水の作用，そして火災（ポリ塩化ビニル PVC 燃焼）の際など

7.2.1 コンクリート用材料

　塩化物は全てのコンクリート用原材料に存在する可能性がある。それらは不可避であり，一般にコンクリートの固有の塩化物量として表される。この塩化物は一般にコンクリートに均等に分布し，水和中にカルシウムアルミネートハイドレート（Calciumaluminathydrat，C–A–H）相やカルシウムシリケートハイドレート（Calciumsilicathydrat，C–S–H）相に化学的に結合する。技術的経済的理由から，コンクリート用材料から塩化物を完全に除去することは不可能であり，鉄筋の腐食について危険のないと認められる原材料中の塩化物量として許容最大値が定められている。ヨーロッパ基準 EN 206–1（コンクリート；性能記述，特性，製造，適合性）に従ってセメント含有量に対する限界値，無筋コンクリート1.0M.–%，鉄筋コンクリート 0.4M.–%，プレストレストコンクリート 0.2M.–%を超えてはならない。

7.2 コンクリート中の塩化物

ここに定められたコンクリート用材料許容最大塩化物量に基づけば，塩化物に起因する腐食は，現実には塩化物が**外部からの作用**により，コンクリートに**追加侵入**（海水，融氷塩，火災）した時のみ生じ得る。

7.2.2　海水の作用

海水は非常に多量の溶解した塩，中でも塩化物と硫酸塩を含んでいる。それらはいろいろな形でコンクリートに作用する：

持続的負荷（常時浸漬のコンクリート（飽水），海中部）

毛細管吸収のため，塩化物侵入速度は最初の負荷時当初は高い。飽水コンクリートでは，コンクリート表面で供給される塩化物はセメントペーストの空隙溶液を介して溶解塩またはイオンとしてのみ拡散する。拡散速度は比較的小さく，濃度勾配により定まる（7.3節参照）。

乾湿繰り返し負荷（干満帯または水位の変化する範囲）

海水が乾湿を繰り返す時，湿潤段階でコンクリートは表面部で当初毛細管吸収により塩化物溶液で飽水する。乾燥段階では，水が蒸発する，そしてコンクリート内部の蒸発面の範囲で塩化物の濃縮が生じ，そこから拡散によりコンクリート内部に更に導かれる。海水に再び接触すると空隙は再び海水で満たされる。その際，析出した残渣は溶解し，コンクリート内部の空隙溶液の塩化物濃度は高まる。このプロセスの繰り返しは－コンクリートを一時的に取り巻く海水の塩化物濃縮がほんの少しである場合でも－鉄筋の周囲に強い塩化物濃縮をもたらす。乾湿を繰り返す時，このような塩化物濃縮の速度を定める要因は乾燥プロセスの期間である。乾燥段階における水の排除は吸収よりも強く妨げられるからである。

毛細管部負荷

海面から突き出て大気に晒されているコンクリート構造物の表面部の水分蒸発は毛細管部で塩分濃縮に至る。塩化物溶液は海水中または乾湿繰り返し部より，毛細管吸収により水面上コンクリートの乾燥部に移動する。ここでは乾湿繰り返し部の乾燥段階に匹敵する条件が常に支配的である。移動する海水量はセメントペーストの毛細管空隙と蒸発に応じて高められる。

塩化物の濃縮はコンクリートへの負荷に依る（Rehm *et al.*, 1986）：

7 コンクリートに対する塩化物の作用

表-7.1 海水の組成 (mg/l) (van Heummen *et al.*, 1985)

	バルト海	北 海	大西洋	地中海	アラビア湾
K$^+$	180	400	330	420	450
Ca^{2+}	190	430	410	470	430
Mg^{2+}	600	1 330	1 500	1 780	1 460
SO$_4^{2-}$	1 250	2 780	2 540	3 060	2 720
Na$^+$	4 980	11 050	9 950	11 560	12 400
Cl$^-$	8 960	19 890	17 830	21 380	21 450
全塩分含有量	16 160	35 880	32 560	38 670	38 910

絶えず浸漬 ： 乾湿繰り返し ： 毛細管部

1 ： 1.8 ： 4.4

(コンクリート表面から内部になるに従い減少)

海水の塩分量は地域によって非常に異なる（**表-7.1**）。

冷たい海水とは異なり，海水淡水化施設のような熱せられた海水は特にコンクリートを侵食する。温度の上昇とともに拡散係数が大きくなることに帰着される。例えば20℃から30℃に温度が上昇すると侵入速度は2倍になる（Brodersen，1982；Page *et al.*，1981）

7.2.3 融氷塩の作用

経済性と取り扱いの簡便さから融氷塩は何年も前から冬期路面管理の好ましい対策とされてきた。雪，氷，タイヤのすべり対策のため，ドイツでは主として塩化ナトリウム（NaCl）が利用されている。それは最も経済的で融解容量が塩化カルシウム（CaCl$_2$）や塩化マグネシウム（MgCl$_2$）よりも大きい。

現在冬期路面管理ではとりわけいわゆる湿潤塩（塩化カルシウム溶液または塩化マグネシウム溶液と混合した塩化ナトリウム）利用される。乾燥塩に比べて路面への付着が良くひどく散逸することがない。

融氷塩の作用について，4つの部位に区別される（**図-7.1**）（Fleischer，1993）。

- 水が流れる部位（上面，耳桁，また水切りに欠陥のある時の下面）
- 締め固め不十分または空隙が貫通しているコンクリートの組織で，水が浸透する部位
- 水が飛散する部位：例えば橋脚，通過する車両が多量の水を跳ねあげる

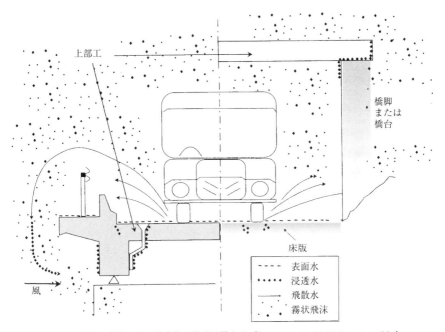

図-7.1 橋梁の部位により塩化物の作用は異なる (Springerschmid/Volkwein, 1984)

- 霧状飛末を受ける部位：背の高い車両により巻き上げられた水分を受ける橋梁の下面

最初の3つの部位では，塩化物の最大侵入深さはしばしば50mmよりも大きいことが確かめられている。

7.2.4 火　災

コンクリート構造物には様々な合成高分子材料が使用されるが，一般に可燃性が短所である。難燃性を与える可能性は，非変性ポリマーに固体または液体の燃焼防止材，例えば塩素置換の有機物質を添加することである。もう1つの可能性は高分子材料分子に火災の際，難燃性を発揮する特殊な元素を組み込むことである。特に適切なものとしてハロゲン元素の塩素とフッ素が実証されている。代表的ポリマーはポリ塩化ビニル（PVC）またはポリテトラフロールエチレン（PTFE）である（Jungwirth et al., 1986）。

火災の際，約120℃で既にハロゲン化水素が分離する。PVCではそのため塩化水素（HCl）気体が発生する。塩化水素は水に溶け，消火水とともに塩酸に変化する。燃焼ガスはまた濡れたコンクリート表面に沈積し，同時に塩酸を生成する。それはまず濃縮された酸による「溶解侵食」を引き起こす。更に塩化水素はコンクリートのカルシウム成分と反応し，$CaCl_2$を生成する。その際，水の存在とコンクリート表面における比較的高い塩化物の濃度は塩素イオンの侵入を有利にする。火災の後，塩化物のフロントはコンクリートの空隙と水分量に関連するが，更に進行する（Locher/Sprung，1971）。

7.3　塩化物侵入のメカニズム

コンクリートの耐久性にとって塩化物の外部からの作用は本質的なことである。塩化物の侵入とその作用を最小にするため，塩化物がどのようにしてコンクリートに到達し，いかなるパラメーターが侵入を促進するか，または抑止するか解明することは重要である。

今日私たちは，塩化物イオンについて一方では**拡散**により，他方では**対流**，即ち，準「ピギーパック」状態で水とともに移動可能であるということから始める。

拡散は当初セメントペーストの液体相中，それ故コンクリートの液体相中においても移動プロセスの主たる原因と見なされていた（Smolczyk，1984）。純粋な拡散では時間的に無限の侵入深さから出発する。いろいろな試験結果は塩化物の侵入は最終限界値をめざすことを証明した（Hartl/Lukas，1987）。これは純粋な拡散プロセスと矛盾する。

強制的対流では塩化物イオンはコンクリートに侵入する水とともに移動するが，その際セメントの水和吸水 a）と毛細管吸収 b）に区別される。水和吸水はごく若いコンクリートのみで現われ，毛細管吸収は全ての多孔材料に現われる。

a）　セメントの水和に伴う内部収縮は水和吸収即ち有害な物質を含む水（溶液）の遅れ吸収を生じさせる。セメントの体積収縮により生ずる侵入深さは部材が厚いほど，またW/Cが低いほど大きい（Volkwein，1991）。

b）　他の多くの多孔材料のようにコンクリートでも水または塩溶液は毛細管現象により上昇する。その際，溶液の水は溶解している塩よりも深く侵入し勾

7.4 コンクリート中塩化物の分布

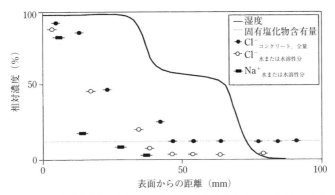

図-7.2 72時間吸水後，水の毛細管上昇および水とともに吸い上げられた Clイオン，Naイオンの相対分布（W/C=0.5，相対湿度65%に前保存，NaCl溶液濃度1.8%）（Volkwein, 1991）。

配も急になる。コンクリートは塩化物イオンに対しフィルターのように作用する。相応する試験によればNaイオンはClイオンよりも強いフィルターがかけられる。実際的なコンクリート水分量では境界条件によるが塩の侵入深さは水の侵入深さの40～70%である（**図-7.2**）。

たった72時間の1回の吸収プロセスで生ずるCl分布は例えば長年融氷塩の作用を受けた構造物で測定したそれと実際上区別できない。そのことから塩分またはイオンは主として対流により移動させられ，拡散は無視できるほど小さいと推論される（Volkwein, 1991）。

コンクリート中への塩化物の吸収はコンクリートの毛細管空隙率が高いほど，コンクリート中の欠陥部が多いほど大きくなる。コンクリート中の毛細管空隙率はW/Cが高いほど大きくなる。

7.4 コンクリート中塩化物の分布

コンクリートは均質な組織ではない。その結果コンクリートに浸透した塩化物はコンクリート中で均質に分布をしていない（**図-7.3**）。

表面に近いコンクリート縁部には常に通常のコンクリートに比べてセメントペーストに富む層が存在する。コンクリートが十分に締め固められていなければ

7 コンクリートに対する塩化物の作用

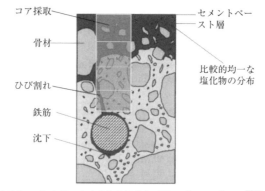

図-7.3 コンクリート中の塩化物分布（濃いグレーで着色：■部）の例と塩化物断面用コア粉の採取（Schöppel, 2010）

通常のコンクリート組織より高い空隙量が存在する。この層は塩化物の影響により比較的均質な塩化物分布が認められる。

セメントペーストと骨材またセメントペーストと鉄筋の接触部では通常のコンクリート組織に比較して大きな空隙が存在する。この部分にはひび割れや豆板のように優先的に塩化物を含む水を滲み込ませる道がある（Schöppel, 2010；Dauberschmidt, 2011）。隣接するコンクリート組織が非常に緻密であれば、そこにはほんの少しの塩化物を見出すのみである。研究はセメンペーストと鉄筋の接触部における欠陥の減少は供用期間の明白な改善をもたらすことを示している。もし現場においてこの欠陥を最小にする可能性も縮小するのであれば、プレキャスト部材の施工は非常に有効である（Harnisch/Raupach, 2011）。

7.5 コンクリート中塩化物の移動プロセスに対する影響

セメント種類の影響

高炉セメントとフライアッシュセメントをベースとするコンクリートは完全な水和の時、ポルトランドセメントをベースとするコンクリートに対し、より緻密な空隙構造となり、そのため高い拡散抵抗性を示す。高炉セメントやフライアッシュセメントから製造したコンクリートでは、毛細管空隙の割合が小さいことが塩化物の侵入を減少させる理由である。塩化物拡散係数は次の順序により小さく

表-7.2 各種セメントからなるコンクリート中塩化物（3モル NaCl 溶液）の相対透過度（拡散係数）（Brodersen 1982, Page et al. 1981による測定値）

セメント種類	拡散係数（%）
ポルトランドセメント	100
40M.-%スラグ高炉セメント	25
60M.-%スラグ高炉セメント	5
80M.-%スラグ高炉セメント	1

なる。

ポルトランドセメント → フライアッシュセメント → 高炉セメント

可能な拡散係数はセメントの種類と関連して：

$D_{Cl} = 5 \cdot 10^{-7} cm^2/s$ （ポルトラントセメント）

$5 \cdot 10^{-8} cm^2/s$ （フライアッシュセメント）

$1 \cdot 10^{-8} cm^2/s$ （高炉セメント）

高炉セメントの場合，スラグの割合が強く拡散係数に影響を及ぼす（表-7.2）。セメントペーストの高炉スラグ量 H と塩化物イオンに対する拡散係数 D の量的関係を図-7.4 に示す。透水量の減少は高炉スラグ量の6乗の関数という結果となっている。

高炉セメントから作られたコンクリートまたはセメントペーストの塩化物侵入に対する高い抵抗性はセメントペーストの高い緻密性によってのみ説明できるも

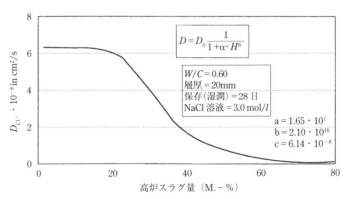

図-7.4 セメントペーストの拡散係数 DCl と高炉スラグ量 H の関係（Brodersen, 1982）

のではない。高炉セメントペーストが多量の塩化物を吸着結合し，そのため拡散に必要な濃度勾配を阻止する能力が重要である（Smolczk，1984）。

コンクリート用混和材の影響

　高炉スラグやフライアッシュをコンクリートに添加するとポルトランドセメントに比べて塩化物の移動に対する抵抗性が高まることが確かめられているが，これはポゾラン反応によって C–S–H 相が生成される空隙組織の緻密化に帰せられる。フライアッシュの利用により拡散抵抗性が高まる実質的原因はフライアッシュ粒表面またはその近傍に生成する反応生成物により空隙組織の連結性が効果的にブロックされることである。この「空隙ブロック効果(Pore–blocking–effect)」と表される影響要因により，毛細管空隙は全くまたはほとんど減少しない。媒質移動用のしかるべき空隙部をこれ以上獲得することは不可能なので，イオン移動の劇的な減少はマトリックスによるものである（Schießl/Wiens，1997；Li/Roy，1986）。

単位セメント量の影響

　単位セメント量を大きくすることは塩化物イオンの侵入を少なくする。W/C が一定で単位セメント量を増大させると拡散係数は小さくなる（Rechberger，1985；Page/Havdahl，1985）。表層部では内部よりも低い拡散係数である。その効果は型枠接触面のフレッシュセメントペーストに富む層に帰せられる。フレッシュセメントペースト量の多い同じような層は理論的に鉄筋表面にも形成され局部的に高い拡散抵抗性に導かれる（Page *et al.*，1981）。

W/C の影響

　W/C が低くなることは塩化物イオンの侵入を低下させる。その値は $W/C \leq 0.50$ が望ましい。ポルトランドセメントコンクリート中塩化物の平均相対透過度（拡散係数）に対する W/C の影響を**表–7.3**に示す。

表–7.3　水セメント比と相対透過度の関係（Brodersen，1985：Page *et al*. 1981 による測定値）

水セメント比	拡散係数（％）
0.6	100
0.5	45
0.4	20

強度クラス C55/67 以上で *W/C* が 0.35 以下の高強度コンクリートの場合，塩化物不透過を形成する可能性があるので，塩化物に強く暴露される場合でも計画した建設部材の供用期間内に鉄筋腐食の活性化を考慮する必要はない（Dauberschmidt，2011）。

養生の影響

セメントの種類や *W/C* のほか，セメントの水和度，即ち塩化物が作用する前のコンクリートの養生期間が塩化物侵入に対し重大な影響を有している。*W/C* と同じように，ポルトランドセメントコンクリートにおける長い養生期間の良い影響についてはっきりと効果を示している（**表-7.4**）。

表-7.4 養生と相対透過度の関係（Broderson，1982；Page 1981 による測定値）

養生期間（日）	拡散係数（%）
7	100
14	55
28	45

骨材径の影響

骨材混合物の粒度曲線は"最適な範囲"（A/B）を通るようにしなければならない。塩化物侵入は混合された骨材の最大粒径が大きくなるに従い増大する：

- 8 から 16mm に大きくなると，係数で約 2.1 倍大きくなり，
- 8 から 32mm に大きくなると，係数は 3.0 に上昇する

それ故，塩化物は骨材 / セメントペーストの境界面に沿って主に移動すると説明できる（Volkwein，1991）。骨材との多孔質な接触部（遷移帯）は明らかに侵入速度に大きな影響要因であることを示す。

炭酸化の影響

炭酸化したコンクリートでは，水および塩化物を含んだ溶液は，よりすばやく浸透する（Volkwein，1991）。この現象は炭酸化により空隙が減少し，小さい空隙が形成され最終的に侵入速度の減少が期待できるという意味では驚くべきことである。炭酸化したコンクリート中で塩化物の移動が促進される原因は，塩化物を含有する水和物相が炭酸化することにより分解するためと考えられる。

7 コンクリートに対する塩化物の作用

ひび割れの影響

　コンクリートのひび割れは幅の増大に伴って，コンクリート中への塩化物イオンの侵入を予想通り大きくする。0.4mm までの鉄筋コンクリートのひび割れ幅はコンクリートが十分緻密で厚いかぶりの場合耐久性に配慮する必要はない（Hartl/Lukas，1987）。特に塩化物により引き起こされる鉄筋腐食に関して水平面のひび割れ範囲が危険である。幅の小さいひび割れですら既に縁の条件次第で腐食被害が生ずる可能性がある（Gehlen/ Sodeika，2005）。

コンクリートの表面状態（品質）の影響

　様々な塩化物イオンの侵入状況はコンクリート表面を削り取ったり，剥ぎ落としたりした場合について観察されている。表面を削り取ることによって，塩化物イオンはコンクリート中へより深く侵入する。

凍結融解作用の影響

　NaCl の作用が凍結融解繰り返し負荷と組み合わされると，塩化物イオンのフロントでは，負荷期間により種々の濃縮が行われる。詳細な試験によって，凍結融解塩繰り返し 350 回の後，0.4％のフロントは 3.5cm のかぶりコンクリートを有する鉄筋に達していないことが証明された（Hartl/Lukas，1987）。

温度の影響

　塩化物侵入に対する温度の影響は非常に大きい。拡散係数は累進的に上昇し，保存温度が 15℃から 25℃にあがると 2 倍になる。

7.6　コンクリート中に塩化物はどんな形で存在するか？

　蓄積された方式とは無関係に，塩化物はコンクリート（セメントペースト）中に次の形で存在する。

- ●結合：セメントペーストの水和物相中に結合（化学的）
- ●溶解：空隙溶液中に溶解（遊離塩化物イオン）
- ●吸着：包接化合物中に吸着結合（物理的）

　既に述べたように，コンクリート混合物中のセメント，水，骨材，混和材料はごく少量の塩化物を含んでいる。基準や規格が定めた許容固有（材料から持ち込まれる）塩化物量 0.4M.−％（鉄筋コンクリート用フレッシュコンクリートの場合）

は**無害の絶対値**として**判断することはできない**（Breit *et al.*, 2011；Schöppel, 2010）。

　塩化物イオンは一般的にセメントペーストの組織を直接痛めつけるのではない。それは鉄筋が塩化物侵食に曝されるためである，即ち塩化物負荷によりもたらされた空隙溶液中の遊離塩化物イオンにより，鉄筋コンクリートにとって本質的に危険な腐食が始まる。遊離塩化物の量は存在する水分に左右される。絶え間ない水分，即ち水分の多い形態の塩化物負荷の場合，遊離塩化物の率が高いと考えられる。コンクリートが乾燥している場合，遊離塩化物はセメントペーストの内側表面に吸着結合する。塩化物はしかし吸湿性であり，塩化物はある割合で常に相応の水分を含んでおり，遊離塩化物と考えられる。

7.7　結合材による塩化物固定

　上述のように遊離塩化物イオンのみコンクリート中の鉄筋を腐食劣化させる状態にある。しかし塩化物の一部はセメントペーストに固定される。その際，全てのセメントクリンカー相は水和時塩化物を固定できる（**表-7.5**）。

表-7.5　規格セメントの塩化物結合水和物相（Smolczyk, 1984）

水和生成物	当初
Calcium–Silicathydratphasen（C–S–H） $3CaO \cdot 2SiO_2 \cdot aq$（$Al_2O_3, SO_3,$ **Cl** が固定されている）	C_3S C_2S 水砕スラグ ポゾラン質組成部
Calcium–Aluminathydrat–Monophasen（AFm）[1] $3CaO \cdot Al_2O_3 \cdot Ca(OH)_2 \cdot aq$ $3CaO \cdot Al_2O_3 \cdot CaSO_4 \cdot aq = C_3A$-モノサルフェート $3CaO \cdot Al_2O_3 \cdot CaCO_3 \cdot aq$ $3CaO \cdot Al_2O_3 \cdot$ **CaCl₂** $\cdot aq =$ フリーデル氏塩 Calcium–Aluminathydrat–Triphasen（AFt）[1] $3CaO \cdot Al_2O_3 \cdot 3CaSO_4 \cdot aq =$ エトリンガイト $3CaO \cdot Al_2O_3 \cdot 3$**CaCl₂** $\cdot aq$	C_3A C_4AF 水砕スラグ ポゾラン質組成部
Calciumhydroxid $CaO \cdot H_2O = Ca(OH)_2$ $CaO \cdot$ **CaCl₂** $\cdot 2H_2O$	C_3S C_2S

　1）　Al_2O_3 は一部 Fe_2O_3 に代わっている

7 コンクリートに対する塩化物の作用

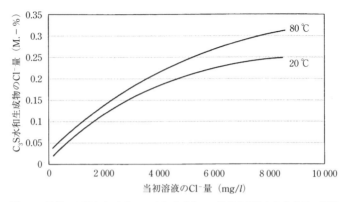

図-7.5 20℃, 80℃における C_3S 水和生成物への塩化物挿入と塩化物量の関係
(Richarz, 1969)

C_3S, C_2S が水和時生成する C–S–H 相は塩化物を固体の形態で結合できる。当初溶液の塩化物量が多ければ多いほど，また温度が高ければ高いほど－例えば熱処理－多くの塩化物量が結合される（**図-7.5**）。

C_3S の水和生成物の塩化物結合可能量には上限があり，上限挿入量は 80℃では 0.30～0.35% Cl および 20℃では 0.25～0.30% Cl である。

C_3A と C_4AF は塩化物溶液と反応しフリーデル氏塩（$CaO \cdot Al_2O_3 \cdot CaCl_2 \cdot 10H_2O$）を生成する。塩化物の結晶化学的結合は溶液（練り混ぜ水）の塩化物量 10g/l を超えなければフリーデル氏塩の生成によって実現する。それを超えた塩化物量はトリクロライドハイドレート（Trichloridhydrat, $3CaO \cdot Al_2O_3 \cdot 3CaCl_2 \cdot 32H_2O$）に固定される。この化合物は水の作用で崩壊して遊離塩化物を生ずる一方，フリーデル氏塩は温度 90℃までおよび pH7～12.6 の熱い溶液中で高い安定性を有する（Richartz, 1969）。CO_2 の供給はフリーデル氏塩をギブサイト（Gibbsit, Hydragillit）($Al(OH)_3$)，カルシウム変態のファテライト（Vaterit），カルサイト（Calcit），アラゴナイト（Aragonit）ならびに塩化物に分解する。コンクリート中の硫酸塩の割合が高くなると塩化物の遊離のもとでエトリンガイト（$3CaO \cdot Al_2O_3 \cdot 3CaSO_4 \cdot 32H_2O$）を生成する（Binder, 1993）。

塩化物は単に水和の間のみならずセメントペーストの中に挿入される。融氷塩の作用を受けるコンクリートの実験は塩化物が Richerz 限界値の 1.5 倍まで安定なアルミネートに固定されうることを示した（Binder, 1993）。

7.8 腐食発生限界値

鉄筋の腐食は鉄筋位置において塩化物イオンが外部からコンクリートに侵入し腐食発生限界値を超えるときのみ発生する。侵入と同時に化学的および吸着結合のプロセスが形成される。塩化物イオンは完全にセメントペースト中に結合することはしない。コンクリート空隙溶液中には常に腐食を生じさせる溶解塩化物イオンの残余濃度が存在する。

建設実務上の視点から基本的に限界塩化物量として2つの定義が可能である（Schießl/Raupach，1990）。

1. 限界塩化物量：**鉄筋表面の不動態皮膜破壊（以後「活性化」と訳す）が生じ**，鉄筋腐食が始まる。コンクリート表面に視認できる腐食劣化まで進行しているかどうかは無関係である。

2. 限界塩化物量：**劣化と評価される腐食現象を発生させる。**

定義2によれば，環境条件により，一部，定義1よりも非常に高い塩化物量が予測される。**腐食劣化は鉄筋表面の活性化**に加えて更に多くの条件が－相当大きな腐食速度が生ずる（例えば**十分な酸素供給**と相応する**水分環境**）－満たされる時にのみ現われるからである。

腐食発生限界値に達するまでの塩化物イオンの濃縮プロセスは外的環境条件のほか，基本的に塩化物イオンの移動に影響を及ぼすコンクリート技術的パラメータに依存する。それにはセメント種類，W/C が重要な影響要因である。

腐食発生限界塩化物量について多数の研究がなされており，「しきい値」が提案されているが，限界塩化物量のデータは常に用いられた試験法や行われた塩化物量の解析調査法と関連して考えなければならない。しかし腐食開始塩化物値に関する明らかで一般的に通用する限界値は存在しない。

Breit の広汎な文献調査は，腐食を発生させる全塩化物量の下限値はセメント量の 0.2M.–% であることを示した。しかし腐食を発生させる全塩化物量は 1.5M.–% まで考慮すべきである（Breit，1997, 1998a,b）。

塩化物を含むアルカリ溶液中の鋼材に関するいろいろな試験により，溶液濃度の限界塩化物量と pH の強い関連性が示された。コンクリート空隙溶液中の水酸

7 コンクリートに対する塩化物の作用

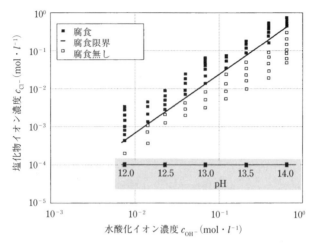

図-7.6 塩化物を含む溶液中における鋼の電気化学的腐食とpHの関係
(Breit, 1997)

化イオンの濃度はコンクリートまたはセメントの溶解アルカリ量に関係し，変化する水分の状態はpHの変動をもたらすので，腐食を発生する限界塩化物量の定義は空隙溶液中遊離塩化物イオンの濃度のみを手がかりとするのは不十分とみなすことができる。空隙溶液の水酸化イオン濃度の知識に関連してこそ，腐食の危険性に対する遊離塩化物濃度の正確な判断が行うことができる。

腐食を発生する塩化物の濃度と水酸化イオン濃度の関係について（図-7.6），pH12～14の範囲で次の関係式が導かれた（Breit, 1997）：

$$\log c_{Cl^-,krit} = 1.5 \cdot \log c_{OH^-} - 0.245$$

ここで，

$c_{Cl^-,krit}$ = 腐食発生塩化物濃度（mol/l）

c_{OH^-} = 水酸化イオン濃度（mol/l）

腐食システム**コンクリート中鋼材**を言い換えれば，電気化学的試験によって得られた結果は限界腐食発生塩化物量がpHと依存関係にあること，つまり空隙溶液中のpHが低い場合（炭酸化やシリカフュームの大量添加），高いpHの場合よりもさらに低い限界塩化物量が想定されることを意味する。

モルタルとコンクリートの知識を利用してBreitは塩化物を含む溶液中のモル

7.8 腐食発生限界値

タル電極試験の範囲で次の結論に至った：
- 孔食の始まる条件はセメント量の 0.25〜0.75M.-%における全塩化物量の範囲であり，試験した配合では腐食発生限界全塩化物量は 0.3〜0.5M.-%の範囲であることが明らかとなった（図-7.7）。

図-7.7 で試験したモルタル配合は表-7.6 に示す。セメント量に対し 0.25M.-%以下の全塩化物量で腐食を生じた例はなかった。腐食発生限界濃度に対するセメント種類の大きな影響もなければ明白な配合（W/C, セメント量）の影響も定めることもできなかった。

Breit の試験では限界腐食発生塩化物量はある定まった限界値をもとに定めることができないことを明らかにした。一方孔食が始まる条件は腐食発生限界値を超えた直後と同一と考えられるので，塩化物の濃度のしっかりした範囲を定めることができる。この範囲はコンクリート技術上の指標値とは無関係である。

図-7.8 は孔食が開始する条件と考えられる範囲における腐食の割合を示す。孔食の開始は鋼材表面におけるセメント量に対する全塩化物量 0.25〜0.75M.-%

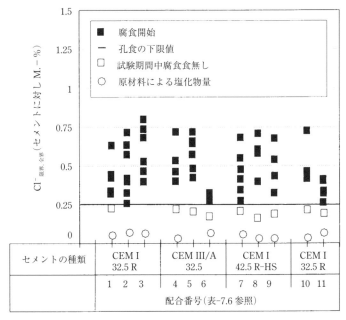

図-7.7 腐食発生全塩化物量とセメント種類，配合の関係（Breit, 1997）

7 コンクリートに対する塩化物の作用

表-7.6 モルタル配合(図-7.7 から)

指標値	単位	セメント種類									
		CEM I 32.5R			CEM III/A 32.5			CEM I 42.5R-HS			CEM I 32.5R
		配合									
		1[1]	2	3	4[1]	5	6	7[1]	8	9	10 11
W/C	-	0.50	0.60	0.50	050	0.60	0.50	0.50	0.60	0.50	0.60 0.55
セメント	g	450	450	350	450	450	350	450	450	350	330 450
水	g	225	270	175	225	270	175	225	270	175	270 270
骨材	g	1350	1350	1350	1350	1350	1350	1350	1350	1350	1350 1350
シリカフューム	g										45
フライアッシュ	g										120

1) DIN EN 190-1 に基づく配合

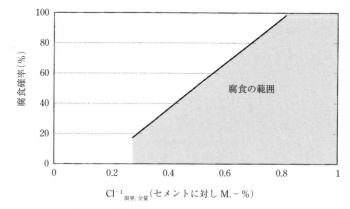

図-7.8 孔食の発生条件と腐食確率 (Breit, 1997)

の間である。下限値(0.25〜0.30M.-%)を下回ることにより腐食が発生する確率は約10%である。塩化物イオン濃度が上昇するに従い,上限値0.75M.-%まで腐食の危険性は直線的に増大する。鋼材表面における全塩化物量が約0.85M.-%以上存在するとそれは面的腐食にみちびかれる。

現在の知識によればセメント量の約0.2M.-%の全塩化物量はコンクリート中の鋼材に腐食を発生する限界塩化物量であることを示している。この限界を超えることはしかし無条件に孔食に結びつくわけではない。限界値で既に腐食が始まる確率は比較的小さい。即ち実務上この下限腐食発生限界値をもっぱら指標とす

ることは意味のないように思われる（プレストレストコンクリート部材を除く）。

供用範囲の多様性またはいろいろな環境条件における構造物の使命や構造部材は1つの定まった限界濃度を規定することには無理がある。

限界塩化物量を定めることは個々のケースや専門家による全ての有力な影響要因を考慮した結果であるべきである。その際，**図-7.8** に示した腐食確率と全塩化物量（セメント量と関連する）の関係まで遡るべきである。

研究成果は十分なコンクリートかぶりと鉄筋の実際の配向分極の場合，塩化物量がセメント量に対して0.5M.–%以下では，腐食の始まりは非常に少ない確率でしか発生しないことを示している。次のしかし境界条件に注意しなければならない。

コンクリートのかぶり≧ 15mm もしくは炭酸化フロントと鉄筋の距離≧ 5mm
コンクリートの空隙度が高くない，豆板が無い
コンクリートの強い溶脱が無い
鉄筋の強い分極化が無い，例えば電車や地下鉄などにより引き起こされる迷走電流の影響
ひび割れのないコンクリート（Breit *et al.*, 2011 ; Harnisch/Raupach, 2011）

7.9 塩化物の定量

コンクリート中の塩化物量を定めるには，簡単に比較することができない種々の方法が利用される。ドイツでは鉄筋コンクリート学会（DAfStb）により1989年「コンクリート中塩化物の定量に関する手引き」が発行された。それにより，塩化物の定量法は統一化され，試験結果をより良く比較することが可能となった。この手引きはもっぱらコンクリート中の全塩化物の定量に関するものである。

コンクリート中の鉄筋腐食の危険性を判断するのに決定的なのはしかしながら鋼材表面における遊離塩化物濃度である。しかしこれまで遊離塩化物イオンを定める統一的な方法は存在しない。現在行われている方法は一定コンクリート量に対する平均的な塩化物量のみ確かめることができる。このいわゆる輪切りコンクリートの平均値を積分する方法はしばしばセメント / 鋼やセメントペースト / 骨材の境界面に見いだす塩化物量よりも実質的に低い値をあたえる。腐食の危険性

7 コンクリートに対する塩化物の作用

を判断するため，深い位置の解析結果のみを用いることは塩化物量が勾配を有しているため安全の証明を表わすことにはならない。

7.9.1 定量化学分析

コンクリートの全塩化物量は定量分析によって定めることができる。この方法では同時に遊離塩化物分と固定塩化物分，即ちコンクリート体積（$8\sim80cm^3$）に対する平均全塩化物量が定められる（DAfStb H.401）。

コンクリートの全塩化物量を定量するのは一般に実験室で行われる。実験の手間が大変だからである。次の方法が「コンクリートの塩化物定量の手引き」により採用できる：

- 電位差滴定
- 直接電位差分析
- 測光分析

これらの方法の詳しい記述は前述の手引きに見い出すことができる。その他可能なコンクリートの全塩化物の分析定量方法は次の通りである。

- 粉末プレス加工体の蛍光X線分析法
- Binder による銀滴定（Binder，1993）

定量分析は手間がかかるので，実用のため塩化物量を定める簡便で迅速な方法が開発された。それにより構造物について十分正確に塩化物量を定めることができるようになった。それらには，イオン選択電極（ISE）や所謂「カンタブ法」があげられる。

ISE 法による試験結果は電位差滴定法に匹敵できるところまで達している。この方法の欠点はキャリブレーションの手間が大きいことと測定時間が長いことである。ISE 法の現場適用法への転用は，RCT 法（Rapid Chloride Test）や塩化物量と炭酸化深さを組み合わせ定める方法を実現させた。この方法により現場で全塩化物量の定量が可能となった（Gusia/Hörner，1998；Breit，1997,1998a,b）。

カンタブ法とは，テスト紙により塩化物量を現場で近似的に定める試験法（半定量）である。この方法はしかし塩化物の予備試験的特性を指向するものである。

7.9.2 遊離塩化物イオンの定量（証明）

鋼材の孔食にとって空隙水に溶解し鉄筋表面に達する塩化物イオン量のみが標準となるので，構造物の遊離塩化物イオンの局部的蓄積を定めるため，スプレー法が開発された。

1. Locher と Sprung によるクロム酸塩法（Locher/Sprung, 1971）

クロム酸塩法では，例えば塩酸蒸気に晒されたコンクリートの破断面に硝酸性硝酸銀溶液と黄色クロム酸カリウム溶液を相次いで散布する。塩化銀を含む範囲は黄色に，塩化物イオンを含まない範囲では沈着した銀クロム酸塩により赤褐色に色づく。コンクリート表面にある水溶液膜に銀クロム酸塩が沈殿するにはpH6.5～10が必要である。コンクリート表面の高い pH をこの範囲に入れることは多くの場合，実質的に不可能である。

融氷塩が作用したコンクリートの場合，クロム酸塩法は利用できない。コンクリート破断面は一般に十分中性化しておらず銀クロム酸塩の沈着が中断されるからである（Dorner の文献による，1988）。

2. Collepardi による方法（Schöppel *et al.* による文献, 1988）

Collepardi による方法では，$CaCl_2$ 溶液に晒されたコンクリートの破断面にフルオレセイン溶液（100ml の70％エチルアルコールに0.1g フルオレセイン）を散布する。散布面を乾燥し，続いて0.1モル硝酸銀を散布する。散布面はその際，薔薇色に着色する。時間の経過とともに，遊離塩化物イオンが存在しない範囲はだんだんと暗色になるが，塩化物を含む範囲では薔薇色は保持される。この方法の利用はしかし実験用供試体に限られる。

3. Schöppel による UV（紫外線）法（Schöppel *et al.*, 1988；Dorner, 1988）

Schöppel による UV 法では硝酸銀水溶液（pH 約7）をコンクリート表面に非常に細かく分散させて散布し，紫外線を照射する。直射日光を照射した場合，遊離塩化物の範囲では数分もしないうちに遊離塩化物濃度に応じ銀灰色から青灰色まで色づく。塩化物イオンの無い範囲または塩化物イオンが固定している場合，茶色のままである。

非常に乾燥したコンクリートの場合，塩化物イオンの溶解に必要な水量が存在しない。このような時には UV 法は無意味である。ポルトランドスラグセメントや高炉セメントで作ったコンクリートは青灰色から暗灰色まで色づく。この特徴

7 コンクリートに対する塩化物の作用

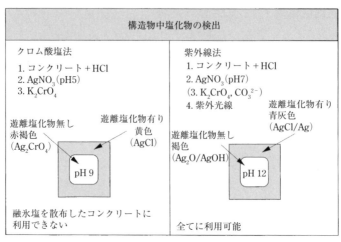

図-7.9 クロム酸塩法と UV（紫外線）法の対比（Dorner，1988）

ある色は UV 法の利用にあたって塩化物分布の識別を困難にする。

図-7.9 にクロム酸塩法と UV（紫外線）法の比較を示す。

遊離塩化物イオンを定める今 1 つの可能性は空隙溶液の絞り出し法である。この方法は遊離塩化物濃度を定める信頼できる方法として通用している。いずれにしてもこの方法で定められた塩化物濃度は事実上存在する濃度を上回るという制約がある。固定されている塩化物イオンも溶け出すためである。

7.9.3 固定塩化物イオンの検出

外からコンクリートに侵入する塩化物（例えば融氷塩散布など）は主としてセメントペーストのアルミネート相に沈積する。個々の鮮明な輪郭を有する鉱物相の化学的組成はフリーデル氏塩の組成（$3CaO \cdot Al_2O_3 \cdot CaCl_2 \cdot 10H_2O$）に似ている。このことは電子顕微鏡（ESMA）で確定できる（Binder, 1993）。またX線回折（XRD）でも，フリーデル氏塩として固定している塩化物イオン分を定めることは可能である。しかし固定している塩化物の全部を定めることはできない。塩化物イオンはフリーデル氏塩としてのみ固定しているとは限らないからである。

7.9.4 供試体採取位置

一般に構造物内部の塩化物分布は不均一に分布している（図-7.3）。この理由から供試体採取位置は試験結果に重大な影響をもたらす。構造物の腐食の危険性の結論は調査結果に基づくので，高い専門知識が必要である（Schöppel, 2010）。

7.9.5 塩化物浸透に対するコンクリートの抵抗

塩化物浸透に対するコンクリートの抵抗性を見つけるため急速試験が開発された。この所謂急速塩化物移動試験（Rapid Chloride Migration Test：RCM-Test）は水利構造物連邦研究所の指示書「塩化物浸透抵抗性」2004年12月（Bau-Merkblatt）により数日間でコンクリートとモルタルの塩化物移動の判断を可能とする。印加電場（移動）による塩化物イオンの浸透促進に基づく（図-7.10）。この試験はかぶりコンクリートに依存する鉄筋に対するコンクリートの腐食防止作用期間に関する命題を提供した。RCM試験では特別に作られた供試体と同様に構造物から採取したコンクリートコアでも試験できる（Dauberschmidt, 2011）。

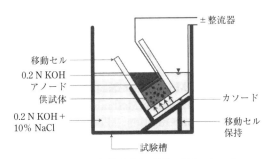

図-7.10 塩化物移動試験用機器の基本スケッチ

7.10 塩化物の鉄筋コンクリートへの侵食

7.10.1 電気化学的基礎

熱力学的法則により，鋼材はエネルギーの低い酸化物の形態に移行する自然な傾向を有しているにもかかわらず，炭酸化せず塩化物を含まないコンクリート中

では腐食から保護されている。この保護はコンクリート空隙溶液のアルカリ性に基づく。そのとき，鋼表面に薄いほんのわずかな原子層厚の酸化皮膜（不働態皮膜）が形成され，鉄の溶解が強く抑制するため，腐食は事実上停止状態にある（Schießl/ Raupach，1988）。

コンクリート中鋼材のこの不動態皮膜は2つのプロセスにより失われる：

- 炭酸化による pH の低下（第3章参照）
- 塩化物限界値を超過

十分水分と酸素の供給がある場合，不動態皮膜層の破壊の結果として（鋼材表面の活性化）鉄筋の腐食にいたる。

コンクリート中鋼材腐食のメカニズムは特に塩化物の存在により，殊の外複雑なものになる。塩化物に起因するコンクリート中鋼材の腐食は鋼材表面におけるポテンシャル差が原因となる電気化学的プロセスである。

ポテンシャル差の発生

2つの異なる金属をお互い電気的に結ぶと卑から貴金属に向かって電子が流れる。その時金属的にも電解質にもお互い結ばれたアノード（卑な金属）とカソード（貴な金属）を有するガルヴァーニ電池が存在する。このガルヴァーニ電池は腐食問題と関連して腐食電池とも表記される。この腐食電池の形成についてDIN 50900 によれば3つの原因が問題となる：

- 材料の側面：
  いろいろな金属または材料の不均一性（「接触電池」）
- 電解質の側面：
  金属の損傷に影響する特定物質の濃度の違い，（「濃度差電池」，酸素供給が異なる場合には「通気差電池」）
- 電解質のみならず材料の側面も：
  異なる条件，例えば温度

鉄筋腐食の時ポテンシャルの差は次により生ずる：

- コンクリートの化学的組成の局所的違いの重なり
- 通気挙動の違い
- 鋼材表面の不均質性
- 腐食生成物による鋼材表面の不均一な配置

7.10 塩化物の鉄筋コンクリートへの侵食

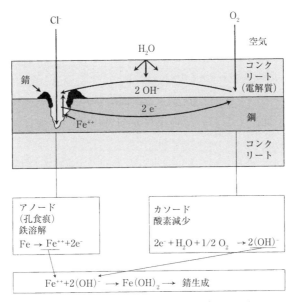

図-7.11 塩化物による腐食時の電気化学的プロセス（Schießl/Raupach, 1988）

塩化物に起因する腐食の電気化学的プロセスを図-7.11に模式図的に示す。

アノードでは鉄イオンはFe^{2+}として溶解し，その時2個の電子が遊離する。この電子はカソードでは水および酸素と反応し水酸化イオンを生成する。これはコンクリートを通してアノードに至り，鉄イオンと反応し水酸化鉄になる。それはさらに水および酸素と反応し腐食生成物を作る。

アノードとカソードは顕微鏡的に小さくお互い密集していると「ミクロ電池」，大きな寸法で局部的にお互い離れていると「マクロ電池」で存在する。

ミクロ電池は外見上均一な鋼材腐食を生じ，腐食は一般にコンクリートが鉄筋位置まで大面積に炭酸化した時，または局部的に限定されていない非常に高濃度の塩化物量の時発生する（Raupach, 1992）。

マクロ電池は一般に塩化物が起因する腐食の時発生する。塩化物が存在するとき不動態状態の鋼材表面に孔食が生ずるメカニズムは未だ完全に解明されたわけではない（Schießl/Raupach, 1994）。孔食とはクレーター状で表面がえぐられるまたは針状の穴が発生する腐食形態と理解される。一方孔食部以外では実際上表

面の腐食は生じない。鋼材表面の不動態皮膜が破壊された（活性化）後，孔食痕では塩化物イオンの濃縮により腐食生成物に局部的な電解質の著しい変化が現われる。それにより鉄の素早い溶解が可能となる。塩化物が原因の孔食腐食の特異性はしばしば外から認識できないことである。そのためコンクリート表面で腐食の兆候を認識できないまま，鉄筋の大きな断面損失が生じうる（Breit *et al.*, 2011）。

腐食プロセスはたくさんの前提条件が同時にみたされなければならない（Schießl/Raupach, 1994）：

- **ポテンシャルの差**が存在しなければならない。これは事実上いつも存在し，塩化物に起因する腐食の場合には約 100mV に達することがある。
- **アノードとカソードは金属的にまたは電解質的にお互い結合されていなければならない**。金属的結合はコンクリート中の鉄筋システムにより与えられる。アノードとカソードの電解質的結合を確立するため，コンクリートは十分湿潤でなければならない。仮にコンクリートの炭酸化により鋼材表面が活性状態になっていたにしても，乾燥した内部空間では例えばコンクリートの電解質能力は鉄筋腐食を起こさせるためには小さすぎる。
- **アノードにおける鉄溶解**は活性化により可能となる。
- カソードでは水酸化イオン生成のため，**十分な酸素**が存在していなければならない。その時酸素はコンクリート表面からカソードとして作用する鉄筋表面に拡散できなければならない。鉄筋コンクリート部材では常に水中にある場合（水中部）不可能である。そのため腐食の危険性は存在しない。

電気化学的プロセスとしてコンクリート中鋼材の腐食速度は温度に関係する。鉄筋コンクリート屋外部材の腐食速度には，それ故，温度条件に伴う大きな季節変動が存在する。

■塩化物イオンによる鉄筋の活性化－作用メカニズム
化学的反応

コンクリートに配置された鉄筋の周囲を自由に動く塩化物は幾重の意味で，腐食を促進させるように作用する：

- 塩化物は保護層を貫き，鉄と反応して，少し可溶性な塩化鉄または活発な鉄錯体となる。その時，塩化物は消費されずに，引き続く置換反応のため自由

7.10 塩化物の鉄筋コンクリートへの侵食

になる：

$$Fe^{2+} + 6Cl^- \rightarrow FeCl_6^{4-} \tag{7.1}$$

$$FeCl_6^{4-} + 2(OH)^- \rightarrow Fe(OH)^2 + 6Cl^- \tag{7.2}$$

- 塩化物は鉄筋部におけるポテンシャル差の形成を促進する。同時にそれはイオンの流れを密にし，腐食電池の代謝を促進する。
- 塩化鉄の加水分解により，塩酸が生成する可能性がある：

$$FeCl_2 + H_2O \rightarrow Fe(OH)Cl + HCl \tag{7.3}$$

- ほんの僅かの塩化物量でも保護層の局部的破壊を起こすことができる，それは激しい局部的腐食損傷（孔食）に至らしめる。

鉄筋コンクリート腐食時の劣化の形成

鋼材腐食は体積膨脹を生じさせる。これはコンクリートが受け入れることができる引張応力を超えると，周囲のコンクリートにひび割れを形成させる，そして後にかぶりコンクリートの剥離に至らしめる。

7.10.2 コンクリートのひび割れと鉄筋の腐食進行

実験的研究により，全てのひび割れ（ごく微細なものでさえ）に次のことが当てはまることが証明された：

ひび割れ幅が大きければ大きいほど，ひび割れ基部における塩化物濃度は大きくなる。即ち，塩化物イオンの侵入を阻止する許容ひび割れ幅は存在しない（Hartl/Lukas，1987）。

しかし，もし十分に緻密で，厚いかぶりが保証されるなら（不十分な酸素や湿度の供給），鉄筋コンクリートにおける通常の幅，0.4mm までのひび割れは何等構造物の耐久性を害することはない。

ひび割れ部における鉄筋腐食に関して基本的に2つの腐食プロセスが可能である（**図-7.12**）（Keller/Menn，1993）：

- 腐食プロセスⅠの場合にはすべての電気化学的プロセスはひび割れ部に集中して進行する。活性化した鉄筋表面にはアノードとカソードがお互いすき間無く存在する。酸素はひび割れを通して供給される。流れる腐食電流とそれに適う腐食による欠損は腐食プロセスⅠの場合一般に小さい。
- 腐食プロセスⅡの場合には電気化学的プロセスはひび割れ間または一般のひ

7 コンクリートに対する塩化物の作用

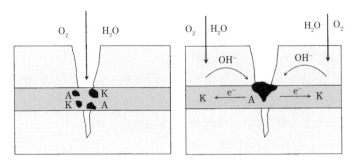

図-7.12 ひび割れ部における腐食プロセス (Keller/Menn, 1993)

び割れが入っていない範囲にまで及ぶ。マクロ電池が形成される。ひび割れ部の活性化された鋼材表面はアノードとして働き，ひび割れ間のまだ不動態を維持している鋼材表面はカソードとして働く。酸素はかぶりコンクリートの空隙システムを通してカソードに導かれる。かぶりコンクリートの空隙水は電解質として働く。酸素供給と電解質抵抗により，有効なカソード面はアノード面の何倍にも達する。腐食電流量はカソードとアノードの表面積に比例し，カソードが大きければ大きいほど著しく増大する。腐食プロセスIIは非常に大きな欠損率まで達しうる。目立った孔食の開始点は−鉄筋の包囲が不完全な場合，鉄筋が集中しているときや鉄筋が交差している時などに見いだすように−鉄筋下面に隙間が形成されているところである。

上述した関係は基本的に横ひび割れ（鉄筋を横切るひび割れ）にも縦ひび割れ（鉄筋に沿うひび割れ）にも通用する。

ひび割れ部における鉄筋の腐食プロセスは多数のパラメータに関係する。それらをあげると：
- ひび割れ種類：通常のひび割れまたは水を導くひび割れ
- ひび割れ形状：横ひび割れまたは縦ひび割れ
- 鉄筋位置におけるひび割れ幅
- 構造物の材齢
- かぶりコンクリート厚
- かぶりコンクリートの緻密性

- かぶりコンクリートの湿度
- 鉄筋位置におけるひび割れ縁の塩化物量

ひび割れを判断する主パラメータはひび割れの種類である：通常のひび割れ（乾燥または常に水に満たされている）または水を導くひび割れ（腐食を発生し易い）。ひび割れ幅は二義的である。

耐久性はひび割れ幅の制限で達成されることはない。構造対策，例えば充填や注入によってのみ，水を導くひび割れを抑止または排除できる。

7.11 塩化物による腐食に対する保護および補修対策

7.11.1 保護対策

プレストレストコンクリート部材の設計上の原則は耐用年数の全期間にわたって，PC鋼材の不動態を維持することである。

鉄筋コンクリートの場合，長期間にわたる供用を保証するため，2つの方法が存在する：

- 不動態を維持する
- かぶりコンクリートの水（溶解した塩化物を含む）や気体に対する透過性を小さくする

構造物の計画の時点で，既にその負荷についてできるかぎり正確に判定しなければならない。**正しく選択された適切な保護対策**は構造物の計画供用期間について財政資金を大幅に節約できる。

特に塩化物によりコンクリート自体の損傷は少ないが，鉄筋は危険に晒される。それ故，コンクリート（セメントペースト）に対する保護対策は特別に考える必要はない。鉄筋コンクリートに塩化物が侵入または持ちこまれることを最小限にする対策の一部は，同時にコンクリート自身に対する塩化物の悪い影響を小さくする。

保護対策の選択は腐食危険性の種類，かぶりコンクリートの品質，腐食劣化に対する重大性（補修の可能性）と保護の可能性による。

防食対策は2つのグループに分けられる：能動的および受動的な防食。能動的な防食とは，コンクリートの配合や通常の技術的プロセスにより実現されるコン

7　コンクリートに対する塩化物の作用

クリートの耐久性を確保する全ての対策と理解される（Reichel, 1987）。

　受動的な防食は，腐食の危険性が高い時**追加する対策**である。それは含浸やコーティングのような付加的対策の利用に限られる。

7.11.1.1　能動的な防食

材料による対策

　塩化物に曝されるコンクリートの配合，特性に関する限界値は第 1 章を参照のこと。

　腐食インヒビターはフレッシュコンクリートに混和剤の形で添加される。その役割は鋼材を化学的方法で腐食から守ることである。基本的に防食特性が証明されている化学物質は多数知られているが，コンクリートの高アルカリ性雰囲気のもとにおける挙動は個々のケースについて十分解明されているわけではない。インヒビターは有機質または無機質物質でカソード反応（酸素の減少）および（/または）アノード反応（鉄の溶解）を阻止し金属の腐食速度を遅らせる。それらは保護および補修に関するヨーロッパ基準において，基準 SN EN 1504–9「コンクリート中（または表面）の腐食インヒビターの使用」に適う基本 11.3 として承認された。インヒビターの問題はひび割れ部における有効性である。水の作用を受けた場合洗い流される可能性があるためである。

　インヒビターの作用に対する多数の研究にも関わらず，予防使用でも追加使用についても，評価，長期効果そのため有効性についてのコンセンサスは存在しない（Hunkeler *et al.*, 2011）。

工学的な対策

- 養生

　DIN 1045–3 に養生の目的，範囲，対策が述べられている。適切な養生とはかぶりコンクリートの初期の乾燥を防ぎ，それ故不完全な水和作用になることを防ぐことである。これには保水および（または）給水の対策が行われる。これにより，表面付近のコンクリートが内部と同じ特性を示すことが確保される。

- 材料分離を避けること

　施工技術上の対策により，フレッシュコンクリートは打設の際，分離を生

じないように配慮をしなければならない。個々のケースとして，例えば，水平に打設した床版ではスラブの空隙に大きな違いを認めることがある。この原因はフレシュペーストと骨材の分離である。フレッシュペーストに富んだ表層は特に注意した養生が必要であり，高い毛細管空隙のため，水と塩化物を多く吸収する傾向がある（7.4 節）。

- コンクリート表面に対するコーティング

施工上の対策

- 車道舗装と構造体間の防水（例：舗装体構造）
- 塩分を含んだ水の十分な排水（勾配）
- 橋の排水では塩分を含む水は常に柱脚の足許まで管で導かなければならない。そうすることにより，風によって橋脚に飛び散ることはない。
- 必要なかぶり厚さの確保。必要なかぶり厚さは多数の影響要因に帰着する。
- 水セメント比 > 0.60 の時，かぶりが厚くとも塩化物イオンの侵入に対して十分な防止効果を確保できない。それ故，水セメント比を小さくする対策が有意義である。
- 鉄筋保護のための付加的外部保護層として弾性的充填スラリーの利用（例：かぶり不足など）：セメント，細砂と水に添加された分散ポリマーにより，水蒸気を通過させるが，流水や二酸化炭素，塩化物は通過させないゴム質塗膜が生まれた。

7.11.1.2　受動的腐食防護

- 鉄筋の塗装

合成高分子材料（例：PVC）で被覆した鉄筋：エポキシ樹脂の粉体塗装 – 米国における既に 20 年間にわたる長期使用の経験では，保護作用はコンクリートに対する塩化物の負荷が高い場合でも長期間維持されることを示している（Hermann，1992）。

損傷を受けやすい，付着強度が劣る，鋼材の溶接と曲げ戻し加工の禁止，運搬や加工作業に細心の注意が必要であることが塗装の短所である。

- 亜鉛メッキ鉄筋

亜鉛は塩化物濃度が低い時，一時的な保護効果を示す；コンクリートの

pHの範囲では亜鉛には腐食抵抗性はない；高塩化物濃度の時は不適切ではっきりした限界濃度はまだ不明である。

- カソード防食

 カソード防食は次により達成できる：

 ① 鉄よりも卑な金属と鉄筋を導電体結合する

 ② 鉄筋に外部電圧を取り付ける，その際鉄筋はカソード（陰極）として機能する。

 両方のケースとも鋼に過剰電子を生じ，鉄が溶解することを妨げる（Jungwirth *et al.*, 1986）。

- ステンレス鋼鉄筋

 コストが普通鋼の約5倍である。

7.11.1.3 腐食監視システム

腐食監視システムは早い時期，鉄筋が腐食を開始する以前にも，構造物から供試体を取り出すことなしに警報を与える使命を有している。

一般に不動態皮膜を破壊する物質 CO_2 または Cl^- はコンクリート表面からかぶりコンクリートを通過し，鉄筋に向かって進行する。鉄筋の腐食は活性化のフロントが鉄筋に達した時に始まる（**図-7.13**）。

活性化のフロントの時間的進行を知ることは時機を得た本格的な防食対策（補修対策）を可能にする。これは被害が生じた後，補修するより明らかに経済的である。

特別に開発された腐食センサーにより，活性化フロントの進行を正確に追跡できる（Raupach/Kosalla, 2012；Brehm, 2011；Holst *et al.*, 2007；Sodeika *et al.*, 2006；Schießl/Raupach, 1994 等々）。腐食センサーはコンクリート表面から鉄筋間のかぶりコンクリートに配置されている一連の個々のセンサーからなる。それ故，活性化フロントがどの深さまで進んだか連続的に追跡できる（**図-7.14**）。

個々のセンサーの原理は腐食プロセスの電気化学的性質に基づいている。それぞれのセンサーは，外部に通ずるケーブルによって，コンクリート中に埋め込まれた貴金属片（塩化物を含むまたは炭酸化したコンクリートにあっても腐食しない）とむすびつけられている。鉄筋の活性化の後，鉄筋と貴金属の間に，信号と

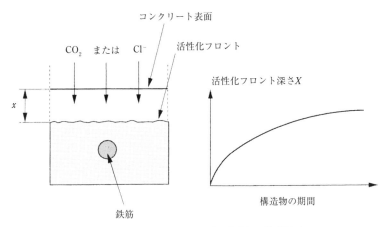

図-7.13 活性化フロントのコンクリート中への時間的進行の模式図（Schießl/Raupach, 1994）

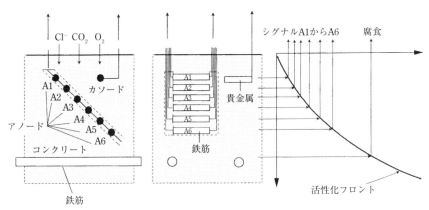

図-7.14 コンクリート表面から異なる位置に多数のセンサーを配置することによるコンクリート表面からの活性化フロント距離の決定（Schießl/Raupach, 1994）

して電流が測定できるガルヴァーニ電池が形成される。活性化フロントが2つまたはそれ以上のセンサーに達すると CO_2 または Cl^- の浸透の時間的進行を，ある仮定を基に外挿し推定することができ，健全な供用期間を算出できる。

　腐食センサーの配備は常に後からの調査のため近づけない，または侵食性の強い環境に設置される構造物，または部材に有効である。それは，例えば塩化物を含む地盤のトンネル外壁，海水域の基礎，融氷塩に暴露される部材のコンソール

部，橋のコンクリート表面などである（Sodeika *et al.*, 2006）。センサーは新しく建てられた構造物にも既に存在する構造物にも配置できる。新築の構造物への配置はセンサーが最初から構造物と同じように暴露されている長所がある。

7.11.2　補修対策

　鉄筋コンクリート構造物（例えば地下駐車場の中間階）では限界，即ち腐食を生じさせる濃度の塩化物は鉄筋に向かって迫ってゆくので，汚染されたコンクリートは腐食を停止させる，または部材が十分な耐久性を回復するため取り除かなければならない。可能性として鉄筋は再びアルカリ環境－最善は補修モルタルのセメント結合マトリックスにより達せられる－を保持することである。

　汚染コンクリートの除去は従来のハンマードリルまたは高圧ウォータージェット工法（HDW）など機械的になされる。両工法は利用者に著しい負担を伴う。

　代替え方法として電気化学的排出（脱塩）とカソード防食（無害化）である。両方の方法では部材は構造的に弱くなることはない。鉄筋は広範囲にわたって劣化することはないという前提である（Gehlen/Sodeika, 2005）。

　コンクリート部材の防護や補修には20年以上も前からドイツ鉄筋コンクリート学会（DAfSab）の補修指針および連邦交通建設都市開発省（BMVBS）のZTV–ING（旧ZTV–SIB）が成功裏に使用されてきた。1989〜2007年にはコンクリート部材に関する防護と補修分野の一連のヨーロッパ基準作成作業が行われた。この一連の基準EN 1504は10の主基準と製造に関する61の試験基準からなり，製品のCE表示要求をはじめコンクリート部材の防護，補修作業の計画，作業について規定している。

　実際に通常的に行われている鉄筋コンクリート部材の補修原則は活性腐食プロセスの3つの電気化学的部分プロセスを阻止することに基礎をおいている：アノードの鉄筋溶解，カソードの酸素減少，電解質部分プロセス。個々の補修原則に対して実現する多くの方法がある。それ等はDIN EN 1504に表としてまとめられ，コンクリート腐食と鉄筋腐食に区別された基本原則に分類されている（第3章3.9.2節参照）。ほとんどの方法は鉄筋のアノード鉄溶解を阻止することにより鉄筋の腐食（原則7-11）を避けることを目指している Raupach/Kosalla, 2011）。

7.11 塩化物による腐食に対する保護および補修対策

現在 2001 年に出版された DAfStb の補修規則の改定作業に興味を持つ仲間を含むたくさんの作業グループで，コンクリート部材の補修に関する従来の国の基準をヨーロッパ基準シリーズ EN 1504 に適合させる作業が行われている（Bastert et al., 2011）。

電気化学的脱塩

全ての「塩化物に汚染されたコンクリート」を必ずしも撤去しないため，電気化学的な塩化物誘引によりコンクリートから塩化物を非破壊で除去する魅力的な方法が利用できる。

この方法はイオン移動の事象に基づくものである。マイナス極の鉄筋と，外側に取り付けられた電解質の状態にあるプラス極のアノードとを直流電源で接続する。電流場で，負に帯電した塩化物イオンは電流線に沿ってカソード即ち鉄筋からアノードに向かって移動する（図-7.15）。

イオン移動と同時に鉄筋では電気分解が生ずる。それにより水酸化イオンが生成する。鉄筋付近の塩化物量が限界値よりも低くなると鉄筋表面の不動態皮膜が再び有効になる。アノードとして1回の使用には鉄網が，繰り返し使用にはチタン格子が挿入される（Mietz et al., 1996）。コンクリートから塩化物を遠ざける

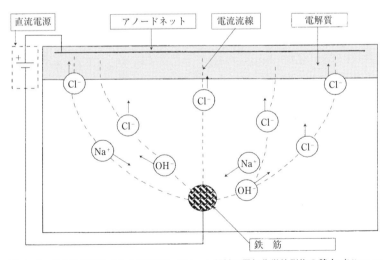

図-7.15 塩化物に汚染された鉄筋コンクリート部材の電気化学的脱塩の基本 （Mietz et al., 1996）

7 コンクリートに対する塩化物の作用

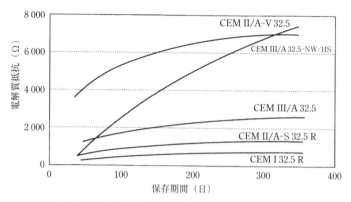

図-7.16 コンクリートの電気抵抗に対するセメント種類の影響（Schießl/Raupach, 1990）

速度はコンクリートを通る電流に比例する。それはコンクリートの電気抵抗を可能な限り小さくすると（コンクリートが飽水された時）一定電圧のもとで最大となる。要求を満たすため、コンクリート表面にある電解質は常に湿潤に保たれる。そのためには、セルロース、粘土を混入した、または著しく遅延された吹きつけコンクリートが適している。

電気化学的脱塩の期間はセメントの種類（図-7.16）、緻密性、かぶり厚や周囲の温度などにも依存する。

期間に対する他の影響要因は、付与された電圧において発生した電場や関係する鉄筋の表面積などである。通常作業期間は 10〜20 日である。極端な条件（高炉セメント＝コンクリートの高緻密性、大きいかぶり、寒冷期など）では、作業期間は 60 日まで延長できる。コストは他の工法と競争しうる（Eichert et al., 1992）。

本方法の深さに対する有効性は鉄筋位置により定められる、即ち塩化物量の減少はコンクリート表面と鉄筋間の範囲で生ずる。鉄筋より深いところでは一般に塩化物濃度は不変で多いまま存在する（図-7.17）。

7.11 塩化物による腐食に対する保護および補修対策

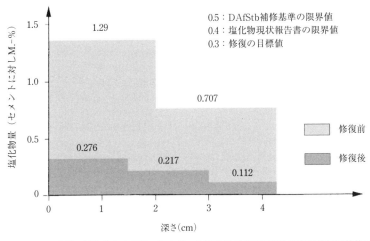

図-7.17 塩化物に汚染された鉄筋コンクリート部材に対する電気化学的脱塩処理前後の塩化物量（Eichert et al., 1992）

文献

Anleitung zur Bestimmung des Chloridgehaltes von Beton/Arbeitskreis "Prüfverfahren Chlorideindringtiefe" des Deutschen Ausschusses für Stahlbeton（1989）Dtsch. Aussch. Stahlbeton, Heft 401, Beuth, Berlin

Bastert H, Dickhaut HD, Esser A, Hintzen W, Hohberg I, Kühne HC, Kühner S, Meyer L, Raupach M, Westendarp A, Wiens U（2011）Überarbeitung der DafStb-Richtlinie Instandsetzung-Statusbericht. Beton- und Stahlbetonbau 106:501-510

Binder G（1993）Über den Chlorideinbau und dessen Nachweis in tausalzbeaufschlagten Betonen. Zem Kalk Gips 46;784-791

Breit W（1998a）Kritischer korrosionsauslösender Chloridgehalt-Sachstand（Teil 1）. Beton 48;442-449

Breit W（1998b）Kritischer korrosionsauslösender Chloridgehalt — Neuere Untersuchungs- ergebnisse （Teil 2）. Beton 48;511-521

Breit W（1997）Untersuchungen zum kritischen korrosionsauslösenden Chloridgehalt für Stahl in Beton, Aachener Beitr. Bauforsch, ABBF, Bd 8（Diss., D 82 RWTH Aachen）, Hrsg.: Inst. Bauforsch. RWTH Aachen （ibac）, Verl. Augustinus Buchhandlung, Aachen

Breit W, Dauberschmidt C, Gehlen C, Sodeikat C, Taffe A, Wiens U（2011）Zum Ansatz eines kritischen Chloridgehaltes bei Stahlbetonbauwerken. Beton-und Stahlbetonbau 106:290-298

Brem M（2011）Zielorientierte Bauwerküberwachung mittels Online-Monitoring. In: Proc. 3-Länder-Korrosionstag.-Möglichkeiten des Korrosionsschutzes von Stahl im Betonbau, Wien, S.15-20

Brodersen AH（1982）Zur Abhängigkeit der Transportvorgänge verschiedener Ionen im Beton von Struktur und Zusammensetzung des Zementsteins. Diss., RWTH Aachen

7 コンクリートに対する塩化物の作用

DAfStb–Instandsetzungs–Richtlinie: Schutz und Instandsetzung von Betonbauteilen （2001）, Dtsch. Aussch. Stahlbeton

Dauberschmidt C （2011） Einfluss der Betonzusammennsetzung auf die Dauerhaftigkeit von korrosionsgefährdeten Stahlbetonbauwerken. In: Proc. 3–Länder–Korrosionstag.–Möglichkeiten des Korrosionsschutzes von Stahl im Betonbau, Wien, S.43–58

DBV–Sachstandsbericht （1996） Chloride im Beton, Fass. April

DIN 1045–3:2012–03–Tragwerke aus Beton, Stahlbeton und Spannbeton–Teil 3: Bauausführung; Anwendungsregeln zu DIN EN 13670

DIN 50900–2;2002–06–Korrosion der Metalle–Begriffe–Teil 2: Elektrochemische Begriffe

DIN EN 1504–1 bis 10:2005 bis 2008– Produkte und Systeme für den Schutz und Instandsetzung von Betontragwerken–Definition, Anforderungen, Güteüberwachung und Beurteilung der Konformität

Dorner HW （1988） Neue Verfahren zur Bestimmung der Chlorionen in Beton, Bautenschutz +Bausanier 11:103–108

Eichert HR, Wittke B. Rose K （1992） Elektrochemischer Chloridentzug. Beton 42:209–213

Fleischer W （1993） Neue Wege bei der Auswahl und Überwachung von Baustoffen und Bauverfahren. Tech. Univ. München, Baustoffinst., Jahresmitt., Heft.2, S. A19–A37

Gehlen C, Sodeikat C （2005） Alternative Schutz– und Instandsetzungsmethoden für Stahlbeton-bauteile. Beton– und Stahlbetonbau Spezial, S.15–23

Gusia PJ, Hörner HJ （1998） Kombinierte Bestimmung Chlorid–Gehalt und Karbonatisierungstiefe. Beton 49:550–556

Hartl G, Lukas W （1987） Untersuchungen zur Chlorideindringung in Beton und zum Einfluß von Rissen auf die chloridinduzierte Korrosion der Bewehrung. Betonw+Fertigteil–Tech 53:497–506

Harnisch J, Raupach M （2011） Untersuchungen zum kritischen korrosionsauslösenden Chloridgehalt unter Berücksichtigung der Kontaktzone zwischen Stahl und Beton. Beton– und Stahlbetonbau 106:299–307

Hermann K （1992） Epoxidharzbeschichtete Bewehrung. Cementbull 60 （3） : 8.

Holst A, Budelmann H, Hariri K, Wichmann HJ （2007） Korrosionsmonitoring und Bruchortung in Spannbetonbauwerken–Möglichkeiten und Grenzen. Beton–und Stahlbetonbau 102: 835–847

Hunkeler F, Mühlan B, Ungricht H （2011） Korrosionsinhibitoren für die Instandsetzung chlorid-verseuchter Stahlbetonbauten. Beton– und Stahlbetonbau 106:187–196r

Jungwirth D, Beyer E, Grübl P （1986） Dauerhafte Betonwerke. Beton–Verlag, Düsseldorf

Keller T, Menn C （1993） Der Einfluß von Rissen auf die Bewehrungskorrosion. Beton– und Stahlbetonbau 88:16–20 :.47–51

Li S, Roy DM （1986） Investigation of Relations between Porosity, Pore Structure, and Cl–Diffusion of Fly Ash and Blended Cement Pastes. Cem Concr Res 16:749–759

Locher FW, Sprung S （1971） Einwirkung von salzsäurehaltigen PVC–Brandgasen auf Beton, In: Betontechn Ber. 1970, Betonverlag, Düsseldorf, S.33–55

Mielenz RC （1984） History of Chemical Admixtures for Concrete. Concr Intern, Des Constr 6:40–53

Mietz J, Fischer J, Isecke B （1996） Elektrochemische Verfahren als Korrosionsschutz für Bewehrungsstahl in Stahlbetonbauwerken. In: Festschr für Prof.N.V.Waubke, BMI, Heft 9, S.129–132

Page CL, Havdahl J （1985） Electrochemical Monitoring of Corrosion of Steel in Microsilica Cement Pastes. Mater Constr 18 （103）:41–47

Page CL, Short NR, EL Tarras A （1981） Diffusion of Chloride ions in hardened cement paste. Cem Concr

7.11 塩化物による腐食に対する保護および補修対策

Res 14:395–406

Raupach M（1992）Zur chloridinduzierten Makroelementkorrosion von Stahl in Beton. Dtsch. Aussch. Stahlbeton, Heft 433, Beuth, Berlin

Raupach M, Kosalla M（2011）Korrosionsschutzverfahren für Stahlbeton nach EN 1504. In: Proc. 3–Länder–Korrosionstag.–Möglichkeit des Korrosionsschutzes von Stahl im Betonbau, Wien, S.21–29

Raupach M, Kosalla M.（2012）Dauerhaftigkeitskonzept für die längste Meeresbrücke der Welt. Beton 62:16–23

Rechberger P（1985）Elektrochemische Bestimmung von Chloriddiffusionskoeffizienten in Beton. Zem Kalk Gips 38:679–684

Rehm G, Nürnberger U, Neubert B, Nenninger F（1986）Einfluß von Betongüte, Wasserhaushalt und Zeit auf das Eindringen von Chloriden in Beton. Dtsch. Aussch. Stahlbeton, Heft 390, Beuth, Berlin

Reichel W（1987）Stoffliche und verfahrenstechnische Einflußfaktoren auf die Dauerhaftigkeit von Beton （Teil 1）. Betontech 8:137–142

Richartz W（1969）Die Bindung von Chlorid bei der Zementerhärtung. Zem Kalk Gips 22:447–456

Schießl P, Raupach M（1988）Chloridinduzierte Korrosion von Stahl in Beton. Beton–Inform, Heft 28 （3/4）:33–45

Schießl P, Raupach M（1990）Influence of concrete composition and microclimate on the critical chloride content in concrete. In: Corros Reinf. Concr., Intern Symp, Elsevier, pp.49–58 Wishaw, Warwickshire, UK

Schießl P, Raupach M（1994）Korrosionsgefahr von Stahlbetonbauwerken. Beton 45:146–149

Schießl P, Wiens U（1997）Neue Erkenntnisse zum Einfluß von Steinkohlenflugasche auf die chloridinduzierte Korrosion von Stahl in Beton. In: 13. Intern. Baustofftag. ibausil, Weimar, Tagungsber. Bd 1, S.1–161–1–173,

Schöppel K（2010）Aussagekraft von Chloridwerten aus Betonbauwerken hinsichtlich der Korrosionsgefähdung. Beton– und Stahlbetonbau 105:703–713

Schöppel K, Dorner H, Letsch R（1988）Nachweis freier Chloridionen auf Betonflächen mit dem UV–Verfahren. Betonw+Fertigteil–Tech 54:80–85

Smolczyk HG（1984）Flüssigkeit in den Poren des Betons–Zusammensetzung und Transportvorgänge in der flüssigen Phase des Zementsteins. Beton–Inform 24（1）:3–10

Sodeikat C, Dauberschmidt C, Schießl P, Gehlen C, Kapteina G（2006）Korrosionsmonitoring von Stahlbetonbauwerken für Public Private Partonership Projekte. Beton– und Stahlbetonbau 101:932–942

Springenschmid R, Volkwein A（1984）Über das Langzeitverhalten von Brücken aus Stahlbeton– oder das komplizierte Verhältnis zwischen Beton und Wasser. Straßenbau Techn（8）: 13–19

van Heumman H, Bovée J, van der Zanden H, Bijen L（1985）Materials and Durability. In: Proc. Sym. "Saudi Arabian–Bahrain Causeway" Tech. Univ. Delft, Fak. Bauing.–wesen, pp.98–119

Volkwein A（1991）Untersuchungen über das Eindringen von Wasser und Chlorid in Beton, Diss. Tech. Univ. München

⑧ アルカリシリカ反応

8.1 沿 革

　特定の鉱物成分がアルカリ反応性を示す最初の観察は地質学者E.A.Stephenson
が長石と炭酸カルシウムとが反応し，それによりゲルが発生することを観察した
時1916年に遡る。コンクリートの劣化はセメント中のアルカリとある種の骨材
の反応が原因としてアメリカで初めて確定された。Blank と Kennedy は初期の
ケース即ち1922年に建設後10年経過した New River（Virginia）の Buck 水力発
電所に同様の劣化を観察したと記述した（Mehta/Monteiro の文献）。T.E.Stanton
は1940年カリフォルニアでダムの建設に利用されたオパールを含む骨材の「ア
ルカリ骨材反応」について論文を発表した（Stanton, 1940）。被害はアメリカに
おいて広範囲の原因究明と対策を行わせる結果となった。

　1947年アルカリシリカ反応（Alkali–Kieselsäure–Reaktion, AKR と略記）は
R.H.Bogue の「The Chemistry of Portland Cement」（Bogue, 1952）そして1952
年 R.H.Kühl の「Zement–Chemie」第3巻（Kühl, 1952）に述べられており，そ
の時までに知られるようになったアメリカからの知識として明白に表現されてい
る。

　1950年代の始め，この反応はオーストラリアで有名となり，1950年代半ばか
らは次々と多くの国で AKR による劣化が報告されるようになった（カナダ，デ
ンマーク，アイスランド，南アフリカ等々）。

8 アルカリシリカ反応

　約1965年頃までドイツでは地質学的状況からコンクリート部材を劣化させるアルカリ反応は存在しないという見解であった。人々はシュレースヴィヒ–ホルシュタイン（Schleswig–Holstein）州のラックスヴェール橋（Lachswehrbrücke）の劣化によって – 1964年に建設され，1968年春には，既に安定性に対する危険性から再び撤去されなければならなかった – AKRの問題に気付いた。旧東ドイツ地域では，ロストック（Rostock）地方で1974年にスラブ構造のプレキャスト部材にゲルが析出し剥落するという形で最初のアルカリシリカ反応による劣化が確かめられた。1979/80年以降メクレンブルグ（Mecklenburg）州で，次いで1983年にはザクセン（Sachsen）州とチュリンゲン（Thüringen）州でAKRによる被害が発見された。旧東ドイツ国鉄のプレストレストコンクリート枕木におけるAKRの被害は莫大なものに達した。枕木は高過ぎる温度で熱処理されて遅れエトリンガイト生成に至ったことが悪影響を拡大させた。AKRにより劣化が生ずる原因は実質的に既知である。旧西ドイツでは既に1974年多数の調査のもとに暫定基準「コンクリートの有害なアルカリ反応に対する予防対策」（アルカリ指針）が制定された。ドイツ鉄筋コンクリート学会（DAfStb）のこの基準は何回も改訂され，今日では2007年2月第5版が2010年4月と2011年4月の報告書を含めて有効である。1997年版まではドイツ鉄筋コンクリート学会のアルカリ基準はオパール砂岩，珪質チョーク，フリントの関与する骨材の分類と適用を規制した。1997年12月版で初めて，Lausitzの先カンブリア紀のグレーワッケがゆっくりと遅れて反応する骨材の最初の代表として第3部に取り上げられ，試験方法として霧室保存が導入された。この方法は1950年代から既にカナダで似たような様式で使用されていた（Thomas *et al.*, 2006）。

　建設当時通用していたアルカリ指針を考慮に入れてゆっくりで遅れて反応する骨材（Type slow/late）を使って製造したコンクリート車道床板や飛行場路面（滑走路，駐機場，誘導路）に劣化の発生することは交通・建設・都市開発省の道路建設に関する一般通達ARS15/2005またはARS12/2006に結び付く。ARS12/2006は現在アルカリ指針の補足として通用し，車道版コンクリートに使用する際しばしば疑いのある基岩類との接触を規制している。

8.2 AKRの前提条件

AKRについては，コンクリートの骨材からくる種々の形の珪酸（$SiO_2 \cdot nH_2O$）と硬化コンクリート中の空隙溶液の水酸化アルカリ（NaOH，KOH）または外部から浸透するアルカリとの化学反応と理解される。その時発生するアルカリシリカゲルは吸水のため体積が拡大することによって膨張を生じさせ，骨材のポップアウトやコンクリート組織へのひび割れ進行を介して劣化へと導く（図-8.1，図-8.2）。

図-8.1　ダム洪水吐けコンクリートブロックのAKRによる劣化

図-8.2　解体コンクリート部材のAKRによる劣化写真

8 アルカリシリカ反応

　反応の進行と規模は特にアルカリ反応性骨材の種類と量，その大きさと分布，空隙中の水酸化アルカリ量，硬化コンクリートの湿度と温度条件に依存する。乾燥したコンクリートでは AKR は静止状態となる。外部からのアルカリの供給により AKR は助長される。AKR は以前通常の条件下で硬化したコンクリートに数か月または数年経ってエフロレッセンス，析出，表面近くにあるアルカリ反応性骨材のポップアウト（英語，pop out），そして（または）網状または放射状のひび割れが発生することがある。前述のひび割れ写真は体積変化（例えば他の膨張反応，収縮と膨張プロセス，凍結作用）により引き起こされた全てのコンクリート劣化プロセスの徴候である。ポップアウトは凍結安定性が十分でない骨材が原因である。コンクリートを劣化させる AKR の証明にはそれ故広範囲な経験と先進的研究が必要である（8.5 節参照）。

　骨材とアルカリとの反応は文献では通常 3 つの反応タイプに区別される：

- アルカリシリカ反応
- アルカリシリケート反応
- アルカリ炭酸塩反応

　アルカリシリカ反応（Alkali–Silika–Reaktion）はドイツ語では Alkali–Kieselsäure–Reaktion（直訳すればアルカリ珪酸反応，AKR）と通常表記するものである（アモルファスまたは脆弱な結晶の珪酸との反応，その際珪酸 SiO_2 と理解される）。

　英語の文献では，アルカリと骨材の反応について，包括的な表記「alkali–aggregate–reaction」（AAR）および古典的な AKR「alkali–silica–reaction」（ASR）と呼ばれている。

　アルカリシリケート（珪酸塩）反応（Alkali–Silicat–Reaktion）の場合，アルカリシリカ反応と異なってアルカリはアルミノ珪酸塩（Alumosilicat）と反応する。その際，恐らく簡単に侵食される層格子タイプのシリケート（フィロ珪酸塩 Phillo–silicate）が関係する（Hobbs, 1988）。反応メカニズムは類似であることが受け入れられている。反応期間や劣化の始まりの詳細は十分に解明されていない。

　文献でしばしば言及される脱ドロマイト化，即ち次の式によるアルカリによるドロマイトの分解は AKR とは何ら関係がない。

316

$$Ca(CO_3) \cdot MgCO_3 + 2KOH \rightarrow Mg(OH)_2 + CaCO_3 + K_2CO_3 \qquad (8.1)$$

1999年に既に論文で述べられた推論（Stark/Wicht, 2001）は2006年に証明された（Katayama, 2006；Sommer/Katayama, 2006）。それによればいわゆるアルカリ炭酸塩反応（ACR）とは炭酸塩岩に含まれることがある隠微晶質石英の既知のアルカリシリカ反応そのものである。脱ドロマイト化は並行して進行できるが，膨張反応を起こすことはない。

■**空隙溶液中アルカリの定量**

セメントペースト空隙に溶解しているアルカリの割合の定量は圧搾法か溶液法で定めることができる－専門分野標準 TGL28 104/17, 4/89版。

1973年に初めて実用化した圧搾法（Longuet *et al.*, 1973）は実質的に次のように特徴づけることができる，即ちセメントペースト供試体，モルタル供試体，コンクリート供試体に特別な高強度鋼製のプレスダイスで100〜600MPaの圧縮力を加え，毛細管溶液をセメントペースト固相から分離させる。

通常の圧力では全空隙溶液の約12〜15％絞り出すことができる（Giebson, 2003）。空隙溶液の大部分は中でもC–S–H相に吸着的に強固に付加されているので，圧搾により抽出分離することはできない。一般に通常の圧力で絞り出された空隙溶液は全体の空隙溶液の組成に適合していることから始まる。

pHの定量は高いpHの測定が困難なため，簡単に正確に測定できるOH⁻イオン濃度から得る。その際通常OH⁻イオンの活量係数は考慮されない。$c_{OH^-} = 1\,000\,mmol/l$ のOH⁻イオン濃度は例えば計算上pH＝14と仮定すれば，実際の活量係数0.67のpH計算の誤差はかなり小さい：

修正濃度：$c_{OH^-} \cdot f = 1\,000 \cdot 0.67 = 670\,mmol/l$

$-\log 0.67 = 0.174$

したがって，pH_{real}　$14.0 - 0.174 = 13.83$

TGL28 104/17による試験では，水と100gセメントを水セメント比0.50で混和し，PVC容器中に気密に栓をした後，20℃で28日間保存する。定められた期間に至って320MPaの圧力で空隙溶液をセメントペーストから絞り出す（**図-8.3**）。

空隙溶液中のほぼすべての元素濃度は現在では通常誘導結合プラズマ発光分光

8 アルカリシリカ反応

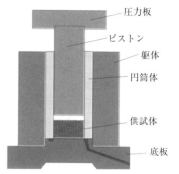

図-8.3 セメントペーストから空隙溶液を圧搾するプレスダイス

分析法（ICP-OES）[1]により定量される。アルカリ濃度（Na^+, K^+）は炎光光度分析，カルシウムは錯滴定により定められる。

水酸化イオン濃度は指示薬メチルレッドに対する 0.05N 塩酸の滴定により算出する。空隙溶液に含まれる物質の確定は蛍光 X 線分析によっても可能である（Hoffman/Schober, 1989）。

上澄み溶液の有効アルカリの定量は費用のかかる圧搾無しで可能であるが，各セメントの検量線が必要である。これは圧搾法の測定値と上澄み溶液の測定値の相関により得られる。

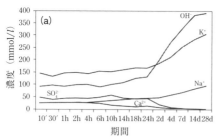
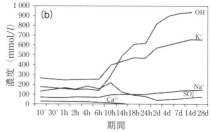

図-8.4 空隙溶液中イオン濃度の時間的経過
(a) アルカリに乏しいポルトランドセメント Na_2O 等量＝0.53%
(b) アルカリに富むポルトランドセメント Na_2O 等量＝1.25%

---

1) ICP-OES は英語の Inductively Coupled Plasma Emission Spectrometry であり，die optische Emissionsspecktrometrie mittels induktiv gekoppeltem Plasma とも記す

8.2 AKR の前提条件

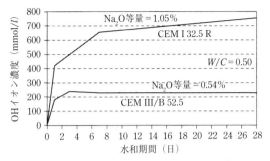

図-8.5 イオン濃度に対するセメント種類の影響

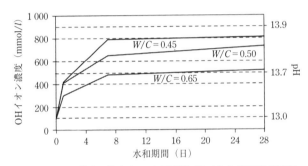

図-8.6 イオン濃度に対する W/C の影響（セメント CEM I 32.5 R, Na₂O 等量＝1.06%）

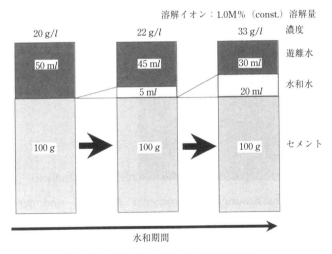

注：100g の 1% ＝ 50mg 中 1g ＝ 1g/50ml ＝ 20g/l

図-8.7 遊離水減少が溶液濃度に対する影響（Schäfer, 2004）

319

8 アルカリシリカ反応

アルカリに乏しいセメントとアルカリに富んだセメントの空隙溶液のイオン濃度に関する時間的経過を**図-8.4** に，イオン濃度に対するセメント種類の影響を**図-8.5** に，水セメント比の影響を**図-8.6** に示す。

遊離水の減少が溶液濃度に対する影響を**図-8.7** に示す。

8.3　アルカリ反応性鉱物と骨材

AKR の場合，第一に水酸化アルカリの存在で，ある変動のもとで反応作用を有する SiO_2 が重要である。アルカリ量（一般にセメントが原因）と必然的なコンクリート中のアルカリの割合には AKR による劣化をさけるため限界値が存在する。SiO_2 を含む骨材の直接的判定は，単に個々の鉱物ばかりでなく骨材中におけるその割合や分布も影響を及ぼすので難しい（Freyburg, 1997）。AKR の影響の程度は骨材の種類や量により定まる。

全てのアモルファスや隠微晶質（$<10\mu m$），格子の乱れた SiO_2 鉱物は AKR を引き起こすものとして重要である。

これらの鉱物にはオパール，玉髄，クリストバライト，圧力や温度応力により強くストレスを受けた石英–いわゆるストレス石英（英語名 strained quartz）があげられる。

最も重要で迅速に反応するアルカリ反応性骨材は次のようである：

- オパール砂岩（オパール，クリストバライト）
- 珪質チョーク，珪質石灰（玉髄，隠微晶質石英）
- フリント（玉髄，隠微晶質石英）
- 珪質スレート（玉髄，隠微晶質石英）

その他重要なアルカリ反応性骨材のグループはいわゆる緩慢な/遅い（slow/late）骨材である。その際 非常に遅くそしてしばしば非常に長い期間が経過した後初めて反応する骨材が問題である。ポテンシャル的に slow/late 骨材は例えば：

–砕石

- 流紋岩（石英斑岩）
- グレーワッケ
- 珪岩

- 花崗岩
- 安山岩
- 砂利–砕石/ライン川上流地方（Oberrhein）
  –成分を有する**砂利（軟岩）**
- ストレス石英
- 珪質スレート
- 珪質石灰
- 珪岩
- グレーワッケ
- 流紋岩（石英斑岩）
- フリント構造物質（アルプス地方–珪質スレート構造/フリント構造）

リサイクルされた骨材（破砕された古いコンクリート）もまた slow/late 骨材グループに分類される。

8.3.1　AKR に対し危険なポテンシャルを有する鉱物

- オパール

オパール（$SiO_2 \cdot nH_2O$）はしばしば産出する鉱物で大部分アモルファスという数少ない鉱物の1つである（**図-8.8**）。オパールは特に反応性がある。それは乾燥したゲルで，多くの場合4〜9%の水を含む非常に純粋なシリカゲルである。その密度は1.9〜2.2g/cm³に達する。オパールは砂岩中に存在

図-8.8　オパール（こぶし大標本）

8 アルカリシリカ反応

するが見つける事は難しい。砂岩中には大量に産出する事はないからである。その鉱物はアモルファス（Opal A）または隠微晶質（＜10μm）である。無論クリストバライト構造のオパールやトリジマイト構造のものも存在する（Opal C あるいは Opal T）。

　結合材としてオパール砂岩中に存在するオパール物質は常に配列欠陥があるクリストバライトを含む。X線回折的に確定できるクリストバライト量からオパール量を推し量る事ができる。適当に濃縮された場合，赤外線吸収スペクトル分析でも証明可能である。含有量 0.5%からもう既に AKR に対し危険である（Farny/Kosmatka, 1997）。

- 玉髄

　玉髄は繊維状微晶質（微細晶質）の鉱物石英の組織変種の1つで，純粋石英よりも小さい密度（2.57–2.64g/cm^3）のオパールを含む石英である（図-8.9）。

　隠微晶質の玉髄は一般に良く識別できる，放射状で縞状の「石英変種」が現れるからである（Freyburg, 1997）。長繊維状 SiO$_2$ 結晶は大抵角岩，フリントまたは珪質石灰中に見つけられる。X線回折的に玉髄は石英として検出される。メノウは様々な色の玉髄から構成されている。3%を超えると AKR の危険性がある（Frany/Kosmatka, 1997）。

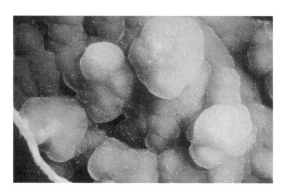

図-8.9　玉髄（こぶし大標本）

- クリストバライト

　クリストバライトは SiO$_2$ の高温結晶形である（図-8.10）。それは火山岩（例えば黒曜石，安山岩）に存在する。クリストバライトは多くのメノウやオパー

8.3 アルカリ反応性鉱物と骨材

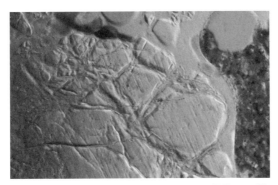

図-8.10 SiC 粒子に溶解したクリストバライト（薄片：120倍）；パラレル偏光（口絵参照）

ルの成分である。

クリストバライトは明るい灰色がかった緑色で顕微鏡下では屋根瓦構造を示す。工業製品例えばカーボランダム（SiC）中のクリストバライト含有は有名である。骨材中にはほとんど存在しない，適切な生成条件に欠けているからである。

含有量 1% 以上で AKR の危険性がある。

- ストレス石英

テクトニクス的負荷のもと 1 500MPa までの圧力と温度約 800℃ までにより現れる（変成的なストレス）。その際，顕微鏡で識別できないほど微小粒子またはかけらに分解され，お互い少し捩れている。それらから光学的に様々に見える粒子が現れ，クロス偏光で把握することができる。ストレス石英はグレーワッケ，片麻岩または雲母片岩のような反応性岩石のほか砂利中に大きな単独粒で存在する（Freyburg/Berninger, 2000）。クロス偏光の薄片では石英粒のストレス状態は，基本的に所謂波動消光を手がかりに知ることができる。組織中の構造の形成また粒子中に方向性を有するマイクロひび割れの形成は石英粒子のストレス状態の指標である（8.9.2.3 節参照）。

8.3.2 AKR に危険なポテンシャルを有する岩石

- オパール砂岩（オパール，クリストバライト）

オパール砂岩はドイツではとりわけ氷河時代に現れた北ドイツの砂利床に

8 アルカリシリカ反応

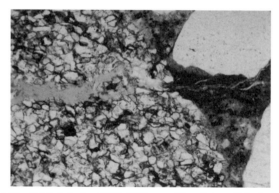

図-8.11 劣化したオパール砂岩（薄片：120倍）；パラレル偏光（口絵参照）

存在する。「オパール物質（Opalsubstanz）」は有機珪素化合物からなりたっており，それにより，有機質が根源である。オパール砂岩に結合材として存在するオパール物質は常にクリストバライトを含む。

1N ソーダ溶液で30分煮沸することにより，オパール砂岩から50M.-%まで SiO_2 を抽出できる（Locher/Sprung, 1973）。図-8.11 は劣化したオパール砂岩を示す。

● 珪質チョーク，珪質石灰（玉随，隠微晶質石英）

珪質石灰（珪化した石灰）と珪質チョークは単に密度により区別される。メクレンブルグ–フォアポンメルンス（Mecklenburg–Vorpommerns）州の北東部（珪質チョーク）およびアルプス周辺（珪質石灰）に存在する特にアルカリ反応性のある岩石は有効成分として玉随または隠微晶質石英を含む。沈

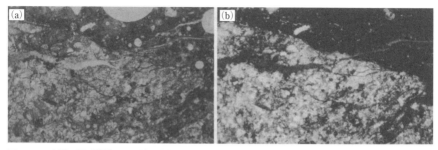

図-8.12 珪質石灰（薄片：30倍）；(a) パラレル偏光，(b) クロス偏光；ゲル生成は狭い微小石英の鉱脈から進行している（口絵参照）

着した主として微晶質のSiO₂部を有する石灰が問題である。局部的に有機珪素化合物の高い割合は，オパールまたは玉随および（または）石英を介して，この岩石の部分的または完全な珪化を生じさせた（Hoffmann/Funke, 1988）。SiO₂量は25～95％の間にある（図-8.12）。

- フリント（玉髄，隠微晶質石英）

チョークの変成で生ずるSiO₂の析出物はフリント（または火打石，英：Chert）と表示される（図-8.13）。フリントは隠微晶質SiO₂から微晶質のSiO₂（玉髄または石英）まで広範囲に存在する。フリントには，常にアモルファスSiO₂（オパール）の部分（約1～3Vol.-％）を含んでいる。国際的な経験によれば，フリントのアルカリに対する反応性を判断する際，所謂オパールフリント−粒密度<2.20kg/dm³という軽くて反応性のフリント−のみが劣化を招くAKRに至る可能性があるということからはじめている。高密度のフリントは一般的にほとんど反応性がない（Dahms, 1994；Locher/Sprung, 1973）。

アルカリ基準第2部によれば反応性フリント量の計算は次の式により行うことができる。

$$F_R = F_K \left(\frac{8.67}{\rho_m} - 3.33 \right) \tag{8.2}$$

F_R：反応性フリント量（M.-％）
F_K：試験粒子グループのフリント量（M.-％）
ρ_m：フリント試験体の平均粒子密度（g/cm³）

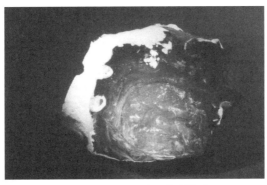

図-8.13　フリント（こぶし大標本）

8 アルカリシリカ反応

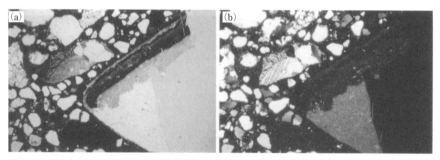

図-8.14 明白な反応縁のフリント骨材(薄片：30倍);(a) パラレル偏光,(b) クロス偏光(口絵参照)

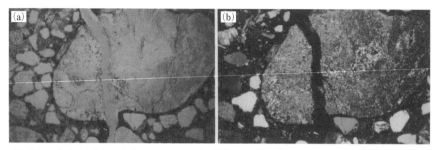

図-8.15 ひび割れとゲル生成のフリント骨材(薄片：30倍);(a) パラレル偏光,(b) クロス偏光(口絵参照)

即ちフリントの密度が2.0の場合,全フリントは反応性と分類される。

反応性フリントはコンクリート中ではっきりと反応リム(図-8.14)とコンクリート劣化のひび割れ発生を示す(図-8.15)(Freyburg, 1997)。岩石組成のフリント量が多くなることは大きな膨張へと導く(Dahms, 1994)。

- 珪質スレート,角岩(隠微晶質石英,玉随)

珪質スレートや角岩(英：Chert)ははっきりと反応性があり,特に微石英集積を有する岩石である。AKRの危険性は含有量3％以上で存在する(Farny/Kosmatka, 1997)。珪質スレートは微石英または弱く結晶した石英,玉髄やオパールから構成されている(Freyburg/Berninger, 2000)。多数の岩石学的変種が存在し,発生した劣化は全て反応性であることを証明している(図-8.16)。珪質スレートはチュリンガー(Thüringer)スレート山地やハルツ(Harz)に広く分布しており,砂利の2次構成物として産する(チュリンガー盆地,ザクセン-アンハルト(Sachsen-Anhalt)州,アルプス前地)。

8.3 アルカリ反応性鉱物と骨材

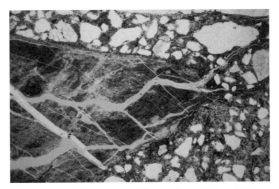

図-8.16 珪質スレート（薄片：30倍），パラレル偏光

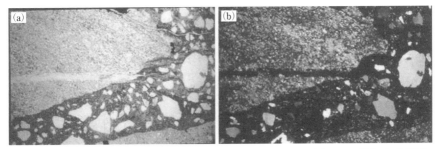

図-8.17 微晶質グレーワッケ（薄片：倍率120）；(a) パラレル偏光，(b) クロス偏光（口絵参照）

角岩は緻密で不透明な石英またはオパールから構成され，貝状または割れやすい破面および大概は煙灰色から栗色までを示す。

全体としてフリント，角岩，珪質スレートの境界はしばしば曖昧である。英語の文献ではそれ故「Chert」の定義は細粒で珪質の化学沈殿または生物に由来する堆積岩として用いている。層状または塊状に発達した岩石に通用する（例えばFlint）。

- グレーワッケ（隠微晶質およびストレス石英，玉髄）

グレーワッケは－18世紀からハルツ山岳民族の表現－暗い灰色から灰色がかった緑色で，大抵強く固結した砕屑性堆積岩の総称であり，石英，岩石破片，長石（大部分Naを含む斜長石）および粘土質石基（マトリックス）からなる。粘土質石基の割合は15%以上である（**図-8.17**）。石基は大部分粘土鉱物，緑泥石，雲母からなり，暗い（緑）灰色の原因である（Füchtbauer,

1988)。グレーワッケのAKR反応性は特徴的な細かい層により促進される。チュリンゲンのグレーワッケの組成の例：

  石英 40.5％
  岩石破片 31.2％
  長石 9.3％
  マトリックス 19.0％

先カンブリア紀のグレーワッケは特にラウジッツ（Lausitz）に，そして中部ドイツの石炭紀，中部ドイツやアルプス周辺の地質的に若い砂利床にも存在する。

その発生由来のため，グレーワッケには砕屑状の岩石粒として全てストレスを受けたり，または格子が乱れたり，またはアモルファスである石英鉱物やSiO_2鉱物を含み，それらは全てAKRの原因となりうる（Freyburg, 1997）。アルカリ反応性はしかし実質的にマトリックスに含む微小石英が原因である。グレーワッケと珪岩の組織の比較を**図-8.18**に示す。

1980年代終わりからドイツ北東部（南ブランデンブルグ，東ザックセン）で外観からの状況写真でAKRの重大な関与が疑われるコンクリートの被害が増加した。使用された骨材はとりわけラウジッツ鉱床の先カンブリア紀のグレーワッケと確認された。グレーワッケのアルカリ反応性に関する集中的な調査がHüngerとHillにより行われた（Hünger, 2005；Hill, 2004）。

図-8.18 組織の比較；(a) グレーワッケ，(b) 珪岩
   グレーワッケ：細粒マトリックス中の石英粒子，珪岩：マトリックス無しで直接石英粒に結合

8.3 アルカリ反応性鉱物と骨材

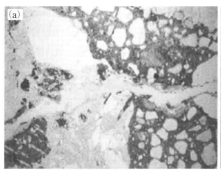 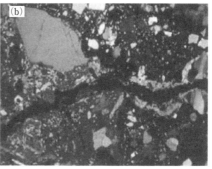

図-8.19 石英斑岩 (30倍); (a) パラレル偏光, (b) クロス偏光 (口絵参照)

- 流紋岩, 石英斑岩 (微晶質石英および隠微晶質石英)

この岩石グループには微粒子の石基の中に大きな良く発達した結晶を有する各種岩石の総称・斑岩 (Porphyre) (ギリシャ語 "porphyros": purpur 深紅色) が含まれる。一般に石英に富んだ斑岩と石英に乏しい斑岩に区別される。斑晶として石英に富んだ斑岩は石英斑岩と呼ばれる。それは今日では流紋岩と表記される (図-8.19)。

石英斑岩は溶岩に属する。流紋岩の反応性にとって重要なのは石基の発達である。劣化コンクリート構造物に使用された石英斑岩は石基に微晶質石英または隠微晶質石英のほか, とりわけ水の移動を助長する内部顕粒空隙 (例えば風化長石中) も示す (Freyburg/Berninger, 2000)。AKR の危険性に関する斑岩の評価は難しい。岩石の鉱物組成や組織でさえ, 年代的にごく狭く限られた地質構造単元内でのみ変動するからである。各鉱床間の違いは大きい。

- その他の岩石

AKR に関する問題あるものとして千枚岩, 珪岩, 安山岩, 圧砕構造的に強いストレスを受けた花崗岩, 花崗閃緑岩や粘板岩などがあげられる (Thaulow et al., 1996; Idorn, 1994)。花崗岩ではとりわけ特に大きな石英結晶を持ったものが関係する。片麻岩, 千枚岩, 粘板岩, グレーワッケの場合, アモルファスまたは隠微晶質 SiO_2 がほんの最低量しか存在しないまたは全く欠けている時, 一部に強い劣化が現れる。この場合雲母 (Mica) が原因として確かめられている (Idorn, 1994)。塩基性火山岩として玄武岩は通常石英を含んでいない。AKR について微晶質の石英内包物を有する玄武岩が問題である。研究

329

によればオーストラリアのAKRに鋭敏性な玄武岩はアルカリ反応性である微細な石英内包物および/またはガラス相を含んでいる (Shayan, 2004)。玄武岩鉱床の大多数はAKRに関して心配する必要はない。骨材として玄武岩を使用したコンクリートの劣化はドイツでは知られていない。

8.3.3 アルカリシリカ反応に危険なポテンシャルを有する工業製品

- SiC（カーボランダム）- 硬質材

 AKR劣化は工業製品，例えば骨材としてSiC（カーボランダム）- 硬質材がある (Freyburg 1997)。SiC-硬質材中にクリストバライトが明確な量 – 例えばファインセラミックスの燃焼補助剤破片からなるリサイクル原料中に – 存在する時，特に問題である（図-8.20）。

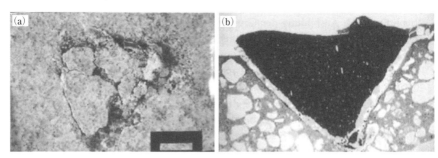

図-8.20 SiC骨材を用いた床；(a) ポップアウトによる表面損傷，(b) ゲル生成により持ち上がったSiC-粒（薄片30倍）；パラレル偏光

- ガラス

 Bauガラス（シリケートガラス）とDuranガラス（硼珪酸ガラス）は反応性岩石と同じような挙動をする。Duranガラス（フラスコなど実験機器に広く使用）は一様な組成で均一なガラス構造のため，AKR試験の標準骨材として広く利用される。造形目的のため骨材の代替えとしてコンクリートに使用された破砕された古いガラス（ファサードエレメント，歩道版等）は早かれ遅かれ膨張現象へと導く。図-8.21はいろいろな色の粗骨材（4/18mm）を用いた歩道版を80℃，1N規定NaOH溶液に保存（ASTM C1260）した後の外見写真を示す。この保存はガラス網状組織を分解させ非常に短期間のう

8.3 アルカリ反応性鉱物と骨材

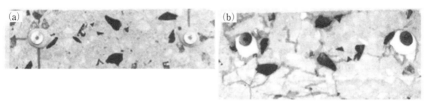

図-8.21 骨材にガラスを用いた版(研磨した表面)80℃,1N規定NaOHに保存((a)前,(b)後)

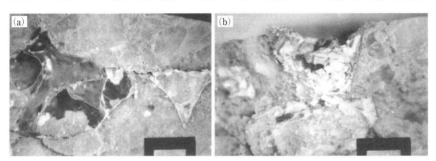

図-8.22 図-8.21 (b) の詳細写真;(a) 研磨表面のガラス粒上のひび割れ発生とゲル生成,(b) 組織写真-破壊面,ガラス粒の完全な破壊-AKRゲルが認められる;標準尺=2.5mm

ちに強いAKR劣化を引き起こす(図-8.22)。実際に似たような使用条件ではこの反応は非常にゆっくりと進行する。

• 泡ガラス - 砂粒

すり砕いたり膨張させた古いガラス砂粒から製造された泡ガラス砂粒は特に軽モルタルや軽コンクリートに使用されるが,化学的観点からは高アルカリ溶液でAKRを示す。実際にAKRゲルは発生するが相応するモルタル供試体のAKR伸びは数年の後にも生じない。この好ましい挙動の原因は泡ガラス砂粒の非常に大きな空隙が膨張圧を発生させることができないためである。
図-8.23は30℃95%湿度における泡ガラス砂粒コンクリートの長さ変化を示す。

• ガラス繊維

ガラス繊維補強コンクリート部材の製造では今日専ら高いアルカリ抵抗性のガラス繊維が使用される(AR-繊維=alkaline resistant)。そのため高い二酸化ジルコニウム(ZrO_2)量を含むガラス繊維が使用されている。DIN EN 15422に適合して少なくともZrO_2量16%である。

ガラス繊維のアルカリ抵抗性はガラス繊維補強コンクリートの耐久性に対

8 アルカリシリカ反応

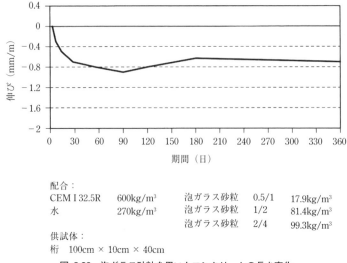

配合：
CEM I 32.5R 600kg/m³   泡ガラス砂粒 0.5/1 17.9kg/m³
水   270kg/m³   泡ガラス砂粒 1/2   81.4kg/m³
                          泡ガラス砂粒 2/4   99.3kg/m³
供試体：
桁 100cm × 10cm × 40cm

図-8.23 泡ガラス砂粒を用いたコンクリートの長さ変化

して決定的に重要であり，それは所謂 SIC 試験（Strand in Concrete）により判断される。SIC 試験ではセメントモルタル本体に包まれたガラス繊維ロービングからなる紡糸の引張強度で定められる。ガラス繊維コンクリートの耐久性に実質的に影響するメカニズムはその侵食に適合して機械的部分と化学的部分に分けられる（Raupach/Brockmann，2002）。

ガラスの二酸化珪素網状組織がセメントモルタルのアルカリ環境の水酸化イオンにより侵食される化学的侵食を AKR として説明できる。SIC 試験では使用セメントの有効 Na_2O 等量は試験結果に対する実質的な影響力として通用する。基準ガラス繊維と比較することにより結合材の侵食力の評価を判断できるが，それはコンクリート中のアルカリ反応について特に重要なことである（Reinhardt/Öttl，2007）。

• ガラス繊維補強高分子筋（GFK 棒）

所謂 E-ガラス（アルカリに乏しい硼珪酸ガラス）製の通常のガラス繊維は高い pH，場合により高温が加わるとアルカリ安定性はない。GFK 棒ではこれらのガラス繊維は高分子材料により保護されている。もし高分子材料が pH13.0〜13.7 の範囲において，安定で例えば膨れなければ GFK 棒はコン

クリートのアルカリ環境下で耐久性がある（Stark *et al.*, 2004）。追加の安全対策としては水砕スラグに富むセメントの利用および（/または）石炭フライアッシュまたはシリカフュームの添加により，空隙溶液の pH を 13.0 以下に制限することである。

8.4 アルカリシリカ反応のメカニズム

8.4.1 化学的反応

セメントと水の反応の際，主要なクリンカー相，例えばエーライトはカルシウムシリケートハイドレート相（C–S–H 相）と水酸化カルシウム（ポルトランダイト）を生成する。例えば次の式：

$$2(3CaO \cdot SiO_2) + 7H_2O \rightarrow 3CaO \cdot 2SiO_2 \cdot 4H_2O + 3Ca(OH)_2 \tag{8.3}$$

同時に硫酸アルカリ K_2SO_4 と Na_2SO_4 は高い溶解性のため直ちに溶液となり生成したポルトランダイト（$Ca(OH)_2$）と次のような反応をする，例：

$$K_2SO_4 + Ca(OH)_2 \rightarrow CaSO_4 + KOH \tag{8.4}$$

水酸化アルカリ（KOH，NaOH）の生成により空隙溶液の水酸化イオン濃度（OH^-）は著しく上昇する。それは 900mmol/l 達することがあり，pH 約 13.9 に相当する。

水酸化アルカリは反応性二酸化珪素と反応し，アルカリシリカ–ゲルを生成する。それは水とカルシウムを吸収してコンクリートを劣化させる膨張圧を発生する（**図-8.24**）。例：

$$2KOH + SiO_2 + n \cdot H_2O \rightarrow K_2SiO_3 \cdot nH_2O \tag{8.5}$$

$Ca(OH)_2$ の存在でこのアルカリシリケートゲルは C–S–H 相を生成し再び水酸化アルカリは遊離する。

$$K_2SiO_3 \cdot nH_2O + Ca(OH)_2 + nH_2O \rightarrow CaSiO_3 \cdot nH_2O + 2KOH \tag{8.6}$$
$$\qquad\qquad\qquad\qquad\qquad\downarrow\qquad\quad\downarrow$$
$$\qquad\qquad\qquad\qquad\quad \text{C–S–H 相に適合}$$

極端な場合 KOH ないし NaOH は繰り返し遊離し，その結果使用可能な $Ca(OH)_2$ 量が反応を終了する時を決める。

8 アルカリシリカ反応

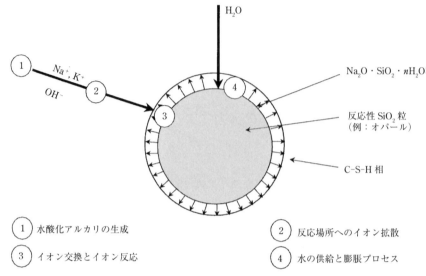

図-8.24 アルカリシリカ反応の基本

8.4.2 SiO₂ と溶解プロセス

SiO_2 は化学的には正確に珪酸ではないが，強い水酸化溶液に溶解する。またそのプロセスの速度は様々である。それは次に影響される：
- SiO_2 変態の結晶度
- pH
- 温度

適切に結晶化し，格子が乱れていない SiO_2 はほとんど溶解しない。水晶としての石英はほとんど理想的な結晶を有している。個々の固体は何らかの方法で理想的な形態から離れているのが一般的である。この離れを「格子欠陥」と表現する，その際「格子」の意味を結晶の模範と理解している（3次元的に元素や分子の理想的配置）。粗大結晶石英もまた，水酸化溶液で軽く侵食される。コンクリート中では石英粒は表面のみ侵食される（エッチング，粗面），それはプラスに評価される。セメントペーストと骨材の付着を良くするからである。

珪酸は一般式 $SiO_2 \cdot nH_2O$ で表される化合物の総称である。SiO_2 はほんの少量水に溶解しモノ珪酸を生成する：

$$SiO_2 + 2H_2O \rightarrow H_4SiO_4 \tag{8.7}$$

8.4 アルカリシリカ反応のメカニズム

結晶の程度や格子欠陥により SiO_2 は様々に溶解する。そのため上述の反応に関する文献では，結晶 SiO_2 の場合 平衡係数 $logK = -4.0$，アモルファス SiO_2 の場合平衡係数 $logK = -2.6$ に行き着く。それは次を意味する：

(a) 結晶 SiO_2

$logK = -4.00$，即ち $1\,l$ 水に対して 10^{-4}Mol モノ珪酸

即ち 10^{-4}mol $H_4SiO_4 \cdot 96g = 9.6$mg H_4SiO_4/l

($M_{H_4SiO_4} = 96$g/mol)

即ち 6.0mg SiO_2/l 溶解する

(b) アモルファス SiO_2

$logK = -2.6$

即ち 241mg H_4SiO_4/l

即ち 150.7mg SiO_2/l 溶解する

結晶 SiO_2 と同様アモルファス SiO_2 に対しても様々な値が存在する，正確な算定が必ずしも単純ではないからである。しかし結晶 SiO_2 とアモルファス SiO_2 の水に対する溶解度は少なくとも10のべき乗で区別できることは他の数値についても明白である。

高い pH で溶解する SiO_2 量の計算は多数の反応－解離と重縮合－が同時に進行するため現在不可能である（Berninger, 2004）。

pH>12 ではすべての SiO_2 を含む骨材は侵食される。完全に不活性な SiO_2 を含む骨材は存在しない。全ての骨材は多かれ少なかれセメントペーストと反応するが，反応性がある SiO_2，高い pH と高いアルカリ濃度また十分な水分量の場合のみこの反応はコンクリートに有害である。

結晶 SiO_2 とアモルファス SiO_2 の溶解に対する pH の影響を図-8.25, 図-8.26 に示す。

SiO_2 の水への溶解に対する温度の影響

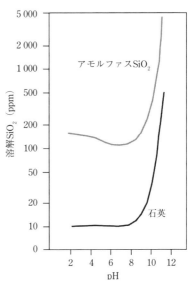

図-8.25 結晶 SiO_2 とアモルファス SiO_2 の溶解に及ぼす pH の影響（Friedmann/Sanders, 1978）

8 アルカリシリカ反応

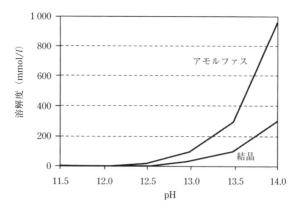

図-8.26 結晶 SiO_2 とアモルファス SiO_2 の溶解と pH の関係 (Berninger, 2004);(a) 石英,規則的網状結合,(b) アモルファス SiO_2,歪んだ網状組織

はそれぞれの SiO_2 の形態(結晶/アモルファス)により様々である。最も緻密な形態の石英($\rho = 2.55 g/cm^3$)は同じ温度で比較すれば最も少ない溶解性であり,一方アモルファス SiO_2 にはもっとも強い溶解性が存在する。

溶解平衡の観点についてほんの少しの記述があるだけである(文献 Heinz による記述,1970)。原因として次が挙げられる:

1. 全ての固体 SiO_2 相の溶解速度は新しく生成したシリカゲルを除いて極端に低いので,標準的期間における本来の平衡を実現できないように思われる。実際の平衡は可逆性のプロセスで生ずるので,固体 SiO_2 相の場合現実的に不可能である。そのため例えば通常の条件で溶液から石英が結晶化することはこれまでない。
2. 溶解する珪酸は重縮合(水が分離して単分子から大きな分子を生成)する傾向があり,平衡を複雑なものにする。
3. 例えばモノ珪酸が可溶性を超える場合,それが溶液から何らかの形態で析出する形で溶解度積は存在しない。その代わり重縮合による平衡関係が存在する。

$$2(Si[OH]_4) \leftrightarrow H_6Si_2O_7 + H_2O \tag{8.8}$$

十分乱されていない状態に対して SiO_2 のアモルファス状態は非常に大きな内部表面積を有している。アモルファス状態はたくさんの原因を持っている(Hoffmann/Funk, 1988)。過冷却融解では SiO_2 正四面体は無秩序にお互い結合し,標準の 6 角形環のほか 4 角形環,5 角形環,7 角形環を形成する(図-8.27)。

8.4 アルカリシリカ反応のメカニズム

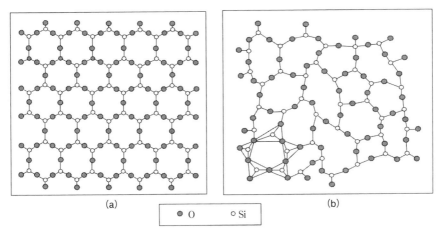

図-8.27 結晶およびアモルファス SiO₂ 種における SiO₄ 正四面体の結合 (Blankenburg et al., 1994)

オパールの場合水酸化物グループの挿入により Si–O–Si 架橋の 25% まで乱され，シラノールグループ (SiOH ないし Si(OH)₂) の形で存在する。似たような乱れは主に玉髄からなるフリントの場合にも存在する。Si–O–Si の鎖 (=シロキサン) はシラノールとは異なり安定な化合物である。

AKR 反応の進行を図-8.28 に簡略化して示す。

骨材の表面ではシラノールグループにアルカリまたはカルシウムイオンが付加される。侵食性 OH⁻ イオンは粒子内部で酸素架橋をこじ開け，粒子内部の網状組織の程度は低下する。その際生成する SiO⁻ グループのマイナス電荷は同時に侵入する水酸化アルカリイオンにより飽和させられる。更に水酸化アルカリイオンが入手できる条件で，反応は AKR ゲルの生成のもと進行する。

Mtschedlow–Petrosjan と Bauschkin の計算によれば，珪酸は pH が上昇する時溶液に SiO_3^{2-} の形で増大し存在する (Bauschki et al., 1965) (表-8.1)。

珪酸は Ca イオンの存在のもと通常の珪酸正四面体ではなく次のタイプの複雑な集合体に重縮合する。

$[Si_6O_{17}]^{10-}$ –束
$[Si_{12}O_{31}]^{14-}$ –層
$[Si_6O_{15}]^{6-}$ –網

この構造は Ca を含む AKR ゲルの膨張性を説明できるかもしれない (Belov/

8 アルカリシリカ反応

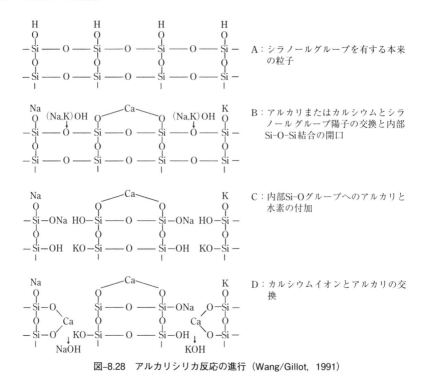

図-8.28 アルカリシリカ反応の進行 (Wang/Gillot, 1991)

表-8.1 各種 pH における H_2SiO_3, $HSiO_3^-$, SiO_3^{2-} 含有量

珪酸の形態	含有量（pH における）			
	6	10	13	14
H_2SiO_3	100	49.995	0.001	–
$HSiO_3^-$	–	49.995	9.099	0.99
SiO_3^{2-}	–	0.01	90.9	99.01

Mamedov in Babuschkin *et al.*, 1965)。

8.4.3 膨張圧と浸透

　アルカリ環境で格子の乱れた SiO_2 の溶解プロセスは AKR によるコンクリート劣化がただ1つの原因ではない。AKR ゲルの発生条件とその可能性もまた，膨張圧発生に重要な役割を演ずる。その際ゲルの水分吸収により強度を超える膨張圧のため岩石とその周辺のマトリックスの破壊を説明する非常にたくさんの劣化

8.4 アルカリシリカ反応のメカニズム

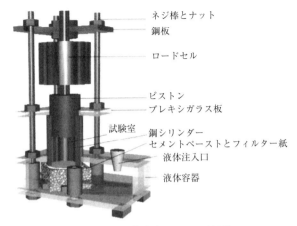

図-8.29 膨張装置(Mansfeld, 2008)

モデルが生まれた(Sprung/Sylla, 1998；Chatterji *et al.*, 1986,1987；Helmuth *et al.*, 1993)。骨材周辺の浸透圧も重要である。理論的考察は反応する骨材中における浸透圧は18N/mm^{2}まで発生するという結論に到達した(Sideris, 1978)。図-8.29と図-8.30は膨張圧を計測する膨張装置とそれで得られた典型的な値を示す。

膨張圧測定はCaOを含まないゲルでは膨張性は無く簡単に溶解することを示した。CaO量10%で最も高い膨張圧に達する(Mansfeld, 2008)。

浸透は半透水性隔壁/メンブランにより特殊な種類の拡散を表す。異なる濃度の2つの液体ないし溶液が半透水性メンブランにより分けられていると、流体または溶剤のみが高い濃度の方向に透過するが溶解固体は透過できない。その結果その部分では浸透圧が平衡を保つまで流体量が増加する。半透水層にはその強度を簡単に超える力が作用する。言い換えれば反応性骨材には次が生ずる；

その中にアルカリを含む空隙溶液はほんのμmである微小ひび割れや骨材中の他の組織の不連続部を介して侵入する(図-8.31)。

多孔材料中の流体の浸透深さは毛細管吸収により相当大きくなる。毛細管上昇高さhの計算(図-8.32)は次の関係式で得られる。

$$h = \frac{2\sigma \cdot \cos\delta}{r \cdot g \cdot \rho} \tag{8.9}$$

σ：水の表面張力(20℃の時　=0.0727N/m)

8 アルカリシリカ反応

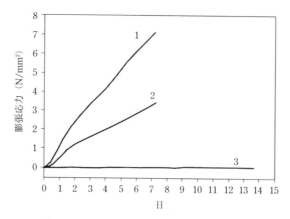

ゲル番号	Na$_2$O in M.-%	K$_2$O in M.-%	CaO in M.-%	SiO$_2$ in M.-%
1	35	10	10	45
2	35	10	20	35
3	35	10	0	55

図-8.30 膨張装置で計測された各種合成ゲルの膨張圧

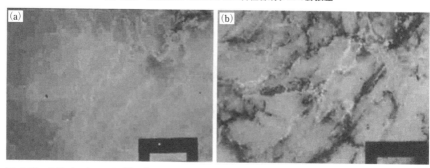

図-8.31 骨材（ストレス石英）中のAKR進行-染色したKMnO$_4$溶液に浸漬，吸水量0.5%；(a) 浸漬前，(b) 浸漬60分後（口絵参照）

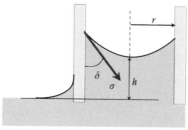

図-8.32 毛細管における水の上昇高

8.4 アルカリシリカ反応のメカニズム

δ：固体に対する水の接触角（完全に濡れているとき $\delta=0$ 即ち $\cos\delta=1$）
r：毛細管の半径（m）
g：地球の重力（$9.81 m/s^2$）
ρ：水の密度（20℃の時 $= 998\ kg/m^3 \approx 1\ 000 kg/m^3$）

▶例

建設材料における水の上昇高

$$h_{max} = \frac{2.72 \cdot 10^{-3} kg \cdot m \cdot 1m^3 \cdot s^2}{m \cdot s^2 \cdot r \cdot m \cdot 10^3 \cdot 10m}$$

$$h_{max} = \frac{14.4 \cdot 10^{-6}}{r} \quad (m)$$

$r = 0.1 mm$ （100μm）の場合：

$$h_{max} = \frac{14.4 \cdot 10^{-6}}{100 \cdot 10^{-6}} = 0.15 \quad (m)$$

空隙溶液浸透後，骨材中では SiO_2 形態の種類によって一定期間経過後（直ちにから多年まで）非常に粘性の低い構造化されていないゲル－カルシウム不足のため膨張圧を生じさせる状態にまだ至っていない－の生成という結果となる。しかしゲルと周囲のセメントペーストやモルタルの空隙溶液の間の濃度差が生ずるので，より高い浸透圧が形成される。半透水の条件は緻密なカルシウムを含む反

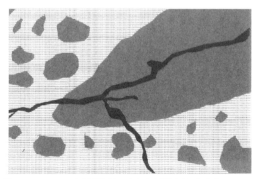

図-8.33 AKR により引き起こされた骨材および周囲のセメントペースト中のひび割れ（Johansen et al., 1994）

8 アルカリシリカ反応

応生成物（C–S–H 相）により粒子表面反応縁に作られる。骨材の組織は局部的に浸透するアルカリ水酸化溶液のみ透過させ，生成した AKR ゲルは外に移動することはできない。濃度の平衡に対する力はある一定の浸透圧を超えると半透水層ないし骨材の突然の破壊に至る。発生したひび割れでは生成した AKR ゲルはその可溶性に影響されるが水の吸収により膨張し，その結果既存のひび割れは充填され，幅が拡大される（図-8.33）。その際微細ひび割れ，薄層，サブグレーン境界のような岩石組織の不連続が AKR 促進に作用する。

8.4.4 AKR ゲル

コンクリート構造物を劣化させる膨張性ゲルに関する数百におよぶ解析から以下の平均的な組成が定められた：

SiO_2　56.6％
CaO　27.5％
K_2O　11.6％
Na_2O　4.3％

典型的な AKR ゲルは**図-8.34** に見ることができる。

K_2O/Na_2O 比は大部分のドイツおよびヨーロッパのポルトランドセメントの現状（一般に $K_2O：Na_2O$ は 4：1〜10：1）に相応する。非常に若い反応生成物の

図-8.34　乾燥した後，塊状にひび割れた空隙壁のゲル；REM 写真

8.4 アルカリシリカ反応のメカニズム

みより多くの Na_2O を含んでいる。

個々の結果を解釈する際，走査型電子顕微鏡の EDS 解析はほんの数 μm しか把握するに過ぎないことを常に注意しなければならない！

ゲル組成は解析位置（空隙中央または空隙縁，骨材の破断面または周辺部，セメントペーストマトリックス）やゲルの材齢に左右される（**図-8.35**，**図-8.36**）。

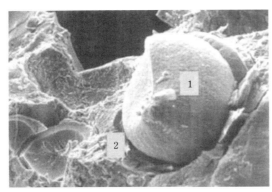

	ゲル中心 緻密(1) (%)	ゲル周辺 ガラス状(2) (%)
SiO_2	57.9	49.2
CaO	21.1	40.2
K_2O	17.5	8.4
Na_2O	3.5	2.2

図-8.35 空隙中いろいろな位置におけるゲル組成

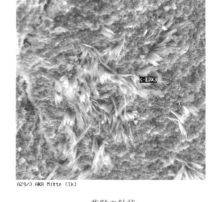

	材齢を経た房状ゲル C-S-Hに相似 (%)	若齢の針状 反応生成物 (%)
SiO_2	42.6	25.5
CaO	55.7	7.4
K_2O	0.8	8.7
Na_2O	0.9	58.4

図-8.36 材齢が異なる反応生成物のゲル組成

8 アルカリシリカ反応

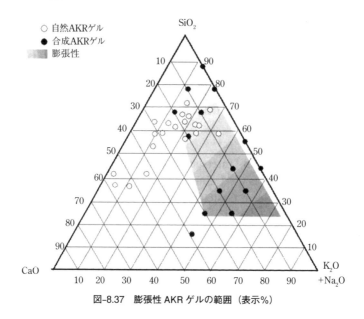

図-8.37 膨張性 AKR ゲルの範囲（表示%）

図-8.37 は FIB の研究による膨張性ゲルの範囲を示す。

ゲル生成に当たって Ca^{2+} は特別な役割を果たす。骨材粒からアルカリ溶液中に SiO_2 が溶解する際 Ca^{2+} 無しでは，単にアルカリシリケート溶液（水ガラス）が生成する。Ca^{2+} は溶液中で Si イオンの縮合と Si 種の結合のイニシアチブをとり，固体ゲルを生成する。それ故 Ca^{2+} 無しでは，膨張性ゲルは生成することはできない。

表-8.2 は外部からのアルカリ供給がゲル組成に及ぼす影響例を示す。

ダムのゲルにおける Na に対する K の割合はセメントのそれに相当する。コンクリートサイロにおける高い K 含有量は炭酸カリウムからの結果として生ず る。北海の構造物のゲルにおける高い Na 含有量は海水が原因である。

表-8.2 ゲル組成に対するアルカリの外部供給に対する影響（%）

	外部からアルカリの供給がないダム	炭酸カリウム用コンクリートサイロ	北海にあるコンクリート製軍事施設
SiO_2	66.9	30.4	37.8
CaO	12.7	28.3	50.4
K_2O	16.9	33.2	0.3
Na_2O	3.0	8.1	9.0

8.5 劣化特性

もしアルカリ反応の結果として生ずる体積膨張をコンクリートで吸収できなければ即ちコンクリートの引張強度を超える応力を伴い，AKR はコンクリートの劣化にみちびく。結果は剥離とひび割れである。

劣化させる AKR は次の特徴で識別できる。

8.5.1 巨視的特徴

- コンクリート表面に微細な**網状ひび割れ**，それが非常に深い場合，構造物またはコンクリート製品の耐荷力や供用性を完全に失うことになりうる。英語の文献ではこのひび割れパターンを map–cracking と表記する（**図-8.38**，図-8.39）。舗装コンクリートではそれは一般に継手部で最初の発生に至る。
- コンクリート表面に，最初は透明で，ねばねばした，後に濁って比較的硬くなった**ゲル状物質**の析出（**図-8.40**）。内部から染み出た低粘性の AKR ゲルであり，微小ひび割れや口を開けた空隙で認めることができる。染み出た AKR ゲルは空気中の CO_2 と反応してアルカリ（K）カーボネートを生成する。白く点状からリング状の炭酸化生成物は大部分内壁に付着している，外壁では風化が進行するからである（**図-8.41**）。AKR で劣化した舗装版では AKR ゲルは一般に深さ 5cm から確認されている。

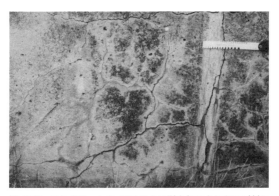

図-8.38　コンクリートの AKR により引き起こされたひび割れ

8 アルカリシリカ反応

図-8.39 フーバーダム，アリゾナ/ネヴァダ，米国

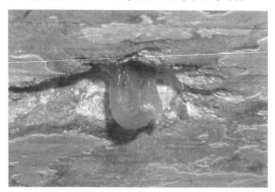

図-8.40 オパール砂岩により劣化したコンクリート構造物の大きなゲル析出（Prof.L.Franke，TU Hamburg による写真，Hill，2004 参照）

図-8.41 コアのアルカリシリカゲル（9か月霧室に保存；標準尺＝2.5mm）

8.5 劣化特性

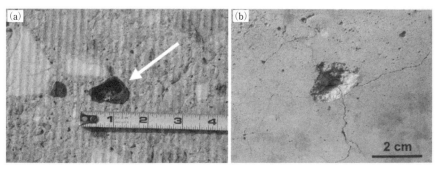

図-8.42 AKRによるポップアウト；(a) 舗装版（飛行場舗装面におけるAKR同定に関するハンドブック2004），(b) コンクリート供試体

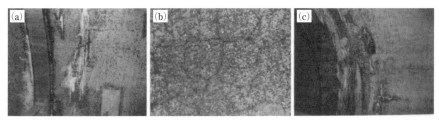

図-8.43 トンネル構造物の劣化写真；(a) AKRゲル生成で濡れた流出面，(b) AKRによる網状ひび割れ，(c) AKR生成物の面的発達

- 表面近くにある反応性粗骨材のAKRにより形成される表面の凸凹および（または）すり鉢状の**剥離（popouts）**（図-8.42）。

  トンネルで見出す劣化写真は他のAKR劣化構造物とは異なっている（図-8.43）。トンネルでは特に降雨の影響がないのでAKRゲルは洗い流されることはない，コンクリートへの大面積のゲル浸透が見受けられる。

8.5.2 微視的特徴

- 巨視的には，特にAKRの初期の段階では，一見してAKRに関する特別な前兆を常に直ちに識別できるとは限らない，網状ひび割れもポップアウトも更に他の原因で生ずることがありうる。微視的（顕微鏡）観察では例えば白い（針状ではない）物質で満たされた小さな空隙を見ることができる（図-8.44）(Freyburg, 1997)。

  詳細な試験では**反応リム**ないし**内部ゲル生成**は明白である。

8 アルカリシリカ反応

図-8.44 AKR ゲルで完全に埋められた空隙；マイクロ写真，標準尺＝1.1mm

- 反応リムは骨材の周辺部に形成され（例えば流紋岩とフリントの場合，砂岩でも明白，図-8.45），微小範囲まで追跡できる。それは立体顕微鏡や偏光顕微鏡で常に見ることができる。
- ゲル生成では，乾燥後は平面状から塊状まで現れる高い粘性のゲルが問題である（図-8.46）(Freyburg, 1997)。ゲルは一般に周囲のモルタルマトリックスに浸透する。
- 内部ゲル生成は空隙や微小ひび割れ中で明白である。これらのゲルはしばしば緻密であるが，塊状に割れている（図-8.34）。空隙縁ではガラス状に見え

図-8.45 反応リムを有するオパール砂岩（下）と隣接する空隙中のゲル生成物；標準尺＝2.5mm

8.5 劣化特性

図-8.46 平面的に分散した塊状 AKR ゲル生成物；標準尺＝2.5mm

る。
- 骨材中でゲルの膨張により内部圧（浸透圧または膨張圧）が発生し，岩石やコンクリートの引張強度を超える。そのため AKR ゲルは発生したひび割れを通ってセメントペーストマトリックスに侵入する（図-8.47）。

AKR に起因する劣化は**薄片試験時のひび割れ図**によって明らかに特定できる，微小ひび割れは原因となっている骨材まで追跡できるからである。AKR により生ずるひび割れ図は，反応性骨材中のひび割れから成り立っており，その際周囲のセメントペーストに**放射状**に走るひび割れが存在する。それとは別に遅れエト

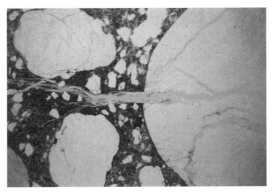

図-8.47 AKR によるひび割れ（骨材やセメントマトリックスを通過するひび割れ）（薄片 30 倍）；パラレル偏光

349

8 アルカリシリカ反応

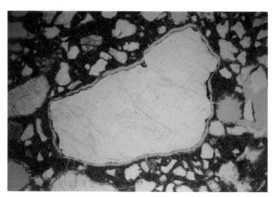

図-8.48 遅れエトリンガイト生成によるひび割れ（骨材周辺のひび割れ）（薄片30倍）；パラレル偏光

リンガイト生成が原因のひび割れは骨材の周りに円周ひび割れができ，多かれ少なかれエトリンガイトで充満されている（**図-8.47**と**図-8.48**を比較）。

更に AKR の場合高い倍率と精密な薄片で，反応性骨材と明らかに弛緩している範囲にしばしば典型的な反応リムが識別できる（Johansen *et al.*, 1994）。

多くの劣化ケースでは **AKR のみが最終劣化を引き起こすものではない事**を示している。AKR により引き起された組織の弛緩が水の更なる浸透および溶体形成プロセスや鉱物の転移生成プロセスまたは新しい化合物（例えば2次エトリンガイトの生成）の生成プロセスを可能にする。他の劣化メカニズムによる潜在劣化（例：凍害，温度応力，往来する交通の動的載荷）もまた可能であり，それにより有害 AKR の必要条件である水の存在で水の浸透がなされる可能性がある。

コンクリート部材における**有害なアルカリ反応の見かけ上の形態**は（強い部分的な膨脹とひび割れの発生），**建設材料学上のパラメーター**にのみ影響を受けるものではない。他の影響要因（鉄筋の配置，外力による主応力の大きさおよび方向）の相互作用も存在する。

研究はアルカリ反応により生ずる伸びを，次の事項によりかなり減少でき，そして例えば次により完全に消滅させうる事を示している（Wierig/Kurz, 1994；Herrador *et al.*, 2008）。

- 鉄筋の配置
- 伸び方向に作用する比較的小さい圧縮応力（約 $5 \sim 10 \text{N/mm}^2$）

8.6 AKR影響要因

後から配置された圧縮補強筋，例えば炭素繊維により AKR ゲル膨張圧の拘束が日本で行われている。

8.6 AKR影響要因

アルカリ反応性骨材の利用で次の要因が AKR に影響する可能性がある。
- セメントのアルカリ量
- コンクリートのセメント量
- アルカリ反応性骨材の量
- 温度と湿度
- コンクリートの透水性
- 外部からのアルカリ供給

8.6.1 セメントのアルカリ量

劣化を発生させる AKR はコンクリートがアルカリ反応性構成要素の外に水酸化アルカリ溶液が多量で，高濃度であるときのみ可能である。水分と NaOH と KOH の十分な供給が前提である。2つのアルカリ化合物はセメントから主として供給される（第2章 2.2.2 節）。

練り混ぜ水に直ちに溶解して硫酸塩として結合するアルカリ（硫酸アルカリ）と水和の進行で最初に遊離してクリンカー鉱物に挿入されるアルカリのほか，水砕スラグやフライアッシュを含むセメントの場合アルカリは粉末材や混和材からも来る。混和材からは空隙溶液に一部供給されるのみである。水砕スラグについて有効アルカリ量は次の近似式で定められる：

$$N_w = N_{全量}(1 - 1.8H^2) \tag{8.10}$$

Nw = 有効アルカリ量

$N_{全量}$ = 全アルカリ量

H = 1 に対する高炉スラグ量の割合

▶例

CEM Ⅲ/B（66％高炉スラグ），Na_2O 等量 = 2.0M.–%

8 アルカリシリカ反応

$$Nw = N_{全量}(1-1.8H^2) = N_{全量}(1-1.8 \cdot 0.66^2) = 2.0 \cdot 0.22$$
$$Nw = 0.44 M.-\%$$

ドイツのセメントの原材料およびそれに伴うセメントクリンカーは K と Na の酸化物を体積比で約 4:1 から 10:1 含んでいる。簡単のため Na_2O と K_2O の当量はほぼ同量の伸びを発生させることを受け入れる。これを基に，Na_2O と K_2O の量を全アルカリ量にまとめ，M（質量）–% **Na_2O-当量**（$\bar{N}$）として表示することが正当化される。そのため，Na_2O と K_2O の量は全アルカリ量として合算される。K_2O 量には K_2O に対する Na_2O のモル質量比 0.658 を掛ける。

$$\bar{N} = Na_2O + 0.658K_2O \quad （M.-\%） \tag{8.11}$$

$$\frac{M_{Na_2O}}{M_{K_2O}} = \frac{61.98 \text{gMol}}{94.2 \text{gMol}} = 0.658 \tag{8.12}$$

なぜ 2 つの酸化アルカリ Na_2O と K_2O が K_2O 等量（ヨーロッパにおける平均 $K_2O:Na_2O = 7:1$）でなく Na_2O 等量に統一されたのかは米国でセメント化学に採用されたことが関連している。アメリカ大陸ではヨーロッパとは対照的に Na が支配的である（$Na_2O > K_2O$）。

AKR は基本的にコンクリートがアルカリ反応性骨材とアルカリを含むセメントで作られ，湿潤な環境で使用されるとき発生する。**有害な AKR** は，セメントのアルカリ量がある定められた閾値を超えるとき，初めて可能となる。長期にわたる構造物の観察や実験結果をもとに次のことが確定されている。

$\bar{N} \leq 0.6\%$ 　　一般に AKR 劣化は生じない

上式は外部からアルカリが供給されないと仮定すれば発生しない。0.6% の $\bar{N}$ 値では，水酸化イオン標準濃度 500mmol/l である（**図-8.49**）。

しかしセメントの Na_2O 等量 ≤0.6% でコンクリートの全 Na_2O 等量 ≤2kg/m³ で建設されたカナダのダムが 60 年後 AKR 伸びを示した例が証明したようにこの限界値は安全を保証するものではない。

溶液の pH ないし OH 濃度の明確な下限値は－その値を下回るときコンクリート劣化を生じさせない－存在しない！　目標として pH13.5 に相当する約 300mmolOH⁻/l から始めることができる。外部からアルカリが供給される場合

8.6 AKR 影響要因

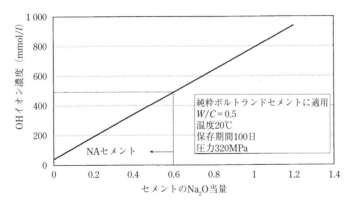

図-8.49 空隙溶液のアルカリ度とセメント中アルカリ量の関係（Wieker/Herr, 1989）

この目標値は通用しない。

（これまでドイツで規格され，建設基準で許可された NA-セメントについて第2章2.7節参照）。

舗装版の建設について交通，建設，都市開発連邦省の道路建設に関する一般通達によれば，$\bar{N} \leq 0.80$M.-%のセメント（CEM Ⅰ と CEM Ⅱ/A）のみ使用が許されている。

水和生成物中アルカリの結合

空隙溶液中アルカリ量はセメントのいろいろな組成物質中アルカリの溶解のみならず水和中新しく生成された反応生成物のアルカリ化合物にも影響される。

その際とりわけアルカリは C-S-H 相に（または）C-S-H 相中に結合される。Ca/Si 比が下がるに従い C-S-H 相のアルカリを付加/包有する能力は上昇する（図-8.50）（Hong/Glasser, 1999,2002）。

C-S-H 相の低い Ca/Si 比は粉末材を有するセメントの特徴である。一方ポルトランドセメントではその比が高い。アルカリの C-S-H 相への収着と脱離のプロセスは迅速に進行する，そしてリバーシブルである。C-A-H 相は実質的に C-S-H 相よりも多くのアルカリを取り入れ/包有することができる。この C-A-H 相は特に潜在水硬性またはポゾラン性アルミニウムを含む粉末材を添加した場合生じる（水砕スラグ，石炭フライアッシュ等々）。

Hong と Glasser の研究の結論は次のようである：

353

8 アルカリシリカ反応

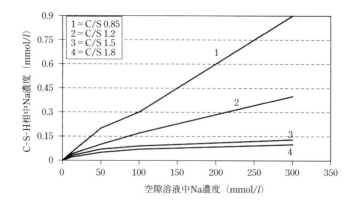

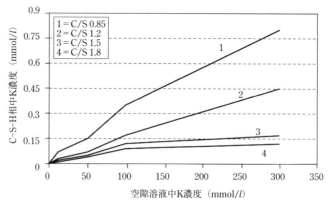

図-8.50 アルカリがC–S–H相またはC–S–H中に結合する能力に対するC/S比の影響（Hong/Glasser, 1999）

- 低いC/S比，可能な限り≦1.0に努めること，これはポゾラン性又潜在水硬性材料の添加により実際に可能である。
- C–A–H相（C–S–H相にアルミニウムの挿入により）の存在の場合C–S–H相に比較して多くのアルカリが結合する。
- 試験で示すアルカリの溶脱による容易な脱離は実際のコンクリートでも示すのか疑問である。

8.6.2 コンクリートの単位セメント量

コンクリートの空隙溶液の AKR を引き起こすアルカリ量はセメントのアルカリ量ばかりでなく特にコンクリートの単位セメント量に依存する。

$$m_N = z \cdot \frac{Na_2O - \text{Äquiv}}{100} = z \cdot \frac{\bar{N}}{100} \tag{8.13}$$

m_N = コンクリートのアルカリ量（kg/m³）
z = コンクリートのセメント量（kg/m³）

▶例

コンクリートの単位セメント量 = 350kg/m³
セメントの Na_2O 等量 $\bar{N}$ = 1.05M-%

$$m_N = 350\text{kg}/\text{m}^3 \cdot \frac{1.05\%}{100\%} = 3.7\text{kg}/\text{m}^3 \quad (Na_2O \text{等量}/\text{m}^3 \text{コンクリート})$$

オパールを含む骨材の場合，コンクリートに有害な AKR を引き起こすコンクリート中のアルカリ最小量は約 3kgNa₂O⁻当量/m³ である（Locher/Sprung, 1973）（図-8.51）。

他の骨材，例えば slow/late 型や外部からアルカリが供給される場合にはこの限界値は通用しない！

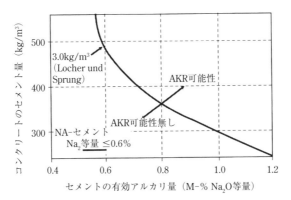

図-8.51 コンクリートを劣化させる AKR を避けるためのコンクリート単位セメント量の限界とセメント中アルカリ量の関係–オパール砂岩のみに適用（Locher/Sprung, 1973）

8 アルカリシリカ反応

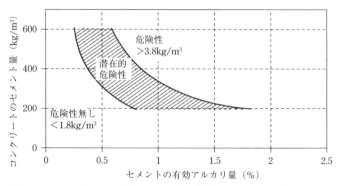

図-8.52 コンクリートの有効アルカリ量の関数としてのAKRポテンシャル
（Oberholsterによる，Alexander/Mindes，2005参照）

AKRポテンシャルはコンクリートの有効アルカリ量の関数として南アフリカのグレーワッケ Oberholster に対して計算された（**図-8.52**）（Alexander/Mindes, 2005）。**図-8.51** に比較してここでは「ポテンシャル的に危険な範囲」が記されており，実用的には限界線よりも良く適合している。

Collepardiによればコンクリート $1m^3$ 当たり2kgを超えるアルカリ量は既にAKR危険性に関してリスクを意味する（Collepard, 2006）！

8.6.3 アルカリ反応性骨材の量

コンクリートに有害なAKRの程度は与えられた骨材と与えられた有効アルカリ量の場合実質的にアルカリ反応性骨材量と粒度に依存する。

オパール砂岩の試験ではAKRによる供試体の伸びはアルカリ反応性骨材の量が多くなるに従い増大し，粒径に依存する量のある一定値で最大に達し（**ペシマム**），量がさらに多くなると存在する空隙のため再び減少する（限界値は0まで）。**図-8.53** はオパールと Duran ガラスを例にこの挙動を描いている。

このペシマムはもちろん他のアルカリ反応性骨材（例：slow/late 型）の場合現れない！ この場合アルカリ反応性組成の量が多くなるに従い伸び即ち劣化は増大する（例：**図-8.53** のグレーワッケ）。

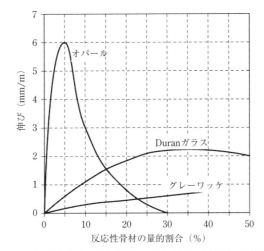

図-8.53 コンクリートの伸びに対する骨材の量と種類の影響
（40℃で湿潤保存；コンクリート供試体 4cm×4cm×16cm；骨材最大粒径 16mm；セメント量 600kg/m^3；コンクリートのアルカリ量 7.2kg Na$_2$O 等量）

8.6.4 温度と水分

AKRは水分があるところで行われる。それ故コンクリートを劣化させるAKRは特に外部コンクリート部材で発生する。内部空間ではAKRは例えば工場の床に発生することがある，地下から水分が毛細管で上がる可能性があるからである。20℃の温度では最低80〜90%の湿度がAKRの進行に必要である。オパール砂岩ではコンクリートの劣化についてペシマムよりも高い温度（60℃まで）で証明されている。

再びこのペシマムは，コンクリート構造物にオパール砂岩より非常に頻繁に使用されている slow/late 岩石に通用するか，答えは No !

湿度が変化することは，水分移動それにより反応パートナーの移動の可能性を高めるため，構造物が恒湿であるよりも危険性が高い。乾燥湿潤の繰り返しは表面の水を蒸発させアルカリは取り残される。

8.6.5 コンクリートの透水性

コンクリート中の劣化反応は直接コンクリートの透過性そのためアルカリが反

応性骨材に拡散する可能性に依存する。コンクリートの緻密度にとって最も重要な影響量はW/Cである。基本的に低いW/Cは緻密な組織に導く。それにより1つにはアルカリのアルカリ反応性骨材への拡散が遅くなり，もう1つは水の浸透，状況により水に溶ける外部からの塩（例：融氷塩）が減少する。W/Cはコンクリート中の空隙度と空隙大きさの分布に直接関係する。低いW/Cでは空隙中にはほんの少ししか水は存在しないので，空隙溶液ではイオン濃度とpHは増大する。それはAKR促進に作用する。

全体としてポルトランドセメントに対して高炉セメントコンクリートの有利な挙動は，pHの低いこと，$Ca(OH)_2$量の量が少ないことのほか，高炉セメントコンクリートの毛細管空隙が少ないことに帰せられる。

8.6.6　外部からのアルカリ供給

空隙溶液に存在する水酸化アルカリは，第一にセメントから，一部はアルカリを含むコンクリート用混和剤（例えば流動化剤）からくる，そしてアルカリを含む骨材（例：花崗岩その他これに類する岩石特にフリントを含む）により，空隙溶液の水酸化アルカリが供給される可能性もある。

外部からのアルカリは例えば，海水または融氷剤により外からコンクリートに持ちこまれる可能性がある。特に道路，アウトバーン，飛行場走路コンクリート

図-8.54　道路冬期管理業務の散布車両（Durth/Hanke, 2004）

8.6 AKR 影響要因

図-8.55 融氷剤散布施設（写真：Flenzburg 道路建設局）

図-8.56 空港融氷剤散布車両（Clariant, 1999）

面は融氷剤から注目すべき影響を受ける（図-8.54，図-8.55，図-8.56）。

1950 年代から道路冬期管理業務に使用される従来の融氷剤は次が挙げられる：
- NaCl（使用温度 -8℃まで）
- $CaCl_2$（一部，使用温度 -22℃まで）
- $MgCl_2$（稀，-15℃まで）

NaCl は最も頻繁に使用される最も廉価な融氷剤である。融解能力は温度と大気中湿度に影響される。氷 1kg あたり 90gNaCl を投入すれば氷点降下は -5 度である。-8℃の氷や雪を融かすには -1℃ に比べ約 2 倍の量が必要である（Gartiser *et al.*, 2003）。

融氷剤作用のメカニズム

AKR について融氷剤溶液の NaCl 主成分に与える影響について，昔から既に反

8 アルカリシリカ反応

応メカニズムに関する仮説が存在する（Chatterji *et al.*, 1986,1987；Beruè/Dorion, 2000）。しばしば NaCl の Na は塩化物が結合されて初めて有効となると仮定される。おそらく塩化物の一部は空隙溶液中にとどまり，一部は C–S–H 相に吸着付加し，一部は結合してフリーデル氏塩（$3CaO \cdot Al_2O_3 \cdot CaCl_2 \cdot 10H_2O$）になる。フリーデル氏塩の生成はアルミネート相ないしアルミネートハイドレート相（C_3A, $C_2(A, F)$）の存在により結合してモノサルフェートになる（Stark *et al.*, 2006b）。この相はセメントペースト中に限られた量のみ存在するので，メカニズムの消費により静止状態に至る。フリーデル氏塩自身に膨張作用が付与されており，これに加えて塩化物濃度の上昇に従いカルシウム酸塩化物（$xCa(OH)_2 \cdot CaCl_2 \cdot yH_2O$）もまた生成する（Shayan, 2006；Browne/Bothe, 2004；Sutter *et al.*, 2006）。

　セメントペースト相ポルトランダイト，エトリンガイトおよび C–S–H のモデル試験並びに熱力学的計算では，コンクリート中空隙の pH は NaCl 供給により上昇せず，例えばフリーデル氏塩の Cl^- イオンの結合は，外部からもたらされた NaCl からの Na^+ の協力による AKR ゲル生成にとって必要条件ではない（Stark *et al.*, 2011）。NaCl の作用のもとエトリンガイトからフリーデル氏塩の生成は単に付随現象であって，NaCl 融氷剤による AKR ゲルの生成にとって必要条件ではない。それだけでなく SiO_2 の溶解挙動は NaCl により影響を受けるかもしれない。

　$CaCl_2$ における Cl^- の結合は

$$2NaCl + Ca(OH)_2 \rightarrow CaCl_2 + 2NaOH \tag{8.14}$$

またはカルシウム酸塩化物の結合はシステム・コンクリートの熱力学的理由から不可能である。計算飽和指数が常に＜ 0 であるためである。

　AKR ゲル生成に NaCl が必要なことは実際の劣化と AKR 性能試験の研究が明白に証明している。

　今日冬期道路管理業務で湿潤塩（FS, Feuchtsalz）（即ち塩化カルシウム溶液または塩化マグネシウム溶液と混合した NaCl で乾燥塩に比べて道路への付着に優れひどく飛ばされることが少ない）と呼ばれるものが広く使用されるようになった。

　空港では飛行機や空港施設が塩化物に誘起される腐食の危険のため塩化物を含む融氷剤は利用されていない。以前は空港では代って大抵エチレングリコール（ア

ルコール）$C_2H_6O_2$ と合成尿素（Urea）$(NH_2)_2CO$ が使用された。アルコールは
処理したコンクリート面の滑り抵抗性に一部マイナスに作用する。尿素の利用で
は地盤と地下水に窒素の害による高い環境負荷をかけ，また欠点として比較的有
効期間の短いことが証明されている。そのため1990年代の初め NASA の要請で
開発されたアセテート（酢酸の塩）とファルマート（ギ酸の塩）をベースにした
走行路面除氷剤（Bewegungsflächenenteisern，空港用融氷剤）の最初の試験が
アメリカとカナダで行われた：

- カリウムアセテート　　　　CH_3COOK
- ナトリウムアセテート　　　CH_3COONa
- カリウムファルマート　　　HCOOK
- ナトリウムファルマート　　HCOONa

1992年には既にカリウムアセテートをベースとした除氷剤がアメリカで許可
され，それ以来多数の民間および軍の空港に使用された（Chang/Guthrie，
1998）。Clearway，Safeway，Kilfrost などの商標でいろいろなカリウムアセテート，
ナトリウムアセテート，カリウムファルマート，ナトリウムファルマートが世界
的に使用された。この融氷剤は従来使用された合成尿素に対して数々の利点が判
明している。それらははっきりと環境にやさしい。生物学的に容易に分解し窒素
を含まず，分解後は心配のない物質が残る。低温時にも有効で，そのため使用量
を節約できる。通常の飛行場用融氷剤の特性値を**表-8.3** に示す。

アセテートとファルマートの融解作用は他の除氷剤と同じように融解水と塩溶
液の蒸気圧低下に基づく。

特にアセテートとファルマートをベースとするアルカリを含む融氷剤は勿論コン
クリートを劣化させる AKR のプロセスを促進させる。これまでアメリカでは約30
の軍飛行場（アメリカ以外にも）と少なくとも8の民間空港でこの融氷剤が採用

表-8.3　通常の飛行場融氷剤の特性値

有効成分	供給形式	有効成分の濃度 （M.–%）	粒径 （mm）	プロセスあたりの指示量 （g/m²）
K–Acetat/K–Formiat	溶液	52–56	–	10〜60
Na–Acetat/Na–Formiat	粒状	>95	0.5〜4	30〜60[a]

a)　しばしば液状製品と混ぜて使用

8　アルカリシリカ反応

され，その後明らかに著しい AKR 劣化が発生し，数千万平方フェート（約350万 m²）以上の補修が必要であった（Rangaraju *et al.*, 2006；Diamond *et al.*, 2006）。

　カリウムアセテートは非常に水に溶けやすい酢酸の塩（2 560g/*l*）である。カリウムファルマートは同じように非常に水に溶けやすい蟻酸の塩（3 310g/*l*）である。水に溶解してアセテートイオン/ファルマートイオンは Brønsted–Lowry の酸塩基理論により塩基として振る舞う，それによってカリウムアセテート/カリウムファルマート溶液は常に弱いアルカリ性（pH＞7）を示す（Stark *et al.*, 2006a）。pKₐ(pKₐ=−logKₐ) 値が大きければ大きいほどまたは従属する pK_b 値が小さいほど塩基が強くなる，即ち塩基，陽子の活動が上昇する。

$$K^+ + CH_3COO^- + H_2O \leftrightarrow CH_3COOH(aq) + K^+ + OH^- \tag{8.15}$$

$$K^+ + HCOO^- + H_2O \leftrightarrow HCOOH(aq) + K^+ + OH^- \tag{8.16}$$

$$pH = 14.0 - 0.5(pK_b - \log c) \tag{8.17}$$

ここで，

pK_b：14.0–pKₐ，〔−〕

pKₐ（酢酸）：4.76

pKₐ（蟻酸）：3.75

c：水溶液におけるアセテートイオン/ファルマートイオンの濃度，〔mol/*l*〕

　FIB における研究ではアセテートとファルマートをベースとする融氷剤の作用のもとコンクリートを劣化させる AKR のプロセスが始まり促進されるという次のメカニズムが問題となった（Stark/Giebson, 2008）。

　メカニズムは Na/K アセテート溶液または Na/K ファルマート溶液がポルトランダイトと接触するや否や，直ちに明白な pH の上昇に導く（**図-8.57**），これは他の研究でも証明されている（Diamond *et al.*, 2006）。

　計算はカルシウムアセテート（式8.18）またはカルシウムフォルマートの一部生成（式8.19）は計算モデルの制限のため濃度の上昇に従い測定値との差異が大きくなるという問題をもたらした。カルシウムアセテート錯体またはカルシウムフォルマート錯体生成により遊離カルシウムイオン（Ca²⁺）濃度（正確には活動）が低下し，液と液底体（ポルトランダイト）の平衡を保つため，ポルトランダイトはさらに溶解する（**図-8.58**）。

　そのため新しいカルシウムイオンと水酸化イオンがさらに遊離し，それゆえポ

8.6 AKR影響要因

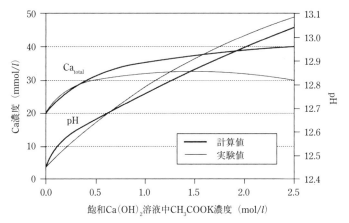

図-8.57 カリウムアセテート添加時における飽和ポルトランダイト溶液のpH上昇（Stark/Giebson, 2008；Giebson, 2010）

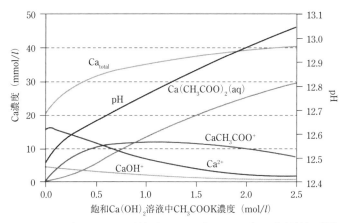

図-8.58 カリウムアセテート添加時におけるポルトランダイト飽和溶液の種分配（Stark/Giebson, 2008；Giebson, 2010）

ルトランダイトの溶解度が高まる。ポルトランダイトの溶解度は一般にpHが上昇すると低下するので，アセテート濃度またはファルマート濃度が一段と上昇するとカルシウムイオンと水酸化イオンの遊離はますます少なくなる。ポルトランダイトから溶解したカルシウム量は通常の条件ではカルシウムアセテートまたはカルシウムファルマートの沈殿には不十分である，この塩は同じく水によく溶けるからである。中でもカルシウムアセテートまたはカルシウムフォルマートの生

8 アルカリシリカ反応

成の直接の検出（例えばXRD）はこれまで不可能であった。

$$2K^+ + 2CH_3COO^- + Ca^{2+} + 2OH^- \leftrightarrow Ca(CH_3COO)_2(aq) + 2K^+ + 2OH^- \quad (8.18)$$

$$2K^+ + 2HCOO^- + Ca^{2+} + 2OH^- \leftrightarrow Ca(HCOO)^2(aq) + 2K^+ + OH^- \quad (8.19)$$

このメカニズムにより，仮に低アルカリ量のセメント（NAセメント）を使用したにしても，アセテートとファルマートをベースとする走路面除氷剤に曝されるアルカリ反応性骨材を有するコンクリートでは，コンクリートを劣化させるAKRを永続的に阻止することができない。コンクリート中ポルトランダイトの溶解度は融氷剤作用により高まるので，アルカリを含む走路面除氷剤が作用する場合既存のポルトランダイト蓄積物から次第に水酸化イオンとカルシウムイオンが遊離し，そのため発生したアルカリ水酸化イオン（**図-8.19**）とアルカリ反応性骨材の反応は妨げられることなく進行することができる。FIBの環境変化施設を用いた性能試験による多くの結果はこの関係を証明した（8.8節）。

8.7 コンクリートを劣化させるアルカリシリカ反応の予防および減少対策

「ASRを防止する明白な方法はアルカリ反応性骨材の使用を避けることである」（Alexander/Mindes, 2005）

この安全な方法は常に実現するとは限らない。アルカリ反応性骨材を用いたときにもコンクリートの劣化させるAKRを防ぐ信頼できる一連の対策が存在する。それには低い有効アルカリ量のセメントの使用や一連の潜在水硬性材用やポゾラン材料（水砕スラグ，フライアッシュ，シリカフューム，火山性ガラス，メタカオリン）の添加が含まれる。低い有効アルカリ量のセメントはドイツではDIN 1164–10によりNAセメント表記される。リチウム化合物，もみ殻灰，オイルシェール残滓の利用はコンクリートを劣化させるAKRを防止するさらなる可能性である。勿論外部からアルカリが供給される場合には十分アルカリ不反応性骨材によるより安全な方法がさらに必要である，これまで十分な長期間にわたる経験が無いからである（期待供用期間，例えば交通用道路建設では現在30年）。

364

8.7 コンクリートを劣化させるアルカリシリカ反応の予防および減少対策

8.7.1 潜在水硬性材料

水砕スラグ（HÜS）

水砕スラグの利用がコンクリートを劣化させる AKR を避けることにプラスに働くことは多数の研究により明らかである。

水砕スラグに含まれるアルカリ（平均で Na_2O 約 0.35M.–%，K_2O 約 0.45M.–%）（Ehrenberg, 2006）はセメントの有効アルカリ量に対してクリンカーの寄与に比べて二義的である（Schäfer, 2004）。空隙溶液に溶解するアルカリ分は水和期間 7〜28 日の後，水砕スラグを含むセメントペースト中で定常レベルに達する。その後溶解したアルカリ分はほとんど変化しない，水砕スラグ反応の際遊離するアルカリは時間的に平行して進行する反応に再び直接組み込まれる。

水砕スラグの使用により純粋なポルトランドセメントに比べ空隙溶液中のアルカリ濃度は減少する。水砕スラグの添加は，水砕スラグ約 20M.–% まではセメントペースト空隙溶液に溶解するアルカリ量は純粋ポルトランドセメントに比較してほぼ同じ高さで，それより高い量でははっきりと低下に至る。水砕スラグを含むセメントペーストの空隙溶液に溶解するアルカリ量の減少は第一にセメント中クリンカーの割合が少なくなることに基づく（Schäfer, 2004）。クリンカーや水砕スラグ反応による C–S–H 相への結合傾向は水砕スラグ 40M.–% まではポルトランドセメントと同様または少ない。

水砕スラグを含むセメントペースト中のアルカリ量の減少のほか，純粋ポルトランドセメントペーストに比べより緻密な空隙組織はコンクリートの伸びを減少または抑制に寄与する（Härdtl/Schießl, 1996）。潜在水硬性反応により形成された高い緻密性によって侵食性イオンの拡散速度は大幅に低下する。

Fourier（文献参照；Kosmatka *et al.*, 2002）は実用的な骨材（Sudbury/Canada）について ASTM C1260 によるモルタル促進試験で限界値 0.1%（1mm/m）を下回るためのフライアッシュ，水砕スラグ，シリカフューム量を示した（**図–8.59**）。

図–8.59 からとりわけ水砕スラグ量が 40〜50% 以上で初めて希望する効果に達することが明らかになる。

8 アルカリシリカ反応

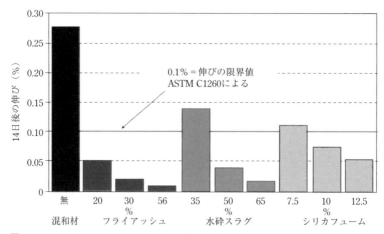

図-8.59 ASTM C1260によるモルタル促進試験の伸びに対するフライアッシュ，水砕スラグ，シリカフューム量の影響（Fournier，文献参照 Kosmatka et al., 2002）

8.7.2 ポゾラン材料

ポゾラン添加時の基本的考えは硬化の比較的早い段階でアルカリはカルシウムに乏しい C–S–H 相またはゼオライトに似た相に組み入れられることである。空隙溶液中の Ca^{2+} イオンは一部ポゾランと結合する。それは C/S 比の低下（図-8.60）に至り，Na^+ と K^+ は C–S–H 相に（/中に）安定的に付加結合（または拘束結合）され，更に（化合物中で）アルカリは事実上不溶解の形で存在する化合物，例えばナトリウムゼオライト（方沸石）$Na(AlSi_2O_6) \cdot H_2O$ およびゼオライト

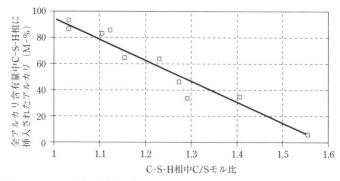

図-8.60 C–S–H 相に挿入されたアルカリと C/S モル比の関係（Bhatty/Greening, 1986）

に似た化合物に取り込まれる。

8.7.2.1 フライアッシュ

石炭スライアッシュ（SFA）

　石炭フライアッシュは発電所で使用される石炭の様々な組成や燃焼種類（乾式または溶融炉式燃焼）により水砕スラグよりも化学的鉱物的組成に大きな変動幅がある。

　それ故SFAは空隙溶液のアルカリ度に様々な影響をもたらす。AKRによる有害な伸びを抑制するまたは最小化する能力について最も重要な指標は反応性SiO_2とAl_2O_3量並びにカルシウム含有量である。ドイツで使われるSFAはCaO量＜10M.-％および全アルカリ量≦5M.-％である。

　SFAのポゾラン反応は非常にゆっくり進行する。CEM Ⅰと混合したSFAの代謝度は20℃に28日保存で約8％，90日保存で約15％である（Friebert, 2005）。5℃に保存された供試体ではSFAの代謝は28日でわずか4％，91日で7％である。SFAのポゾラン反応で現れるアルカリ結合はそれ故まさに非常にゆっくりしたプロセスである。それとは無関係に希釈効果即ちSFAによるセメント代替は働く。他の研究では使用したフライアッシュは空隙溶液中のOH^-および$Na^+ + K^+$に関

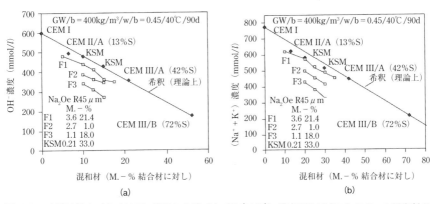

図-8.61　空隙溶液中（a）（OH^-）濃度および（b）（$Na^+ + K^+$）濃度に及ぼすコンクリート混和材の影響；40℃，90日間保存；GW＝グレーワッケ（骨材），KSM＝石灰石粉末，F＝フライアッシュ，$Na_2Oe = K_2O + Na_2O$，R45μm（粉末度45μm以上の割合），b＝結合材（セメント＋混和材）（Heinz et al., 2007）

8 アルカリシリカ反応

してセメントの希釈のみならずアルカリの化学的結合が行われることを証明している（図-8.61）（Heinz et al., 2007）。その際空隙溶液からのアルカリはC-S-H相および（または）アルカリを含むゼオライトに似た相に結合する。

今日 SFA の適切な使用が AKR によるコンクリートの伸びを制限したり，防ぎうることは多数の室内試験と現場試験により確実と見なされている（Shehata/Thomas, 2000）。その際低 CaO 量の SFA は高 CaO 量の SFA よりもより効果が大きい。低 CaO 量の SFA に比べ高 CaO 量の SFA の効果が低い原因は事実上反応性 SiO_2 と Al_2O_3 の量が小さいことである（Shehata/Thomas, 2000）。高 CaO 量のフライアッシュは空隙溶液のアルカリ度が減少の時作用は小さくなり，そしてより多くのアルカリ量が AKR 反応のため自由になるためである。

低 CaO 量と高 CaO 量のフライアッシュの影響試験はフライアッシュのアルカリ量が同じとき AKR の伸びの試験限界値（CSA A23.2-14A または ASTMC1293に則り2年後の伸び 0.04％ = 0.4mm/m）に到達するには色々異なるフライアッシュ量が必要であることを示した（図-8.62）。

低 CaO 量のフライアッシュはこの点でははるかに効果があることを証明した。

全てのケースで，高アルカリ量のセメントをいろいろ異なるアルカリ量および（または）CaO 量のフライアッシュと一部添加することはフライアッシュの添加無しのコンクリートに比べて AKR による伸びの減少に導く。高 CaO のフライアッシュをより多く添加することにより低 CaO のフライアッシュと同じ効果に達することができる。その際到達できるコンクリート強度はもちろん問題である。

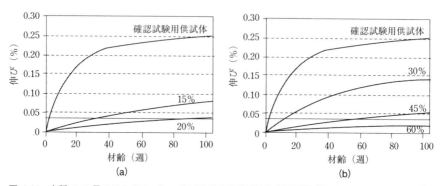

図-8.62　各種 CaO 量のフライアッシュが AKR による伸びに与える影響（Shehata/Thomas, 2000）；
　　　　(a) 低 CaO 量のフライアッシュ，(b) 高 CaO 量のフライアッシュ

8.7 コンクリートを劣化させるアルカリシリカ反応の予防および減少対策

フライアッシュが反応性骨材と一緒に使用されるとき、大部分のAKRに対する国際指針では混合物の全アルカリ量、一般に2.5〜4.5kg/m³ Na₂O等量が定められている。しかし全アルカリ量の計算にはフライアッシュからのアルカリ量の取り扱いに相当な違いがある。ドイツでは2007年までアルカリ指針においてSFAの有効アルカリ量は全アルカリ量の1/6と定められている。2007年以降の新アルカリ指針ではカナダ、日本などの指針で定められているようにSFAの有効全アルカリ量への貢献は無視される。

褐炭フライアッシュ（BFA）

しばしば45%までの高CaO量（一部中部ドイツ地区）のため、BFAは本来ポゾランの1つに数えられていない。適切なアッシュ品質の場合十分にセメント混和材として添加は可能である。それは東ドイツで年間百万トン以上製造されたセメントPZ9/45が示している。そのセメントには22% BFA Hagenwerder（地名）−ポゾランとして機能する褐炭フライアッシュ（CaO量＜10%）を含んでいる。伸びを減少させるBFAの影響は**図-8.63**により明らかである。

アルモシリケート質BFAをセメントの10〜20%と置換することによりモルタル供試体（反応性骨材としてRasothemglasを使用；ホウケイ酸ガラス、Duranガラスの1種）としての軸の伸びは明白に低下する。

図-8.64からいかに緩衝材の添加がOH⁻濃度を低下させるか明白である。BFA使用でOH⁻濃度は＜500mmol OH⁻/lに低下し、有効アルカリ量を＜0.60M.−% Na₂O等量に合わせることができる。

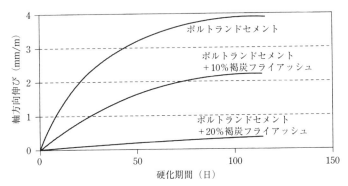

図-8.63 アルモシリケート質褐炭フライアッシュのモルタル供試体軸方向伸びに対する影響（Wieker/Herr, 1989）

8 アルカリシリカ反応

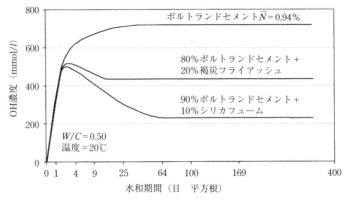

図-8.64 褐炭フライアッシュとシリカフュームを添加したポルトランドセメントのOHイオン濃度の進行（Wieker/Herr, 1989）

8.7.2.2 シリカフューム

水砕スラグやSFAに比べシリカフュームはもっとも早く反応しそして空隙溶液の組成に最も強い影響を有している。これは粒子が小さく（0.1～0.3μm），極端に大きな表面積（BET≧15m^2/g）という条件のためである。シリカフュームの早い反応により水和の最初の日に強いアルカリ含有物が発生する。シリカフュームのSiO$_2$は直ちにアルカリと反応してCa^{++}を含んだAKRゲルを生成する。同時にアルカリを含むC-S-H相が生成され一部アルカリは再び遊離する。

通常5～7.5M.-%のシリカフュームの添加は空隙溶液中OH$^-$イオンの明白な減少を生じさせる（**図-8.64**）。より多くの添加量はコンクリートのワーカビリティーを減少させ現実的ではない。

アイスランドでは1979年以来コンクリートの反応性骨材の割合が制限され，すべてのセメントに7.5M.-%シリカフュームが添加される。本対策の導入はAKR劣化に関して非常に成果が上がったとして評価されている（**図-8.65**）（Olafsson, 1992；Gudmundsson/Olafson, 1999）。

もしシリカフュームが，例えばスラリーの代わりに粉状のシリカフュームが添加されてコンクリート中に十分分布しなければ，凝集が形成されコンクリートを劣化させるAKRに導く（Diamond, 1997）。この効果はシリカフューム（粉状またはスラリー状）の中に既に意図しない凝集がある場合にも発生する。

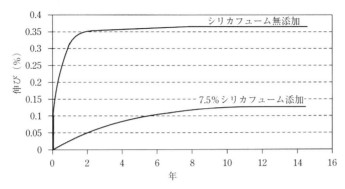

図-8.65 シリカフュームのモルタル供試体伸びに対する影響（ASTMC227による試験，材令14年まで）(Gudmundsson/Olafson, 1999)

8.7.2.3 メタカオリン

粘土鉱物カオリナイトが温度650〜800℃で熱せられると結合水が消え，準アモルファスのポゾラン反応の特性を有する化合物（$Al_2Si_2O_5[OH]_4$）が生まれる。

一般にコンクリートを劣化させるAKR防止にポジティヴな影響が発生する（Schäferの文献中2004）。長期試験ではセメントにメタカオリンを一部置換することによりコンクリートを劣化させる伸びを防ぐことが示された（Ramlochan et al., 2000）。使用する骨材のアルカリ反応性に合わせて10〜15M.-%が必要である。空隙溶液の解析はメタカオリンのポゾラン反応により長期間OH^-イオン，Na^+イオン，K^+イオンの濃度は問題のない濃度まで低下して有害なAKR伸びを生じさせないことを示唆した。更にポゾラン反応によりポルトランダイトの特記すべき量が消費され，それは同様にAKRの防止に有利に作用する（Wild/Khatib, 1997）。メタカオリンはシリカフュームのように迅速に反応し，それゆえ非常に速いアルカリ化合物を生成させる。この作用は勿論シリカフュームのそれよりも少ない。反応メカニズムはフライアッシュに似て，即ちゼオライトを含む化合物を生成し，ゆっくりとC-S-H相，C-A-H相 C-A-S-H相（ストレートリンジャイト，$Ca_2Al([OH]_6AlSiO_2[OH]_4)\cdot 2.5H_2O$）に転移する（Schäfer, 2004）。

メタカオリン−アルカリ−水のシステム中でゼオライト相またはゼオライトに似た相が生成される（Faujasit等），一方実際のセメントシステム−即ちCaOの混在−ではそのような新しい生成物は証明されていない，理由はX線アモルファ

スか，検出限界以下の部分にあるか，または全く生成していないかである（Fuchs, 2007）。

適切なフライアッシュや水砕スラッグが十分に供給される地域や国々では現在メタカオリンはほとんど使用されていない。

8.7.2.4 もみ殻アッシュ

精米の際，米粒を殻から分離することにより米トン当たり200kgの殻が生じ，それはエネルギー獲得のため役立てることができる。燃焼では温度は600℃以下に保たれる。もみ殻アッシュはBET60～80m^2/gの表面積の非常に細粒形で生じ，高いポゾラン反応能力を有している（Locher, 2000）。もみ殻アッシュは90M.−%のSiO$_2$を含み，AKRによりコンクリートを劣化させる伸びに対してシリカフュームと似た良い特性があると認められる，もちろんその反応能力が小さい。

米を耕作している国や地方ではシリカフュームの代替えとして意味がある。

8.7.2.5 ガラス

古いガラスの細粒化により，ガラスのポゾラン活性が活発化し，それによりコンクリート劣化させるAKR伸びをほぼ完全に抑えることができる（Weihua, 1998）。メカニズムはシリカフュームや石炭フライアッシュと比較可能である。少なくともドイツではガラス工業は古いガラスをほとんど完全に再利用しているが，AKRを防ぐこの手段はドイツでは実践されていない，おそらく経済的でないためと思われる。

8.7.2.6 オイルシェール残滓

オイルシェール（油頁岩）は歴性質（オイルを含む）マール（泥灰土）岩とトーンマール（粘土質泥灰土）でエネルギーを得るための燃料として利用される。燃焼温度800℃で発生する残滓はポゾランの特性を，更にCaO量が20%を超える時には水硬性をも示す。そしてポルトランド頁岩セメントの主構成物質として利用される。オイルシェールに由来するアルカリはセメント水和の際，遊離せずそのためAKRに関して実際上考慮する必要はない（Kikas *et al.*, 1999）。ポルトラ

ンド頁岩セメントのコンクリート試験では霧室試験と屋外保存試験の後，特記すべき伸びやひび割れは確認できなかった（Öttl，2004）。

8.7.3 リチウム化合物

リチウムはナトリウムやカリウムのようにアルカリ金属に属する。アルカリ反応性骨材の使用によるコンクリートを劣化させる AKR をリチウムの添加により防止する可能性について 1951 年初めてアメリカで報告された。コンクリートで利用するに適するものとして特に $LiNO_3$ が明らかである。1990 年代初めリチウムを含む混和材の新しい試験が行われた（中でも Collins *et al.*, 2004；Fournier, 2006a,b）

リチウムはナトリウムやカリウムと比較して明らかに膨張性がない安定した反応物を生成するように思われる，それにより伸びに至ることがない。FIB の室内試験においてもリチウムはポジティブな作用を示し，その中でさらにアルカリの外部供給の際試験が終わるまでコンクリートを劣化させる伸びは発生しなかった（図-8.66）。

適切な添加量の選択は困難である，明らかに多くの要因に影響を受け，その結果リチウム添加によりすべてのケースで AKR を安全に防ぐことはできない。更

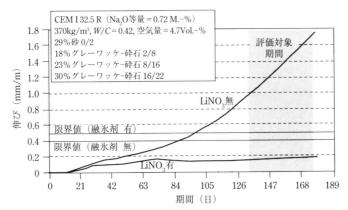

図-8.66 融解剤（カリウムフォルマート）作用時におけるコンクリートの伸びに対する $LiNO_3$ の影響：FIB 性能試験（$1m^3$ コンクリートに 30％ $LiNO_3$ 溶液 14*l* を添加）

にコンクリート m^3 当たりの明らかに高いコストにより，コンクリートへ直接の添加は実務上多くの場合経済的に正しいと認めることはできない。AKRで劣化したコンクリート表面にリチウム溶液の塗布は全体として効果がない，即ち到達できる浸透量ないし浸透深さは十分ではないからである（Folliard *et al.*, 2006）。

　進行するメカニズムはまだ十分解明されておらず，文献には度重なる叙述が見受けられる。例えばゲルはゲル中にリチウムの外にさらに他のアルカリが存在する時のみ膨張する，そしてリチウムは高アルカリ反応性骨材の場合 slow/late 型岩石の場合よりも効果的に伸びを抑えることが確認されている（Feng *et al.*, 2005；Kawamura/Kodera, 2005）。

　フレッシュコンクリートに添加の場合最適効果は Li/Na + K = 0.74（モル）比に達する（Feng *et al.*, 2008）。フレッシュコンクリートに $LiNO_3$ 添加の場合 AKR を抑制するメカニズムは Feng *et al.* の研究における仮説では Li_2SiO_3 結晶とリチウムを含む Ca に乏しいゲルの生成による。反応性 SiO_2 粒の表面に保護膜を形成する，NaOH/KOH により SiO_2 の更なる溶解を防ぐという両者である。

　もちろんリチウムは地殻における元素存在順位はほんの 35 位程度である。地殻におけるこのアルカリ金属の割合は 0.006 M.－% と見積もられている（割合の比較：珪素約 25M.－%，アルミニウム約 8 M.－%，カルシウム約 3.6 M.－%，カリウムとナトリウムそれぞれ約 2.6 M.－%）。リチウムの世界生産量は年間たった約 15 000t であり，コンクリートのような大量建設資材への添加に立ちふさがっている。加えてリチウム塩の高コストは広い採用の障害になっている。

8.7.4　アルカリシリカ反応による伸び計算基準としての SiO_2/Na_2O 等量比

　多くの研究により AKR による伸び抑制のためセメント混和材としてポゾラン性および潜在水硬性材料は成功裏に使用されることが確認されている。中国における研究は伸びを抑制するため混和材に置き換えるべきセメントの割合は SiO_2/Na_2O 等量比以上と計算された（Feng/Feng, 2002）。

　その際混和材の活性 SiO_2 の割合はセメントと混和材の Na_2O 等量に比例させる。それによる計算値は後の例で示すように実験で得られたデータと相関させる。

　この例に使用されたセメントと混和材の化学的組成は**表–8.4**に含まれている。

　ゼオライトによる 15%セメントの代替えを例にして計算を行う。

8.7 コンクリートを劣化させるアルカリシリカ反応の予防および減少対策

表-8.4 セメントと混和材の化学的組成

	SiO_2 (%)	Al_2O_3 (%)	Fe_2O_3 (%)	CaO (%)	MgO (%)	SO_3 (%)	K_2O (%)	Na_2O (%)
セメント	20.29	4.83	3.02	59.74	4.04	1.47	0.61	0.13
ゼオライト	68.42	11.78	1.61	3.12	1.12	-	2.16	0.62

$$\frac{\mathrm{sio}_{2,\mathrm{Zusatzstoff}}}{\bar{N}_{\mathrm{Zement+Zusatzstoff}}}$$

$\bar{N}_{\mathrm{Zement+Zusatzstoff}}(=\bar{N}_{セメント+混和材}) = 68.42\% \rightarrow 68.42 \cdot 0.15 = 10.26\%$

$\bar{N}_{\mathrm{Zement}}(=\bar{N}_{セメント}) = 0.13 + 0.658 \cdot 0.61 = 0.53\% \rightarrow 0.53 \cdot 0.85 = 0.45\%$

$\bar{N}_{\mathrm{Zusatzstoff}}(\bar{N}_{混和材}) = 0.62 + 0.658 \cdot 2.16 = 2.04\% \rightarrow 2.04 \cdot 0.15 = 0.31\%$

$\bar{N}_{\mathrm{Zement}} + \bar{N}_{\mathrm{Zusatzstoff}}(=\bar{N}_{セメント} + \bar{N}_{混和材}) = 0.45 + 0.31 = 0.76\%$

$\frac{\mathrm{sio}_{2,\mathrm{Zusatzstoff}}}{\bar{N}_{\mathrm{Zement+Zusatzstoff}}} = \frac{10.26}{0.76} = 13.5\%$

各種混和材の SiO_2/Na_2O 等量比と伸びの関係について 実験で得られた値を図-8.67に示す。

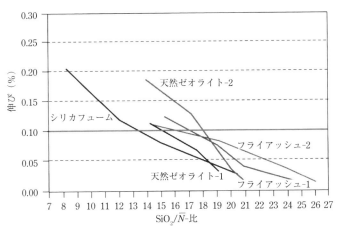

図-8.67 SiO_2/Na_2O 等量比と伸びの関係について実験で得られた値(例で計算された値は天然ゼオトライト-1に相当する)(Feng/Feng, 2002)

8 アルカリシリカ反応

8.8 国家規格と基準

ドイツでは 2007 年 2 月の改訂基準「コンクリートの有害アルカリ反応に対する予防対策」（略して**アルカリ基準**と呼ばれる）はこれまで通用していた 2001 年版に取って代わった。それは 2010 年 4 月および 2011 年 4 月の訂正を含めて通用される。

新しいアルカリ基準は以前のように 3 部からなり AKR 分野における新しい研究成果や知識を考慮している。

第 1 部：一般

ここでは基準の適用範囲，骨材産出地域，いわゆる湿潤クラス，骨材，セメント，コンクリート，混和材，コンクリート混和剤に関する要求基準および予防対策について記述している。いくつかの点について後で詳述する。

湿潤クラス

コンクリート構造物が想定される環境の影響に追加してコンクリート部材の仕様書に公示場所を 3 つの湿潤クラスの 1 つに割り当てねばならない。

表-8.5　湿潤クラス

湿潤クラス	予想される環境影響に基づく分類
「乾燥」 (WO)	通常の養生のもと，湿潤は長期にわたらず，乾燥後は供用期間中継続して乾燥状態にあるコンクリート部材
「湿潤」 (WF)	供用期間中，しばしば，または長い間湿潤となるコンクリート部材
「湿潤＋外部からアルカリ供給」 (WA)	湿潤クラス WF に加え，しばしば，または長期間外部からアルカリ供給に晒されるコンクリート部材

▶例

- 湿潤クラス「乾燥」（WO）
  - 構造物の屋内部材
  - 外気に晒されるが，例えば降雨，表面水，土壌の湿気が作用しない，そして（または）常に相対湿度 80% 以上の大気に晒されることがない建設部材
- 湿潤クラス「湿潤」（WF）

– 例えば降雨，表面水または土壌の湿気に晒される保護されていない屋外部材

– 構造物の湿潤な空間用屋内部材，例えば屋内プール，クリーニング場，その他相対湿度 80% 以上が支配的な湿った事業空間

– しばしば露点を下回る部材，例えば煙突，熱中継ステーション，濾過室，家畜小屋

– 最小寸法が 80cm を越えるマッシブな部材（湿度の供給と無関係）

• 湿潤クラス「湿潤＋外部からアルカリの供給」（WA）

– 海水の作用する建設部材

– 融氷塩が作用する建設部材，ただし追加の高い動的負荷がかからない（例えば飛散水がかかる範囲，駐車用建物の走行路面や駐車スペース）

– アルカリ塩が作用する工場建築物や農業施設（例えば糞尿槽）の建設部材

骨材に対する要求基準

アルカリ指針のこの章では骨材のアルカリ反応性について分類している。

第 2 部：オパール砂岩およびフリントを有する骨材

アルカリ指針のこの章は既に述べた適用地域の骨材の処置について取り扱っている。

第 3 部：破砕したアルカリ反応性骨材

アルカリ指針のこの章は破砕グレーワッケ，破砕石英斑岩（流紋岩），オーバーライン地方の破砕砂利，以前述べた骨材の破砕割合 10M.–% を超えるリサイクル骨材（砂利を含む），問題ないとしてこれまで分類されていない他の破砕骨材および指針の通用範囲で建設実務上経験が無い他の破砕骨材に通用する。第 3 部はアルカリ指針第 2 部により判断できなかったり，またはその関与により建設実務上の条件で既に有害なコンクリート中アルカリ反応（構造物劣化）を生じたその他のアルカリ反応性骨材も考慮される。

アルカリ反応について所謂骨材の危険ポテンシャル評価に対する許容鉱物学的岩石学的判断基準はまだ存在しないので，骨材の促進試験について述べることにする。

8 アルカリシリカ反応

■促進試験法

後述する促進試験法は基準では参考試験法として制定されている。代替法として 8.9 節に述べるアルカリ基準によるモルタル促進試験を利用できる。

試験のため寸法 40mm×40mm×160mm のモルタルプリズム 3 個が製作される。次のモルタル配合が利用される。

　　セメント：CEM I 32.5R

　　Na_2O 等量：(1.3 ± 0.1) M.–%

　　骨材/セメント比：2.25：1 質量

　　W/C：0.47

供試体は製作後型枠に入ったまま，24±2 時間の期間，20.0±2.0℃で水の上（接触せずに）に保存する。脱型後 4 つの型枠面は 320 番の SiC–湿った研磨紙で各面 15 秒ずつ研磨する。次いで冷たい脱イオン水入りの容器に入れしっかり栓をして乾燥棚に運び入れる。そして 24 時間以上 80.0±2.0℃で保存する。零値測定の後，プリズムを 1.00±0.01 モル，80.0±2.0℃の熱い NaOH 溶液中乾燥棚でさらに保存する。零値測定後，1 日，4 日，5 日，8 または 9 日，13 日にさらに測定する。

モルタルプリズムの測定された伸びに基づいて骨材は**表-8.6** に対応して分類する。アルカリ反応性クラス E I –S が達成される場合更なる試験は必要ない。

骨材が促進試験に合格できなければ**霧室保存のコンクリート試験を引き続き行わねばならない。**

表-8.6 　アルカリ基準の参考試験に適う骨材のアルカリ反応性の判定用伸びの限界値

基準	アルカリ感受性クラス	
	E I –S	評価無し[a]
13 日後モルタルプリズムの伸び ε の限界値（mm/m）	$\varepsilon \leq 1.0$	$\varepsilon > 1.0$

　a) 　評価のため霧室保存（40℃）のコンクリート試験を続けることができる

■霧室保存

試験のため，伸び測定用寸法 100mm×10mm×500mm の桁 3 個と発生の可能性があるひび割れ観察のため辺長 300mm の立方体 1 個が作成される。それには次のコンクリート配合が使用される。

セメントⅠ：CEM I 32.5R　DINEN197-1 による

Na_2O 等量：(1.3 ± 0.1) M.-%

セメントⅡ：強度クラス 32.5N, 32.5R, 42.5N または 42.5R の NA（低アルカリ）セメント

W/C：0.45

骨材：（サンプリング）

骨材の割合：試験用骨材は 70%（容積）の 2/16 または 2/22.4mm および 30%（容積）の自然砂（アルカリシリカ反応に関して問題無し）を使用

　9か月続く霧室保存のコンクリート試験は純粋な骨材の試験でありコンクリート配合に適していない。霧室保存の過小評価できない短所はコンクリートから更にアルカリの少なからぬ浸出である。9か月間の霧室保存の後30%までのアルカリが浸出可能である（**図-8.68**）。

　アルカリ基準に従って霧室保存に引き続き，骨材は算出したコンクリートの伸びとひび割れ生成に基づいて次の2つのアルカリ反応性クラスに分類する。

EⅠ-S　　問題無し

EⅢ-S　　問題あり

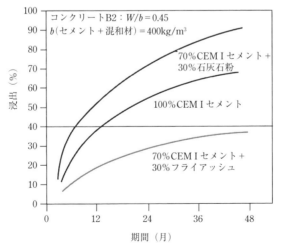

図-8.68　各種結合材を用いたコンクリート桁からの浸出（40℃で霧室保存）（Schmidt, 2009）

8 アルカリシリカ反応

表-8.7 霧室保存を伴うコンクリート試験による骨材のアルカリ反応性の判定

基準	アルカリ反応性クラス[a]	
	EⅠ–S	EⅢ–S
コンクリート桁の伸びに対する限界値（mm/m[b]）	$\varepsilon \leq 0.6$	$\varepsilon > 0.6$
立方体のひび割れ	無	激しい[c]

a) 評価されていない骨材にも通用する
b) 霧室保存9か月後，温度と湿潤による伸びを含む
c) ひび割れ幅 $w \geq 0.2mm$

表-8.8 アルカリ基準第3部の骨材利用時のコンクリートの有害アルカリに対する予防対策

アルカリ反応性クラス	セメント量 kg/m³	湿潤クラスに対する予防対策		
		WO	WF	WA
EⅠ–S	規定なし	無	無	無
EⅢ–S[a]	$z \leq 300$	無	無	無
	$300 < z \leq 350$	無	無	性能試験[b] または NA セメント
	$z > 350$	無	性能試験[b] または NA セメント	性能試験[b] または骨材交換

a) 判定されていない骨材にも通用
b) 後ほど基準第4部に述べられている。次の予告まで鑑定に基づいた予防対策が行われる

　霧室保存を伴うコンクリート試験による骨材のアルカリ反応性の判定は**表-8.7**の基準値で行われる。

　基準第3部で取り扱われたアルカリ反応性クラス EⅢ–S骨材を用いたコンクリート部材に対して湿潤クラス WF と WA の場合，**表-8.8** に適う有害アルカリ反応に対する予防対策をとらねばならない。

■骨材試験

　岩石学的試験の後，骨材試験は**図-8.69** に適う順序で試験が行われる。

　骨材はもし促進試験法に合格すればアルカリ反応性 EⅠ–S に等級付けられる。骨材が促進試験法に合格しなければ第3部により霧室（40℃）を伴うコンクリート試験に引き継がれる。この試験にも合格しなければ骨材はアルカリ反応性クラス EⅢ–S に等級づけられる。いずれの場合（EⅠ–S および EⅢ–S）にも**表-8.8**の予防対策に留意しなければならない。

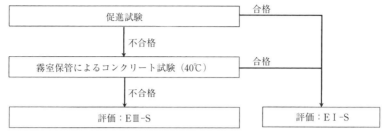

図-8.69　骨材の試験パターン

■連邦交通建設都市開発省（BMVBS）による一般通達道路建設（ARS）

アルカリ基準はオパール砂岩，珪質チョークまたはフリントを含む骨材の分類と取り扱いを効果的に整理した。しかしドイツではコンクリート製舗装版と空港の飛行機交通路面（外部からのアルカリ供給）ではAKR劣化ケースが多発し，それは大抵ゆっくりと遅れて反応する骨材（slow/late型）が原因とされた。このことは連邦建設交通都市開発省の一般通達ARS15/2005および一般通達ARS12/2006へと至らしめた。コンクリート舗装版に使用される骨材とコンクリート配合について有害AKRの危険性に対する公的試験機関の鑑定が求められることを制定した。

8.9　試験法

世界中にコンクリートに有害なAKRに関して骨材のアルカリ反応性およびモルタルやコンクリートにおけるその挙動を判定する多数の試験法が存在する。それについて，次に分けられる。

- アルカリ反応性を判定する試験法
  - 溶液法
  - 岩石学および鉱物学的試験
  - モルタル促進試験
  - 各種コンクリート試験

および

- 融氷剤作用の有（/無）でコンクリートを劣化させるAKRを防止する観点か

8　アルカリシリカ反応

らプロジェクト特有のコンクリート配合の適性を判断する性能試験法

溶液法では骨材は定められた期間中しばしば熱い NaOH 溶液に保存される。続いて質量損失（例えば苛性ソーダ液，アルカリ基準第 2 部）または溶液中のアルカリに溶けた珪酸量（例えば ASTM C289）を定め，そしてそれにより反応度を評価する。アルカリに溶けた珪酸量だけでは骨材の反応度判定の信頼すべき基準はないので，溶解法は一般に限られた意味しか持っていない。

岩石学的鉱物学的試験の場合，骨材は主としてアルカリ鉱物の出現と量について光学顕微鏡，定量 X 線回折（リートベルト法による量的評価を含む），示差熱分析で検査する。この試験はとりわけ岩石学的鉱物学的特性，例えば石英のマイクロクラックまたはストレス状態について重要なヒントを与える。国際標準試験は ASTM C294 と C295，RILEM TC191–ARP（AAR–1）などである。

モルタル促進試験は世界で広く多数使用されており，短期間で骨材のアルカリ反応性の判断に役立つ。その有効性は既に高く評価されている。しかしコンクリート試験または実際に対する差異がいつも生ずる。国際標準試験は例えばアルカリ基準第 3 部 ASTM C1260，CSA A23.2–25A，RILEM TC191–ARP（AAR–2）の参考ないし代替え試験である。

コンクリート試験は全体として信頼できる試験法として通用するが最も長い時間を要する。その際，標準的な配合（例：アルカリ基準第 3 部，ASTM C1293，CSA A23.2–14A，RILEM TC191–ARP–[AAR–3]）それにより骨材のみ試験されるコンクリート試験とプロジェクトに独自なコンクリートの判定に適した新しい性能試験を区別しなければならない。

試験法による結果は多年にわたる屋外保存と比較し調整される。それと実際の構造物から採取した供試体の比較試験にも使われる。

8.9.1 と 8.9.2 節に最も重要な国際および国内試験法を示す。

8.9.1　国際試験法

8.9.1.1　促進モルタルバー試験（AMBT：Accelerated Mortar Bar Test）

この試験法は通常の方法で最も信頼できる促進法として国際的に定着している。この方法は南アフリカの NBRI 試験法（プレトリアの National Building Research Institute で開発された）に基づく（Oberholster/Davies，1986）。この試験は修正

された形で多くの国際規格の構成要素となっている（ASTM C1293，CSA A23.2-14A，RILEM TC191–APR–[AAR–2]）。

AMBT法は供試体製作にあたり混合骨材のアルカリ反応性を定めるアメリカ規格 ASTM C227 を適用する。その際，AMBT試験法では，80℃の熱い苛性ソーダ液に保存するので，反応は他の試験法（例：ASTM C1293 38℃の霧室に保存）に較べ明らかに促進される。この方法は次のように記述できる：

試験用骨材は定められたフルイで 0.15/0.75mm の範囲に粉砕される。骨材混合物はセメント（＞0.60％ Na$_2$O 等量）と水でモルタルを作る，その際セメント：骨材の割合は1:2.25である。コンシステンシーはアウスブライト（日本ではフロー試験に相当）試験により定められ，105〜120mm でなければならない。モルタルはプリズム型枠 25mm×25mm×285mm に詰められ，締め固められる。20℃，ほぼ100％相対湿度に保存される。脱型後供試体は1日間 80℃の熱水に保存される。次いで供試体の長さを測り，基準値とする。その後供試体は 80℃の熱い 4％苛性ソーダ液に保存される。試験骨材は 14 日後，伸びが 0.10％（1mm/m）を超えなければアルカリ反応に対し危険性がないとし，0.10〜0.20％の間では骨材は反応性ポテンシャルが有り，そして伸び＞0.25％では骨材は強い反応性と評価される。

8.9.1.2 コンクリートプリズム試験（CPT：Concrete Prism Test）

CPT（ASTM C1293，CSA A23.2–14A）はほぼドイツの霧室保存コンクリート試験に適合する AKR コンクリート試験である。

寸法 75mm×75mm×275mm から 405mm までのコンクリート供試体はセメント 420kg/m^3（1.25％ Na$_2$O 等量）をベースとした混合物により作成され，密封した容器中 38℃の水の上で保管される。1 年保存後の伸び＜0.05％（CSA A23.2–14A ＜0.04％）が確認されれば試験した骨材は AKR に問題ないと確定される。伸び 0.01〜0.10％（CSA A23.2–14A により 0.04％から 0.12％の間）の間では骨材は反応性ポテンシャル有とされる。伸びがそれを超える場合，骨材は強い反応性と等級づけられる。

この試験の場合純粋な骨材試験であり，一部室内試験結果と屋外に保存された供試体や実際にコンクリート構造物に現れる結果の間に大きな矛盾が生ずること

8 アルカリシリカ反応

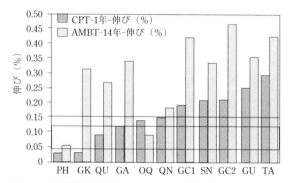

図-8.70　各種骨材に対するコンクリート試験（CPT）とモルタル促進試験の伸びの比較；
0.15％は AMBT による限界値そして 0.04-0.12％の範囲は CSA A23.2-27A により弱い反応性骨材に適合
（CPT 伸び＜0.04％＝反応性無し；伸び＞0.12％＝高い反応性）（Fourier et al., 2006）

が問題である。更に AMBT と CPT による試験の比較では骨材の評価が異なる結果となる（Fournier et al., 2006；Thomas et al., 2006）。

図-8.70 は AMBT と CPT による各種骨材の評価の比較を示している。

カナダ，アメリカ，ノルウェー，韓国，オーストラリア産の骨材 41 種の AMBT と CPT による試験結果の比較では，AMBT で反応性無しに等級づけられた 4 個の骨材は CPT では反応性と評価された（Lu et al., 2008）（図-8.71）。

全体として AMBT と CPT による伸びの相関は比較的低く特に CPT による伸び 0.04 から 0.12％（0.4 から 1.2mm/m に相当）の弱い反応性に対して低い。

この事実に対する原因は特に AMBT での場合骨材の小さい粒径が使用されたことである。それにより微小構造と繊維組織が失われ，生成したゲルが大きな粒中に圧力を発生させる可能性がなくなることである。

それ故中国で修正された AMBT（M–CAMBT と表記）はグループ 2.5～5.0mm に移行した。それによりモルタル促進試験とコンクリート試験（CPT/1 年，38℃）の相関は明白に改善した。

8.9 試験法

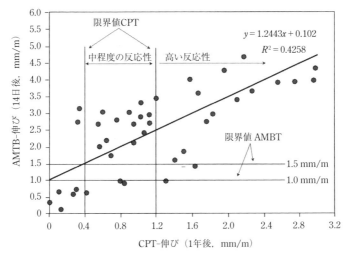

図-8.71 各種骨材に対するコンクリート試験(CPT)とモルタル試験(AMBT)の伸びの比較では低い相関(Lu *et al*., 2008)

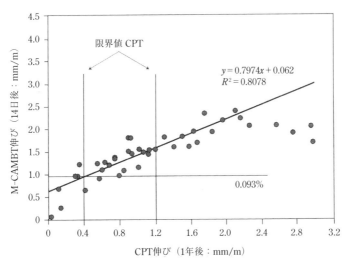

図-8.72 各種骨材に対するコンクリート試験(CPT)と中国で修正されたモルタル試験(M-CABT)の伸びの比較ではよい相関(Lu *et al*., 20008)

8.9.1.3 促進コンクリートプリズム試験(ACPT;Accelerated Concrete Prism Test)

基本的に同様に骨材のアルカリ反応性のみを判定する促進CP試験のことであ

8 アルカリシリカ反応

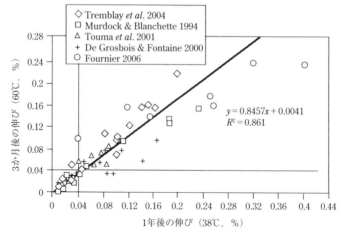

図-8.73 CPT供試体（1年間38℃で保存）とACPT供試体（3か月間60℃で保存）の伸びの比較（Fournier et al., 2006）

る。コンクリートプリズムは60℃，相対湿度95％で13週保存後試験される，その際伸びの試験基準値は≦0.4mm/m（0.04％）である。

各種骨材のCPT法とACPT法による評価結果の比較を図-8.73に示す，その際95％以上のケースでよい一致を確認できる（Fournier et al., 2006）。

8.9.1.4 コンクリートマイクロバー試験（CMBT；Concrete Microbar Test）

コンクリートマイクロバー試験は当初石灰石やドロマイト骨材のアルカリ炭酸塩反応度判定に開発された（Xu et al., 2000）。CMBTとは寸法40mm×40mm×160mmの供試体を80℃の熱いNaOH溶液に30日間曝す促進試験のことである。試験基準は4週後の伸び≦1.0mm/mである。試験の結果はCPTのそれと相関する。

8.9.1.5 ASTM C289による化学的試験

この試験では試験する骨材は先ず＜0.30mmに粉砕する。その後0.15から0.30mmのグループ（25g）は24時間80℃の熱いNaOH溶液25mlに保存する。その後ろ過して溶解した珪酸とアルカリ度を定める。骨材はもし溶解した珪酸≧30mmol SiO$_2$/l（≧1 800mg SiO$_2$/l）およびアルカリ度の減少＜75mmol OH$^-$/l（＜1 275mg OH$^-$/l）に達すると反応性と評価される。

ASTM C289 には正確に評価するためのノモグラムが含まれている。試験法はグレーワッケ，ホルンフェルス，珪岩，花崗岩のような slow/late 骨材には適さない。

8.9.1.6　60℃-コンクリート試験

60℃コンクリート試験はフランス規格 NF P 18-454（2004 年 5 月）に基づき，将来ドイツでも適用されるべきものである。霧室保存試験 9 か月に代わって僅か 3 か月を要するだけだからである。

2 つの骨材グループ 2/8mm と 8/16mm または 8/22mm で寸法 75mm×75mm×280mmm のコンクリートプリズム 3 個を作成し，脱型の後試験槽の中，水の上に密封した容器で 60℃に保存する。伸びはベースラインを測定した後 4，8，12，16，20 週後測定し，その際限界値は 20 週後 0.3mm/m である。

この試験の場合純粋な骨材試験であることが問題である。試験が性能試験として適性かどうかは更なる研究が証明しなければならない（Siebel et al., 2006, 2007）。いずれの場合にもゆっくり反応する結合材（例：フライアッシュまたは水砕スラグを含むセメント）のコンクリートを 60℃に保存することにより，水和度に関して実際（平均約 8℃）よりも有利に，即ちより良いと判定をする，その結果間違った解釈が可能となる。

図-8.74 は保存条件と CEM II/B-S セメント（65％ポルトランドセメント，

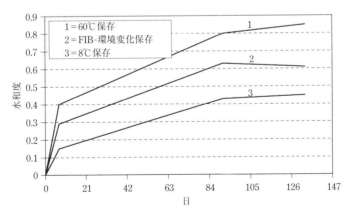

図-8.74　Lumley et al. 1996 により定められた CEM II/B-S の水和度，その際 60℃の曲線は外装された（Fuchs, 2007）

8 アルカリシリカ反応

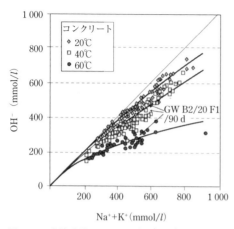

図-8.75 空隙溶液の OH^- と ($Na^+ + K^+$) のバランスに対する温度の影響；材令 8 日および 4 年の天然骨材のコンクリート (Schmidt, 2009)

35％水砕スラグ）の水和度進行の関係を示す。更に 60℃ 保存により空隙溶液中 OH^-/SO_4^{2-} 比は 40℃ 保存に対してずれることを考慮しなければならない。その際空隙溶液のアルカリ度は低下する，それは実際には生じない（図-8.75）(Schmidt, 2009)。

8.9.2 国内試験法

ドイツでは骨材のアルカリ反応性試験は実質的にアルカリ基準に定められている。更に多数の補完と補助的な試験法が存在する。

骨材のアルカリ反応度を短期間で判定するため FIB ではモルタル促進試験と岩石学/鉱物学的試験のコンビネーションが適用される。プロジェクトに特有なコンクリートの AKR 劣化ポテンシャルの信頼できる判定のため，新しく開発された特殊な気象変動保存による AKR 性能試験が使用されるようになった (Stark et al., 2007)。X 線回折や顕微鏡試験によりこの方法は支援される。

8.9.2.1 モルタル急速試験 (MST；Mörtelschnelltest)

この試験は slow/late 型骨材のアルカリ反応性判定のため LMPA ザクセンアンハルト (Landesmaterialprüfamt, LMPA Sachsen-Anhalt 州材料試験所) で開発された (Philipp/Eifert, 2004)。それは南アフリカ NBRI 試験に基づく。FIB ではモルタル急速試験にもう一度狙いを定めて修正し，DAfStb のアルカリ基準 (2007 年 2 月版) 第 3 部の代替え法としている。モルタル促進法の重要な指標を表-8.9 に挙げる。

蓋をした容器の中，水の上で 70℃ にするモルタル供試体の保存を図-8.76 に示す。本方法はとりわけ実験室では熱い苛性ソーダ溶液で作業しない長所を有している。更に質量と伸び (14, 21, 28 日) の測定値読み取りは事前にモルタルプ

表-8.9 モルタル急速試験の重要な指標

骨材	洗浄した試験骨材：0.5/1mm および 1/2mm（割合各 1/3） アルカリ反応性石英砂：0.1/0.5mm（割合 1/3）
セメント，W/C	CEM I 32.5R（Na_2O 等量 = 1.3±0.1M.–%），W/C = 0.50
Na_2O 等量	2.5M.–%（練り混ぜ水に NaOH を添加）
プリズム	40mm×40mm×160mm，（DIN EN 196-1 に準じて作成）
保存	水の上，70℃，28 日まで
測定	伸びと質量，20℃（プリズム温度）

図-8.76 モルタルプリズムの保存

リズムを 20℃ に温度調節の後実施する。そのため伸び測定結果の精度を落とす温度の影響を特に大幅に防止することができる。

このモルタル急速促進試験の場合，到達する砂利や砕石の伸びは移り変わりが流動的である 3 つの範囲に分類できる。**表-8.10** の骨材の評価は連邦交通建設都

表-8.10 砂利と砕石用モルタル急速試験（28 日）の伸びの評価

モルタル促進試験後 28 日の伸び	試験骨材の評価
$\varepsilon \leq 1.5$mm/m	十分アルカリ非反応性骨材に**適合**
1.5mm/m$< \varepsilon \leq 2.0$mm/m	潜在アルカリ反応性 骨材は**コンクリート試験無しでは不適合**（骨材のプロジェクトに特有なコンクリートの性能試験）
$\varepsilon > 2.0$mm/m	アルカリ反応性 骨材は**適合しない** コンクリート試験（骨材のプロジェクトに特有なコンクリートの性能試験）可能，しかし MST 伸びの上昇でポジティブな適性証明の確率は低下

市開発省一般通達 ARS12 号/2006 と TL コンクリート Stb07 の判断で行われる。

MST は AKR 反応性に関して骨材の迅速でしかし比較的大まかな予備評価に役立つ。0.5/1 と 1/2 の粉砕で例えば砕石粒 16/22 の組織は大部分失われる。粒 16/22 に内在する微小ひび割れシステムは例えば空隙溶液に吸収され，細粒化された粒 0.5/1 では場合によってもはや存在しない。これはグループ 1.25/2.5 およびグループ 2.5/5.0 の CANBT（中国，カナダ）の新しい提案に根拠を与えるものである（図-8.71，図-8.72）。

モルタル急速試験で 28 日後，伸び≦1.5mm/m の骨材は一般に ARS 12/2006 の判断で十分アルカリ非反応性である。例えば舗装版（アウトバーン，空港など）のような厳しい使用に曝される構造物は値≦1.5mm/m の場合でも疑わしい時には性能試験を行わねばならない。伸び>1.5mm/m のアルカリ反応性骨材は自動的，例外無しではないが適合しないと分類される。もしこの骨材で引き続き行われるプロジェクトに特有なコンクリートの性能試験により予期されるケースでコンクリートに有害な AKR が引き起こされない証明がもたらされた場合，これは使用可能である。

既に AKR 劣化に至った骨材の試験に基づき伸び>2.0mm/m のアルカリ反応性骨材は大部分特に舗装版や飛行機通行路面に適合しないと判断される。モルタル促進試験により，まずアルカリ基準第 3 部による霧室保存コンクリート試験（9 か月）を行わなければならない場合を除き，28 日で既に骨材のアルカリ反応性

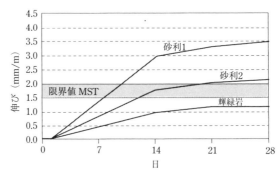

図-8.77　3種類の骨材のモルタル急速試験（2つの粒グループの平均）

注：ここで試験した輝緑岩に 10 から 20%グレーワッケを含む。
純粋な輝緑岩は伸び<0.5mm/m に達する

8.9 試験法

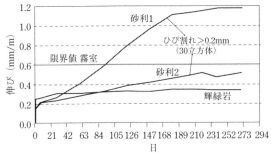

図-8.78 3種類の骨材の霧室試験結果

は判断できる。2007年のアルカリ基準ではそれ故このモルタル急速試験をDAfStb-促進試験の代替えとして取り上げている。

例として図-8.77にモルタル急速試験における各種アルカリ反応性骨材の伸び進行を示す。

輝緑岩は十分アルカリ非反応性であり2つの未固結岩はアルカリ反応性と分類されている。これを比べるとアルカリ基準第3部の霧室保存コンクリート試験の結果と良い一致を示している（図-8.78）。砂利2について伸びは確かに超えていないが，立方体（30cm×30cm×30cm）ではひび割れ＞0.2mmを示しており，砂利2は同様に合格できない。

試験粒処理（粉砕/無粉砕）がモルタル急速試験の伸び挙動に対していかなる

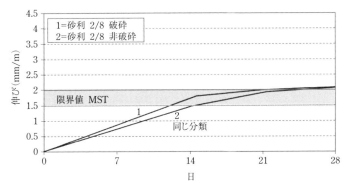

図-8.79 モルタル急速試験における伸びの進行 – 中部ドイツ産砂利 A 2/8mm の粉砕と無粉砕の比較

8　アルカリシリカ反応

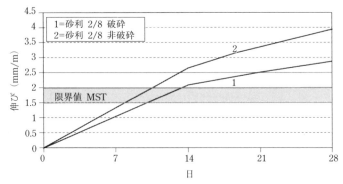

図-8.80　モルタル急速試験における伸びの進行 – 中部ドイツ産砂利 B 2/8mm の粉砕と無粉砕の比較

影響があるか図-8.79 と図-8.80 に示す。無粉砕の試験粒の場合，あるケースでは伸びは全く取るに足りない違いであり（図-8.79），他のケースでは明白に高い伸びが得られた（図-8.80）。多分粉砕過程で骨材の組織に存在する弱い箇所が取り除かれたためと思われる。

既存の MST は全てのケースで十分であるといえないことは実際の劣化や相応する花崗閃緑岩の性能試験が示している（図-8.81，図-8.82）。

MST 値≦1.50mm/m は受け入れ基準以下である一方，性能試験では6サイクル後の受け入れ基準 0.5mm/m を超えており，6サイクル後さらに上昇するコン

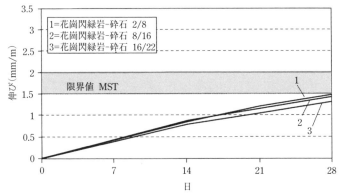

図-8.81　花崗閃緑岩粒のモルタル急速試験結果

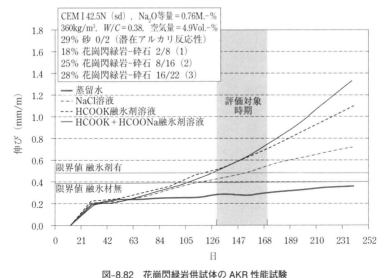

図-8.82 花崗閃緑岩供試体のAKR性能試験

クリート桁の伸びはAKR進行を示している。薄片試験は花崗閃緑岩粒のAKRが決定的に始まっていることを証明した。AKRにより破壊されたこの骨材のアウトバーンコンクリートは似た様子を示していた。

8.9.2.2 アルカリ性能試験

一般的な性能試験はドイツには存在しない。FIBとセメント工業会研究所デュッセルドルフで以前開発されたAKR性能試験法には広範な経験がある。2つの方法は比較試験では同一のコンクリート配合に対して同じような評価に至っている (Müller et al., 2009)。FIBでは環境変化保存法が採用されている。環境シミュレーション室 (**図-8.83**) では乾燥，湿潤，凍結融解繰り返し，さらに融氷剤作用のような実際の環境の影響を早送りでシミュレートすることが可能である (Stark/Seyfarth, 2008)。AKR環境変化保存サイクルの1例を**図-8.84**に示す。

付帯技術契約条件および指針–技術構造物による建設計画の試験では，即ち使用前提条件によってアルカリ供給がない場合，環境シミュレーション室の床にある温度調節された露点水浴上に立ち昇る霧により集中的な湿分供給が実現する。それにより従来のエアロゾル発生を伴う噴霧システムで現れる好ましくない溶脱

8 アルカリシリカ反応

図-8.83 環境シミュレーション室（体積約 5m³ で寸法 100mm×100mm×400mm の供試体約 80 個のスペースを有する）

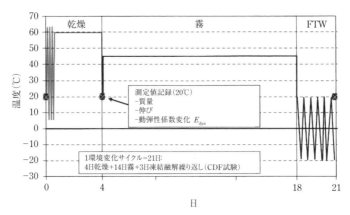

図-8.84 AKR 環境変化保存サイクル

効果を避けられる。交通路建設計画（ZTV コンクリート StB 01，ARS12/2006）のための試験では供用期間中アルカリを含む融氷剤の使用が原因である外部からのアルカリ供給が考慮される。そのためにはスウェーデンのスラブ試験に準拠したコンクリート桁が用意され融氷剤溶液を作用させる（図-8.85）。

8.9 試験法

図-8.85 コンクリート供試体への融氷剤溶液の供給

環境変化保存はフォイルで気密に包んだコンクリート供試体を20℃で7日間前保存して始まる。融氷剤の負荷は最初の乾燥期の後，霧/凍結–融解繰り返し期の初めごとに行う。乾燥期により乾燥供試体は融氷剤を集中的に吸収する。凍結–融解繰り返し期の間，融氷剤溶液の吸収はマイクロレンズ原理により強められる。凍結–融解繰り返しや乾燥湿潤繰り返し無しでは実際に重要な融氷剤吸収に達することはない（**図-8.86**）。

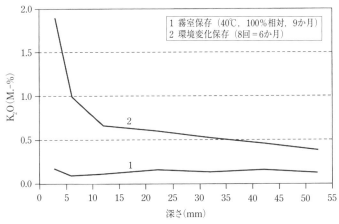

図-8.86 環境変化保存後または霧室保存後のコンクリート供試体のカリウム濃度および融氷剤（カリウムアセテート）の効果–浸透深さの比較

395

8 アルカリシリカ反応

環境変化保存の間決められた，そして実際目標とした融氷剤ないしアルカリの量がコンクリート供試体に調達される。難しいのは実際に 1 年あたりの凍結段階の回数とそれにより集められる融氷剤の量が非常に変化することである。更に融氷剤量は天候や交通により薄められ，または再び集められる。そしてコンクリートに連続して作用しないばかりでなく，コンスタントの量でも作用しないことである。環境変化保存のため濃度 0.6mol/l の融氷剤溶液（供試体あたり 400g）が使用される。舗装版（NaCl）の場合には 8 サイクル以内にアウトバーンで冬期間の平均に相当する融氷剤が集められる。

飛行機通行路面の通行に限定した損害はアウトバーンよりも少なく，比較的短い道路延長のため投入日毎，多くの適用プロセスが可能であり通常である。それ故飛行機通行路面の場合試験の期間各サイクルごと，冬期間実際に飛行機通行路面で使用される 50 から 100％の融氷剤量（酢酸塩，ギ酸塩）が調達される。

凍結融解繰り返し期の後，残っている溶液は引き続く乾燥期の間管理されたアルカリ供給が実現するように供試体表面で乾燥する。次の霧/凍結–融解繰り返し期の初めに新たな融氷剤が調達される。乾燥–湿潤/（融氷剤適用）繰り返しにより実際の条件下のようにコンクリート組織の移動プロセスが促進される。比較のため蒸留水の供試体が供せられた。

環境変化保存を始める前およびそれぞれ乾燥期と霧/凍結–融解–繰り返しの後，伸び測定と動弾性係数測定のため非破壊試験を行い，質量測定により供試体の水分量変化を把握する。不可逆性の伸び，質量増加および動弾性係数低下は供試体の比較可能な湿潤状態と 20℃（±2K）への温度調節により劣化を示唆しているものとして考慮される。さらにひび割れ形成，変色，スケール，ゲルの漏れ，ポップアウトの発生そして変形に関して供試体の肉眼による判断が行われる。特に伸び測定に対する温度の影響を取り除くため，供試体は各測定の前に常に 20℃に温度調整が行われる。それ故霧室保存のコンクリート桁の伸び限界値 0.6mm/m は環境変化保存では純粋な温度伸びの部分について 0.4mm/m に減らされる（α_T = 10μm/mK, 即ち ΔT = 20K → 0.2mm/m）。融氷剤が作用する試験では供試体（融氷剤が作用しない供試体に比較して）は溶解融氷剤のほかに多量の水が吸収されることが確認された。それにより高められる供試体の湿潤伸びにより伸び限界値はここでは 0.5mm/m に相当する。伸び限界値の他に 6 サイクルと 8 サイクル間

の評価期間における伸び曲線の上昇は試験した各種コンクリート配合の適性判断に考慮される。

舗装版と飛行機通行路面用プロジェクトに特有なコンクリートの性能試験の次の例は FIB 環境変化保存で AKR 進行について融氷剤作用の影響を明白にした。

▶例

CEM I 32.5R-st（$Na_2O_{äq}$ = 0.72M.-%）

370kg/m^3, W/C = 0.42, LP_{Fr} = 4.8Vol%

31%砂 0/2

15%砂利 2/8（中部ドイツ）

18%砕石 8/16, 輝緑岩

36%砕石 16/22, 輝緑岩

モルタル促進試験はそれぞれの粒に対して次の伸びをもたらした：

砂 0/2　　　1.5mm/m
砂利 2/8　　2.3mm/m
砕石 8/16　 0.5mm/m
砕石 16/22　0.5mm/m

モルタル促進試験では砂利 2/8mm はアルカリ反応性と分類されており，岩石

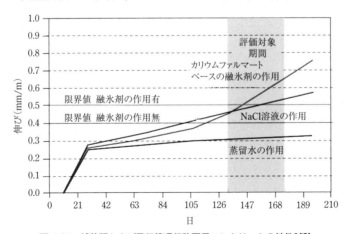

図-8.87　舗装版および飛行機通行路面用コンクリートの性能試験

8 アルカリシリカ反応

学的/鉱物学的試験ではストレス石英の高い割合が存在することを示した。環境
変化保存による性能試験の結果を**図-8.87**に示す。

　試験したコンクリート配合は舗装版（ARS12/2006）と空港通行路面の建設に
適しない。割合がほんの15%のアルカリ反応性砂利2/8は外部からアルカリが
供給される場合コンクリートを劣化させるAKRの誘因となるために十分である。
砂利グループを輝緑岩砕石2/8に交換すると試験は合格した。外部アルカリ供給
（水の作用）に至らない構造物に対して試験したコンクリート配合は心配なく使
用できる。FIBではこの方法で多数のコンクリート配合を試験した（Stark *et al.*
2008）。

8.9.2.3　岩石学的試験

　骨材のアルカリ反応性の判定では岩石学的試験が利用される。更にまたFIB
環境変化保存による試験終了後起こりうる組織変化や相の新しい生成を確認，ま
たは構造物の劣化の場合，破壊面や切断面の顕微鏡試験および薄片や研磨面の偏
光顕微鏡や走査型電子顕微鏡によって確定できる。

薄片研磨顕微鏡

　個々の岩石には小さいサイズ（2.5cm×3cm），コンクリートには大きいサイズ
（6cm×10cm）の薄片研磨のプレパラートの他，6から8個の破砕粒のコレクショ
ンをスライドガラス（6cm×6cm）上で処理して実証する（**図-8.88**）。

　偏光顕微鏡中のサンプリングは次の検出/確認を含む。

- 鉱物の存在
- 注目する石英を持つ主鉱物混合物の状態
- 石理特性（層状組織，劈開，主方向，各鉱物粒，マイクロ節理）とその結果
  生ずるコンクリート劣化メカニズム（例：AKR，凍結負荷）進行に対する弱
  点部のポテンシャル→ひび割れ予想の作成
- 多孔性，マイクロ節理，風化の程度による鉱物の状態
- 層状シリケート（フィロ珪酸塩）の存在とガラス質の割合
- マトリックス（例：グレーワッケ）ないし基質（例：流紋岩）の発達
- ストレス石英粒の場合，波動消光角およびストレスタイプの確認（**図-8.94**）

波動消光の現象はストレス石英の場合薄片研磨で偏光顕微鏡のもとで観察され

る。波動消光は結晶構造の内部の変形が発生させる。石英は非常に脆い物質として岩石の中で発生したストレスに極度に鋭敏に反応する。指向性のある圧縮応力への反応は結晶方位の変化である。それは結晶中の振動方向の揺れで表される。クロス偏光の偏光顕微鏡による観察では試料台を回転させている間振動軸の位置的揺れのため消光の移動が見られる。結晶は部分的に暗く部分的に強く明るく(雲のように)現れる(Freyburg/Schliffkowitz, 2006)。**図-8.89**はクロス偏光の偏

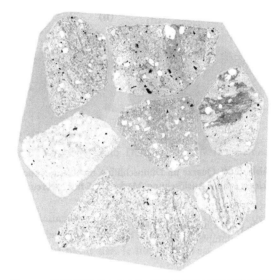

図-8.88 流紋岩粉砕粒 8 個を持つ薄片研磨の密着印画(口絵参照)

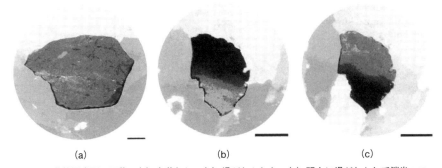

図-8.89 薄片研磨面の石英;(a) 負荷無し,(b) 場がわかれた,(c) 明白に場がわかれて消光;マーク=1.5mm;クロス偏光(口絵参照)

光顕微鏡による薄片研磨面の乱されない石英と乱された石英の違いを示す。
鉱物相解析と結晶化度パラメータ

鉱物相存在の確認は粉状試験体<40μm の X 線回折 (XRD) とリートベルト法により行われる。出発物質材料として結果の比較を可能とするためモルタル促進試験に用意されたグループ 1～2mm が使用される。アモルファス分の解釈は定性と定量解析の組み合わせが必要である。アモルファス部にはガラス状の成分 (例：火山岩) と微晶質鉱物成分 (例：細粒石英または層状シリケート) を含んでいる可能性があるからである。

岩石に含み，アルカリ反応性が標準的な石英の量は XRD 原曲線とリートベルトプログラムの助けで次の結晶度パラメータが計算された (計算プログラム Topas)；

(a) 結晶化度インデックス I_Q [–]

石英粉末の X 線回折は $2\theta = 68°$ の時石英を特徴づける X 線ピークグループ (5 つのフィンガーピーク，または 5 連音符と呼ばれる) を示す。インデックスは図-8.90 により次のように計算された (Murata/Norman 1976)：

a と b の値は図-8.90 に従ってバックグランド処理した原曲線から得た。係数 F は乱されていない石英 (ロッククリスタル) $I_Q = 10$ に関連してもたらされた，そのため機器特有である。インデックスが小さければ小さいほど試験した石英は不完全な結晶である。フリントに対する値は $I_Q = 1$ である。

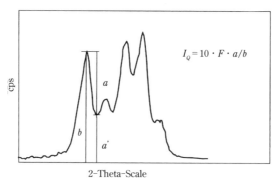

図-8.90 特徴的な石英 5 連音符

(b) クリスタリット（晶子）の大きさ K_Q[nm]

クリスタリットの大きさはリートベルト法で計算される。それは同じ特性を有する結晶の最小の大きさである。結晶の大きさが小さければ小さいほど溶解度つまり反応度が大きい。乱されない石英に対する標準値は約 390nm である。

(c) マイクロひずみ G_Q

マイクロひずみは格子の乱れ，いわゆる結晶欠陥によりもたらされ，理想構造と実際構造の違いの尺度を表す結晶の規則度で特徴づけられる。これが高ければ高いほど石英鉱物の反応性が高い可能性がある。乱されない石英は $G_Q = 0.001\%$ でフリントについては 0.332% と計算される。ひずみ値の解釈では地質学的先史の知識がそれぞれの岩石について不可欠であり，それにより結晶格子の「ゆがみ」は根本的に付与されたのか（流紋岩または珪質石灰の場合可能性）または 2 次的に地質構造学的負荷が原因なのか（ストレス石英変種，おそらく）決定される。結晶化度パラメータは器具と粉砕方法 そして選んだ試料準備の環境により影響されるので，常に相対値として考慮しなければならない。

ピーク時のクリスタリットの大きさとマイクロひずみ

像（ピーク幅，ピーク高さ）の形成は数学関数により述べられ，とりわけ平均クリスタリットの大きさと結晶欠陥（マイクロひずみ）により影響される。クリスタリットの大きさが小さくなることは主としてピーク末端部におけるピーク幅の拡がりにより現れる一方，増大するマイクロ応力はピーク頂点のピーク幅の拡がりに作用する。ピーク面は同じ相量で保持されるそのためクリスタリットの大きさが小さくなることと増大するマイクロ応力はピーク高さの低下をもたらす（図-8.91）。

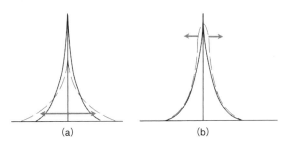

図-8.91 X線ピークにおける (a) クリスタリットの大きさと (b) マイクロ応力の拡幅効果（Haase, 2004）

8 アルカリシリカ反応

8.9.3 試験結果の例
8.9.3.1 ストレス石英の試験

この例ではモルタル促進試験の伸びと結晶化度パラメータ I_Q, K_Q, G_Q 間の相関を明確にする(**表-8.11**と**図-8.92**)。

ほとんどの場合砂利は異分子で構成される,即ちそれはいろいろなストレス石英分を持っている。霧室におけるコンクリート試験では選択されたストレス石英はそれぞれ20%の輝緑岩,他のslow/late型岩石およびフリントと組み合わされた(**図-8.93**)。予想される等級は反応度の大きさについて次の順序である:

輝緑岩→ストレス石英→珪質スレート→フリント

この試験は,岩石異種や鉱物異種のストレス石英は基本的にアルカリ反応性,そしてslow/lateグループの中では比較的反応性不活発と等級づけられている。

FIBではストレス石英の変形程度について順序立てた(Hirth/Tullis, 1992に則りFreyburg/Berninger, 2000およびSchliffkowitz, 2005)。発見されたストレ

表-8.11 選択した石英の結晶化度パラメータと水晶の比較

	MSTの伸び (mm/m)	I_Q	K_Q (nm)	G_Q (%)
水晶	0.98	10	390	0.001
砂利1	2.83	8	307	0.064
砂利2	3.42	7.5	288	0.076
砂利3	3.72	7.4	267	0.08
フリント	11.6	1	66	0.33

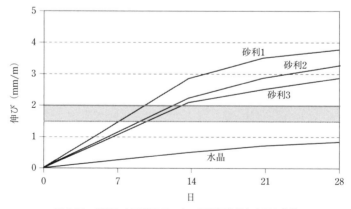

図-8.92 選択した石英のモルタル促進試験値と水晶の比較

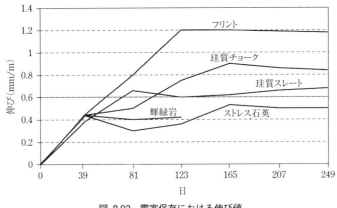

図-8.93　霧室保存における伸び値

スタイプの順序は既存の格子欠陥の尺度と理解される。ストレスタイプの石英の等級はクロス偏光の偏光顕微鏡で見分けがつく光学的特性によりなされる。区別のため次の組織構造が考慮された：

- 粒の大きさ
- 粒の形
- 粒境界の発達
- 波動消光の発生
- 再結晶

図-8.94に示すストレス石英タイプは**表-8.12**に述べるように変形程度の上昇に従い同時に石英が安定となることが判明した。偏光顕微鏡のもと肉眼で確認されたAKR劣化指標と6つに定義されたストレスタイプの間には明確な依存関係が存在する。ストレスタイプⅠの石英はひび割れや波動消光を示さない一方，ストレスタイプⅡ-ⅥはAKRであると分類された。

図-8.95～8.99にストレス石英が原因である劣化像の薄片研磨面写真を示す。

しばしば内部に位置する角ないし内側への湾曲部にひび割れ発生が見られる（**図-8.95**）。おそらく膨張性ゲルの割裂力による局部的な応力集中によってひび割れ発生に抵抗力がない幾何学的な弱点が現れていると思われる（切り欠き効果）。多分この範囲で拡大された反応性表面は，粗に粉砕された骨材または無粉砕の砂利に比べて細かく粉砕された骨材は，しばしば高い反応性が顕在化したものと思

8 アルカリシリカ反応

図-8.94 ストレスタイプの区分（口絵参照）

表-8.12 ストレスタイプの特別な指標

ストレスタイプ	指標
タイプ I	円滑な粒境界のコンパクトな粒径，知覚可能な波動消光はほとんどない
タイプ II	明白に2つに分かれる波動消光，円滑から少し縫合状の粒境界
タイプ III	縫合状の粒境界，波動消光は2つに分かれることはない
タイプ IV	粒の大きさに大きな違い，組織に明瞭な石理，明白に縫合された粒境界
タイプ V	タイプIIIに似た外観，消光角の大きさに関して明白な違い，変形ラメラ
タイプ VI	変形ラメラ中で再結晶化の始まり

われる。

　骨材の内側にある角のひび割れ発生の観察は一部サブグレイン（＝岩石粒集合体中の鉱物亜結晶）に伝染する（**図-8.96**）。縫合された粒子境界を持つサブグレインは粒の大きさに応じて歯頸で同様なひび割れ発達を示す。大きなサブグレインではひび割れエネルギーの分配の可能性は小さい内部表面積により減少する。そのため大きな割裂力が形成される。サブグレインはその力に屈し，それにより

8.9 試験法

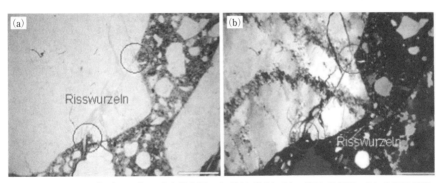

図-8.95 ストレス石英（タイプⅣ，角と湾曲部にひび割れ発生）；(a) パラレル偏光，(b) クロス偏光；標尺＝1mm（口絵参照）

図-8.96 ストレス石英（タイプⅢ，サブグレインを通るひび割れ）；(a) パラレル偏光，(b) クロス偏光；標尺＝1mm（口絵参照）

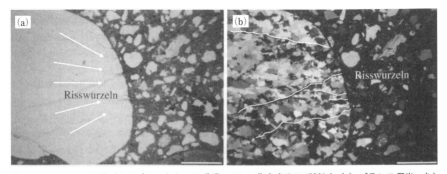

図-8.97 ストレス石英（タイプⅢ，小さいサブグレインに集中するひび割れ）；(a) パラレル偏光，(b) クロス偏光；標尺＝1mm（口絵参照）

8 アルカリシリカ反応

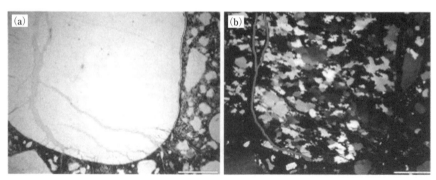

図-8.98 ストレス石英（タイプⅢ，粒境界のひび割れ進行，部分的に石理方向に向かう）；(a) パラレル偏光，(b) クロス偏光；標尺＝1mm（口絵参照）

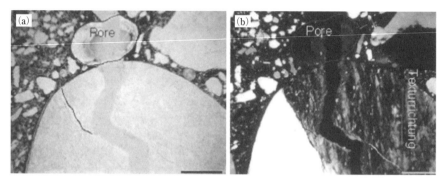

図-8.99 ストレス石英（タイプⅣ，粒境界付近ならびに石理方向に向かうひび割れ進行）；(a) パラレル偏光，(b) クロス偏光；標尺＝1mm（口絵参照）

ひび割れは粒を通りぬける。

　サブグレインの大きさは内部表面積に影響する。粒境界は2次元格子欠陥を表し外来原子と分子の移動と堆積の空間を作る。それ故サブグレインの大きさが小さい場合ひび割れの道が可能な面密度（＝サブグレイン境界）が大きくなる，そのためサブグレインの大きさが小さくなると多数の小さいひび割れが大きなひび割れに代わって現れ，ひび割れは特にサブグレイン境界に沿った方向に走る（図-8.97）。

　図-8.98の骨材は比較しうるサブグレインの大きさを示している。

　主要なひび割れはサブグレイン境界に沿って発生する。石英単粒の下部はサブグレインの軽い石理を形成し，それは2次ひび割れの平行性を暗示している。石

406

8.9 試験法

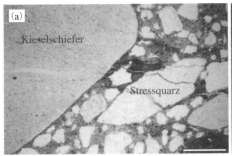 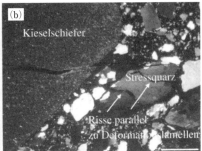

図-8.100 ストレス石英（タイプV，変形ラメラに沿ったひび割れ発達）；(a) パラレル偏光，(b) クロス偏光；標尺＝1mm（口絵参照）

理方向はサブグレインの伸びを示し，最初の負荷方向に垂直に走る，そのため石理方向に弱い組織はその方向のひび割れ発生に至る。

石理方向のひび割れ形成に対する更なる例を図-8.99に示す。

ストレスタイプVの石英は単独では珍しくしばしばまたは大抵ストレスタイプⅢと結合して産出する。ストレスタイプⅢのひび割れ特性はストレスVに対しても重要である。変形ラメラに沿うサブグレインを通るひび割れの軌跡はストレスタイプVについて際立っている（図-8.100），それはおそらくストレスⅣの場合石理方向にひび割れが発達すると似た原因を有している。

偏光顕微鏡によるAKR劣化像の組織的評価の後，次のアルカリ反応性とアルカリ非反応性に定義されたストレスタイプの定性的等級付けをすることができる：

- ストレスタイプⅠはアルカリ非反応性である。
- ストレスタイプⅡは潜在アルカリ反応性である。AKRに進行にはストレスⅢ以上のサブグレインとの共存が必要である
- ストレスタイプⅢ-Ⅵはアルカリ反応性

ストレスを受けた石英の特徴付けは電子線後方散乱回折分析装置（EBSD）ですることができる。走査電子顕微鏡（Nova Nano SEM230）の相同定のかたわら，EBSDシステムでいわゆるEDXマッピングと同時に「EBSDマッピング」が行われる。それにより相分布と結晶方位に関する情報が得られる。人々はそれにより化学的組成，相分布，結晶方位そして石理，粒度分布，粒境界，結晶欠陥に関する内容を入手できる。

8 アルカリシリカ反応

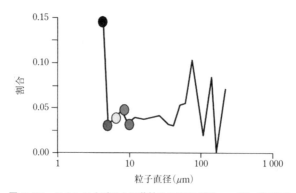

図-8.101 ストレスを受けた石英粒の EBSD-配位マッピングで定められた粒径分布；約 20％の結晶は大きさ<10μm が有しており，この範囲では 500nm（左上方）が最大である

図-8.102 粒径<10μm の石英結晶分布を示す EBSD-配位マッピング；細かな点は図-8.101 に適合して分類された粒径（口絵参照）

図-8.101 と図-8.102 はこのような特徴づけの結果である。EBSD-結晶配位（オリエンティション）マッピングはストレスを受けた石英粒の横研磨面で行われる。その際お互い角度≧0.5°傾いた結晶が区別される。

石英の構造地質学上の負荷がいわゆる「サブグレイン-ナノ結晶」を生成する一方 AKR について反応性成分と見なしうることおよび岩石の溶解性を決定的に

定めることを証明するため，できる限り小さい傾斜の違い 0.5°が選ばれた。配位マッピングはおよそ 20％の石英結晶が粒径＜10μm を占めており，その際最大は＜500nm であった（図-8.101）。このサブグレインは均等に分布しているのではなく大きな石英結晶の粒境界に密集しており，溶解小道は粒表面から粒の中へ入ってゆく（図-8.102）（Möser, 2009）。

8.9.3.2 流紋岩の試験

中部ドイツにある流紋岩鉱床の中で，その岩石がアルカリ反応性と証明されているところがいくつかある（図-8.103）。

FIB の研究は地質的由来について準火山岩性流紋岩（地殻の浅いから中間までの範囲から採取）がアルカリ非反応性で，火山岩性流紋岩（地表面で凝結した溶岩流から採取）はアルカリ反応性であることをもたらした。傾向としてアルカリ反応性流紋岩はアルカリ非反応性と比べて高いマイクロひずみを持っている。その際限界値は現在のところ確定できない。主たる問題は，結晶化度パラメータは石基石英と斑晶石英からなる全石英に対してしか計算できないことである。石英斑晶は水晶状態（乱されない石英）であり，石基石英は小さい結晶粒子で高いマイクロひずみを有している。

石基特性の解析はモルタル促進試験の伸び指標をマイクロ構造に対比させた図-8.104 で説明したように特に重要である。

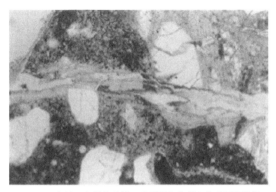

図-8.103　コンクリート劣化の例：ひび割れとゲル生成の流紋岩；パラレル偏光による薄片研磨面；長い写真稜＝1.3mm（口絵参照）

8 アルカリシリカ反応

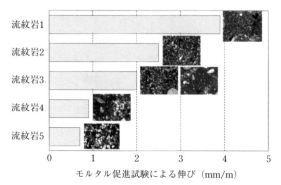

図-8.104 モルタル促進試験伸び値と流紋岩石基の形成の比較；クロス偏光の薄片研磨面；長い写真稜＝1.3mm

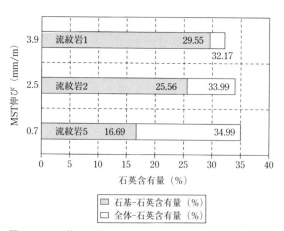

図-8.105 石基の石英量（GM）とモルタル促進試験（MST）伸び値の関係

　その際細かい結晶の石基とは対照的に大きな結晶の石基を持つ流紋岩は低い伸びを有していることは明白である。X線回折（XRD），マイクロX線蛍光分析（μ-RFA），デジタル画像解析の組み合わせにより斑晶石英と石基石英を細かく分けることができる（Dirtsch/Erfurt, 2012）。それによりモルタル促進試験値と石基石英量の明確な相関ができる（図-8.105）。高い微細結晶の石基割合の流紋岩は高い石英量の場合特にアルカリ反応性がある。流紋岩によると判断された肉眼や顕微鏡による劣化の写真は図-8.106，図-8.107および図-8.108に示す。

8.9 試験法

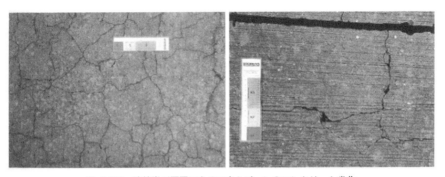

図-8.106 流紋岩が原因であるアウトバーンのコンクリート劣化

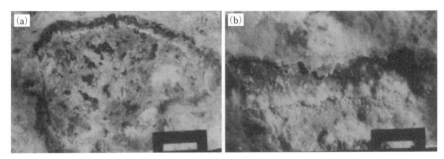

図-8.107 劣化したコンクリート構造物の流紋岩粒（反応リム）の顕微鏡写真；(a) 標尺 2.5mm，(b) 標尺 0.8mm

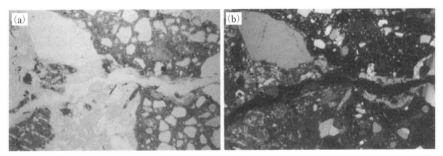

図-8.108 流紋岩骨材により劣化したコンクリート構造物の薄片研磨写真；(a) パラレル偏光，(b) クロス偏光；長い写真稜＝5.25mm（口絵参照）

8.9.3.3 グレーワッケの試験

破砕グレーワッケのアルカリ反応性はアルカリ基準の規則により確定している。更に反応度の予言はアルモシリケートの割合に注意することにより可能である

411

8 アルカリシリカ反応

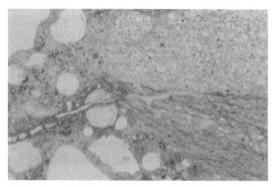

図-8.109 コンクリート劣化の例：ひび割れとゲル生成を伴ったグレーワッケ組織；パラレル偏光の薄片写真；写真縁長さ=1.3mm（口絵参照）

(Hill, 2004；Hünger, 2005)。反応性グレーワッケは多くの場合マトリックス中の微小石英巣と層状またはスレート状の石理を表している（図-8.109）。ただし，これらの指標を有しているいくつかのグレーワッケは反応性を示さない！

劣化解析からグレーワッケ砕石のみならずとりわけ砂利成分としてのグレーワッケも AKR 劣化のケースに関与していることが明らかとなった。

8.9.3.4 砂利の評価

中部ドイツの砂利は slow/late 岩石の変化する量を含んでいる，しかしオパール砂は含まず，平均 0～4%（最大 7%）のフリント量を含んでいる。それはアルカリ基準の分類により反応性 E1 ＝問題無しに分類される。

表-8.13 は中部ドイツ産の反応性ポテンシャルの岩石成分を有する 3 個の砂利を示す。

砂利タイプ 2 まで反応度は反応性ストレス石英の成分によって制限される。砂利タイプ I は高いグレーワッケ量，一部先カンブリア紀が存在する。砂利 2 では高い流紋岩の成分量は必然的に高いアルカリ反応性に導くとは限らないことが明白である。このケースでは流紋岩成分は元来反応性でない流紋岩の地域から由来したか，または地質学的年代の堆積物輸送が非反応性流紋岩の選別と沈積をもたらしたかである。

8.9.3.5 砂の評価

砂が一般に，砂利のように既に岩石成分にAKRを引き起こしたり強めたりするスペクトラムを含んでいるかどうか，現在のところ議論のあるところである。反応ポテンシャル成分を高い割合で持つ砂はコンクリート製瓦では明白にゲル生成に至っている（**図-8.110**，**図-8.111**）。

他のケースでは非常に反応性の高い砂は早期AKR劣化について南ヨーロッパ

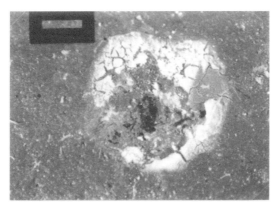

図-8.110 コンクリート瓦のAKR劣化；ゲルを含む反応生成物が色で着色された層を通る

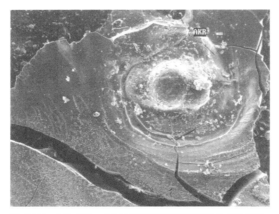

図-8.111 コンクリート瓦上部に塊状でひび割れたゲル生成；ゲルは漏れた場所から外部に流れる（ゲル組成：77.5 % SiO_2，1.3 % Al_2O_3，0.7 % CaO，18.4 % K_2O，2.2% Na_2O；REM画像，80倍に拡大）

8　アルカリシリカ反応

工場製のプレストレストコンクリート枕木に深く関与している。

コンクリート舗装版や飛行機通行路面さらにプレストレストコンクリート枕木のような高い性能を要求される構造物に対して使用する砂は，モルタル促進試験を行い疑わしい場合には性能試験を続けることが適切である。

文献

Alexander M, Mindess S（2005）Aggregates in concrete. Taylor and Francis, London

ASTM C227（1997）Standard test method for potential alkali reactivity of cement-aggregates combinations（Mortar-bar method）. Am Soc Test Mater

ASTM C1260（2007）Standard test method for potential alkali reactivity of aggregates（Mortar-bar method）. Am Soc Test Mater

ASTM C289（1997）Standard test method for potential alkali reactivity of aggregates（Chemical method）. Am Soc Test Mater

ASTM C1293（1995）Standard test method for concrete aggregates by determination of length change of concrete due to alkali-silica reaction（Concrete-prism test）. Am Soc Test Mater

Babuschkin VI, Matweew GM, Mtschedlow-Petrosjan OP（1965）Thermodynamik der Silikate, Bauwesen, Berlin

Berninger AM（2004）Mikrostrukturelle Eigenschaften von Quarz als Bestandteil spät reagierender alkaliempfindlicher Zuschläge. Diss., Bauhaus-Uni.Weimar

Bérué MA, Dorion JF（2000）Laboratory and field investigation of the sodium chloride in alkali-silica reactivity, Alkali-Aggreg. React. in Concr. In: Proc. 11th Intern. Conf. Alkali-Aggregate React., Quebeck,Canada, S149-158

Bhatty M, Greening NR（1986）Some long time studies of blended cements with emphasis on alkali-aggregate reaction. In: Proc. 7th Intern. Conf. Alkali-Aggregate React, Ottawa, Canada, S85-92

Blankenburg HJ, Götz J, Schulz H（1994）Quarzrohstoffe. Grundstoffindustrie, Leipzig

Bogue RH（1952）The chemistry of portland cement. Reinhold, New York

Brown P, Bothe J（2004）The system Ca-Al$_2$O$_3$-CaCl$_2$-H$_2$O at 23 ± 2 ℃ and the mechanism of chloride binding in concrete. Cem Concr Res 34:1549-1553

Bundesministerium für Verkehr, Bau- und Wohnungswesen: Allgemeines Rundschreiben Straßenbau Nr. 15/2005 und 12/2006, Sachgebiet 06.1: Straßenbaustoffe; Anforderungen, Eigenschaften/Sachgebiet 06.2: Straßenbaustoffe; Qualitätssicherung

Chatterji,S, Jensen AD, Thaulow N（1987）Studies of Alkali-Silica Reaction Part 4. Effect of different alkali -salt solutions on expansion. Cem Concr Res17:777-783

Chatterji,S, Jensen AD, Thaulow N, Christensen P（1986）Studies of Alkali-Silica ReactionPart 3. Mechanisms by which NaCl and CaCl2 affect the reaction. Cem Concr Res16:246-255

Cheng KC, Guthrie TF（1998）Liquid deicing environment impact. Prep. for: Insur. Corp of Br. Columbia, Oct

Clariant GmbH（1999）Ihr Winterflugplan, Safeway-Landesbahnenteisungsmittel. Produktinform

8.9 試験法

Collepardi M（2006）The new Concrete. Grafiche Tintorreto, Villorba

Collins CL, Ideker JH, Willis GS, Kurtis KE（2004）Examination of the effects of LiOH, LiCl and LiNO3 on alkali–silica reaction. Cem Concr Res 34:1403–1415r

CSA A23.2–14A（2000）Potential expansivity of aggregates（procedure for length change due to alkali aggregate reaction in concrete prisms）. Can. Stand. Assoc., CSA Intern., Toronto, Ontario, CA

DAfStb–Richtlinie（2007）– Vorbeugende Maßnahmen gegen schädigende Alkalireaktion im Beton（Alkali–Richtlinie）, Ausg. Feb. 2007

DAfStb–Richtlinie（2010）– Vorbeugende Maßnahmen gegen schädigende Alkalireaktion im Beton（Alkali–Richtlinie）, 1. Berichtung（April 2010）

DAfStb–Richtlinie（2011）– Vorbeugende Maßnahmen gegen schädigende Alkalireaktion im Beton（Alkali–Richtlinie）, 2. Berichtung（April 2011）

Dahms J（1994）Alkalireaktion im Beton. Beton 44:58–593

Diamond S（1997）Alkali silica reactions–some paradoxes. Cem Concr Compos 19:391–401 Diamond S, Kotwica L, Olek J, Rangarju PR, Lovell J（2006）Chemical aspects of severe ASR induced by pottassium acetate air field pavement deicer solution. In: 18th

CANMET, Intern. Conf. Recent Adv. Technol., Marc–André Bérubé Symp. Alkali–Aggreg. React. Concr., Montreal, Canada, S261–277

Dirtsch S, Erfurt D（2012）Einfluss des Quarzanteils der Grundmasse am Quarzgehalt potentiell reaktiver Rhyolithe. In: 18. intern. Baustofftag. ibausil Weimar, Tagungsber. Bd.2. S.786–793

DIN 1164–10:2012–3 – Zement mit besonderen Eigenschaften, Teil 11: Zusammensetzung, Anforderungen und Übereinstimmungsnachweis von Zement mit niedrigem wirksamen Alkaligehalt

DIN EN 196–1:2005–05 – Prüfverfahren für Zement – Teil 1: Bestimmung der Festigkeit; Dtsch. Fass. EN 196–1:2005

DIN EN 197–1:2011–11 – Zement – Teil 1: Zusammensetzung, Anforderungen und Konformitätskriterien Normzement; Dtsch. Fass. EN 197–1–1:2011

DIN EN 450–1:2010–04 – Flugasche für Beton – Teil 1: Definition, Anforderungen und Konformitätskriterien; Dtsch. Fass. prEN 450–1:2010

DIN EN 15422:2008–06 – Betonfertigteile – Festlegungen für Glassfasern als Bewehrung in Mörtel und Beton; Dtsch. Fass. EN 15422:2008

Durth W, Hanke H（2004）Handbuch Straßenwinterdienst. Kirschbaum, Bonn

Ehrenberg A（2008）Hüttensand – Ein leistungsfähiger Baustoff mit Tradition und Zukunft. Beton–Inform 46（5）:67–95

Farny J, Kosmatka S（1997）Diagnosis and control of alkali–aggregate reaction in concrete,Concr Inform pca, Skokie

Feldrappe D, Ilgner R（1990）Zur Bewertung des Gehaltes wirksamer Alkalien in zumahlstoffhaltigen Portland– und Zumahlstoffzementen – Ab 1990 grenzwerte in TGL 28 101/01. Baustoffind 33（3）:75–77

Feldrappe D, Rüscher G（1990）Zur Bestimmung und Bewertung des Gehaltes wirksamer Alkalien in zumahlstoffhaltigen Zementen – Nachweis der Reproduzierbarkeit des Prüfverfahrens. Baustoffind 33（3）:39–41

Feng N, Feng X（2002）Investigation on the possibility of using SiO_2/Na_2O as a criterion for determining the expansibility of ASR. In: Proc. Intern, 5th Intern. Symp. Cem. and Concr., Shanghai, China, Oct 28–Nov 1, pp505–509

415

8 アルカリシリカ反応

Feng X, Thomas MDA, Bremner TW, Balcom BJ, Folliard KJ（2005）Studies on lithium salts to mitigate asr–induced expansion in new concrete: a critical review. Cem Concr Res 35:1789–1796

Feng X, Thomas MDA, Bremner TW, Folliard KJ, Fournier B（2008）Summery of research on the effect of $LiNO_3$ on alkali–silica reaction in new concrete. In: Proc. 13rd Intern. C onf. Alkali–Aggreg. React. Concrete, Trondheim, Norway, pp.309–318

Folliard KJ, Fournier B, Thomas MDA, Barborak R, Ideker J（2006）Laboratory and field evaluations using lithium compounds to treat ASR–affected concrete. In: 8th CANMET, Intern. Conf. Recent Adv. Concr. Technol., Marc–André Bérubé Symp. Alkali–Aggreg. React. Concr., Montreal, Canada, pp.153–169

Fournier B（2006a）Alteration of alkali reactive aggregates autoklaved in different alkali solutions and application to alkali–aggregate reaction in concrete（Ⅰ）alteration of alkali reactive aggregates in alkali solutions. Cem Concr Res 36:1176–1190

Fournier B（2006b）Alteration of alkali reactive aggregates autoklaved in different alkali solutions and application to alkali–aggregate reaction in concrete（Ⅱ）expansion and microstructure of concrete microbar. Cem Concr Res 36:1191–1200

Fourner B, Nkinamubanzi PC, Lu D, Thomas MDA, Folliard KJ, Ideker JH（2006）Evaluating potential alkali–reactivity of concrete aggregates, how reliable are the current and new test methods? In: Proc. 8th CANMET, Intern. Conf. Recent Adv. Concr. Technol. Ottawa, Canada, pp.21–43

Freyburg E（1997）Petrographische Aspekte der Alkali–Kieselsäre–Reaktion. In: 13. Intern. Baustofftag. ibausil Weimar, Tagungsber Bd 1, S.753–764

Freyburg E, Berninger AM（2000）Bewertung alkalireaktiver Zuschläge außerhalb des Geltungsbereiches der Alkalirichtlinie des DAfStb: Kenntnisstand und neue Ergebnisse. In: 14. Intern. Baustofftag. ibausil Weimar, Tagungsber. Bd 1, S.931–947

Freyburg E, Schliffkowitz D（2006）Bewertung der Alkalireaktivität von Gesteinkörnungen nach petrographischen und mikrostrukturellen Kriterien. In: 16. Intern. Baustofftag. iba usil Weimar, Tagungsber. Bd. 2, S.355–373

Friebert M（2005）Der Einfluss von Betonzusatzstoffen auf Hydratation und Dauerhaftigkeit selbstverdichtender Betone. Diss., Bauhaus–Univ. Weimar

Friedmann GM, Sanders JE（1978）Principles of sedimentology. Wiley, New York

Fuchs C（2007）Untersuchungen zur Hydratation alkalisch angeregter Hüttensande und zur Eignung der Klimawechsellagerung als AKR–Performance–Prüfung für hüttensandhaltige Beton, Diplomarb., Bauhaus–Univ. Weimar

Füchtbauer H（1988）Sedimente und Sedimentgesteine, Teil 2. E, Schweizerbartsche Verlagsbuchhandlung, Stuttgart

Gartiser S, Reuther R, Gensch CO（2003）Machbarkeitsstudie zur Formulierung von Anforderungen für ein neues Umweltzeichen für Enteisungsmittel für Straßen und Wege, in Anlehnung an DIN EN ISO 14024, Forshungsber. 200 95 308/04, UBA. FB 000704 des Bundessamtes Umw., Naturschutz Reaktorsicherh., Bundesumweltamt, Berlin

Giebson C（2003）Einfluss puzzolanischer und latent–hydraulischer Zusatzstoffe auf die Bildungswahrscheinlichkeit von Ettringit. Diplomarb., Bauhaus–Univ. Weimar

Giebson C, Seyfarth K, Stark J（2010）Influence of acetate and formiate–based deicers on ASR in airfield concrete pavements. Cem Concr Res 40:537–545

Gudmundsson G, Olafsson H（1999）Alkali–silica reactions and silica fume: 20 years of experience in

8.9 試験法

Iceland. Cem Concr Res 29:1289–1298

Haase D（2004）Einfluss der Probenvorbereitung auf röntgendiffraktometrisch bestimmte Gehalte und Realstrukturparameter ausgewählter Mineralphasen. Diplomarb., Bauhaus–Univ. Weimar

Handbook for identification of alkali–silica reactivity in airfield pavements（2004）Federal aviation administration, U.S. Dep. Transp., Advisory Circ. No.150/5380–8

Härdtl R, Schießl P（1996）Einfluss von Flugasche auf die Alkalireaktionen in Beton. Betonw + Fertigteil–Tech 62（11）:94–101

Heinz D, Urbonas L, Schmidt K（2007）Vermeidung von schädigender AKR durch Steinkohlenflugasche. Beton– und Stahlbetonbau 102:511–520

Helmuth R, Stark D, Diamond S（1993）Alkali–silica–reactivity: an overview of research stratetic highway research program. National Research Council, Washington DC

Herrador MF, Martinez–Abella F, Dopico JRR（2008）Experimental evaluation of expansive behavior of old–aged ASR–affected dam concrete: methodology and application. Mater Str uct 41:173–188

Hill S（2004）Zur direkten Beurteilung der Alkaliempfindlichkeit präkambrischer Grauwacken aus der Lausitz anhand deren Kieselsäure– und Alumniumlöseverhalten. Diss., Tech. Univ Cottbus

Hinz W（1970）Die Silikate und ihre Untersuchungsmethoden. Bauwesen, Berlin

Hirth G, Tullis J (1992) Dissociation creep remis in quartz aggregates. In: J Struct Geology 14 (2) :145–159

Hobbs DW（1988）Alkali–silica reaction in concrete. Thomas Telford Ldt, London

Hoffmann D, Funke KP（1988）Die Infrarot–Spektroskopie als Methode zur Bestimmung der Alkaliempfindlichkeit von Betonzuschlagstoffen. Silikattech 39:341–344

Hoffmann D, Schober E（1989）Zur Bestimmung der wirksamen Alkalität von erhärteten Zementpasten. Silikattech 40:57–59

Hong SY, Glasser FP（1999）Alkali sorption by C–S–H and C–A–S–H gels, Part Ⅰ: the C–S–H–phase. Cem Concr Res 29:1893–1903

Hong SY, Glasser FP（2002）Alkali sorption by C–S–H and C–A–S–H gels, Part Ⅱ: role of aluminia. Cem Concr Res 32:1101–1111

Hünger KJ（2005）Zum Reaktionsmechanismus präkambrischer Grauwacken aus der Lausitz bei Verwendung als Gesteinkörnung im Beton. Habitationsschr., Tech. Univ. Cottbus

Idorn GM（1994）Concrete progress. Thomas Telford, London

Johansen V, Thaulow N, Idorn GM（1994）Dehnungsreaktionen in Mörtel und Beton. Zem Kalk Gips 47:150–155

Johnson KL（o.J.）Environmentally safe liquid runway deicer. Cryotech Deicing Technology, Iowa

Kawamura M, Kodera T（2005）Effects of externally supplied lithium on the suppression of ASR expansion in mortals. Cem Concr Res 35:494–498

Katayama T（2006）Modern petrography of carbonate aggregates in concrete – Diagnosis of socalled alkali–carbonate reaction and alkali–silica reaction. In: Proc. 8th CANMET, Intern. Conf. Recent Adv. Conc. Technol., Marc–André Bérubé Symp. Alkali–Aggreg. React.Concr., Montreal, Canada, pp.423–444

Kikas W, Ojaste K, Raado L（1999）Ursache und Wirkungsweise der Alkalireaktion in den aus Estnischen Portlandölschieferzement hergestellten Betonen, Zem Kalk Gips Intern 5 2:106–111.

Kosmatka SH, Kerkhoff B, Panarese WC（2002）Design and control of concrete mixtures. 14th edn., Portland Cement Association, Skokie

Kühl H（1952）Die Erhärtung und die Verarbeitung der hydraulischen Bindemittel – Bd. 3. Technik,

8 アルカリシリカ反応

Berlin

Locher FW（2000）Zement: Grundlagen der Herstellung und Verwendung. Bau + Technik, Düsseldorf

Locher FW, Sprung S（1973）Ursache und Wirkungsweise der Alkalireaktion. In: Betontechn Ber, Betonverlag, Düsseldorf, S.101–123

Longuet P, Burglen L, Zelwar A（1973）La phase liquide du ciment. Rev Mater Constr 676:35–41

Lu D, Fournier B, Gratten–Bellow PE, Xu Z, Tang M（2008）Development of a universal accelerated test for alkali–silica and alkali–carbonat aggregates, Mater Struct 41:235–246

Lumley JS, Gallop RS, Moir GK, Taylor HFW（1996）Degrees of reaction of the slag in some blends with Portland cements. Cem Concr Res 26:129–151

Mansfeld T（2008）Das Quellverhalten von Alkalisilikatgelen unter Beachtung ihrer Struktur und Zusammensetzung. Diss., Bauhaus–Univ. Weimar

Mehta KP, Monteiro PJH（1993）Concrete – microstructure, properties and materials. The McCraw–Hill Comp. Inc., New York

Möser B（2009）Ultra high resolution scanning electron microscory on building materials –insulators and contaminating samples. In: 17. Intern. Baustofftag. ibausil Weimar, Tagungsber. Bd. 1, S.147–160s

Müller C, Borchers I, Stark J, Seyfarth K, Giebson C（2009）Beurteilung der Alkaliempfindlichkeit von Betonzusammensetzungen – Vergleigh von Performance –Prüfverfahren. In: 17. Intern. Baustofftag. ibausil Weimar, Tagungsber. Bd. 2, S.261–266

Murata K, Norman MZ（1976）An index of crystallinity for quartz. In: Am J Sci vol. 276:1120–1130

Oberholster RE, Davies G（1986）An accelerated method for testing the potential alkali reactivity of siliceous aggregates, Cem Concr Res 16:181–189

Olafsson H（1992）Alkali–silica reaction – Icelandic experience. In: Swamy RN（ed.）The alkali–silica reaction in concrete, Van Norstrad, Reinhold, New York

Öttl C（2004）Die schädigende Alkalireaktion von gebrochener Oberrhein–Gesteinkörnung im Beton. Diss., Univ. Stuttgart

Philipp O, Eifert K（2004）Bestimmung der Alkalireaktivität von Kiesen und Splitten für die Betonherstellung. Betonw + Fertigteil–Tech 70（19:6–19

Ramlochan T, Thomas M, Gruber K（2000）The effect of metakaolin on alkali–silica reaction in concrete. Cem Concr Res 30:339–344

Rangaraju PR, Sompura KP, Olek J（2006）Investigation into potential of alkali–acetate based deicers in causing alkali–silica reaction in concrete. Dep. of Civil Engin, Clemson Univ

Raupach M, Brockmann J（2002）Untersuchung zur Dauerhaftigkeit von textilbewehrtem Beton, Beton 52:72–79

Reinhardt HW, Öttl C（2007）Einsatz des SiC–Tests für Normalbetone – Beurteilung des Alkaliangriffs von Bindemitteln. Betonw + Fertigteil–Tech 73（5）:34–43

Schäfer E（2004）Einfluss der Reaktionen verschiedener Zementhauptbestandteile auf den Alkalihaushalt der Porenlösung des Zementsteins. Diss., Tech. Univ. Clausthal

Schliffkowitz D（2005）Beurteilung der Alkalireaktivtät von Stressquaz–Zuschlägen mit Hilfe von lichtmikroskopischen Methoden im Polarisationsmikroskop. Diplomarb., Bauhaus–Univ. Weimar

Schmidt K（2009）Verwendung von Steinkohlenflugasche zur Vermeidung schädigenden Alkali–Kieselsäure–Reaktion im Beton. Diss., Tech. Univ. München

Shayan A（2004）Alkali–aggregate reaction and basalt aggregates. In: Proc. 12th Intern. Conf. Alkali–

8.9 試験法

Aggregatse Reaction in Concrete. Beijing, China, pp.1130–1135

Shayan A (2006) Expansion of AAR–affected concrete under aggressive marine conditions; a look at possible effects of complex interactions. In: 8th CANMET, Intern. Conf. Recent Adv. Conc. Technol., Marc–André Bérubé Symp. Alkali–Aggreg. React.Concr., Montreal, Canada, pp.369–389

Shehata MH, Thomas MDA (2000) The effect of fly ash composition on the expansion of concrete due to alkali–silica reaction. Cem Concr Res 30:1063–1072

Sideris K (1978) Über das Temperature–Expansionsmaximum bei der Alkali–Kieselsäure–Reaktion. Zem Kalk Gips 32:508–509

Siebel E, Böhm M, Borchers I, Müller C, Bokern J, Schäfer E (2006) AKR–Prüfverfahren – Vergleichbarkeit und Praxis–Relevanz, Teil 1. Beton 56:599–604

Siebel E, Böhm M, Borchers I, Müller C, Bokern J, Schäfer E (2007) AKR–Prüfverfahren – Vergleichbarkeit und Praxis–Relevanz, Teil 2. Beton 57:63–66

Sommer H, Katayama T (2006) Screening carbonate aggregates for alkali–reactivity. In: 16. Intern. Baustofftag. ibausil Weimar, Tagungsber. Bd.2, S.461–468

Sprung S, Sylla HM (1998) Ablauf der Alkali/Kieselsäurereaktion im Beton bei unterschiedlichen Zuschlaggesteinen. Zem Kalk Gips Intern 51:334–345

Stanton TE (1940) Expansion of concrete through reaction between cement and aggregate. Proc. Am. Soc. Civil. Engin., pp.1781–1811

Stark J, Bellmann F, Gathemann B, Seyfarth K, Giebson C (2006a) Einfluss alkalihaltiger Taumittel auf die Alkali–Kieselsäure–Reaktion in Betonen für Fahrbahndecken und Flugbetriebsflächen. Zem Kalk Gips Intern 59:74–82

Stark J, Freyburg E, Seyfarth K, Giebson C (2000b) AKR–prüfverfahren zur Beurteilung von Gesteinkörnungen und projektspezifischen Betonen. Beton 56:574–581

Stark J, Freyburg E, Seyfarth K, Giebson C, Erfurt D (2007) Bewertung der Alkalireaktivität von Geseinskörnungen. Beton– und Stahlbetonbau 102:500–510

Stark J, Giebson C (2008) Influence of acetate and formate based deicers on ASR in airfield concrete pavements. In: Proc. 13th Intern. Conf. Alkali–Aggreg. React., Trondheim, Norway

Stark J, Freyburg E, Seyfarth K, Giebson C (2008) AKR Performance–Prüfung zur Beurteilung projektspezifischer Betonzusammensetzungen. In: Innsbrucker Baustofftage 2008. Berichtsband Internat. Fachtagung Innsbruck, Innsbruck Univ. Press, S.31–44

Stark J, Giebson C, Seyfarth K (2011) Untersuchungen zum Einfluss alkalihaltiger Taumittel auf die Alkal–Kieselsäure–Reaktion und den Phasenbestand von Zementstein. Abschlussbericht zum DFG–Forschungsvorhaben STA353/41–1

Stark J, Palzer S, Mansfeld T (2004) Untersuchung zur Dauerhaftigkeit von GFK–Bewehrungsstäben. Betonw + Fertigteil–Tech 70 (1):44–51

Stark J, Seyfarth K (2008) Cyclic climate storage as ASR performance–test for the assessment of specific concrete mixtures. In: Proc. 13th Intern. Conf. Alkali–Aggreg. React., Trondheim, Norway

Stark J, Wicht B (2001) Dauerhaftigkeit von Beton. Reihe: Der Baustoff als Werkstoff. Birkhäuser, Basel, Boston, Berlin

Sutter L, Peterson K, Touton S, Vam Dam T, Johnston D (2006) Petrographic evidence of calcium oxychloride formation in mortars exposed to magnesium chloride solution. Cem Concr Res 361:1533–1541

Thaulow N, Jacobsen UH, Clark B (1996) Composition of alkali silica gel and ettringite in concrete

419

8 アルカリシリカ反応

railroad ties: SEM–EDX and X–ray diffractin analyses. Cem Concr Res 26:309–318

Thomas M. Fournier B, Foillard K, Ideker J, Shehata M（2006）The test methods for evaluating preventive measures for controlling expansion due to alkali–silica reaction in concrete. Cem Concr Res 36:1242–1256

Wang H, Gillot JE（1991）Mechanism of alkali–silica reaction and the significance of calcium hydroxide. Cem Concr Res 21:647–654

Weihua J（1998）Alkali–silica reaction in concrete with glass aggregate – a chemo–physico–mechanical approach. Columbia Univ

Wieker W, Herr R（1989）Zu einigen Problemen der Chemie des Portlandzements. Z Chemie 29:312–327

Wierig HJ, Kurz M（1994）Alkalitreiben bei Dehnungsverhinderung des Betons. Inst. Baustoffkunde und Materialprüf., Univ. Hannover, Mitt. Heft 66

Wild S, Khatib JM（1997）Portlandite consumption in metakaolin cement pastes and mortars. Cem Concr Res 27:137–146

Xu Z, Lan X, Deng M, Tang M（2000）A new accelerated method for determining the potential alkali–carbonate reactivity. In: Proc. 11th intern. Conf. Alkali–Aggreg. React. Concr., Quebec, Canada, pp.129–138

⑨ コンクリートの凍結融解抵抗性と凍結融解塩抵抗性

9.1 沿　革

　疑いもなく建設材料の凍結負荷は，全ての時代を通じて，構造物の維持管理にとって大きな問題を意味している。紀元前 20 年ごろ発行された建築に関する 10 章において，古代ローマの建築マイスターであり，作家であった Vitruv は凍結の恐れがある石灰の三和土の施工に油の使用を既に薦めていた。油は AE 剤のような働きをしていた。200 年前，レンガの品質は第一にいかに凍結作用に持ちこたえられるかにより判断されていた。1798 年の農業土木ハンドブックには，次のように述べられている：

　「（レンガの品質を定めるに当たって）非常にすぐれている証明は湿潤の気候に長く，また 1 冬凍結に晒されても，なお良好に保持される，即ち分解も弛緩もしないことである。」（Gilly，1798）。

　工業の発展が進むなか，建設材料の凍結融解抵抗性および凍結融解塩抵抗性（凍結融解 / 凍結融解塩抵抗性と表記する）を合目的に短期間に評価できる経済的方法が模索されたのは当然のことである。それに対する前提は凍結融解劣化または凍結融解塩劣化に導く基本的メカニズムの研究である。現在の最も重要な建設材料コンクリートに対して，かかる研究は 60 年以上に渡って精力的に行われてきた。1955 年 Powers により凍結融解抵抗性に対する室内試験結果の有効性や実務への応用について議論が始められた。今日まで，なお実質的な破壊メカニズム

9 コンクリートの凍結融解抵抗性と凍結融解塩抵抗性

に対する統一的な解釈は存在しないが，基礎的研究の成果は適切な現場経験との
チームワークにより，一般的に高い凍結融解抵抗性または凍結融解塩抵抗性を期
待するコンクリートに対する施工規準が示されるところまで来るに至った
（Description Concept 記述規定）。加えてコンクリートの直接試験（Performance
concept 性能規定）は基礎研究の成果を取り入れることにより，非常に改良されて，
現在では，CDF 試験法および CIF 試験法が提供されている。本方法により凍結
融解 / 凍結融解塩抵抗性は短期間に実際に近く，精度良く定めることができるよ
うになった。

9.2 セメントペースト中における空隙溶液の凍結

凍結融解 / 凍結融解塩が作用するときの物理的劣化メカニズム，特に微視的分
野の多くはセメントペースト中の空隙溶液の凍結時における特異な挙動に関する
知識なくしては理解することが難しい。

物理的特性は温度と圧力に関係する。水蒸気の水（液体）への転移は発熱プロ
セスである（100℃ /1 気圧 = 101.3kPa の時，凝縮熱；539.1cal/g = 2 257.2J/g の放
出）。液体水の氷への転移は同様に発熱プロセスである（0℃ /1 気圧 = 101.3kPa
の時，凝固熱；79.4cal/g = 332.4J/g の放出）。吸熱プロセスは氷から水への転移
である（0℃ /1 気圧 = 101.3kPa の時，融解熱；79.4cal/g = 332.4J/g の供給）。冬
には水は放熱して凍り，春には熱を消費（吸収）して溶ける，そして地表面と温
度の平衡を保つ。氷の密度（$\rho_{Ice/0℃} = 0.9167g/m^3$）は水の密度（$\rho_{Ice/0℃} = 0.9998g/m^3$）よりも小さい。水の体積は凝固（凍結）の際 0.9998：0.9167 = 1.0906 氷体積
を生み出す，即ち 1/11 または約 9％の体積膨張が起こる。

純粋な巨視的な水は海抜 0m の大気圧の下では 0℃で凍結する。この温度は巨
視的な氷結晶の融解点でもある。水と氷の蒸気圧または自由反応エンタルピー（ギ
ブスのポテンシャル）は 0℃で一致する，即ち 2 つの相はお互いに共存できる。
この温度より高いと，水は低い自由エンタルピーを示す，即ち安定相であること
を意味する。0℃より低温では，安定相は氷である。

セメントペースト中では次の事が平衡温度を低下させ，その結果，氷点を低く
するように作用する。

9.2 セメントペースト中における空隙溶液の凍結

- 高圧
- 空隙液体中の溶解物質
- 表面力の作用

氷が形成されることなく，氷点（平衡温度）よりも低くなることを過冷却と呼ぶ。それは氷点（平衡温度）が移動するのではなく，確率論的法則に従い，氷点以下における準安定状態が形成されることである。それ故，過冷却の結果として，相転移が遅れることを，氷点降下として表すことはできない。

前述の要因は中部ヨーロッパの気候条件では，凍結が起こる際，空隙水のほんの少ししか凍結するに過ぎない（－20℃で全水量の最大で30％）ことに導く。

9.2.1 圧力による氷点降下

ある系に圧力が加わると Le Chatelier und Braun の平衡移動の法則（Prinzip vom kleinsten Zwang）に従い，圧力の作用が最も小さくなる状態に変化しようとする。水－氷の系ではそのために水が優先的な相を示す，氷よりも小さい比体積を有するからである。氷点に対する圧力の作用は Clausius–Clapeyron 式を用いて量的に表すことができる：

$$\frac{dT}{dp} = \frac{T}{Q} \cdot (V_E - V_W) \tag{9.1}$$

dT/dp：圧力による遷移温度の変化

T：大気圧における遷移温度

Q：遷移熱

V_E：氷の比体積

V_W：水の比体積

氷と水の比体積の差は比較的微小であるので，平衡温度がほんの少し移動するにも，既にかなりの圧力が必要である。

セメントペースト中では，氷が形成されている間，理論的に膨脹が完全に拘束されたとして，発生しうる液体相における圧力上昇は，系の強度が比較的低いので狭い範囲しか生じない。高い圧力はひび割れの発生とともにただちに解消される。さらに実際の系における膨脹は完全に拘束されることはない。氷の形成速度には限界があり，圧力は水のない空間またはコンクリート表面に未凍結の水や氷

423

9 コンクリートの凍結融解抵抗性と凍結融解塩抵抗性

が再分配されて減少するからである（Rösli/Harnik, 1979）。空隙溶液の氷点に対する圧力の影響はその結果小さいと評価される。

9.2.2 溶解物質による氷点降下

物質が水に溶解すると解離したイオンは水の包晶物（溶媒包晶物 Solvathülle）に囲まれる。これは溶液に関する蒸気圧の降下即ち，Raoult の法則により，沸騰点の上昇と氷点降下に導く。現れる氷点降下は溶解した物質の種類には無関係に，溶媒における溶解物質の濃度に直接比例する：

$$\Delta T = E \cdot \frac{m_2 \cdot 1\,000 \cdot z}{M_2 \cdot m_1} \tag{9.2}$$

ΔT：氷点降下

E：氷点定数またはモル氷点降下

m^2：溶解物質の質量

z：溶解物質の解離度

M_2：溶解物質のモル質量

m_1：溶媒の質量

溶液の氷点降下と濃度間の比例係数 E は氷点定数である。それは溶媒が定まっているとき，溶解した物質の 1 モルがどの程度氷点降下 ΔT に働くかを表す。

▶例

3% NaCl 溶液（100%解離）の場合，何度で凍結プロセスは始まるか？

$$\Delta T = \frac{-1.86 \cdot 3\text{g} \cdot 1\,000 \cdot 2}{\text{mol/g} \cdot 58.5\text{g/mol} \cdot 97\text{g}} \qquad (M_{Na} = 23\text{g/mol}\,；M_{Cl} = 35.5\text{g/mol})$$

$$\Delta T = -1.97\text{K}$$

セメントペーストの空隙溶液は純粋な水からなっていないため一連の溶解した物質（例：アルカリ，アルカリ土類，硫酸塩など）を含んでいるので，空隙溶液の氷点は融氷塩の使用なしでも 0℃以下である。

この場合溶解した物質の濃度が非常に低いので，現れる氷点降下は比較的小さい。融氷塩の投入により，氷点降下は実質的に強化される。**図-9.1** と **9.2** は最も重

9.2 セメントペースト中における空隙溶液の凍結

要な2つの融氷塩 $CaCl_2$ と NaCl の相状態図を示す。氷点降下は塩濃度の増加により，共融点に達するまで強化される。

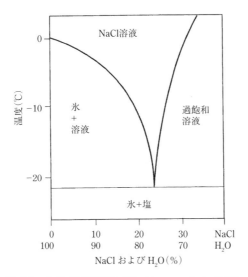

図-9.1　水-NaCl 相状態図（Stockhausen *et al.*, 1979）

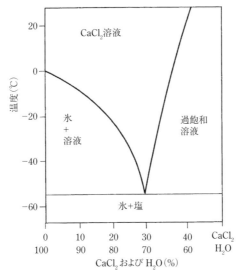

図-9.2　水-$CaCl_2$ 相状態図（Henning, 1975）

共融濃度の時，次の氷点を与える：

23.3M.–% NaCl（4.686 Mol Cl/l）　　　→ −21.1℃

39.5M.–% CaCl$_2$·2H$_2$O（6.871 Mol Cl/l）　→ −55.0℃ または

29.2M.–% CaCl$_2$（6.871 Mol Cl/l）　　→ −55.0℃

　相状態図に基づけば，共融に比して塩濃度が低い（低共融溶液）溶液は残りの溶液濃度が共融濃度に達し塩が結晶するまで，純粋な氷結晶が析出することは明らかである。これらの挙動はいくつかのミクロ的な劣化メカニズムにとって重要であるが，温度低下の際，残溶液の濃度を更に高め，そのために一層氷点降下へと導く。相遷移はそれ故，純粋な水の場合よりも，ぼやけており，比較的大きな温度範囲に及んでいる。ある定まった温度で凍結する水の量は当初の溶液濃度に強い影響を受ける；厳密にいうと，上式による氷点降下は共融濃度に対してのみ計算が可能である。

9.2.3　表面力による氷点降下

　コンクリートの空隙における空隙溶液はセメントペーストマトリックスの大きな内部表面積（約 200m^2/g）に影響を受ける。それにより生ずる表面力の効果は，空隙水の化学的ポテンシャルの減少であり，氷点降下である。空隙のサイズが小さくなると比表面積（表面積 / 体積）が増大することになるので，この表面力は空隙半径が小さい時，特に強くなる（水理半径が 100nm 以上では，空隙溶液は表面力にほとんど影響されない）。空隙半径と氷点の関係は空隙半径 – 氷点降下式（RGB 式：Porenradien–Gefrierpunkt–Beziehung）として表記される。氷点降下と空隙半径の間には次の関係が存在する（Setzer 1977）：

$$\ln(T / T_0) = \frac{-2 \cdot \Delta\phi \cdot V_m}{H_0 \cdot r_h} \tag{9.3}$$

T_0：バルク水の氷点

T：水理半径 R_h の空隙における氷点

$\Delta\phi$：表面エネルギーの変化

V_m：氷のモル体積

H_0：氷のモル融解エンタルピー

r_h：空隙の水理半径

9.2 セメントペースト中における空隙溶液の凍結

表面エネルギーの変化は氷吸着体/固体および水吸着体/固体の境界面張力の差により生ずる。水理半径は空隙断面積 A と空隙境界を形成する縁長 b の比として定義される。

$$r_h = A/b \tag{9.4}$$

円筒空隙の場合，$r_h = d/4$ である（d：空隙直径）。この基本的な式は後に他の研究者により明確にされた。Stockhausen は水と氷の表面エネルギーと比熱の温度依存性を彼の解式に導入した（Stockhausen, 1981）。彼は彼の数値的に定めた結果を円筒空隙に対して，次の関数を当てはめた。

$$r_h = \frac{0.33}{\ln(T_0/T)} + 1 \qquad (r_h \text{ の単位 nm}) \tag{9.5}$$

Brun らは同様の式を得た。両方の解答は固体表面上の未凍結な吸着水の厚さを考慮している（**図-9.3**）（Brun *et al.*, 1977）。

RGB 式の数値解析は示差熱分析（DTA）と走査型微分熱量計（DSC）を使用してセメントペーストについて行った多数の低温測定により支持されている。

これらの測定結果によって，空隙水の種類を指標とした空隙の大きさの区分が

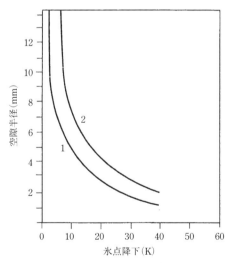

図-9.3 円筒空隙中の水に対する空隙半径・氷点の関係（Beddoe/Setzer, 1990）
1：Brun *et al.*, 1977, 2：Stockhausen, 1981

9 コンクリートの凍結融解抵抗性と凍結融解塩抵抗性

表-9.1 空隙の大きさの区分と水の転移 (Setzer 1994)

タイプ	空隙の大きさ [1]	空隙水の種類
大空隙	$r_h > 1\text{mm}$	無
マクロ毛細管空隙	$1\text{mm} > r_h > 30\mu m$	運動性が高い巨視的な水； 氷点は半径・氷点式により $-20℃$ まで
メソ毛細管空隙	$30\mu m > r_h > 1\mu m$	運動性が中程度の巨視的な水； 氷点は半径・氷点式により $-20℃$ まで
ミクロ毛細管空隙	$1\mu m > r_h > 30\text{nm}$	運動性が低い巨視的な水； 氷点は半径・氷点式により $-20℃$ まで
メソゲル空隙	$30\text{nm} > r_h > 1\text{nm}$	前構造水；$-24℃$，$-31℃$，$-39℃$ で氷相へ転移
ミクロゲル空隙	$r_h < 1\text{nm}$	構造水；$-90℃$ で氷相へ転移

1) 水理半径 r_h ＝体積 V/内部表面積 S（＝空隙直径 $d/4$：円筒状空隙の場合）

定められた（**表-9.1**）。

空隙の大きさが小さいほど空隙内部表面積の大きい空隙水の転移作用は大きくなる。ナノメートルの範囲では転移作用は非常に強く水は実際上マクロ的な特性を完全に失う。

9.2.4 過冷却効果

結晶核は自由核形成エンタルピーがある値≤０と見なされる時のみ安定である。核形成エネルギーは２つのエネルギー項の差として生ずる：

- 結晶核を形成するに必要な表面エネルギー
- 体積膨脹により解放される結晶化熱

核が小さい場合，表面項が勝るので，自由核形成エンタルピーは正の値をとる。エネルギーは安定な核の形成には十分でなく，既に形成されている核を再び分解する。臨界核半径よりも大きいと体積項が勝り，即ち，自由核形成エンタルピーは負の値をとる。安定的に成長可能な結晶核が形成される。

球形の結晶核が生ずるという単純な仮定をすれば，一定の温度における氷核の形成に対する自由核形成エンタルピーと臨界核形成半径を判定することができる（Badman，1981）：

$$G_{E,W} = 4 \cdot \pi \cdot r^2 \cdot \phi_{E,W} - \frac{4}{3} \cdot \pi \cdot r^3 \cdot \Delta\mu \cdot N_V \tag{9.6}$$

$G_{E,W}$：氷／水の自由核形成エンタルピー

r：氷結晶核の半径

$\phi_{E,W}$：氷 / 水の境界面エネルギー

$\Delta\mu$：氷と水の化学的ポテンシャル

N_V：分子数 /cm^3

関数の最大値は臨界核形成半径 r_k に適合する：

$$r_k = \frac{2 \cdot \phi_{E,W}}{N_V \cdot \Delta\mu} \tag{9.7}$$

臨界核形成半径は温度降下とともに小さくなる。氷と水の境界面エネルギー ϕ は温度にほぼ無関係であり，一方 2 つの相の化学的ポテンシャル $\Delta\mu$ は温度降下に伴い著しく増大するからである（Stockhausen *et al.* 1979）。氷結晶核の安定性を確実にするためには，式 9.7 から温度 −5℃ に対する臨界半径は 15nm であるのに対し，温度 −20℃ ではその半径は 4nm で十分である。

核形成の位置では，分子は結晶核の発達に適合する大きさにまとまらなければならない。このようなクラスター（Zusammenschluss）に対する確率はそれに必要な分子の数とともに著しく減少する。即ち，液体線の直下で安定な氷核が形成される可能性は非常に小さい（大きな半径が必要 − 多数の分子が必要）。最終的に水の過冷却が生じうる限界約 −40℃ に達するまでは，温度降下することにより，氷形成の確率は一層高くなる(必要半径が小さくなる − 必要分子数が少なくなる)。この温度でも，臨界核形成半径はまだ 1.85nm にすぎない。

氷結晶の形成とその成長は，コンクリート表面が凍結したり，コンクリート表面に他の核形成を促進する物質が存在することなどにより，外部から引き金が引かれることがある。表面に形成する氷のフロントはコンクリート内部へと移動する。

コンクリート中における空隙水の過冷却に関する実際の程度は多数の要因に影響を受ける。その際，次のことが生ずるか否かが重要である：

- 表面に氷がない（例えば予防的な散布）または
- 氷層で覆われている

核形成の外からの引き金を避けると，飽水されたセメントペースト供試体では −15℃ まで過冷却が確認されている。

供試体表面状態のほか，供試体の大きさ，冷却速度，供試体の含水量（飽水），空隙溶液の種類，空隙の大きさが過冷却の程度に大きく影響する。

大きな過冷却効果の直接的な結果はいわゆる自発的な氷の形成（Spontane Eisbildung）である。連続的な氷形成とは異なり，コンクリート組織中のある定まった水量が異常に短い時間に凍結し，水の再分配を阻止するように作用する。空隙溶液の強い過冷却によって，後に発生する凍結融解 / 凍結融解塩作用による劣化メカニズムは実質的に強化される。

9.3　劣化機構

凍結融解劣化または凍結融解塩劣化に導くこれまでの有名なメカニズムは，次のように区別される。

- 巨視的な応力を生じさせる
- 微視的なセメントペースト組織の変化が応力を生じさせる

9.3.1　巨視的メカニズム

9.3.1.1　不均一な熱膨脹係数

コンクリートを構成するセメントペーストと骨材の熱膨脹係数 α_T が非常に違っていることがある。可能性がある違いは大略，セメントペーストの湿潤状態と骨材の種類に依存する（表-9.2）。

温度差が大きい場合，α_T 値の違いにより，コンクリート引張強度の範囲内にあるものの，計算上十分な応力を生ずる。40K の温度変化により，例えば引張応力＞6N/mm^2 が発生することがある。コンクリートにおける劣化機構の働きに関し，しかしながら，実験的に立証することはできないので，実際の凍結融解 / 凍結融解塩劣化における α_T 値の異なることに対する意味について種々の解釈が存在する。

不利な条件（大きな温度差が迅速に発生，不適当な骨材）下では，しかしながら凍害劣化が促進される可能性がある。

凍結融解作用または凍結融解塩作用の条件から始めると，セメントペーストと氷の α_T 値の差について考慮しなければならない。ここにはコンクリート構成物の骨材とセメントペースト間よりもずっと大きな差が存在する。セメントペーストは湿潤状態によって，α_T 値は $10 \sim 24 \cdot 10^{-6}$/K を示すのに対し，氷の下限値は

表-9.2 セメントペーストと骨材の熱膨張係数

熱膨脹係数　（10^{-6}/K）		
セメントペースト		
	高炉セメント	ポルトランドセメント
乾燥，相対湿度 30%	9.0〜10.6	9.4〜10.5
気乾，相対湿度 65%	15.8〜17.3	20.7〜24.4
飽水，相対湿度 100%	9.3〜10.0	10.2〜11.0
骨材		
石灰石	3.5〜6.5	
石英 [1]	10.0〜12.5	

1)　アモルファス SiO_2 は実質的に低い値を示す
　　－珪藻土　　$\alpha_T = 1.7 \cdot 10^{-6}$/K
　　－オパール　$\alpha_T = 6.0 \cdot 10^{-6}$/K

$50 \cdot 10^{-6}$/K である。計算上この差は 15K の温度変化が発生するのみで，コンクリートの引張強度のオーダーに近い強度である。

セメントペーストと氷の熱膨脹の違いによる応力は，微視的範囲で 2 次的に進行するプロセスにより助長される可能性がある。

氷とセメントペーストの異なる熱膨脹係数は実際の凍害劣化に明らかに少なからぬ役割を演ずる。低温範囲における走査型電子顕微鏡による実験は発生した応力が組織劣化を生じうることを証明している。

9.3.1.2　層状の凍結

層状の凍結モデルは，何よりも融氷塩が存在するコンクリートの凍結に考えられた（**図-9.4**）。

それによれば，融氷塩の存在下では，コンクリート表面近くの範囲の氷点降下はコンクリートの深いところよりも大きくなる塩分勾配が発生する。更に凍結の際，最も低い温度はまず，コンクリート表面に発生するが，一方，コンクリートの中心核はゆっくりと冷却されて行く。塩分濃度と温度傾斜の相互作用によって，氷の形成はまずコンクリート表面とコンクリートの内部で発生する一方，中間層は未凍結のままである。この層は冷却が更に進行すると凍結するので，その上にある表面層に剥離が発生する。本モデルは実際には確かめられていない。

実際，凍結融解塩作用の際，その組織自体は比較的損傷を受けていないにもか

9 コンクリートの凍結融解抵抗性と凍結融解塩抵抗性

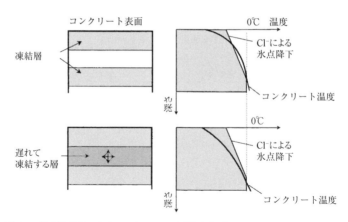

図-9.4 融氷塩作用によるコンクリートの層状凍結 (Blümel/Sprigerschmid, 1970)

かわらず，薄い表面層が剝離するという事実が，しばしば発生している。その限りでは，このモデルは劣化の観察と一致する。実際の挙動では，相互作用で，実際に，未凍結層に導く塩と温度の勾配はどの範囲で生じているのかという問題がある。

コンクリートの層状凍結は純粋な凍結作用のみでも発生しうる。この原因は，既に述べた温度勾配の他に，コンクリート製造に関わる不均質性，劣化にとって重要な特性（W/C，ポロシチー，強度，弾性係数，熱膨脹係数など）がコンクリートの中心核からコンクリート表面にわたって変化するという事実である。

9.3.1.3 温度急降下

融氷剤で雪や氷を溶かすには熱が必要である。コンクリート版底には，無風で乾燥した空気よりも1 000倍もの熱が蓄えられるので，必要な融解熱は最初にコンクリート表面近くから奪われる。熱が奪われる結果，コンクリート表層部における温度の急激な降下－内部に向かって圧縮応力と引張応力を発生させる－が生ずる（Rösli/Harnik, 1979）。

温度急降下（ΔT）により生ずる最大引張応力（σ_{max}）は次のように算出される：

$$\sigma_{max} = 0.24 \cdot \Delta T \quad (\sigma_{max} : \text{N/mm}^2, \ \Delta T : \text{K}) \quad (9.8)$$

発生する温度降下は使用された融氷剤に大きく依存する。最も頻繁に用いられる塩化物では温度低下は次の順序である。

CaCl$_2$ – MgCl$_2$ – NaCl

その原因は塩の溶解熱が異なることによる。CaCl$_2$ と MgCl$_2$ はその溶解の際，熱を（L_{CaCl_2} = ＋356J/g，L_{MgCl_2} = ＋70J/g）放出し，氷の融解過程で二次的融解熱として役立つ，一方 NaCl の溶解では，熱を必要とする（L_{NaCl} = －83J/g）。使用する融氷剤の種類の他に，融氷剤の濃度と存在する氷厚が温度急降下に実質的に影響する。

実験室規模では，NaCl を使用した時，最大の測定温度低下は，共融濃度で氷厚 2mm の場合，14K に達する。上述の近似式によれば，その際，強度の低いコンクリート級の引張強度範囲内であるが，引張応力が発生する。実際の条件に近い走行路面で行われた現場試験では，最大温度低下は最高で 4.3K にとどまっている。これは塩濃度が低く，氷厚が薄かったことに帰着する。

コンクリートの凍結融解塩劣化の主要な原因として，現実的には，温度急降下は無視することができる。

氷のない表面で，融氷塩溶液による凍結がくりかえされると激しい劣化が観察されることがある。局部的に不利な境界条件により，劣化の進行を促進する可能性がある微小クラックが発生することを無視できない。

9.3.2 微視的な劣化原因
9.3.2.1 水　圧

水の密度特異性のため，水 – 氷相遷移の際，約9%の体積膨張を生ずる，つまり，相当する水体積が排除されなければならない。氷形成のすぐ近くにこの水が入りこむ適切な緩和空間（水のない空隙，表面）がないと，Powers によれば水圧と表記される内圧が発生する。

水圧がコンクリートの引張強度を超えるとき凍害が発生する。

水圧の大きさは第一に，排除される水が最も近くにあり，水がなく膨張できる空間に至るまでの距離に依存する。以上から，Powers は追加の膨張空間を提供するエントレインドエアのプラスの作用に帰着させ，氷形成の位置と膨張空間の縁までの距離（間隔係数）が，氷圧によるコンクリートの引張強度を越えることを防ぐためには，どれだけの長さにすればよいかについて計算した（Powers, 1954）。

水圧は更に凍結する水量と凍結時の冷却速度に依存する。コンクリートに広く伸びた毛細管空隙系と高い飽水度を有し，氷形成速度が高い時，大きい圧力が考えられる。水圧はしかし，供試体の水量が91%以下である時にも劣化に導くことがある。Powersはそれについて，空隙液体は最初に大きな空隙で凍結する（RGB）ということを原因とした。凍結進行が更に，より小さい空隙でも始まる時，水の排除は既に存在している大きな空隙の氷により阻止される。排除される水が完全に阻止されると理論的には，約200N/mm^{2}の水圧が発生することがありうる。

実際の圧力はしかし非常に小さい，氷の形成は突然起こるのではなく，またセメントペーストの空隙水は，一度にではなく種々の温度で凍結するからである。それにもかかわらず，特に毛細管水が前進する氷に閉ざされたり，また空隙の内部に液体相がまだ存在しているのに空隙のボトルネックが氷により既に閉ざされた時，少なくとも短時間高いピーク圧力を考えなければならない。

1940年代にPowersによって発展された水圧論は今日一般に公認され，高い凍結融解／凍結融解塩抵抗性を有するコンクリートに対する一連の要求基準の出発点となった。彼により述べられた最大気泡間隔係数0.25mmは例えば，今日なおAEコンクリートの製造と評価に対する基礎となっている。

水圧は凍結融解／凍結融解塩負荷によって生ずる劣化形成に対する最も重要な微視的要因の1つである。

9.3.2.2　毛細管効果

全ての凍害が凍結範囲から水が排除されることに帰着されるわけではない。セメントペーストの冷却の際，伸びのみが生ずるのではなく，ある定まった凍結相において，供試体は収縮する，そしてまた一定のマイナス温度のもとで，連続して伸びが生ずるという観察は水圧の作用ではもはや説明することはできない。後に凍結したセメントペーストで，それが水ではなくベンゾール（凍結の際，収縮する液体）で満たされているとき組織膨脹することが発見された（Beaudoin/Mac Innis，1974）。

上に述べた現象の原因は，空隙の大きさに氷点が依存することにより引き起こされる所謂毛細管効果である。凍結進行中空隙水は最初に大きな毛細管空隙で凍結する，一方小さいゲル空隙では液体にとどまっている。水の蒸気圧が氷のそれ

よりも大きいので熱力学的不平衡が発生する．それは小空隙中の水を大空隙または氷で覆われたコンクリート表面に移動させる駆動力を生じさせる．

水圧と並んで，毛細管効果は微小範囲における凍害の第二の実質的劣化原因である．

人為的に連行された気泡は排除された水（水圧）が拡散する空間を用意するばかりでなく，そのプラスの作用はそれにより，成長する氷に対する膨脹空間を創造するということが立証された（毛細管効果）．

2つのメカニズムのどちらが－水圧？　毛細管効果？－凍害に対して支配的であるか今日一元的に説明することはできない，それは間違いなく境界条件に強く左右される．次のことが挙げられる：

- 冷却速度
- ゲル空隙の量
- 拡散プロセスの進行

9.3.2.3　拡散と浸透

セメントペーストの空隙液体はセメントペーストマトリックスと場合によっては侵入した融氷塩から由来する溶けた物質を含んでいる．凍結の時この薄い溶液は共融点に至るまで氷結晶のみを析出する．残りの溶液の濃度はそれと平行して上昇する．氷結の進行は空隙の大きさにより影響を受けるので濃度差が生ずる．より小さい空隙の空隙溶液は当初の濃度で凍結しないでいる一方，大きな空隙の濃度は早く始まった凍結のため高まる．この濃度の傾きは蒸気圧の傾きにより引き起こされると同様に，同一方向に流れる拡散プロセスへと導く（小空隙から大きい空隙に向かう液の流れ）．

毛細管効果は生じた濃度の違いにより，特に融氷塩が使用されているとき強化される．

濃度を等しくするプロセスが半透膜（仕切り壁）を通して進行する時，浸透圧が生ずるので，独自の劣化メカニズムが生じうる．しかし，結果として生ずる低い圧力が実際に組織の破壊に至る働きをするのか疑問である，そのうえ，濃度を同じくするプロセスは蒸気圧の傾きにより引き起こされるプロセスよりも実質的にゆっくりと進行する．

9 コンクリートの凍結融解抵抗性と凍結融解塩抵抗性

浸透圧は主要な劣化原因から除外することができる。

9.3.2.4　熱力学的モデル

熱力学的モデルでは第一に凍結劣化に対する表面張力の作用が考慮されている（Setzer, 1977）。モデルの紹介ではまず次のことから始める，即ち粒子表面の準液体の吸着水層から小さいゲル空隙中の空隙水まで当該する温度で凍結する。この薄い水の層と氷結晶の新しい境界面の間に凍結時，空隙氷中に二次的表面張力が生ずる。熱力学的モデルとその詳述（Setzer, 1999, 2000）により，巨視的凍結挙動との違いを説明できる。境界面応力はRGB式で述べたように氷点の低下へと導く。それ故，水，水蒸気，氷が同時に安定相として存在することが可能である。巨視的挙動とは異なって三重点は約0℃から−40℃まで移動する。これは同時に負圧が上昇した結果である，つまり2つの方法により：

1. セメントペーストの内部表面と空隙氷間の表面応力が付加される結果，氷粒子中に圧力が生じ，周囲のマトリックスには負圧が生ずる。つまり，負圧は空隙の水理半径が小さければ小さいほど大きくなる。凍結している状態ですら，小さい空隙から大きい空隙へ移動が生ずる。それは未凍結の吸着層や小さく未凍結なゲル空隙中の水を介する結果として生ずる。どの程度強くこの移動が行われるかは冷却速度や最低温度などの境界条件に大きく左右される。

2. 三重点の移動は空隙水中で釣り合う負圧が生じた時可能である。それは巨視的氷点（0℃）以下では，1 Kelvin（K）当たり1.22MPa増加する。未凍結空隙水が凍ると前項1.により空隙氷中に発生する負圧と三重点の移動により生ずる負圧は丁度同じ大きさになる。氷形成によりそれは凍結する。

凍結時の水の特異な挙動を明らかにするため，Setzerは**ミクロ氷形成とミクロ氷レンズポンプ**のモデルを発展させた（Setzer, 1999, 2000）。このモデルによりセメントペーストの空隙中の水が凍結する事象の組織的連続的な表現が可能となった。温度降下で増加し，温度上昇で減少する圧力に加えて，凍結や融解の事象はそれぞれ規則的にコンクリートの凍結作用面を経て中へ向かって進行するダイナミックなプロセスであることも重要である。その際，3つの重要な効果が観察される：

1. 熱力学的法則に従って未凍結水は大きな氷結晶へと移動する，空隙液の蒸発

9.3 劣化機構

により直接または空隙液の直接的な移動により引き続き更に大きな氷粒子となる。液体中の負圧は専ら温度に依存する。

2. セメントペーストマトリックスやコンクリートマトリックスは無限な剛性を有してはいない。ゲルから氷への水の移動により，乾燥によるセメントゲルの収縮に相当する現象が観察される。

3. 融解時，未凍結水中の負圧は熱力学に適い再び減少する。氷から水への逆移動はほんの僅かな量のみ可能である。大部分の氷結晶はマクロ的融点で再び融けるからである。

ミクロ氷レンズポンプのモデルの概略を図-9.5 に示す。

図-9.5 番号 I はゲル空隙と部分的に 20℃ で飽水している毛細管空隙縁端部を示す。

凍結時（図-9.5 番号 II），最初にマクロ氷が形成する。過冷却 1K（Kelvin）毎に未凍結水中に氷との圧力差 1.22MPa/K を生ずる。この圧力差はゲルからの水をマクロ氷へ移動させ，同時にマトリックスの有限な弾性係数のため収縮する。未凍結水で飽和しているゲルは（凍結収縮）収縮し，そして水は排出される（ス

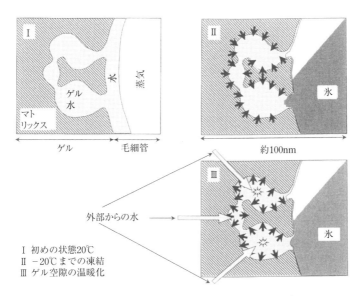

図-9.5 ミクロ氷レンズポンプの概略（Setzer, 2000）

ポンジのように）。水は巨視的「バルク」氷即ちミクロ氷レンズに付着し拘束される。この現象はコンクリート表面で始まり，内部へますます進行する。

温度上昇時（図-9.5 番号Ⅲ）最初にコンクリート表面で氷は再び融ける。温度上昇段階の間，未凍結水と氷の圧力差は減少し，セメントゲルは膨張する。固体中の巨視的氷はいまだに融けていないので，外側の既に液状である水層を経てある相当量の水がコンクリート中に侵入させられる。温度上昇が進むにつれて，この現象は外から内部へとすすみ，コンクリート供試体は飽水する。

凍結融解繰り返しは特別に効率の良いポンプである。温度の降下と上昇は凍結時ゲルを圧縮し，温度上昇時再び膨張させるピストンのように作用する。外から水を後飽和させる可能性が存在するので – 大部分の凍害試験でその状況があるように – 凍結融解繰り返し毎にマクロ毛細管と大きな空隙への人為的飽水が行われる，それらの所有する空隙半径に基づいて，自身の力なしで飽和することができる。毛細管吸水による等温飽水はこの人為的飽水により大幅に上昇する。いわゆる人為的「ミクロポンプセメントペースト組織」は凍結融解繰り返し負荷により，透水性や毛細管的に不活性な空隙量に無関係に，限界飽水量へと導かれ，そのためコンクリート組織の破壊に至る。

現実的にはコンクリートの組織は部分的な飽水が一般的である。限界応力には限界飽水に達した後，初めて達する。微小ひび割れの形成はコンクリート組織中で応力の消滅へと導く。サイクル負荷は続いて，ひび割れの拡大と伝播，最終的にはコンクリート組織の劣化へと導く。凍結融解を繰り返すことは待機する水が無い自然条件下では内部コンクリートの乾燥と表層コンクリートの空隙溶液の濃縮へと導く。待機していた水は融解期後吸収される。この人工ポンプ作用は迅速なコンクリートの飽水へと導く。一定の限界飽水度に達するとコンクリートの劣化が始まる。

限界飽水度はコンクリートの特有の値であり飽水係数（$s = 0.91$）と同じとしてはいけない。限界飽水度はいろいろに飽水したコンクリートについて弾性係数の低下により求められる（図-9.6）。

9.3.2.5　結晶圧

結晶化について，過飽和溶液から溶解した相が析出し，固体の状態に移行する

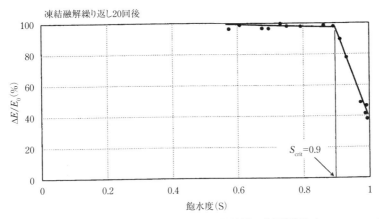

図-9.6 限界飽水度の確定。飽水度の上昇に伴う相対動弾性係数の典型的推移（Fagerlund, 1977）

プロセスと理解される。自由な結晶化は空隙の形状により，阻害されるので次のように分類される圧力が発生する：
- 流体力学的結晶圧
- 線形膨脹圧
- 水和に伴う圧（むしろ水和による結晶圧としたほうが良い）

流体力学的結晶圧は新しく生成された結晶と残溶液の体積が過飽和溶液のそれよりも大きい時圧力を発生すると考える。凍結融解／凍結融解塩負荷では氷圧は，その働きについては既に取り上げたが，大きな流体力学的結晶圧を形成する。

線形膨脹圧は結晶がある定められた条件の下で一方向の膨脹方向に極めて卓越しているとき，抵抗に打ち勝って更に成長しようとする現象である。セメントペーストの空隙空間では，生成された結晶はそれにかなった成長をするとき，対峙する空隙壁に圧力を生ずる。

水和に伴う圧では，水が少ないまたは水がない相が水に富んだ相に変化して，体積膨脹した時に起こりうる圧力と解される。ここでも基本的に結晶化圧に関わることである。

9.4 影響要因

コンクリートに凍結融解 / 凍結融解塩が作用するときの劣化メカニズムに関する問題は非常に複雑で，凍結時の水の体積膨脹抜きには説明することはできない。

劣化機構に対して統一的理論が存在するわけでは無いが，もっとも重要で劣化を助長する影響要因に関して比較的良い展望がある（**表-9.3**）。

一般に外的影響要因は影響を及ぼすことはないが，最適なコンクリートの配合，適切な製造技術，打設技術（内的影響）などは高い凍結融解 / 凍結融解塩抵抗性達成のため特に貢献する。

表-9.3　凍結融解 / 凍結融解塩抵抗性に対する重要な影響要因

コンクリートの配合	工学的影響	外的影響
W/C	輸送	温度の挙動
混和剤	締固め	水分の供給
骨材	養生	融氷剤
セメント	保護対策	

9.4.1　コンクリート配合の影響
9.4.1.1　水セメント比

コンクリートの凍結融解 / 凍結融解塩抵抗性に対する W/C の影響は形成する空隙システムと強い関係がある。セメントの質量について，水和が完全に行われる場合，セメントの鉱物組成により，約25%の練り混ぜ水が化学的（水和物相生成）に，約15%は物理的（セメントゲルの空隙に吸着）に結合する（Walz/Wischers, 1976）。したがって化学的－物理的観点から，コンクリートの全セメント量が水和するために，約 $W/C=0.40$ で十分である。工学的にはコンクリートの十分な作業性に対する要求があるので，大抵の場合，$W/C>0.40$ のコンクリートが利用されている。高い W/C の場合，化学的にも物理的にも結合せず，100℃以下で蒸発することがある水量は毛細管空隙を形成する。セメントペーストの毛細管空隙は果たして形成されるのか，そしてどの程度大きいのかは水和度のほか，第一に W/C に依存する。

9.4 影響要因

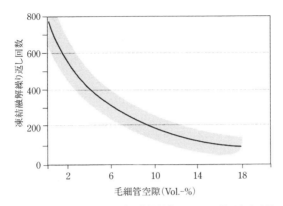

図-9.7 凍結融解抵抗性（動弾性係数が50％に低下する凍結融解回数）とBogueによる毛細管空隙の関係

コンクリートの凍結融解／凍結融解塩抵抗性にとって，毛細管空隙は特別な意義を有している（**図-9.7**）。

中部ヨーロッパの気象条件のもとで，また凍結融解／凍結融解塩抵抗性試験においても，ほとんど毛細管空隙水のみが凍結するので，毛細管空隙の割合は形成される氷量に決定的に影響する。そのほか，水または水蒸気の移動は，周囲からコンクリートの内部へ，主として毛細管空隙システムを通じて行われる。コンクリートの透水性はそれ故，毛細管空隙割合が高くなるに従い増大する。透水性の特に著しい上昇は，毛細管空隙がお互いにつながっているときに観察される（連続性）。Powersによれば不連続から連続への移行は毛細管空隙の割合が約25％の時である。この限界値よりも低い状態にとどまるためには，W/Cは完全に水和するとして0.60を超えてはならない。実際に近い水和条件から考えると，水和度はしかしながら，良好な養生でも100％になることはない。普通ポルトランドセメントコンクリートでは，約80～90％の水和度から始めるべきである。W/Cは0.50よりも大きい場合毛細管空隙システムの連続性を考えなくてはならない。

適切なW/Cに調整することにより，毛細管空隙の割合を最小にし，それにより，コンクリートの凍結融解／凍結融解塩抵抗性を高めることの可能性は，相当以前から知られていることである。DIN EN 206-1/DIN 1045-2により，それぞれの暴露クラスの凍結作用を受ける場合についてW/Cの限界値が述べられている。

9 コンクリートの凍結融解抵抗性と凍結融解塩抵抗性

表-9.4 は限界値の詳細が含まれている。

W/C の非常に低い高強度コンクリートは，伝統的なコンクリートから外れる材料特性を有している。非常に少ない毛細管空隙の割合から，一般的に AE 剤の添加無しで，高い凍結融解塩抵抗性が得られる。

表-9.4 凍結作用を受けるコンクリートの配合および特性に関する限界値（DIN EN 206-1）

暴露クラス	XF1 (標準的飽水：融氷剤無)	XF2 (標準的飽水：融氷剤有)		XF3 (高い飽水：融氷剤無)		XF4 (高い飽水：融氷剤有)
W/C 上限値	0.6	0.55[a)]	0.50[a)]	0.55	0.50	0.50[a)]
最低圧縮強度クラス[b)]	C25/30	C25/30	C35/45[j)]	C25/30	C35/45[j)]	C30/37
最小セメント量[c)] (kg/m3)	280	300	320[j)]	300	320[j)]	320[j)]
最小セメント量[c)] 混和材加算 (kg/m³)	270	270[a)]	270[a)]	270	270	270[a)]
最小空気量 (%)	–	[d)]	–	[d)]	–	[d), e)]
その他の要求	規格要求に適い，凍結融解 / 凍結融解剤に対する追加の抵抗性を有する骨材 (DIN EN 12620 および DIN 20000–103 参照)					
	F4	MS$_{25}$		F2		MS$_{18}$
セメントの使用範囲	参照：DIN 専門報告 100，3 月 /2010 年：表 F3.1 ～ F3.4				指示： CEM Ⅲ /A[h)] CEM Ⅲ /B[f), g)]	

a) タイプ Ⅱ の混和材（ポゾランまたは潜在水硬性）を添加して良い，しかしフライアッシュのみセメント量または W/C に算入しても良い
b) 軽量コンクリートには適用しない
c) 最大骨材粒径 63mm の場合，単位セメント量を 30kg/m³ 減らして良い；この場合[i)] 適用してはならない
d) 打設直前のフレッシュコンクリートの平均空気量は骨材混合物最大粒径により，次の値とする。
   8mm ≥ 5.5Vol.–%，16mm ≥ 4.5Vol.–%，32mm ≥ 4.0Vol.–%，63mm ≥ 3.5Vol.–%
   それぞれの値は要求値から最大 0.5Vol.–% まで下回って良い
e) W/C ≤ 0.4 の超固練りコンクリートは連行空気無しで製造して良い
f) CEM Ⅲ /B は次の使用ケースのみ利用される：DIN 19569–1 を考慮する除塵機走行路では最低強度クラス C40/50 に関連して，W/C ≤ 0.35，最小単位セメント量 ≥360kg/m³，気泡の連行無し
g) 海洋コンクリート：気泡の連行無しで W/C≤0.45，最小圧縮強度クラス ≥ C35/45，最小単位セメント量 ≥ 340kg/m³
h) 高炉スラグ ≤ 50％で，強度クラス級 ≥42.5 または強度クラス ≥ 32.5R
i) マス部材（最小部材寸法 80cm）には最小セメント量 300kg/m³ が通用する。
j) 緩慢にそして非常に緩慢に硬化するコンクリート（r<0.30）には強度クラスはより低く（28 日に試験）

9.4.1.2 骨 材

使用した骨材の種類と品質はコンクリートの凍結融解／凍結融解塩抵抗性に大きく影響する。不適当な骨材はコンクリート表面に局部的な剥離（ポップアウト Popouts とも言われる）と（/または）貫通するひび割れの形成（D-cracking：D-クラッキング）へと導く。

劣化原因として，セメントペーストに対応する劣化メカニズムに倣って，次があげられる：
- 流体力学的水圧
- 毛細管効果
- 浸透圧
- 結晶化圧

ポップアウトでは，劣化の多くは表面近くに存在し，高い飽水度の時破壊しやすく凍害を受けやすい骨材に由来する（**図-9.8**）。

一般に骨材の引張強度はセメントペーストより明らかに優れているので，劣化は骨材自身が凍結により，劣化しない時にも現れる。骨材のしかるべき膨張がコンクリートの表面で骨材の上にあるセメントペースト層を持ち上げ，そして骨材粒子自身を凍結剥離へと導く。

貫通したひび割れを形成して組織を破壊する**D-クラッキング**は粗骨材の大部分が凍結融解繰り返し作用により（粗骨材がコンクリート内部にある場合でも）破壊した時発生する。相応する劣化は特に舗装版の継ぎ目部に認められた（**図-9.9**，**図-9.10**）。そこでは，水分が種々な方向からコンクリートに浸透しうるか

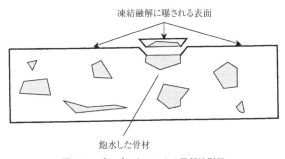

図-9.8 ポップアウトによる局部的剥離

9 コンクリートの凍結融解抵抗性と凍結融解塩抵抗性

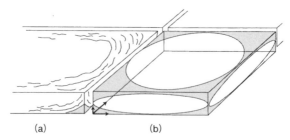

図-9.9 D-クラッキングによる現象図（Janssen, 2000）；(a) 版下面の水平ひび割れ，(b) 版自由縁，隅角，継ぎ目から始まる3次元方向への拡大

図-9.10 D-クラッキングによるコンクリート舗装版の破壊

らである（表面ばかりでなく，下方からも）。

次のファクターが骨材の凍結融解／凍結融解塩抵抗性に対して主要なものである：

- 空隙
- 強度
- 粒の大きさ
- 組成

骨材の凍結融解／凍結融解塩抵抗性にとって，その飽水程度と吸水量が中心的役割を演ずる。**全空隙量**のほかに骨材に存在する**空隙の大きさの分布**も重要である，即ち毛細管水の上昇高さは空隙半径に逆比例するからである。平均空隙径が小さいが全空隙量が大きい骨材は凍結融解／凍結融解塩負荷に関して，特に危険

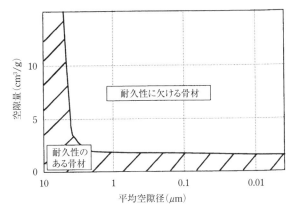

図-9.11 骨材の凍結融解抵抗性と平均空隙径，全空隙量の関係
(Kaneuji et al., 1980)

と判断される。**図-9.11**に骨材の全空隙量，平均空隙径，凍害抵抗性の関係を示す。

高強度は一般に骨材の凍結融解／凍結融解塩抵抗性に有利な効果をもたらす。湿潤状態で少なくとも150N/mm^{2}の強度を有する岩石は経験上凍結融解／凍結融氷塩作用に対して十分な抵抗を示す。

骨材粒径の劣化強度に対する影響には議論がある。長い間，実験的判定から，大きな骨材は，小さな径の骨材よりも大きな水圧を形成しうるので，大きな骨材粒は凍害危険性がより高いという意見があった。一方，凍害に敏感な砂に分類される粒は比較的少量でコンクリートの凍結融解／凍結融解塩抵抗性を著しく下げる可能性があることが示された。粗骨材は限界飽水度に達するのに細骨材よりも機会が少ないということに戻らなければならない。少なくとも組織を劣化させるD-クラックの発生に対しては，もっぱら抵抗性のない粗骨材に責任があるように思われる。あまりにも多い粉体量は，劣化に対ししばしば責任を負わされるが，一定の作業性を得るために W/C を高めなければならないとき，凍結融解／凍結融解塩抵抗性にとってマイナスに作用する。コンクリート混合物の単位水量が一定の時には，粉体量の影響は確定できない。顔料の添加（一般にセメント質量の約5％）によりコンクリートを染めるべきか，該当する AE コンクリートの適性試験が推奨される。

凍害に敏感な不純物質は，自身が骨材の構成要素である，または骨材表面に付

9 コンクリートの凍結融解抵抗性と凍結融解塩抵抗性

表-9.5 骨材の特性と試験規格

特性	試験規格	略記
細粒分の決定（フルイ）	DIN EN 933–1	
24 時間以内の吸水	DIN EN 1097–6	WA_{24}
凍結融解抵抗性	DIN EN 1367–1	F
硫化マグネシウム法（結晶化試験）	DIN EN 1367–2	MS
NaCl 存在中凍結融解抵抗性	DIN EN 1367–6	F_{NaCl}
DIN1367–6 の代替え		
凍結融解剤負荷に対する抵抗性 （CDF 試験によるコンクリート切断面試験）	DIN V 18004	

着しているを問わず，凍結融解／凍結融解塩抵抗性に非常にマイナスに影響する。これらの不純物質には，第一に雲母，粘土鉱物，チャートとドロマイト成分が挙げられる。

　処女原材料の約 15% をリサイクル材に置き換えてよい（Wert, 2004）。その際主に使用する分野は道路建設である。コンクリートについてリサイクル材の使用は DAfStb 基準「リサイクル骨材を使用するコンクリート」（2004）に制定されている。耐久性に対する影響は必要な水量を高める不純物（例：石膏），細粒分の高い割合，粉砕過程で持ち込まれた損傷（ひび割れ），リサイクル材の部分的に高い空隙などである。

　高い凍結融解／凍結融解塩抵抗性を有するコンクリートに用いられる骨材に必要な要求基準は DIN EN 12620 に規定している。この基準は DIN 1045–2 に従ってコンクリートに使用される骨材の要求を規定している。幹線道路と通行路面については道路交通工学研究所（Forschungsgesellscaft für Strassen– und Verkehrswesen, FGSV）基準の TL 骨材 StB 2004 版 /2007 改訂（TL Gestein–StB Ausgabe, 2004/ Fassung, 2007）が通用する。凍結融解抵抗性／凍結融解塩抵抗性に関しては**表 –9.5** による特性と試験規格が重要である。

9.4.1.3　エントレインドエア

　コンクリートの凍結融解／凍結融解塩抵抗性を高めるための適切な手段は人為的に気泡を導入することである。気泡の発見は偶然の結果である。アメリカで特定の粉砕助剤を含んだセメントのコンクリート版が耐久的であることが確かめら

れた。この粉砕助剤はコンクリート中に小さい気泡を発生させる（Dyckerhoff, 1948）。

通常 1～2 Vol.%の気泡が実質的に完全に締め固められたコンクリートに存在する（エンドラップトエア）。しかしこれは毛細管作用を阻止するためには十分でないので，空気をコンクリートに人工的にもたらす必要がある。

エントレインドエアを発生させるために，主として空気連行剤（AE剤）が使用される。AE剤は混合の間，小さく細かく分散し，球状で閉じた気泡をセメントペーストまたはモルタル中に形成させる。凍結融解／凍結融解塩抵抗性の向上に加え，同時にワーカビリティーを改善する（ボールベアリング効果）。全空気量の中で直径 10～300μm の小さい気泡が大きなな意味を有している。

AE剤について大部分は二極化（有極親水グループ - 無極疎水グループ）の長い鎖状分子形で存在する物理的作用を有する有機化合物のことである。水を引き寄せる親水部が水の表面エネルギー低下を生じさせ，それによって流動的にする，一方疎水グループの強くはねつける性質は水分子相互間に反発状態を引き起こし，そのために小気泡を呼びこむ（**図-9.12**）。目下ビンゾール樹脂系（アルコールにとける天然樹脂）が市場を支配している。最近，空気連行用添加剤のベースとして，脂肪酸（Fettsäuren），アルキルサルフェート（Alkylsulfate）と脂肪アルコー

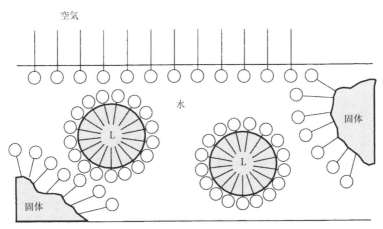

図-9.12 エントレインドエア形成の模式図；疎水部の水をはねつけることは水分子相互間に反発を生じさせ，小気泡を形成させる；親水部は水に疎水部は空気に向く

ル‒ポリグリコールエーテルサルフェート（Fettalkol–Polyglykolethersulfate）が使用されることが多くなってきた。

コンクリート強度の低下は空気連行のマイナスの副作用である。一般的に連行する空気1%に圧縮強度は同じW/Cのプレーンコンクリートに比べて1.5〜3N/mm^{2}低下する（FGSV‒指針AEコンクリート2004）。大部分のAE剤は気泡連行に並行して流動性にも効果があるので，作業性が同じ場合W/Cを低くすることにより，強度の低下は一部補償される。

人為的に連行される気泡の凍結融解／凍結融解塩抵抗性のプラスの作用は，とりわけ凍結している水が膨脹する補助的空間を提供すること，更に広く連通している毛細管空隙組織を中断して，コンクリートの液体吸収を減少させることに帰せられる。

連行された気泡が適切な量で，その相互間の距離が比較的小さく分布しているときは，凍結融解／凍結融解塩抵抗性を高める意味で効果的であることに導きうる。

かかる趣旨から気泡システムの性能を評価するために，気泡に関する係数が導入された。

- 全空気量 L
- 微小気泡量 L_{300}
- 気泡間隔係数 $\bar{L}$

全空気量 L：セメントペースト中，またはセメントペーストと骨材間に存在する全空気量

微小気泡量 A_{300}：直径10〜300μmの小さい球状または球状に近い気泡量，コンクリートの高い凍結融解／凍結融解塩抵抗性に対し重要である。

気泡間隔係数 $\bar{L}$：セメントペースト中の1点から最も近い気泡縁までの最大間隔の平均値（**図‒9.13**）

それぞれのAE剤についてその認可試験の範囲において，フレッシュコンクリートの空気量3.5〜4.0%では，間隔係数 $\bar{L} \leqq 0.24$mm で，$A_{300} \geqq 1.5$%に達していることが証明されなければならない。これは現場における試験にも通用する。AEコンクリートの最初の試験では同じような気泡指標値が守られなければならない。ここではAEコンクリートの適性試験では，同じような気泡の特性値を有してい

9.4 影響要因

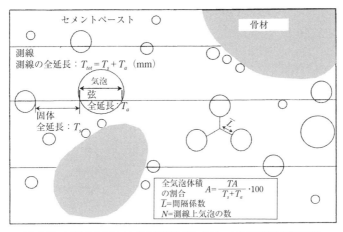

図-9.13 DIN EN 480-11 による硬化コンクリート中の空隙指標の定義

なければならない。ここでも間隔係数 $\bar{L}≦0.20$mm，$A_{300}≧1.8$Vol.-% に達しなければならない。

連行空気量は多数の要因の影響を受ける（**表-9.6**）ので，適切な AE コンクリートの施工はコンクリートのハイレベルの入念さと常時の監視が要求される。AE コンクリートの適切な施工規準が守られたにしても，多数の影響因子に基づく空気量のばらつきはさけられない。構造物の全ての位置で，必要な空気量を確保するため，常に相当な余裕量（1Vol.-%）を計画し，そしてその時々の最初の試験で最終規定に適合するようにすべきである。それにより，AE 気泡の直径が 10μm と 3 000μm の範囲にちらばり，空隙の一部が有効な微小気泡範囲＜300μm になる。ほぼ同じ空気量でも**図-9.14**に示すように微小気泡量は明白に異なることがある。

ここにほぼ同じ空気量のコンクリートで作られた 2 つの地覆があるが微小気泡量は明らかに異なっている。結果は微小気泡量（＜300μm）＜1％の橋梁地覆は一定期間経過後強くスケーリングが生じ，他方の地覆は健全であった。

外的要因の影響をうけない気泡量は，所謂微小中空球（MHK：Mikrohohlkugel）の添加により可能である。それは小さい弾性的な高分子の包皮で覆われた空気で満たされた泡である。必要な空気量を確実に導入するほかに MHK は直径がほとんどばらつかないで施工できるという長所がある。気泡を形成させる AE 剤との違いは凍結融解／凍結融解塩抵抗性を有効に改善させる気泡の大きさのもの（全

449

9 コンクリートの凍結融解抵抗性と凍結融解塩抵抗性

表-9.6 フレッシュコンクリート中のAE量に対する重要な影響要因(Vance/Dodson, 1990；Eickschen, 2009)

要因 [1]	影響	
細骨材	< 0.125mm	気泡形成を抑止
	> 0.125　　< 1.0mm	気泡形成を促進
	> 1.0mm	気泡形成を抑止
粗骨材	球形の骨材粒は気泡形成を促進，砕砂は気泡形成を妨げる	
混和材	ポゾランおよび潜在水硬性材料は気泡形成を抑止	
混和剤	他の混和剤の追加添加は気泡形成を促進，使用するAE剤の材料の種類と添加量により気泡形成は決定的な影響を受ける	
コンシステンシー	軟らかくプラスチックなコンシステンシーは気泡形成を促進	
混合時間 (ミキサによる)	短	気泡形成不可能
	中間	最適気泡形成
	長	気泡を破壊
混合強さ (ミキサと練り混ぜ量による)	強い混合は気泡形成を促進	
締固め時間	締固めが強すぎると空気量を減少，何よりもコンクリートの下部が該当する	
締固め種類	内部振動機は型枠振動機や振動テーブルよりも気泡を破壊	
運搬時間	運搬時間の増大とともにAE剤に依存して空気量は減少	
温度	フレッシュコンクリートの高い温度は気泡形成を抑止（図-9.15）	

1) セメントの影響は9.4.1.4節を参照

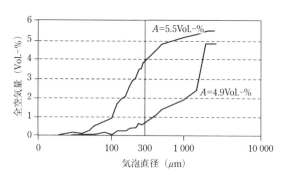

図-9.14 ほぼ同じ全空気量の時2つのコンクリートの微小気泡量の違い

空気量 A = 部分空気量 A_{300}) を導入できることである。しかしMHKの高コストのため，その利用は特殊なケース，例えば吹き付けコンクリート（10〜60μm）に限られている。

フレッシュコンクリートの空気量について最も重要な影響要因は**表-9.6**に含

9.4 影響要因

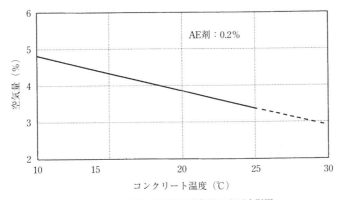

図-9.15 コンクリート温度の空気量に及ぼす影響

んでいる。

9.4.1.4 セメント

凍結融解安定性または凍結融解塩安定性に関する AE 剤の優れた作用の発見以来，種々な利用状況に対してセメントの影響に関する問題はいささか後回しにされている（**図-9.16**）。

しかし融氷剤の有／無で凍結する間の化学的・鉱物学的分野におけるプロセス

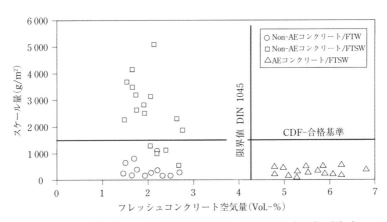

図-9.16 凍結融解抵抗性および凍結融解塩抵抗性に関する試験（AE 有／無）(Stark/ Ludwig, 1997a,b ; Ludwig, 1996)

9 コンクリートの凍結融解抵抗性と凍結融解塩抵抗性

の正確な知識は，特に高い凍結融解抵抗性または凍結融解塩抵抗性が要求される
コンクリートにとって重要なことである。セメントの影響に関する文献を要約す
ると，特に C_3A 量と高炉スラグ量の評価が非常に食い違っていることが明らか
となっている。多数の異なった解釈の根拠を当該する試験に用いた当初セメント
の選択の中に確実に見ることができる。試験しようとする要因値（例：C_3A 量）
に加えて，他の重要な指標値（粉末度，粒径分布，残っている相の構成など）も
まったく一定となっていないので，後の耐凍害性に関する結果の明確な分類は疑
わしいものにならざるを得ない。

■ポルトランドセメント

凍結融解作用

　凍結融解作用がくり返される特殊な湿度と温度条件の下におけるカルシウムサ
ルフォアルミネートハイドレート（Calciumsulfoaluminathydrat）の安定性は
Ludwig により行われた（Ludwig, 1996）。

　試験はエトリンガイトが極めて安定であることを証明した。当初の供試体につ
いて，水中保存後も凍結負荷後も変化は認められなかった。それに反して，モノ
サルフェートは凍結中少なからぬ部分までエトリンガイトに変化した。加えて，
水中に保存したモノサルフェート供試体の場合には，もちろん凍結作用の負荷を
かけたものに比較して重要では無いように思われるが，エトリンガイトの新しい
生成が認められた（図-9.17）。

　凍結融解くり返しの時，モノサルフェートの転移のプロセスを促進させる主原
因は低温における熱力学的安定条件の変化に有る（図-5.7 参照）。

　負の自由生成エンタルピーとして表わされるトリサルフェート（エトリンガイ
ト）の生成確率はモノサルフェートに比し，温度低下とともに絶えず増加するの
で，低温の場合，エトリンガイトの生成は熱力学的に著しく有利である（第5章
5.4.1 節）。凍結していないモノサルフェートのX線回折から，前置き終了後添加
した石膏はほとんど完全に置換反応したことが読み取れる。したがって，凍結前
には硫酸塩は熱力学的に低温の時促進されるモノサルフェートからエトリンガイ
トへの転移に用いることはできない。必要な硫酸塩はモノサルフェートが炭酸化
により一部分解して供給される。このカーボネート反応により生成された石膏は

9.4 影響要因

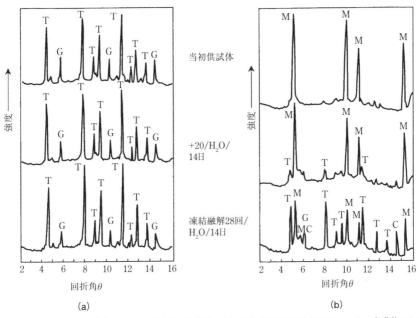

図-9.17 X線回折図；(a) エトリンガイト‐合成物，(b) C₃A からの モノサルフェート‐合成物；E：エトリンガイト，G：石膏，M：モノサルフェート，MC：モノカーボネート，C：カルサイト

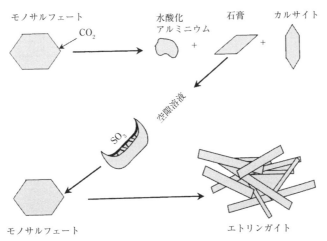

図-9.18 凍結融解作用時におけるエトリンガイト生成の仮説に関する模式図
(Ludwig, 1996)

9 コンクリートの凍結融解抵抗性と凍結融解塩抵抗性

まだ炭酸化されていないモノサルフェート（AFm 相）と反応しエトリンガイト
（AFt 相）を生成する（図-9.18）。

炭酸化に必要な CO_2 は Nernst の分配の法則に従い，空気中 CO_2 の水への溶解
により供給される。

合成 C_4AF の水和により得られるモノサルフェート（AFm）相とトリサルフェー
ト（AFt）相に該当する試験は C_3A のやり方と似た結果に導かれた。

凍結融解抵抗性が C_3A 量に直接依存することはない。可能性が考えられる凍
結融解抵抗性に対するセメントの影響はおそらく AFm 相中に鉄を含む形と鉄を
含まない形の安定性の違いに帰せられるのではなく，凍結開始時の AFm 量に関
係することである。

凍結融解塩作用

新しい相の生成に及ぼす溶液濃度と温度の影響に関する試験では，薄い塩化物
溶液では，モノサルフェートが転移してエトリンガイト，フリーデル氏塩（モノ
サルフェートとモノクロライドの混晶）および複塩（カルシウムオキシクロライ
ド）の生成する事態になりうることが確定された。その際，低温では，塩化物を
含む相に対し，エトリンガイト量は明らかに上昇することが観察される。濃縮さ
れた塩化物溶液では，新しい相生成物として，フリーデル氏塩のみが温度依存性
である。上で導かれた塩化物を含む新しい相生成物は低または中程度の硫酸塩含
有量の時のみ生ずることがある。

合成されたモノサルフェートとエトリンガイトに関する実験（凍結融解作用の
項参照）は 3% の NaCl 溶液中で 28 回の凍結融解を含む 14 日間の凍結融解塩負
荷の後，全モノサルフェートはフリーデル氏塩とエトリンガイトに転移したこと
を立証した。凍結融解塩負荷時にモノサルフェートの転移が促進されることは，
純粋な凍結作用と同様に，再び熱力学的法則に帰せられる。

エトリンガイト生成に必要な SO_3 は大部分モノサルフェートからモノクロラ
イドに一部転移することにより遊離する（図-9.19，図-9.20）。

この仮説は窒素雰囲気中または窒素を飽和した水で作業する時，NaCl 溶液の
存在下でモノサルフェートからエトリンガイトへ転移することを確かめた実験に
よっても支持されている（Dorner/Rippstain，1986）。

試験に供したエトリンガイトには 28 回凍結融解繰り返しの後，相転移は全く

9.4 影響要因

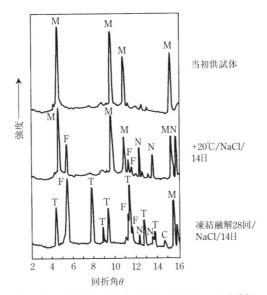

図-9.19 X線回折図；C_3Aからのモノサルフェート合成物；M：モノサルフェート，F：モノクロライド（フリーデル氏塩），N：塩化ナトリウム

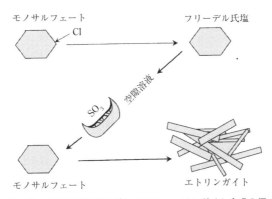

図-9.20 凍結融解塩作用時におけるエトリンガイト生成の仮説に関する模式図（Ludwig, 1996）

発生しなかった．また14日間，20℃で，NaCl溶液に保存してもエトリンガイトの転移は生じなかった．

AFt相はC_3Aからのエトリンガイトと同様安定した挙動を示した．凍結融解塩

9　コンクリートの凍結融解抵抗性と凍結融解塩抵抗性

負荷の間に AFm 相に現れる転移プロセスは，同様に C_3A からのモノサルフェートのそれと比較することができる。ここでも AFm 相は分解し，エトリンガイトとフリーデル氏塩を生成した。AFm 相の分解はしかしながらモノサルフェートに当てはまるよりも実質的にゆっくりと生じた。

コンクリートの凍結融解／凍結融解塩抵抗性に対する効果

最も重要で可能性が高い相転移（**表-9.7**）から考え始めると，モノサルフェートからエトリンガイトに転移するとき，少なくともそれに関連して起こる大きな体積膨脹がコンクリートの凍結融解抵抗性または凍結融解塩抵抗性に影響を及ぼすことを想定しなければならない。

水和の結果いろいろな量のモノサルフェートが生成し，そのため，凍結融解作用または凍結融解塩作用の間，同様に様々な量のエトリンガイトが生成するというセメントに関するコンクリート工学的試験は，Non-AE コンクリートについて，スケール量と新しく生成するエトリンガイト量の関係を明らかにした（**図-9.21**，**図-9.22**）。

凍結融解塩作用中に新しく生成されるエトリンガイト量は，凍結が始まる前のモノサルフェート量に依存する（**図-9.23**）。

AE 剤使用の場合，融氷塩作用で論証的に述べたように，この相変化はどちらかといえば副次的役割しか演じない。

セメントに無関係に非常に高い凍結融解抵抗性または凍結融解塩抵抗性を有するコンクリートを作ることは可能である。しかしながら，凍結融解抵抗性または

表-9.7　可能な相転移と体積に及ぼす影響

	転移		体積変化
Monosulfat → Trisulfat			
密度 g/cm^3	2.01	1.72	体積膨脹
モル体積 cm^3	309	726	2.4 倍
Monosulfat → Monochlorid			
密度 g/cm^3	2.01	2.03	体積収縮
モル体積 cm^3	309	294	0.95 倍
Trisulfat → Trichlorid			
密度 g/cm^3	1.72	1.54	体積膨脹
モル体積 cm^3	726	764	1.05 倍

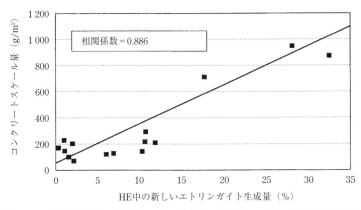

図-9.21 凍結融解負荷による Non-AE コンクリートのスケールと水和抽出残査(HE)中の新しいエトリンガイト生成の関係

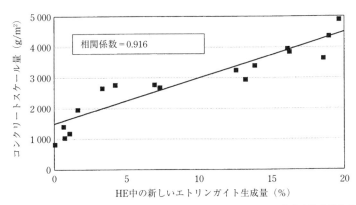

図-9.22 凍結融解塩負荷による Non-AE コンクリートのスケールと水和抽出残査中(HE) の新しいエトリンガイト生成の関係

凍結融解塩抵抗性に対して特に高い要求がある場合，新しい知見がコンクリートの更なる最適化について重要となりうる．特に凍結融解作用または凍結融解塩作用に晒され，一般に Non-AE で生産される高強度コンクリートに対して，普通のコンクリートでは 2 次的役割しか無いセメントが重要となった．高強度コンクリート ($W/C \leqq 0.3$) は高密度の組織であるので，2 次的に生成するトリサルフェート（エトリンガイト Trisulfat）量はコンクリートの凍結融解 / 凍結融解塩抵抗性に対し，普通のコンクリートの場合にそうであるよりもはるかに強く影響する．

9 コンクリートの凍結融解抵抗性と凍結融解塩抵抗性

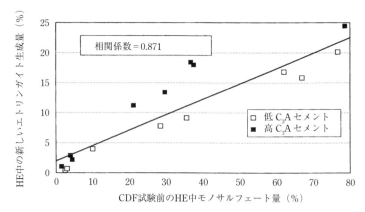

図-9.23 凍結融解塩負荷前の水和抽出残査（HE）中モノサルフェート（AFm）量と凍結融解塩負荷後の水和抽出残査（HE）中の新しいエトリンガイト（AFt）生成の関係

AEコンクリートでは，気泡は新しく生成される相に対し膨張空間を提供する役割を必然的に演ずる。多数の不利な境界条件が重なると，気泡に新しい相生成物が充満し（**図-9.24**），コンクリートの凍結融解／凍結融解塩抵抗性に影響を及ぼす。

新しい相生成物の細かい針状構造は，通常毛細管移動を中断させるが，同時に吸水量を増大させることがある（**図-9.25**）。

それは，凍結時，コンクリート組織中に，実質的に非常に多くの水分量を存在

図-9.24 セメントペーストマトリックスの空隙中エトリンガイト；(a) エトリンガイトは空隙壁から内部に向かって成長する，(b) 詳細，エトリンガイトで空隙（φ40μm）は完全に充満している

458

9.4 影響要因

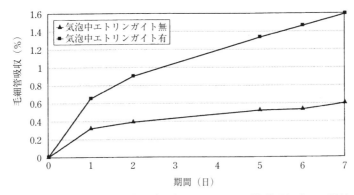

図-9.25 空隙中にエトリンガイト有/無コンクリートの毛細管吸収（NaCl 溶液）（実験室で処理）

させることになる。更に当初存在した膨張空間は新しい相生成物により制限され，凍結の際，氷形成により発生する体積膨張はもはや気泡により十分補償できない。コンクリートの凍結融解塩抵抗性に対する全ての初期の試験（CDF 試験）では，毛細管吸収量と凍結融解塩安定性の間に関係を確かめることができない一方，実験室コンクリートの例で，気泡が閉塞され，そのため吸水が強化された場合，スケール曲線は非常に上昇する（**図-9.26**）ことが発見された。

超音波試験では，コンクリート組織の内部劣化がことのほか強く示された。CDF 試験による組織の劣化進行挙動は，振動スペクトルで，超音波シグナルの

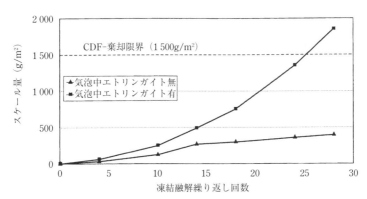

図-9.26 空隙中にエトリンガイト有/無コンクリートのスケール曲線（CDF 試験）（実験室で処理）

大きな減衰を表す。この結果は硬化コンクリート中のエトリンガイトの生成がコンクリートの凍結融解塩抵抗性に物理的影響を有することを認識させる。

■高炉セメント

DIN EN 197-1 による高炉セメント，即ち
 CEM Ⅲ /A（高炉スラグ量 36～65％）
 CEM Ⅲ /B（高炉スラグ量 66～80％）
 CEM Ⅲ /C（高炉スラグ量 81～95％）
は，特に高炉スラグ量が約 50％を超えると凍結融解塩抵抗性について若干の特異性を示す。微小気泡の効果は高炉スラグ量の増大に伴い減少する（**図-9.27**）。それはスラグに富む（高スラグ）高炉スラグセメントⅢ /B コンクリートは AE 剤の添加により，理想的気泡システム（微小気泡量 A_{300}，気泡間隔係数 $\bar{L}$ ）が形成されたにしても凍結融解塩抵抗性の改善にもはや至らないことを実質的に意味する（Rendchen, 1999）。

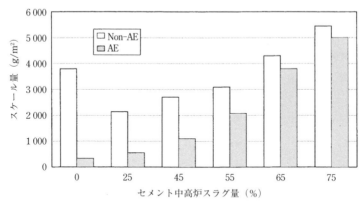

図-9.27 セメントの高炉スラグ量と AE/Non-AE コンクリートのスケール量（28 回凍結融解繰り返し後，CDF 試験）

凍結融解作用

純粋な凍結融解作用では，体積に関わることが問題となる即ち，表面剥離のほか，内部の組織破壊に至るものである。凍結融解抵抗性に関するコンクリートの

試験では，試験の限界値として，質量変化やスケール量のほか，コンクリート内部の組織状態を表す係数（動弾性係数の低下，超音波速度，圧縮強度等）なども考慮に入れなければならないことを意味する。

コンクリート組織の密度は凍結融解抵抗性に対し，支配的な役割を演ずるので，凍結開始時のセメントの水和度 α_H には重要な意義がある。普通ポルトランドセメントと高炉セメントの比較では，2つの逆の傾向が現れることがある。一方では，同じ水和度で高炉セメントは普通ポルトランドセメントよりも実質的に，より緻密な空隙組織を形成する。高炉セメントは，例えば水和度60%で，普通ポルトランドセメントとは対照的に，ゲル空隙が多く毛細管空隙の割合が低いことを示している。他方では，高炉セメントの水和速度は普通ポルトランドセメントよりも遅い。上述の水和度は普通ポルトランドセメントでは，3日後に既に達しているのに，同等の高炉セメントでは28日間必要とした。凍結融解抵抗性にとって，水和度と凍結時における組織状態（ほとんどの場合28日養生後に試験）は非常に重要である。普通ポルトランドセメントは28日標準養生後の水和度は85と90%の間にある。同一養生期間後の高炉セメント（スラグ量65%）は，スラグの品質やセメントの粉末度によって水和度は30から65%と定められる。水和度が高くなるにつれて，はっきりとより緻密な組織が現れる。普通ポルトランドセメントと高炉セメントにおける空隙の大きさの分布比較では，高炉セメントの水和の進行が遅いことは，水和度約50%から，緻密な組織によって相殺されることを示している。

水和度50%の高炉セメントは水和度90%の普通ポルトランドセメントと似たような空隙の大きさ分布を示す。良質な高炉セメントは水和度50%を越えると，実質的に低い水和度にかかわらず，普通ポルトランドセメントよりもかえって，緻密な組織を形成する。

スラグの品質とセメントの粉末度に関連して，水和度が異なることおよびそれによって生ずる空隙大きさ分布の相違は，当該コンクリートの凍結融解抵抗性に強い影響力を示す。高炉セメントの水和度と凍結融解抵抗性の間には線形の関係が存在する。ポルトランドセメントとの比較では，高炉セメントは空隙大きさ分布より類推して，3つの範囲に分けられる：

　$\alpha_H < 50\%$：低い水和度は多量の毛細管空隙の組織へと導く。凍結融解抵抗

9 コンクリートの凍結融解抵抗性と凍結融解塩抵抗性

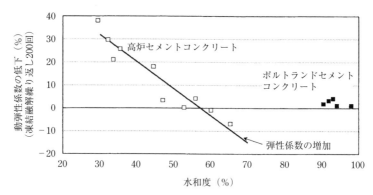

図-9.28 セメントコンクリートの水和度と凍結融解抵抗性の関係；$W/C=0.5$, $C=379kg/m^3$

性はポルトランドセメントモルタルやコンクリートよりも低い

$α_H=50～60％$：低い水和度は緻密な組織により相殺されうる。凍結融解抵抗性はポルトランドセメントモルタルやコンクリートと同等。

$α_H>60％$：非常に緻密な組織の形成はポルトランドセメントのモルタルやコンクリートよりも高い凍結融解抵抗性

図-9.28 に凍結融解試験結果（凍結融解繰り返し 200 回後の動弾性係数低下）を各種ポルトランドセメントおよび高炉セメントの 28 日養生後の水和度と関連して示す。

高炉セメントでは，水和度と凍結融解抵抗性の間に直接的関係を知ることができる。凍結融解試験開始前の高炉セメントの水和度が高ければ高いほど，当該するコンクリートの凍結融解抵抗性も高い。原因は水和度により，緻密性の異なるコンクリートができたことである。

凍結融解抵抗性の実験は高炉セメントコンクリートの画一的な評価はできないことを示す。

セメントの品質（特にスラグの品質），W/C と養生により，高炉セメントコンクリートは非常に異なる凍結融解抵抗性を示す。

凍結融解塩作用

強い凍結融解塩作用をうける時，前述の AE 剤は高スラグ高炉セメントコンクリートでは凍結融解塩抵抗性に対し十分な効果がない。くり返すが，セメントの水和度は高炉セメントとポルトランドセメントコンクリートの異なる凍結融解塩

抵抗性に対して原因があることはごく自然のことであろう。水和度と凍結融解塩抵抗性の比較は，しかしながら，双方の数値の間に関係のないことを示している（図-9.29）。

凍結融解塩作用の場合，純粋な凍結融解作用とは違って，実質的にコンクリート表面の劣化が取り扱われる。強い表面スケールですら一般にコンクリートには特記すべき内部劣化は生じていない。コンクリートの凍結融解塩抵抗性を定めるほとんど全ての方法は質量損失またはスケール量を定めることに限られている。凍結融解塩試験法は 28 回凍結融解試験後のスケール量はコンクリートの品質により，$90g/m^2$ から $6000g/m^2$ の間にあることを示した。このスケール量から，コンクリートの比重を $2.3g/cm^3$ と仮定して，平均スケール深さを換算するとスケール層は 0.04mm から 2.6mm である。この考察からコンクリートが十分な凍結融解塩抵抗性を示すか否かという問題に対し，水和度やコンクリート全体の組織状態は副次的役割しかないことは明らかである。コンクリートの薄い表面層の性質が支配的である。

高炉セメントとポルトランドセメントコンクリートの異なる凍結融解塩抵抗性を解明するため，凍結のいかなる相がこの違いを生じさせているかを知ることが重要である。水中の凍結融解塩抵抗性を定める時には，高炉セメントとポルトランドセメントコンクリートともにほぼ線形のスケールの推移をたどるのに対し（図-9.30），3%NaCl（他に用いられる融氷剤も同様）溶液中の凍結融解塩抵抗性の

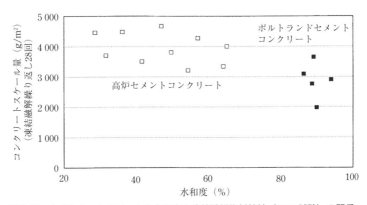

図-9.29 セメントコンクリートの水和度と凍結融解塩抵抗性（CDF 試験）の関係；
W/C=0.5，C=350kg/m³，Non-AE

9 コンクリートの凍結融解抵抗性と凍結融解塩抵抗性

試験では,高スラグ高炉セメントコンクリート(スラグ量≧60%)は初期のスケール量が非常に多いことを示している(**図-9.31**)。

初期のスケールはAE気泡の有るコンクリートでも,無いコンクリートでも同様に現れる.そして,多くの場合,最終的には,高炉セメントコンクリートは相当するポルトランドセメントコンクリートよりも劣る凍結融解塩抵抗性を示す。

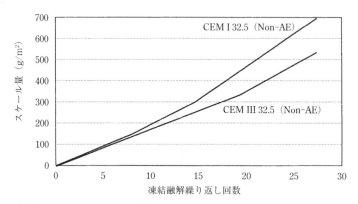

図-9.30 Non-AEポルトランドセメントコンクリートとNon-AE高炉セメントコンクリートの凍結融解作用時(CIF法)における典型的なスケール量の推移;$W/C=0.5$,$C=350kg/m^3$

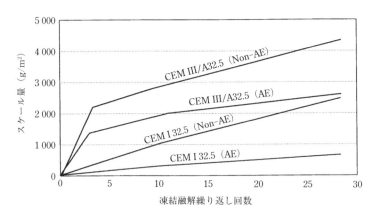

図-9.31 AE剤添加(有/無)のポルトランドセメントコンクリートと高炉セメントコンクリートの凍結融解塩作用時(CDF法)における典型的なスケール量の推移;コンクリート:CEMⅢ/A32.5(65%高炉スラグ),$W/C=0.5$,$C=350kg/m^3$

更に高スラグ高炉セメントコンクリートの場合，AE剤はしばしば効果が無いということに帰着する。約4から8回の凍結融解の広汎な初期スケールの後，スケール曲線は明らかに折れ曲がる。第2段階には，ポルトランドセメントコンクリートに対して，一般に等しいか，むしろ低い劣化程度を示す。高炉セメントコンクリートの強い初期スケールに対する根拠は表面層の薄い炭酸化である。

劣化のフロントが高炉セメントコンクリートの炭酸した範囲から炭酸化していない範囲に移る時にまさしく劣化の程度が低くなることを示した。更にスケール曲線が折れ曲がるまさしくそのところで，スケール中の炭酸塩含有物量は著しく減少することが確認されている。激しいスケールは炭酸化した表面部内で現れる一方，炭酸化していない核部は凍結融解塩作用に対し十分に抵抗している。

種々の保存条件（窒素中，大気中，二酸化炭素中）のもと，次の炭酸化深さが確かめられた：

- 窒素中に保存　　　　0.3mm
- 大気中に保存　　　　1.5mm
- 二酸化炭素中に保存　12.5mm

引き続いて行ったCDF試験では，保存種別により非常に異なる結果が得られた（図-9.32）。

高炉セメントコンクリートとポルトランドセメントコンクリートの差は組織の

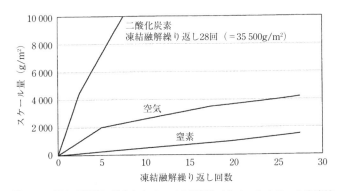

図-9.32　異なる環境に保存したNon-AE高炉セメントコンクリートの凍結融解抵抗性
コンクリート：CEMⅢ/A32.5（65%高炉スラグ）；W/C=0.5，C=350kg/m^3

9 コンクリートの凍結融解抵抗性と凍結融解塩抵抗性

炭酸化の影響に関連することが実証された。ポルトランドセメントコンクリートの場合，炭酸化は密度の低い組織が生じているのに対し，高炉セメントコンクリートの場合には，組織の粗大化が現れている。ここでは確かに全空気量が減少している一方で，同時に毛細管空隙の割合も増大している。しかし炭酸化の後，毛細管空隙は一般に，それにしても部分的にポルトランドセメントコンクリートのそれに比べて明らかに少ない。

高炉セメントコンクリートが炭酸化により組織が粗大化することは，従来ポルトランドセメントコンクリートとは異なって高炉セメントコンクリートの場合，C–S–H 相もまた著しく炭酸化し，空隙性の高いシリカゲルが発生するということに帰せられていた。炭酸化による毛細管空隙の割合の増大は，しかし凍結融解塩作用を受ける高炉セメントコンクリートの挙動に対する主原因ではない。凍結融解作用の時にも，炭酸化した表面部では劣化強さが高いことを記録しているようだからである。

ポルトランドセメントと高炉セメントの決定的な違いは，高炉セメントは**カルサイト（Calcit）**のほかに 2 つの準安定な $CaCO_3$ の変態，**アラゴナイト（Aragonit）**と**ファテライト（Vaterit）**をかなりな量生成することである。ポルトランドセメントでは**カルサイトのみ**生成される。

大部分の良く結晶化した $CaCO_3$（カルサイト，アラゴナイト，ファテライト）は凍結融解塩作用の際，貧弱に結晶化している $CaCO_3$ に転移する。この転移には第 1 に 2 つの $CaCO_3$ の準安定形態－アラゴナイトとファテライト－が関係している（図-9.33，図-9.34）。

初期スケールはスラグを含む全てのセメントの問題ではない。それはスラグ量 50％から現れ，スラグの増大とともに増加する。これは高炉スラグ量約 50％から，炭酸化生成物として準安定相アラゴナイトとファテライトが現れ，炭酸化された C–S–H 相は高い空隙度を有していることが原因である（図-9.35，図-9.36）。

高スラグ高炉セメントコンクリートの初期スケール量が高いことは特に凍結融解と NaCl 溶液の複合作用に対して，炭酸化した表層は不安定になるために生ずるので，強い初期スケールを減少させる 2 つの基本的で現実的な可能性が生み出された：

- 炭酸化速度を減少させるため，表面に近い部分に緻密な組織を作る事。良い

9.4 影響要因

図-9.33 ファテライトの ESEM 写真

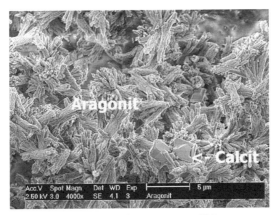

図-9.34 アラゴナイトの ESEM 写真

養生とともに新しく開発された吸水または水を放出させる型枠（例：Zemdrain）は大きな可能性を作り出すことができる。それによって，表層は緻密になるので，これらの薄い表層の炭酸化は実質的に小さくなる。

- $W/C \leqq 0.45$（可能であれば$\leqq 0.40$）のコンクリートの使用および十分な養生。

Non-AE コンクリートに対する効果を図-9.37 に示す。繊維型枠 Zemdrain の使用により，初期スケーリングは何ら対策をしていないコンクリートに比較して，ほぼ完全に削減できることを示している。AE 剤の添加をこの場合中止できる。

養生剤もまた高炉セメントコンクリート表面層のスケーリング安定性にプラス

9 コンクリートの凍結融解抵抗性と凍結融解塩抵抗性

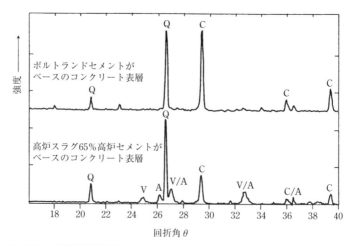

図-9.35 凍結融解試験前におけるポルトランドセメントおよび高炉セメント（65%高炉スラグ）をベースとしたコンクリートの炭酸化表面層のX線回折ダイアグラム；Q：石英，C：カルサイト，A：アラゴナイト，V：ファテライト

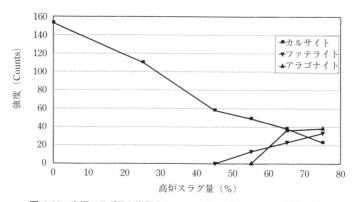

図-9.36 高炉スラグ量と炭酸化セメントペーストの $CaCO_3$ 変態の関係

に作用する。脂肪族パラフィンワックスエマルジョンを基材とする養生剤の使用により，例えば，高凍結融解塩抵抗性（CDF試験による）が要求されるコンクリートの施工が可能である。この対策は明白に炭酸化を阻止する。合成高分子デスバージョンでもスケール量をかなり減少させることができるが，なおCDF試験による受け入れ限界量を超えている（**図-9.38**）。

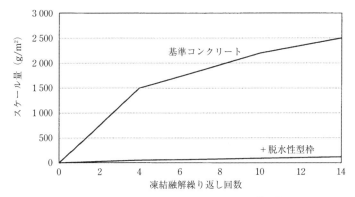

図-9.37 Non-AE 高炉セメントコンクリートのスケール曲線：対策をしないコンクリート（基準コンクリート）と脱水性繊維型枠を使用したコンクリート：CEMⅢ/A32.5（65%高炉スラグ）；$W/C=0.5$, $C=350kg/m^3$

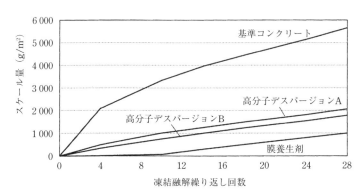

図-9.38 Non-AE 高炉セメントコンクリートのスケール曲線；対策をしないコンクリート（基準コンクリート）と養生剤の利用, 2 種類の高分子デスバージョン添加のコンクリート：CEMⅢ/B32.5（75%高炉スラグ）；$W/C=0.5$, $C=370kg/m^3$

9.4.2 技術的影響

凍結融解/凍結融解塩抵抗性に対する技術的影響要因では，コンクリートの**養生**が特別な位置を占める。養生の役割は水和の進行に必要な水分量をコンクリートに確保することである。通常の養生方法は DIN 1045-3 に制定されている（第3章3.8.5節参照）。コンクリートの養生の必要性は建設工学では一般に知られたことであり疑いのないことであるが,「コンクリート施工の継子」として誇張無

しで表されている（Erhardt/Stark, 2009）。

不十分な養生で，早期に水分を失うと，水和度が低くなりその結果低強度に，また表面に近い範囲では，特に高い空隙度を生じさせる。とりわけ毛細管空隙が多くなるとコンクリートの凍結融解／凍結融解塩抵抗性にとってマイナスに作用する。

凍結融解／凍結融解塩抵抗性に対する養生の効果は使用するセメントに強く影響される。一般に化学組成上比較的ゆっくりと硬化する（高炉セメント，フライアッシュセメントなど）セメントが使用されていると養生は大きな意味を有することが認められている。高炉セメントコンクリートの試験は例えば，このようなコンクリートの凍結融解／凍結融解塩抵抗性は長い養生により，著しく増大できることが裏づけられている。ポルトランドセメントコンクリートでは，これに対して，比較的短い養生で十分である。

必要な養生とセメントの水和速度の関係は DIN 1045-3 で考慮されている。コンクリート強度の発現（これにはセメントが構成要素として入っている）のほか，指示される養生期間はコンクリート温度と環境条件にも関係する。これらの影響要因に関連して養生期間は最低 1 日から最大 10 日の間に定められている（第3章 3.8.5 節参照）。

養生剤を使用した養生効果の評価についてコンクリート舗装版に対し封緘係数 S_n が使用される（Ehrhardt/Stark, 2009, 2010）。封緘係数は未処理のコンクリートに比較して養生剤により脱水が何%減らすことができるか定めるものである。

$$S_n = \frac{W_u - W_b}{w_u} \cdot 100\% \tag{9.9}$$

ここで，

　S_n：材令 n の封緘係数

　W_u：未処理コンクリートの脱水量

　W_b：処理コンクリートの脱水量

封緘効果およびそれによる封緘係数に対する大きな影響はセメントのみならず養生剤散布の時期でもある（Frenzel–Schirmacher/Stark, 2006）。コンクリート舗装版建設用養生剤はもっぱらパラフィンベースと分散剤水を調合したものから成り立っている。図-9.39 は養生剤による膜生成の概略図である。水の蒸発によ

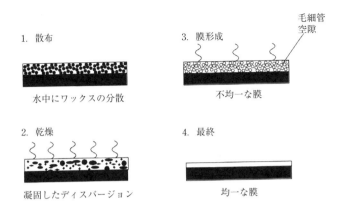

図-9.39 分散剤水とパラフィンベースの養生剤による膜形成（Honert et al., 2003）

り形成されたワックス膜は養生剤無しの場合に比べ明らかに水の蒸発を少なくしている。

コンクリートの**締固め**と**運搬**は気泡の形成とその安定性に強い影響を及ぼす。更に不十分な締固めは局部的な欠陥（豆板，セメントモルタルの分離，粗骨材下面の水隙など）へと導き，凍結融解/凍結融解塩抵抗性にとってマイナスの影響を及ぼす（Jungwirth et al., 1986）。

当初コンクリートの示方配合が強い凍結融解塩作用に備えられていない時（例：空気連行がされていない，W/C が高いなど），補助的な**表面保護対策**の必要性が生ずる。表面保護システムとして実際には，含浸，封緘，塗装そして同時に力学的応力を受ける場合には，増し厚が用いられる。すべてのこれらの保護対策は強い凍結融解塩作用に対しては限られた期間しかコンクリートを守ることができないことが何度も確認されている。なかでも背面が湿潤状態の時当てはまる。保護層が破られると，劣化は阻止できない強さで進行する。これに反し，正しく使用すると表面保護対策により，コンクリートを耐久的に保護できることを示す多数の応用例が存在している。駐車構造物の駐車場所などはしばしば当初からコーティングされる。

9.4.3 外的影響

融氷剤の作用により，コンクリートの凍結融解感受性は非常に鋭くなり，その

際，濃度の低い融氷塩溶液は特に激しいことが証明されている。融氷剤の破壊的な作用の原因として，物理的な作用のプロセスが支配的と考えられている。確かに融氷塩の存在はマクロ的ミクロ的な範囲におけるほとんど全ての物理的劣化メカニズムを強化する。加えて，凍結可能な空隙溶液の量は単純な凍結作用に比べて高い。理由は，融氷剤溶液は毛細管上昇高が大きいため，コンクリートの飽和度が高くなり，周囲への水分放出は融氷剤の吸湿作用により遅延させられるためである。

冬の管理業務では，融氷剤として主に NaCl が使用される。塩化カルシウム（$CaCl_2$），塩化マグネシウム（$MgCl_2$），NaCl と $CaCl_2$ の混合塩もまた用いられる。

全ての塩化物を含む融氷塩は凍害を強めるばかりでなく車両や鉄筋の鋼材腐食も惹起させる。

凍結融解 / 凍結融解塩作用時の劣化強さに関する重要な影響要素はその時々の**温度の挙動**によって表される。特に：

- 最低温度
- 冷却温度
- 凍結融解回数

最低温度が低いと強い凍結融解 / 凍結融解塩劣化へと導く。コンクリート中に，より多量の氷が形成される可能性があるからである。いかに強く劣化に影響を与えるかは，実際的に最低温度が変化する温度範囲による。氷点降下メカニズムの付加的な作用は，毛細管水の実質的な凍結プロセスが温度範囲 $-10℃ \sim -20℃$ で行われる時大きな影響を与える。この範囲で最低温度が移動することは，凍結融解または凍結融解塩劣化に強く影響を及ぼす。最低温度を $-20℃$ から $-15℃$ に減ずることは，凍結融解時においてスケール量を約 50% 減少へと変化させる。反対に最低温度が $-20℃$ から $-30℃$ の間を移動しても劣化の強さはほんの少ししか変化しない。$-40℃$ 以下の温度では，ゲル空隙の大部分が凍結するので，もう一度劣化程度がドラスチックに上昇することが考えられる。

冷却速度は断面の温度が異なるため大きな自己応力が断面に発生すること，また素早い凍結のため応力を緩和する水の再分配が非常に制約されることなどが，大きな規模に至ると想定されるとき劣化に対して一定の役割を演ずる。実際に発生する冷却速度は中部ヨーロッパにおける条件では，少なくとも小さい。融氷塩

の散布の時（温度急降下），冷却速度はほんの約 1K/ 分が測定されているにすぎない（Wenger/Harnik, 1977）。冷却速度の影響は実際の挙動では小さい。

　凍結融解 / 凍結融解塩劣化にとって，供用期間内にコンクリートが何回融氷塩に晒されるかは重要である。地域によって異なるが，ドイツでは，毎年 25～90 回の凍結融解が発生する。一般に使用される凍結融解 / 凍結融解剤の試験方法は時間を短縮して働かせており，当然ながら，コンクリートの供用期間中暴露される真の応答を反映するものではない。大部分の方法では，25～100 回の間で凍結融解サイクルが行われる。標準試験で行われる繰り返し回数は供用条件下でコンクリートに予想される真の負荷に関連して減らされる。

　外的影響の中で**水分の供給**はコンクリート中の水含有量を定めるので，凍結融解 / 凍結融解塩劣化に最も大きな影響を及ぼす。組織と関連する限界飽水度以下では，多数の凍結融解繰り返しの後でもコンクリートは全く劣化を生じない。限界飽水度以上では，コンクリートは僅かな凍結融解繰り返しの後でも破壊される。コンクリートの飽水度にとって決定的なことは，毛細管吸収により水を収容する能力である。コンクリートに到達する水量は，毛細管空隙の割合と毛細管空隙の大きさによる。

9.5 凍結融解 / 凍結融解剤試験方法

　基本的に凍結融解抵抗性または凍結融解塩抵抗性は間接法と直接法により試験することができる。

　間接試験法はコンクリート自体を凍結融解抵抗性または凍結融解塩の作用に晒すことなしに劣化に関連するコンクリートの特性値により確かめるものである。例えば硬化コンクリートの気泡間隔係数を定めることは間接法に属する。確定した特性値と凍結融解 / 凍結融解塩抵抗性の関係の推定は大概，経験値をよりどころとするか，仮定に基づく劣化メカニズムから結論づける。コンクリートの凍結融解 / 凍結融解塩の劣化はしかし非常に複雑な現象であるので，間接法はいつも凍結融解 / 凍結融解塩抵抗性の正しい評価に導くとは限らない。コンクリートの連行空気の有効性は例えば，セメントに強く依存するので，当該の気泡特性値を一括して評価することは，コンクリートの誤った評価に導きかねない。このよう

9 コンクリートの凍結融解抵抗性と凍結融解塩抵抗性

なことから，供試体が目的に適った凍結融解 / 凍結融解塩負荷に晒される直接法が間接法よりも優先すべきである。

凍結融解 / 凍結融解塩抵抗性を定める全ての**直接法**では，負荷する環境条件は非常に多様となっている。例えば，前述のサイクル数は 6 から 500 回の凍結融解繰り返しとなっている。最低温度は試験法により，-10℃から-25℃と定められている。

純粋な凍結融解負荷の場合，全ての試験法で，試験液として一律に「水」または「水道水」が挙げられるがその特性をほとんど定義していない。しかし，水質（特に硬度）は試験結果に大きく影響する。凍結融解塩抵抗性を定めることについては，大抵の場合，低濃度の塩溶液（3〜5%）が使用される。それが凍結融解塩抵抗性では特に負の影響を及ぼすからである。ほとんど全ての凍結融解塩試験方法で供試体は全試験期間にわたって，塩溶液の作用に曝される。

それは 2 つの方法に分けることができる。

- 溶液から立ち上げる方法
- 浸漬方法

ほとんど全ての試験方法は凍結融解 / 凍結融解塩抵抗性の評価には定量的な判定限界値が利用される。供試体を視覚的に評価することは，例えば ASTM C672-84 に規定されており，また外壁用レンガやクリンカーレンガの凍結融解抵抗性の評価に DIN 52252 で行われているが，あまりにも多くの個人的ファクターに依存し，コンクリートの場合には，もはや技術的レベルではない。純粋な凍結融解負荷では，全ての供試体は劣化を受けるということから始める。判定基準として，コンクリートの内部の劣化を述べる数値（静および動弾性係数，圧縮強度，長さ変化等々）が考慮される。凍結融解塩負荷では，最初に表面の劣化が発生する。スケール量，体積減少などの数値がコンクリートの判定に利用される。

CDF 試験と CIF 試験法が開発される前の試験方法の基本的な欠陥は，結果の再現性が不十分なことと大きなばらつきである。一連の試験や比較試験では試験のばらつきは 80% まで得られている。試験の大きなばらつきの実質的な根拠は最低温度があまりにも不正確にしか定義されていなかったこと，またはきちんと定められた最低温度が試験技術上これまでは実現できなかったことであると自信をもって表現することができる。実質的な凍結過程は-10℃と-20℃の間に出現

474

9.5 凍結融解 / 凍結融解剤試験方法

する。ほとんどの試験方法で許容している温度範囲，指定制御温度±2K は形成する氷量および試験結果に大きな影響を及ぼす。試験の大きなばらつきに対するさらなる原因は最低温度に加えて，他の重要な試験パラメーターとりわけ供試体の融解剤含有量と含水量並びに供試体における内部の断面温度分布が不十分にしか定義されていないことに帰せられる（Setzer, 1994）。

詳述した試験方法に関する欠陥はドイツの規格ではこれまで，高い凍結融解 / 凍結融解塩抵抗性を有するコンクリートの要求事項がいわゆる**記述規定**（Description concept）で定められていることに帰着する。これは高い凍結融解 / 凍結融解塩抵抗性のコンクリートへ導く原材料やコンクリートの示方配合を，経験的に行うことを意味する。ドイツで過去に現実に選択された記述規定は今日もはや時代に適合するものではない。いまだ経験のない新しい原材料，コンクリートの示方配合，施工法が使用されるに至る。この場合，凍結融解 / 凍結融解塩抵抗性の直接試験法は無視できなくなる（**性能規定**；Performance concept）。既存の試験法の欠陥は CDF および CIF 試験法により，十分に排除された。今日ドイツおよびヨーロッパでもっとも頻繁に利用されている試験法の概観を基準値と試験条件を含めて**表-9.8** に示す。

9.5.1　CDF 法による凍結融解剤抵抗性試験

CDF 法（Capillary Suction of De-icing Chemicals and Freeze-Thaw Test）の考え方については凍結融解 / 凍結融解塩作用時の物理的化学的プロセスに関する基礎的研究から既知となったすべての重要な知見が考慮されている（Setzer/Hartmann, 1991；Hartmann, 1993）。特にそれから導かれる制御温度維持に対する高い要求（最大許容誤差±0.5K）は本方法では試験のばらつきが非常に小さいということを実現させている。

CDF 試験は，詳細な試験の説明，ISO5725 による精度の証明，検査基準の規定に基づいて，RILEM Recommendation（Setzer *et al.*, 1997）として公表されている。

CDF 試験は種々の形のコンクリート製品で行うことができる。その際，試験面として自然の凍結融解塩作用が負荷される平面が選ばれる。コンクリートを試験する全面積は少なくとも 800cm^2 にならなければならない。大抵，試験面として，

475

9　コンクリートの凍結融解抵抗性と凍結融解塩抵抗性

表-9.8　ドイツ/ヨーロッパで多く採用されている試験法

試験方法	試験条件	判定基準	温度	試験状態	凍結融解時間	試験前飽水	試験面
Slab Test[1]	融水塩有	1 000g/cm²　56回凍結融解繰り返し後	−18/20℃		24 時間	3 日	吸水面
	融水塩無	1 000g/cm²　56回凍結融解繰り返し後			24 時間	3 日	吸水面
立方体試験[2] (VDZ)	融水塩有	3M.-%スケール　50回凍結融解繰り返し後	−20/15℃		24 時間	−	型枠面/テフロン
	融水塩無	5(10)M.-%スケール　100回凍結融解繰り返し後			24 時間	−	型枠面/テフロン
CDF/CIF試験	融水塩有（CDF）	1 500g/cm²　28回凍結融解繰り返し後	−20/20℃		12 時間	7 日	型枠面/テフロン
	融水塩無（CIF）	相対動弾性係数低下≤25%　28回凍結融解繰り返し後			12 時間	7 日	型枠面/テフロン
ÖNORM 3306[3] ÖNORM 3303[3]	融水塩有 (3306)	1 500g/cm²　28回凍結融解繰り返し後	−20/20℃		24 時間	7 日	型枠面/テフロン
	融水塩無 (3303)	相対動弾性係数低下≤25%　28回凍結融解繰り返し後			24 時間	7 日	型枠面/テフロン

1)　スウェーデン規格 SS137244
2)　Verein Deutscher Zementwerke e.V（ドイツセメント協会）：
（参考文献）Siebel,E.: Frost-und Frost-Tausalz-Widerstand von Beton-Beurteilung mittels Wurfelverfahren. –Freeze-thaw resistance of concrete with and without de-icing salt-Assesment by the cube methode. In: Beton 42 (1992) .No.9pp.496–501
3)　オーストリア規格

9.5 凍結融解／凍結融解剤試験方法

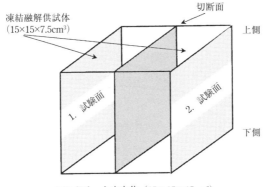

図-9.40 CDF 試験用供試体の模式図

鉛直に切断された縁長 15cm の立方体の型枠面が用いられる（図-9.40）。

コンクリート1シリーズあたり5つのコンクリート版（7.5cm×15cm×15cm）が試験される。それは全試験面積 1 125cm^2 に該当する。製造されたコンクリートは CDF 試験開始まで，28 日間次のように保存される：

- 1日間型枠中
- 6日間水中（+20℃）
- 21日間恒温恒湿室（+20℃/65％相対湿度）

古いコンクリートの試験の場合，20℃，65％相対湿度の恒温室に 21 日間，表面に近い範囲を湿潤平衡状態に到達させる。

コンクリート立方体の鉛直切断は水中保存の間に行われる。3週間の保存の間に，供試体は凍結融解塩負荷時における側面のスケールを防止するため，側面を防水する（例：ブチルアルミテープまたはエポキシ樹脂）。乾燥保存の後，供試体は試験容器中，間隔保持治具（スペーサ）のうえに設置される。引き続き 3% NaCl 溶液を容器中に，供試体の負荷面が完全に浸漬する量だけ注ぐ。供試体は 7 日間試験溶液を毛細管作用により吸収可能なように保つ。その際，毎日供試体の質量増大を測定する（図-9.41）。

7 日間の毛細管吸収の後，本来の凍結融解塩試験を始める。CDF 試験は特に冷媒液上で温度制御試験槽の中で行われる（図-9.42）。その時，供試体容器は液体浴槽中に約 20mm つるし入れる。凍結融解サイクル中の実温度は容器下の冷

477

9 コンクリートの凍結融解抵抗性と凍結融解塩抵抗性

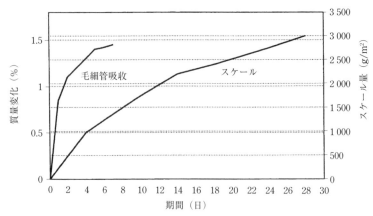

図-9.41 CDF 試験 - コンクリートの毛細管吸水およびスケール量（CEMⅢ/A32.5-NW, NON-AE）

図-9.42 温度制御試験槽（蓋を開いた状態）

たい浴槽で測定される。

　CDF 試験では，1回の凍結融解繰り返し（±20℃）は 12 時間で，次のサイクルからなっている。

- +20℃から 10K/ 時の割合で -20℃まで温度降下　（4 時間）
- -20℃で 3 時間保持　　　　　　　　　　　　　　（3 時間）
- -20℃から 10K/ 時の割合で +20℃まで温度上昇　（4 時間）
- 1 時間 20℃で保持　　　　　　　　　　　　　　　（1 時間）

実温度は試験の全期間にわたって定められた温度よりも 0.5K よりも大きく外

れてはならない。それぞれ4または6回凍結融解を繰り返しの後，供試体のスケールは試験液をろ過し，ろ紙中の残滓を乾燥し，次いで計量する。弛緩して付着している物質を把握するため，供試体容器は2分間超音波バス（洗浄機）で処理する。CDF規格試験は28回の凍結融解に相当する14日間行われる。CDFのスケール限界量は28回凍結融解後で最大平均スケール量1 500g/m³である。

9.5.2　CIF法による凍結融解抵抗性試験

　コンクリートが凍結融解負荷または凍結融解塩負荷を受ける際，表面のみならず内部劣化も発生する。表面のスケールは再現性に富み，識別力ある試験が可能であるCDF試験により定められる。CDF試験にならって，水が接する際の凍結作用による内部劣化を定める試験法が開発された。

　内部劣化の測定はCIF試験（Capillary Suction, Internal Damage and Freeze Thaw Test）と表記される（Auberg/Setzer, 1998；Auberg, 1998）。

　試験装置，供試体の製作および試験準備，更に乾燥，毛細管吸収による飽水，凍結融解繰り返しの3段階からなる試験方法は本質的にCDF試験（**図-9.43**）と一致する。

　凍害抵抗性を定める際，試験液として蒸留水が利用される。

　内部劣化の尺度として相対動弾性係数Eの変化が利用される。動弾性係数は超音波伝播速度により定められる。供試体には試験面に平行に35mmの位置で軸方向に直接超音波を走らせる（**図-9.44**）。

　超音波伝播時間は凍結融解繰り返し開始時および56回繰り返し後測定される。加えて少なくとも凍結融解繰り返し14回毎に測定を行わねばならない。

　材料の超音波速度は超音波伝播時間から計算される。伝播距離の長さが測定される。n回の凍結融解繰り返し後の相対動弾性係数Eの変化は各供試体についてそれぞれ2ヶの伝播軸に対し別々に計算される。

$$\Delta E_{\mathrm{dyn},n} = \left\{1 - \frac{E_{\mathrm{dyn,nftc}}}{E_{\mathrm{dyn,cs}}}\right\} \cdot 100 \tag{9.10}$$

ここで，

　ΔE_{dyn}：相対動弾性係数Eの変化%

　n：凍結融解繰り返し回数

9 コンクリートの凍結融解抵抗性と凍結融解塩抵抗性

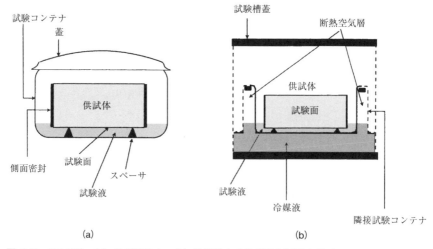

図-9.43 CIF 試験；(a) 毛細管吸水，(b) 冷媒浴中の供試体と試験容器（Auberg/Setzer, 1998；Auberg, 1998）

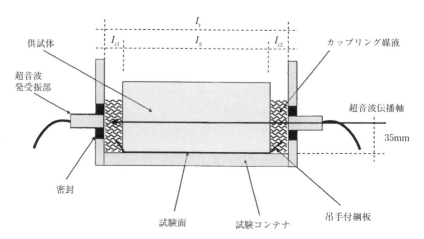

注) I_t：伝播距離の全長
　　I_S：供試体中伝播距離の長さ
　　$I_{c1}+I_{c2}$：カップリング媒液中伝播距離の長さ

図-9.44 超音波伝播速度を計測する試験装置（Auberg/Setzer, 1998；Auberg, 1998）

$E_{dyn,cs}$：毛細管吸水後（cs）の動弾性係数 E

$E_{dyn,nftc}$：n 回凍結融解繰り返し後（ftc）の動弾性係数 E

相対動弾性係数 E の変化を簡単に計算するため，供試体の密度と質量の変化を無視する：

$$\Delta E_{dyn,n} = \left\{ 1 - \left(\frac{t_{tcs} - t_c}{t_{tnftc} - t_c} \right)^2 \right\} \cdot 100 \tag{9.11}$$

ここで，

ΔE_{dyn}：相対動弾性係数 E の変化%

n：凍結融解繰り返し回数

t_{tcs}：毛細管吸水後（cs）の全伝播時間 μs

t_{tnftc}：n 回凍結融解繰り返し後（ftc）の全伝播時間 μs

t_c：カップリング剤中を伝播する時間 μs

2 つの伝播軸の平均値は供試体の相対動弾性係数 E の変化を与える。

図-9.45 にいろいろな凍結融解抵抗性を有する各種コンクリートシリーズのCIF 試験中における相対動弾性係数 E の低下例を示している。

図-9.46 は凍結融解 56 回繰り返し後における相対動弾性係数 E の低下といろいろな配合のコンクリートの W/C との関係について示している。それぞれの品質のコンクリート間に明白な識別精度が認められる。AE コンクリートと Non-AE コンクリートの違いが明白である。更に $W/C < 0.50$ のコンクリートは弾性係数の低下が小さい（$< 30\%$），一方 $W/C > 0.55$ のコンクリートは 56 回の凍結融解繰り返し後動弾性係数が相当低下することが明らかである。これは凍結融解抵抗性が不十分なことよりも高い飽水度のケースに分類される。

内部劣化の判定に加えて，補助的に CDF 試験によるスケール量が測定される。

CIF 試験のこれまでの経験により，コンクリートの凍害抵抗性の評価についてDIN EN 206-1 に定められる暴露クラス XF1，XF3 に関連して次の基準値が提案されている（Setzer/Auberg, 1998；Auberg, 1998）。

9 コンクリートの凍結融解抵抗性と凍結融解塩抵抗性

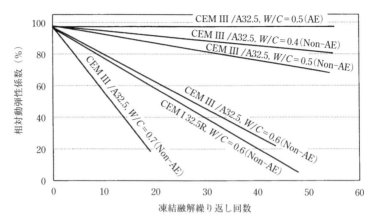

図-9.45 凍結融解繰り返し回数と相対動弾性係数低下の関係模式図（Auberg/Setzer, 1998；Auberg, 1998）

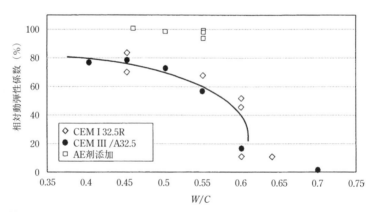

図-9.46 W/C と 56 回凍結融解繰り返し後の動弾性係数低下の関係（Auberg/Setzer, 1998；Auberg, 1998）

■高い凍害抵抗性が要求されるコンクリート（暴露クラス XF3）
　凍結融解作用（融氷塩無し）を受ける屋外部材に適用．負荷中常に高い飽水が予想される．
　例：雨水に晒される水平なコンクリート表面，または乾湿繰り返し部や無蓋水槽の部材
　56 回凍結融解繰り返し後の要求基準：

482

9.5 凍結融解／凍結融解剤試験方法

- 動弾性係数の低下＜40％
- 平均スケール量＜2 000g/m^2

■中庸な凍害抵抗性が要求されるコンクリート（暴露クラス XF1）

凍結融解作用（融氷塩無し）を受ける屋外部材に適用，負荷中標準的な飽水が予想される。

例：雨水に晒されるが，保護対策がなされていない鉛直部材

28回凍結融解繰り返し後の要求基準：

- 動弾性係数の低下＜40％
- 平均スケール量＜1 000g/m^2

連邦水利建設局カルルスルーエ（Bundesanstalt für Wasserbau Kalsruhe, BAW）は BAW–指針「コンクリートの凍結試験」（MFB）2004年12月版で CDF 試験または CIF 試験による凍結融解抵抗性または凍結融解塩抵抗性の判定を水利構造物の要求に適合させた。その際コンクリートの CIF 試験の場合もし繰り返し回数≧28（24）回で動弾性係数の低下≧25％であれば劣化として適用される。

ダム構造物の特別な場合，重力ダム Leibis/Lichte（チュリンガーヴァルト主峰の北）（2002–2006）の建設にあたって，外部コンクリート 0/125mm の凍結抵抗性について ÖNORM B3303 の試験と CIF 試験を連結して繰り返し回数 50/200 の高い要求を証明することが含まれていた（Kühme *et al.*, 2006）。

9.5.3 CDF および CIF 試験の精度

試験結果がばらつくことは不可避であるので，数値は繰り返しを行って定められる。1つの試験範囲内で，定められた限界値に対する実際のずれを明らかにできるようにするため，ばらつきを研究することは必要なことである。材料のばらつきに加えて，次のパラメーターが試験結果の変動を招く：

- 実験従事者
- 使用機器
- 機器のキャリブレーション
- 環境（温度，湿度，空気のよごれなど）
- 測定間隔

9 コンクリートの凍結融解抵抗性と凍結融解塩抵抗性

実際の応用には一般に測定方法のばらつきを表す2つの**精度に関する条件**が用いられる：
- 繰り返し条件
- 比較条件

最初の条件では上に述べたパラメーターは一定に保たれる一方2番目の条件では，変化する。このようにして，2つの極値，即ち精度の最小値と最大値を得る。繰り返しおよび比較精度のほか，ISO5725により試験機関間のばらつきを区別する。

CDF試験は高い信頼性と精度および簡単な操作性が際だっている。精度はISO5725に従い，多数の試験により調査された。特性値「平均偏差」と標準偏差または変動係数間の関数関係が際だっている（**表-9.9，図-9.47**）。

図-9.47からスケールが多くなるに従い，即ち試験期間が長くなるに従い，CDF試験の識別精度が良くなることが明らかである。繰り返し精度では，例えば平均スケール量が$500g/m^2$，変動係数14％で曲線はなだらかになっている。CDF減少限界量$1\,500g/m^2$から変動係数の分散約11％はもはや重要な変化はし

表-9.9　ISO5725によるCDF試験の精度データ（Auberg/Setzer 1998；Auberg 1998）

スケール	繰り返し精度		比較精度		試験機関間の精度	
	標準偏差	変動係数	標準偏差	変動係数	標準偏差	変動係数
$1\,500g/m^2$	$156.1g/m^2$	10.8％	$253.2g/m^2$	17.3％	$199.4g/m^2$	13.5％

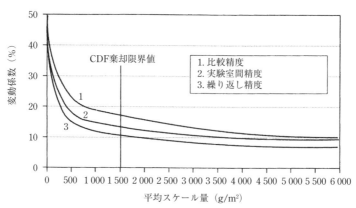

図-9.47　ISO5725による精度試験の変動係数（Auberg/Setzer, 1998；Auberg, 1998）

ない。この変動係数は CDF 試験に対する繰り返し精度の上限値として採用されている。試験機関間のばらつきでは，平均変動係数 13.5%，比較精度では 17% が定められている。この精度の良いデータは，コンクリートの凍結融解塩抵抗性試験として CDF 試験が RILEM Recommendation に採用された根拠をなすものである。

9.5.4 スウェーデン規格 SS 13 72 44（Slab-Test；Borås 法）による凍結融解 / 凍結融解塩抵抗性試験

本方法はコンクリートの凍結融解 / 凍結融解塩に対する抵抗性を定める 2 つの方法に分けられる。**方法 A** は融解剤（3% NaCl）が存在する中で，繰り返される凍結融解抵抗性をシミュレートしており，**方法 B** は淡水に対する凍結融解抵抗性を定めるものである。

規格はいかなる面が判定に用いられるかによって試験面の作り方に全部で 4 つの変化を認めている。使用状況により試験面として切断または研磨されたコンクリート面が用いられる。

基本的に室内試験供試体（手順Ⅰ，Ⅱ）や現場から採取したコア（手順Ⅲ，Ⅳ）から製作した 50mm 厚のシャイベ（板，円盤）で試験される（**図-9.48**）。供試体の切断は 21±1 日に行う。

実験室で製作されるコンクリートの試験では，縁長 150mm の立方体が利用さ

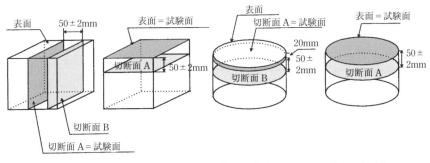

図-9.48　供試体切断の可能性

9 コンクリートの凍結融解抵抗性と凍結融解塩抵抗性

れる。全試験面積は約 500m² に達しなければならない。それは直径 100mm のコア約 6 個分に相当する。

21 日で切断した後，7 日間，供試体は 20℃，65％の恒温室で保存される。この期間中に供試体はゴム質材料により被覆される。被覆は約 5mm 試験面より高くする。これにより，水または試験溶液で，28 日間負荷を与えることができる。

7 日間の恒温室保存に続いて，試験面は 72 時間約 3mm 厚の水の層で覆われる。

方法 A による凍結融解塩抵抗性の試験では凍結開始 15 分前に，水は 3％NaCl 溶液と交換される。**方法 B** の淡水による凍結融解試験では水はそのまま試験液として供試体上にとどまる。

供試体の側面および底面には 20mm 厚の断熱性ポリスチレン被覆をはりつける。試験液の蒸発をさけるため上面（試験面）にポリエチレンフィルムを張る。**図-9.49** に試験準備が整った供試体断面を示す。

凍結融解塩作用に対する耐久性を定めるため，供試体に 56 回凍結融解が与えられる。毎日 1 回，＋20℃と－18℃の繰り返し負荷が行われる。供試体上面試験液の温度が決定的意味を持つ。温度の時間的変化を**図-9.50** に示す。

7，14，28，42，56 サイクルの後，スケール量が測定される。その際，試験液を流して，スケールを集める。試験面は弛緩し付着しているスケールをはがすため，筆でブラシをかけ，水で濯ぐ。次いで新しい試験液を表面に注ぐ。スケールの質量は 105℃でコンスタントとなるまで乾燥させ定量する。

コンクリート抵抗性の基準値は 56 回凍結融解繰り返しまでの各スケール積算

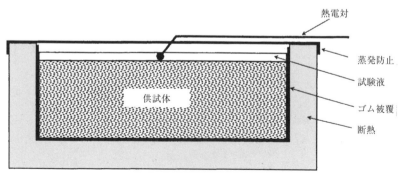

図-9.49　試験準備が終了した供試体

9.5 凍結融解／凍結融解剤試験方法

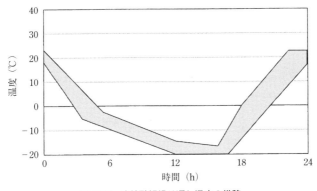

図-9.50 凍結融解繰り返し温度の推移

量の平均値を試験面積と関連させる。

$$M_n/A \tag{9.12}$$

ここで，

M_n：n 回凍結融解繰り返し後のスケール物質質量（kg）

A：試験面積（m^2）

結果の評価は 4 つのカテゴリーに区別される。

非常に良い	平均値（m_{56}）は 0.10kg/m^2 より少ない
良い	平均値（m_{56}）は 0.20kg/m^2 より少ない または m_{56}/m_{28} 比が 2 より小さい場合，平均値（m_{56}）は 0.50kg/m^2 まで良い または 112 回繰り返し後の平均値（m_{112}）は 0.50kg/m^2 より小さい
普通	m_{56}/m_{28} 比が 2 より小さい場合，平均値（m_{56}）は 1.0kg/m^2 より小さい または 112 回繰り返し後の平均値（m_{112}）は 1.00kg/m^2 より小さい
悪い	凍結融解／凍結融解塩負荷について「普通」の抵抗能力に対する必要条件が満たされていない

上記区分による評価カテゴリーを実際の凍結融解塩抵抗性に対してあてはめると普通ポルトランドセメントコンクリートでは，W/C が 0.4〜0.5，空気量 7% までで「良い」と評価ができる。他のコンクリートでは規格に従ってばらつきの評価，例えば凍結融解繰り返し数を考慮する事が必要である。

9 コンクリートの凍結融解抵抗性と凍結融解塩抵抗性

9.6 建設実務上の留意点

9.6.1 高い凍結融解抵抗性または凍結融解塩抵抗性を有するコンクリートの基本的な使用範囲

凍結融解抵抗性	凍結融解塩抵抗性
一般に，常に湿潤または飽水しているコンクリートに凍結が作用する部材（しばしばまたは著しい凍結融解繰り返し） →乾湿繰り返し部の屋外部材	一般に凍結負荷に加え融氷剤の作用する部材 →圧倒的に屋外部材，一部（「融氷剤が持ち込まれる」）屋内構造物
例：壁，遮水および水密構造物，ダム放水設備および工場排水構造物，荷下ろし施設 次のエネルギー変換設備 －水理構造物（例：ダム，ポンプ施設，運河，水門，汚水処理施設，護岸） －工業用構造物（例：タンク，冷却塔）	例：次の施設における壁，床，水平なスラブ構造物 －交通施設（例：床版，滑走路，橋梁地覆，ガソリンスタンド給油場，防音壁 －道路トラフやトンネルの壁） －工場または会社の構造物（例：駐車用建物，車庫進入路，ランプ，階段） －水理構造物（例：汚水処理施設の槽走行路，沿岸構造物の岸壁頭部，海洋構造物プラットフォーム）

9.6.2 凍結融解／（または）凍結融解塩で劣化したコンクリート構造物の主要劣化状況

凍結融解で劣化したコンクリート構造物	凍結融解塩で劣化したコンクリート構造物
内部組織損傷， 微小クラック形成（microcracking） 試験による判断基準： －軸の伸び（$\Delta l/l$） －弾性係数の低下（ΔE_{dyn}）	表面スケール（surface scaling） 試験による判断基準： －質量減少（Δm） Non-AE コンクリートの場合，内部組織損傷

9.6.3 コンクリートの微小気泡（AE コンクリート）

　AE 剤によりフレッシュコンクリートに連行される気泡（所謂，球状微小気泡，最適気泡直径 10〜300μm）は凍結融解／凍結融解塩抵抗性に対する安全性を有効に保証する。

9.6 建設実務上の留意点

■ AE コンクリートの得失

- 長所：微小気泡は毛細管作用を阻害し，飽水度を下げ，凍結中の水の伸び空間（膨張用容器）を用意する。「ボールベアリング作用」により，必要単位水量は減少する（3〜4 l の空気量は約 1 l の練り混ぜ水に代わる）。AE コンクリートには高い引張破壊伸びによりひび割れ抑制作用がある。
- 短所：微小気泡は水量と同じ程度，強度を減少させる（単位セメント量を確定する際，考慮されなければならない！）。他の条件が等しければ W/C が一定では，Non AE コンクリートと比較して，次の強度低下が見積もられる。
  - 引張強度：1.0Vol.–% 連行空気量に対し 2〜3%
  - 圧縮強度：1.0Vol.–% 連行空気量に対し 3〜4%

  この影響は AE 剤の流動作用の効用により一部補償される。

適切な AE コンクリートに対し必要なフレッシュコンクリートの空気量（表-9.4 も参照）

骨材最大寸法（mm）	8	16	32	63
平均空気量（Vol.–%）[1]	≧ 5.5	≧ 4.5	≧ 4.0	≧ 3.5

1) 個々の値は最大 0.5Vol.–% 小さい

注意すべきこと：

- 特別な使用条件では，コンシステンシー，補助混和剤の添加，粉体量（セメント＋混和材＋石粉）および細砂量により空気量は一部変更しなければならない（参照：AE コンクリートの施工および作業に関する指針，道路交通共同研究所，施工規則 2004 年 8 月版；付帯技術契約条件－水理構造 ZTV–W，性能範囲 215，2004 年版；付帯技術契約条件－（高度な）技術構造物 ZTV–ING，2003 年 8 月版）。DIN EN 206–1 によれば必要空気量は環境条件（暴露クラス）に依存する。
- 一般に AE 剤と流動化剤を同時に添加する場合，指示される空気量は 1% ほど高められ，製造者による効果試験が必要である（AE コンクリートの施工および作業に関する指針，道路交通共同研究所，2004 年 8 月版）。
- フレッシュコンクリート空気量の影響（**表-9.6** も参照）
  - 粒径 < 0.125mm 部の割合が高い砂は気泡形成を阻害するので，粒径 0.25〜1.0mm 部をより多くして気泡の形成を容易にすべきである。

9 コンクリートの凍結融解抵抗性と凍結融解塩抵抗性

- 粉体量や細砂量の割合が高いことは（DIN 1045 の限界許容値まで達していなくても！）気泡の形成を阻害する。そして特に水平なスラブ構造物ではいわゆる「ゴムコンクリート（Gummibeton）（粉体量や細砂分の多い AE コンクリートは締固めの間，気泡が外部に逃げることができないので，締固めが難しい。コンクリートは弾性的挙動を示し，ゴムのように当初位置に戻る。例えばコンクリートフェニッシャーをかけた後表面が波打つ現象が生ずる）」へと導く。

- 骨材の粘土質部は AE 剤の作用を著しく阻害する。同様に混和材は気泡生成を弱め，または阻害するように作用する可能性がある。

- 軟らかいコンシステンシーは気泡の指標値を不利に導き，空気量のばらつきを高める可能性がある。

- 気泡形成は温度に影響される。添加量が同じでは，一般にコンクリート温度が高いほど空気量は少ない。添加量を変化させることにより，これらの影響を補償すべきである。

- 微小気泡の効果は高スラク高炉セメントコンクリート（$\geqq 66\%$）では期待できない。

9.6.4 高凍結融解抵抗性または高凍結融解塩抵抗性を有するコンクリートのコンクリート技術上の前提

■原材料

- 許容され，保証された材料のみを用いるべきである。
- 高凍結融解塩抵抗性を有するコンクリートについて，セメント種類とセメント強度クラスに関する制限が存在する（**表-9.4** 参照）。
- 高い要求基準を満たす骨材を使用すべきである。
- 高凍結融解塩抵抗性を有するコンクリートについて，タイプⅡの混和材の添加は許される。しかしフライアッシュのみセメント量または W/C への算入が許される。
- AE コンクリートの場合，練り混ぜ水として残余水(セメントや細粒分を含む)を使用してはならない。

9.6　建設実務上の留意点

■モルタル

- 可能な限りモルタルの割合を少なくするように努めるべきである。モルタルを制限することにより，モルタルに凍結融解または凍結融解塩抵抗性を付与するための空気量を必要最小で間に合わすことを確保できる。
- 骨材径 2mm までのモルタル量は多くても次のようにすべきである。
  - 最大径 16mm $= 550\ l/\text{m}^3$
  - 最大径 22/32mm $= 525\ l/\text{m}^3$
  - 床版用コンクリートおよびギャップ粒度コンクリートのモルタル量は 450 l/m^3 で十分である。

■高凍結融解抵抗性コンクリート

- 最大許容 W/C は表-9.4 の暴露クラス XF1 および XF3 に関連する。XF3 の場合，$W/C \leq 0.50$ であれば，AE コンクリートの必要はない。
- 特別な使用条件では，異なる要求基準が存在する。例えば
  - 付帯技術契約条件および基準 –（高度な）技術構造物 ZTV–ING，2003 年 8 月版による，W/b（$b = C +$ 粉体量）の確定および AE コンクリート施工に対する要求では $W/b > 0.50$

■高凍結融解塩抵抗性コンクリート

- 最大許容 W/C は表-9.4 の暴露クラス XF2 および XF4 による。XF2 の場合，$W/C \leq 0.50$，XF4 の場合，$W/C \leq 0.40$（超固練りコンクリート）であれば，AE コンクリートの必要はない。
- AE コンクリートが要求される場合，適性試験により，気泡間隔係数 $A_{300} \leq 0.20$mm および微小気泡量 $\overline{L} \geq 1.8$Vol–% が保証されなければならない。
- 高強度コンクリートの場合，関係者の協議方式による。
- 特別な使用条件では，異なる要求基準：
  - 最小強度クラスの補遺基準（ZTV–ING.，ZTV– コンクリート –StB07，DIN 19569–2）
  - ZTV–ING. による地覆コンクリートに対して，暴露クラス XF4 と XD3 では最小強度クラス C25/30 および最大 W/C 0.50 である（DIN 専門報告 100 「コンクリート」とは異なる）

9 コンクリートの凍結融解抵抗性と凍結融解塩抵抗性

- DIN 19569–2 汚水処理施設では，CEMⅢ/B 使用の場合，AE コンクリート
を取りやめる（走行路の壁冠部）

■強度経験値

最初の凍結融解 / 凍結融解塩作用を受ける前，圧縮強度≥ 30N/mm² で，適切
な気泡システムを有している場合，凍結融解塩抵抗性について問題はないと思わ
れる。

■試　験

基本的に建設のはじまる前，適性試験が行われなければならない。建設期間中，
常設の試験機関でフレッシュコンクリートおよび硬化コンクリートの日常的品質
管理検査が必要である。

高凍結融解抵抗性または高凍結融解塩抵抗性のコンクリートは建設段階で公認
された監査機構によって外部監査されるべきである。

9.6.5 適切な AE コンクリートの安全性に対する重要なコンクリート技術に関する要求

■コンクリートの製造

- AE コンクリートの施工は定置式混合施設が優先される。その際，普通コンクリートに比し混合時間を長くする必要がある（最低 45 秒）。
- 混合効果の優れたミキサが望ましい。
- AE 剤は混合水といっしょに添加する。
- 流動化剤を追加添加する場合，流動化剤は一般に現場でコンクリートへ混合される（混合時間＝1 分 /m³ コンクリート）。

■コンクリートの輸送

- 空気量は一般に輸送中，本質的な変化はない。しかしアジテータ車の混合プロセスが空気量に影響することがあるので，コンクリートはゆっくりと回転するトロンメルで輸送すべきである。
- 排出の前に混合速度でもう一度最低 1 分間よくかき混ぜる。

9.6 建設実務上の留意点

- 0℃以下の気温では，AE コンクリートの引渡しは中止すべきである：薄い壁状構造物では+5℃でも

■打ち込みと締め固め

- コンクリートは製造後，遅くとも 90 分までに打ち込み作業を終了しなければならない。特別な場合，車載ミキサへの分割投入のみが条件となる。建設現場で長い待ち時間は絶対に避けなければならない。
- ポンプコンクリートは空隙組織に対して影響する。必要な場合，事前の試験が必要である。
- 内部振動機で締め固める場合，不適切な使用は避けなければならない（過剰な振動時間，コンクリートの移動や分散）。
- 凍結融解作用や融氷剤の作用を受ける壁状コンクリート構造物は（例：汚水浄化施設の走行路），天端部で基準高よりほんの少し高くコンクリートを打つべきである。分離したモルタルは必要に応じ締め固めの後，基準高まで取り除かなければならない。
- 型枠面に処理する脱型剤はコンクリートの凍結融解抵抗性または凍結融解塩抵抗性を低下させてはならない。

■養　生

コンクリート表面部の高い水和度を保証するため，十分な期間，入念な養生が必然的に要求される（DIN 1045–3 の規則参照）。

9.6.6　AE コンクリートの単位セメント量の計算例

凍結融解抵抗性または凍結融解塩抵抗性を高めるため，AE 剤によりコンクリート中に連行される微小気泡は，同量の水と等しい程度強度を減少させる。それ故 AE コンクリートの配合設計においては，通常の方法と比較して単位セメント計算の修正が必要である。

■計　画

高凍結融解塩抵抗性を有する AE コンクリート C25/30（ZTV–ING. による橋梁

493

9 コンクリートの凍結融解抵抗性と凍結融解塩抵抗性

地覆頂部コンクリート：暴露クラス XC4，XD3，XF4/WA：W/C 最大 0.50）の施工は次の当初条件による：

- コンクリートのコンシステンシー F2（ポンプによるコンクリート施工）
- 適切な AE 剤，更に減水をもたらす減水剤の添加。フレッシュコンクリートの平均空気量は現場で，$\varepsilon = 5.0\text{Vol.-}\% = 50\text{dm}^3/\text{m}^3$ に達しなければならない（2.0Vol.-%のエンドラップドエアを含む –VDB/DBV– 指針：コンクリート製橋梁地覆，2011 年 4 月版参照）。
- ポルトランドセメント CEM I 42.5R の使用（$N_{28} = 53\text{N/mm}^2$）
- 自然砂 0/2a，砂利 2/8 および砕石 8/11，11/22 の混合骨材 0/22。ふるい曲線は DAfStb（H.400，S.29）によるほぼ 1/2（A22 + B22）。

■配合設計（単位セメント量計算に対する制限）

必要な 28 日圧縮強度の最初の試験：

- $f_{\text{cm,cube}} \geq f_{ck} +$ 余裕 Δf_c；
  Δf_c は DIN EN 206–1 付録 A により 6〜12N/mm^2 である（標準偏差 s の約 2 倍）；
  $s = 3\text{N/mm}^2$ とすれば $f_{\text{cm,cube}} \geq 30 +$ 余裕 $2 \cdot 3 = 36\text{N/mm}^2$
- 供試体養生の影響 DIN EN 12390–2，付録 NA（「乾燥」を選択して換算 $f_{\text{c,dry,cube}}$）
  $f_{\text{c,dry,cube}} \geq f_{\text{c,cube}}/0.92 = 36/0.92 = 39.1\text{N/mm}^2$；
  圧縮強度 $f_{\text{c,dry,cube}} = 39\text{N/mm}^2$ を選択；
  最初 AE 剤無しのコンクリートに対し Walz ダイアグラムから 28 日後に必要な圧縮強度について $W/C = 0.62$ が得られる。

決定：

- コンシステンシー F2 に対する単位水量 $W = 180\text{kg/m}^3$（経験値，または骨材種類，粒度曲線およびコンシステンシーに関連する表またはダイヤグラムから抜粋）。
- フレッシュコンクリートの目標空気量は適性試験により $\varepsilon = 6.0\text{Vol.-}\% = 60\text{dm}^3/\text{m}^3$ とする（取扱い中に失われる可能性があるので 1Vol.-%の余裕）。
- 経験上 AE 剤の結果として 3〜4l 微小空気量は 1l 混合水の代わりをする（ボールベアリング効果）。例えば次を受け入れる：3l 空気量により，1l の単位水量の減少。

それ故：

- AE 剤による減水量：

  $60\mathrm{dm}^3/\mathrm{m}^3$ 全空気量 $-20\mathrm{dm}^3/\mathrm{m}^3$ エントラップトエア $=40\mathrm{dm}^3/\mathrm{m}^3$ AE 空気量

  減水量は $40/3 \fallingdotseq 13\mathrm{dm}^3/\mathrm{m}^3 \fallingdotseq 13\mathrm{kg}/\mathrm{m}^3$

- 減水剤によって，更に 5% の減水効果があるので，全水量として次の値を得る：

  $W = (180 - 13) \cdot 0.95 = 159\mathrm{kg}/\mathrm{m}^3$

  $W = 160\mathrm{kg}/\mathrm{m}^3$ を選択する。

Walz ダイアグラムの曲線はフレッシュコンクリート $1\mathrm{m}^3$ 当たり空気量 $1.5\mathrm{Vol.-\%}$，即ち $15\mathrm{dm}^3/\mathrm{m}^3$ を考慮している。空気量 $> 1.5\mathrm{Vol.-\%}$ は水と同様の強度減少効果を有しているので，セメント量の計算では，「ほとんど」水 – 空気 – セメントのセメント量計算式

$$(W + \varepsilon')/C \tag{9.13}$$

が標準である。ここで $\varepsilon' = \varepsilon - 15\ \mathrm{dm}^3/\mathrm{m}^3$ である。

所要の AE コンクリートの必要セメント量は次のように計算できる。

$$W/C = (W + \varepsilon')/C \tag{9.13}$$

したがって

$C = (W + \varepsilon')/W/C = (160 + 60 - 15)/0.62 = 331\mathrm{kg}/\mathrm{m}^3$

$C = 330\mathrm{kg}/\mathrm{m}^3$ と決定する。

■結果

- 単位水量：$W = 160\mathrm{kg}/\mathrm{m}^3$
- 単位セメント量：$C = 330\mathrm{kg}/\mathrm{m}^3$
- 実際の $W/C = 0.48 < 0.50$
- 混和剤量はこの設計の範囲内で経験上受け入れられる：

  単位セメント量に対し AE 剤 $= 0.25\%$，減水剤量 $= 0.4\%$

完全な配合計算を行った後（骨材量，粉体量，密度，配合比など），フレッシュコンクリートと硬化コンクリートに必要な試験により適性試験が行われる。与えられたケースについて，結果に対し適切な補正が行われる，例えば，単位水量，混和材添加量など。

9 コンクリートの凍結融解抵抗性と凍結融解塩抵抗性

文献

Auberg R (1998) Zuverlässige Prüfung des Frost–und Tausalz–Widerstandes von Beton mit dem CDF– und CIF–Test. Diss., Univ. Gesamthochsch. Essen

Auberg R, Setzer MJ (1998) CIF– Prüfverfahren des Frostwiderstandes von Beton. Betonw + Fertigteil– Tech, 64 (4):94–105

Badmann R (1981) Das physikalisch gebundene Wasser des Zementsteins in der Nähe des Gefrierpunkts. Diss., Tech. Univ. München

BAW–Merkblatt (2004) "Frostprüfung von Beton (MFB)". Bundesanstalt für Wasserbau, Karlsruhe, Ausgabe 07.88, Beuth, Berlin

Beaudoin JJ, Mac Innis C (1974) The mechanism of frost damages in hardened cement paste. Cem Concr Res 4:139–147

Beddoe RE, Setzer MJ (1990) Änderung der Zementsteinstruktur durch Chlorideinwirkung, in: Forschungsberichte Bereich Bauwes., Heft 48, Uni. Gesamthochsch. Essen

Blümel OW, Springenschmid R (1970) Grundlagen und Praxis der Herstellung und Überwachung von Luftporenbeton. Straßen Tiefbau 24:85–98

Brun M, Lallemand JF, Quinson JF, Eyraud C (1977) A new method for the simultaneous determination of the size and shape of pores: the Thermoporometry. Thermochim Acta 8:59

DIN 1045–2:2008–08–Tragwerke aus Beton, Stahlbeton und Spannbeton–Beton–Festlegung, Eigenschaften, Herstellung und Konformität–Anwendungsregeln zu DIN EN 206–1

DIN 1045–3:2012–03–Tragwerke aus Beton, Stahlbeton und Spannbeton–Teil 3: Bauausführung – Anwendungsregeln zu DIN EN 13670

DIN 19569–2: 2002–12–Kläranlagen–Baugrundsätze für Bauwerke und technische Ausrüstungen–Teil 2: Besondere Baugrundsätze für Einrichtungen zum Abtrenen und Eindicken von Feststoffen

DIN 52252–1:1986–12–Prüfung der Frostwiderstandsfähigkeit von Vormauerziegeln und Klinkeren; Allseitige Befrostung von Einzelziegeln

DIN EN 206–1:2001–07–Beton–Teil 1: Festlegung, Eigenschaften, Herstellung und Konformität; Dtsch. Fass. EN 206–1:2000

DIN EN 480–11:2005–12–Zusatzmittel für Beton, Mörtel und Einpressmörtel–Prüfverfahren–Teil 11: Bestimmung von Luftporenkennwerten in Festbeton; Dtsch. Fass. 48011:2005

DIN EN 933–1:2012–03–Prüfverfahren für geometrische Eigenschaften von Gesteinkörnungen –Teil 1: Bestimmung von Korngrößenverteilung–Siebverfahren; Dtsch. Fass. EN933–1:2012

DIN EN 1097–6:2010–06–Prüfverfahren für mechanische und physikalische Eigenschaften von Gesteinkörnungen–Teil 6: Bestimmung der Rohdichte und der Wasseraufnahme; Dtsch. Fass. prEN 197–6:2010

DIN EN 1367–1:2007–06–Prüfverfahren für thermische Eigenschaften und Verwitterungsbeständigkeit von Gesteinkörnungen–Teil 1: Bestimmung des Widerstandes gegen Frost–Tau–Wechsel ; Dtsch. Fass. EN 1367–1:2007

DIN EN 1367–2:2010–02 –Prüfverfahren für thermische Eigenschaften und Verwitterungsbeständigkeit von Gesteinkörnungen–Teil 2: Magnesium–Sulfat–Verfahren; Dtsch. Fass. EN 1367–2:2009

DIN EN 1367–6:2008–12 –Prüfverfahren für thermische Eigenschaften und Verwitterungsbeständigkeit von Gesteinkörnungen –Teil 6: Beständigkeit gegen Frost–Tau–Wechsel in Gegenwart von Salz (NaCl); Dtsch. Fass. EN1367–6:2008

DIN EN 1367–1:2008–06 –Prüfverfahren für thermische Eigenschaften und Verwitterungsbeständigkeit

9.6 建設実務上の留意点

von Gesteinkörnungen–Teil 6: Beständigkeit gegen Frost–Tau–Wechsel in Gegenwart von Salz (NaCL); Dtsch. Fass. EN 1367–6:2008

DIN EN 12390–2:2009–08, Anhang NA–Prüfung von Festbeton–Teil 2: Herstellung und Lagerung von Probekörpern für Festigkeitsprüfungen; Dtsch. Fass. EN 12390–2:2009

DIN EN 12620:2011–03–Gesteinkörnungen für Beton; Dtsch. Fass. EN 12620:2011

DIN–Fachbericht 100–Beton–Zusammenstellung von DIN EN 206–1 Beton–Teil 1: Festlegung, Eigenschaften, Herstellung und Konformität und DIN 1045–2–Tragwerke aus Beton, Stahlbeton und Spannbeton–Teil 2: Beton–Festlegung, Eigenschaften, Herstellung und Konformität–Anwendungsregeln zu DIN EN 206–1, Ausg. 2010–03

DIN V 18004:2004–04 –Anwendung von Bauproduktion in Bauwerkrn–Prüfverfahren für Gesteinkörnungen nach DIN V 20000–103 und DIN V 20000–104

Dorner H, Rippstain D (1986) Einwirkung wäßriger Natriumchloridlösungen auf Monosulfat. TIZ–Fachber 110:383–386, 477–481

Dyckerhoff H (1948) „Porenbilder " in Beton. Zem Kalk Gips 1:93–95

Ehrhardt D, Stark J (2009) Nachbehandlung von Beton–Die neue TL NBM–StB 08.Griffig–Aktuelles über Verkehrsflächen aus Beton, Heft 1, S.2–8

Ehrhardt D, Stark J (2010) Nachbehandlung von Beton–Die neuen TL NBM–StB 09. Straße Autob 61:541–550

Eickschen E (2009) Wirkungsmechanismus Luftporen bildender Zusatzmittel und dem Nachaktivierungspotenzial. Diss., Ruhr–Univ. Bochum

Fagerlund G (1977) The critical degree of saturation method of assessing the freeze/thaw resistance of concrete. Mater Struct 10:217–229

Frentzel–Schirmacher A, Stark J (2006) Prüfung von Nachbehandlungsmitteln für den Betonstraßenbau. Straße Autob 57 (5):301–310

Gilly D (1798) Handbuch der Land–Bau–Kunst. Friedrich Vieweg der Ältere, Berlin

Hartmann V (1993) Optimierung und Kalibrierung der Frost—Tausalz–Prüfung von Beton.CDF–Test, Diss., Univ Gesamthochsch. Essen

Henning O (1975) Silikatische Systeme, Instit. Aus– und Weiterbildung Bauwes. Leipzig

Honert D, Blask O, Knauber H (2003) Nachbehandlung von Beton zur Verringerung des Wasserverlustes und zur Reduzierung von Ausblühungen. In: 15. Intern. Baustofftag. ibausil, Weimar, Tagungsber. Bd.2.S.1281–1290

Janssen DJ (2000) The role of coarse aggregates in frost–resistant concrete. In: 14. Intern. Baustofftag. ibausil, Weimar, Tagungsber Bd 1, S.677–690

Jungwirth D, Beyer E, Grübl P (1986) Dauerhafte Betonbauwerke. Substanzerhaltung und Schadensvermeidung in Forschung und Praxis. Betonverl., Düsseldorf

Kaneuji M, Winslow DN, Dolch WL (1980) The relationship between an aggregate's pore size distribution and its freeze thaw durability in concrete. Cem Concr Res 10:433–441

Kühme M, Burkert W, Schattschneider K (2006) Betontechnologie für das Absperrbauwerk der Talsperre Leibis/Lichte. Beton– und Stahlbetonbau 101:268–276

Ludwig HM (1996) Zur Rolle von Phasenumwandlungen bei Frost– und Frost–Tausalz–Belastung von Beton. Diss., Hochsch. Archit. Bauwes. Weimar–Uni.

Merkblatt Brückenkappen aus Beton, Deutscher Beton–und Bautechnik–Verein DBV, Berlin, Fass. 2011

9 コンクリートの凍結融解抵抗性と凍結融解塩抵抗性

Merkblatt DWA–M 211–Schutz und Instandsetzung von Betonbauwerken in kommunalen Kläranlagen, Ausg. 2008–04

Merkblatt für die Herstellung und Verarbeitung von Luftporenbeton, Forschungsgesellschaft für Straßen– und Verkehrswesen, Ausg. 2004

Powers TC（1954）Void spacing as a basis for producing air–entrained concrete. ACI J 59:741–759

Rendchen K（1999）Frost– und Tausalzwiderstand von Beton mit Hochofenzement. Beton Inf 39（4）:3–23

RILEM Recommendation（1999）RILEM TC 117 FDC–CDF–Test–test method for the freeze–thaw resistance of concrete with sodium chloride solution（CDF）. Mater Struct 296:523–528

Rösli A, Harnik AB（1979）Frost–Tausalz–Beständigkeit von Beton. Schweiz Ing Archit 97:929–934

Setzer MJ（2000）Die Mikroeislinsenpumpe–Eine neue Sicht bei Frostangriff und Frostprüfung. In: 14.Intern Baustofftag. ibausil, Weimar, Tagungsber. Bd 1, S.0691–0705

Setzer MJ（1977）Einfluß des Wassergehalts auf die Eigenschaften des erhärteten Betons. Dtsch. Aussch. Stahlbeton, Heft 280, Beuth, Berlin

Setzer MJ（1994）Entwicklung und Präzision eines Prüfverfahrens zum Frost–Tausalz–Widerstand. Wiss Z Hochsch Archit Bauwes Weimar–Univ 40（5/6/7）87–93

Setzer MJ（1999）Mikroeislinsenbildung und Frostschaden. In: Eligehausen R（Hrsg）Werkstoff im Bauwesen–Theorie und Praxis, Ibidem, Stuttgart, S.397–413

Setzer MJ, Fagerlund G, Janssen DJ（1997）CDF–Test－Prüfverfahren des Frost–Tau–Widerstandes von Beton－Prüfung mit Taumittellösung（CDF）RILEM Recommendation. Betonw+Fertigteil–Tech 63（4）:100–106

Setzer MJ, HartmannV（1991a）CDF–Test Prüfvorschrift. Betonw+Fertigteil–Tech 57（9）82–86

Setzer MJ, Hartmann V（1991b）Verbesserung der Frost–Tausalz–Widerstands–Prüfung. Betonw+Fertigteil–Tech 57（9）:73–82

Stark J, Ludwig HM（1997a）Freeze–thaw and freeze–deicing salt resistance of concretes containing rich in granulated blast–furnace slag. In: Proc. 10th Intern Congress Chem. Cem., Vol. Ⅳ, 4 iv 035. Gothenburg, Sweden, p.8

Stark J, Ludwig HM（1997b）Freeze–Tausalz–Widerstand von HOZ–Betonen–Untersuchungen an Betonen mit hüttensandreichen Zementen. Beton 47:646–656

Stockhausen N（1981）Die Dilatation hochporöser Festkörper bei Wasseraufnahme und Eisbildung. Diss. Techn. Univ. München

Stockhausen N, Dormer H, Zech M, Setzer MJ（1979）Untersuchung von Gefriervorgängen in Zementstein mit Hilfe der DTA. Cem Concr Res 9:783–794

Vance H, Dodson PD（1990）Concrete admixtures. Van Nostrand Reinhold, New York

Vitruv（Vitruvius Pollio）（1964）De architectura libri decem－10 Bücher über die Architektur. Akademie, Berlin

Walz K, Wischers G（1976）Über Aufgaben und Stand der Betontechnologie. Teil 2－Gefüge und Festigkeit des erhärteten Betons. Beton 26:442–444

Wenger B, Harnik AB（1977）Temperaturmessungen in Straßenbelägen. Straße Verk 63:427–429

Zusätzliche Technische Vertragsbedingungen–Wasserbau（ZTV–W）, für Wasserbauwerke ausBeton und Stahlbeton（Leistungsbereich 215）, Ausg. 2012–Entwurf（Gelbdruk）

Zusätzliche Technische Vertragsbedingungen und Richtlinien für den Bau von Tragschichten mit hydraulischen Bindemitteln und Fahrbahndecken aus Beton ZTV Beton–StB 07, Ausg. 2007

Zusätzliche Technische Vertragsbedingungen und Richtlinien für Ingenieurbauten ZTV–ING.Ausg. 2010–04

索　引

■英数字

2 次石膏 ·······························65
Sekundärer Gips

AE コンクリート
LP–Beton

   コンクリート技術に関する要求 ·········492
   betontechnologische Anforderungen

   単位セメント量の計算 ·················493
   Berechnung des spezifischen Zementgehalts

AE 剤 ································448
LP–Mittel

AFm（モノサルフェート）相 ··············75
AFm–Phase

AKR 影響要因 ·······················351
AKR–beeinflussende Faktoren

   アルカリ反応性骨材の量 ··············356
   Menge empfindlicher Gesteinkörnungen

   温度 ·····························357
   Temperatur

   外部からのアルカリ供給 ··············358
   Alkalizufuhr von außen

   コンクリートの（単位）セメント量　355
   Zementgehalt des Betons

   コンクリートの透水性 ················357
   Permeabilität des Beton

   湿度 ·····························357
   Feuchtigkeit

   セメントのアルカリ量 ················351
   Alkaligehalt des zements

AKR ゲル···························338
AKR–Gele

AKR 減少対策·······················364
AKR–reduzierende Maßnahmen

   オイルシェール残滓 ·················372
   Ölschieferabbrand

褐炭フライアッシュ ···················369
Braunkohlenflugasche

ガラス ······························372
Glas

国家規格と基準 ······················376
nationale Normen und Richtlinien

シリカフューム ······················370
Silikastaub

水砕スラグ ··························365
Hüttensand

石炭フライアッシュ ···················367
Steinkohlenflugasche

潜在水硬性材料 ······················365
latent hydraulische stoffe

フライアッシュ ······················367
Flugasche

ポゾラン材料 ·······················366
puzzolanische Stoffe

メタカオリン ·······················371
Metakaolin

もみ殻アッシュ ······················372
Reisschalenasche

リチウム化合物 ······················373
Lithiumverbindungen

AKR 試験法·························381
AKR–Prüfverfahren

   60℃コンクリート試験 ··············387
   60℃–Betonversuch

   岩石学的試験 ·····················398
   petrographische Untersuchungen

   国際試験法 ·······················382
   internationale Prüfverfahren

   国内試験法 ·······················388
   nationale Prüfverfahren

   骨材試験 ·························380
   Prüfung der Gesteinkörnung

索 引

性能試験 ····························392
Performance-Prüfung

促進試験法 ························378
Schnellprüfverfahren

霧室保存 ··························378
Nebelkammerlagerung

モルタル促進試験 ··············388
Mörtelschnelltest

AKR 湿潤クラス ················376
AKR-Feuchtigkeitsklassen

AKR 膨張圧 ····················338
AKR-Quelldruck

AKR 劣化特性 ··················345
AKR-Schadenscharakteristik

巨視的特徴 ····················345
makroskopische Merkmale

ゲル析出 ······················346
Gelausscheidungen

微視的特徴 ····················347
mikroskopische Merkmale

ひび割れ ······················345
Risse

Borås 法 (Slab test，スウェーデン規格 SS
137244) ························485
Borås-Verfahren

Borås 法 (Slab test，スウェーデン規格 SS
137244) ························485
Plattenverfahren(slab test)

Borås 法 (Slab test，スウェーデン規格 SS
137244) ························485
Slab-Test

C_3A 水和 ························52
C_3A-Hydratation

C_3S 水和 ························48
C_3S-Hydratation

C_4AF 水和 ······················54
C_4AF-Hydratation

$CaCO_3$ 変態 ····················466
$CaCO_3$-Modifikationen

CDF 法 ····················468，475
CDF-Verfahren

精度 ··························483
Präzision

CEN 法 ··························202
CEN-Verfahren

CIF 法 ··························479
CIF-Verfahren

精度 ··························483
Präzision

CO_2- 濃度 ······················126
CO_2-Konzentration

大気 ··························126
Luft

C-S-H 相 ····················17，49，68
C-S-H-Phasen

D クラッキング ··················444
D-cracking

FE(速硬)セメント(凝結時間の早いセメント)···94
FE-Zemente

HO (有機成分を多く含む) セメント ········94
HO-zemente

Koch-Steinegger 法 ··············201
Koch-Steinegger-Verfahren

Le Chatelier-Anstett 試験 ··········203
Le Chatelier-Anstett-Probe

MNS 法 ··························202
MNS-Verfahren

Na_2O 当量 ······················352
Na_2O-Äquevalent

pH ····························109
pH-Wert

指示薬 ························113
Indikatoren

測定 ··························113
Messung

Pitzer の (イオン間相互作用) モデル······206
Pitzer-Modell

pOH ····························110
pOH-Wert

Saul の積算温度式 ·········59，227，229，244
Saulsche Regel

SE セメント，超速硬セメント (凝結時間が非常
に速い)························94
SE-Zemente

500

索 引

SiC（カーボランダム）硬質材
SiC–Hartstoff

　AKR に危険なポテンシャル ············330
　AKR–Gefährdungspotential

SiO_2/Na_2O 等量比 ····················374
$SiO_2–Na_2O$–Äquivalent Verhältnis

slow/late 骨材 ·······················321
slow/late–Gesteine

SVA 法 ····························203
SVA–Verfahren

Thiobacillen（微生物名）··············264
Thiobacillen

UV 法 ····························293
UV–Verfahren

VDZ 法 ···························476
VDZ–Verfahren

Walz–ダイアグラム ···················19
Walz–Diagramm

Wittekindt 法 ·····················200
Wittekindt–Verfahren

Woodfordit Route（エトリンガイトからタウマサイトを生成するプロセス）············178
Woodfordit Route

X-seed(人工的に作られた C–S–H 相：商品名)···74
X-seed

Zemdrain 繊維型枠（商品名）········133，467
Zemdrain

■あ行

圧搾方法·····························318
Auspressmethode

アラゴナイト·························467
Aragonit

アルカリ·····························28
Alkalien

　水和生成物中（アルカリ）の結合········353
　Bindung in Hydratationsprodukten

アルカリ基準·························376
Alkalirichtlinie

アルカリシリカ反応····················316
Alkali–Silica–Reaktion

アルカリシリカ反応（AKR）··············316
Alkali–Kieselsäure–Reaktion

　化学的反応·························333
　chemische Reaktionen

　減少対策··························364
　Maßnahmen zur Reduzierung

　国家規格と基準······················376
　nationale Normen und Richtlinien

　前提条件··························315
　Voraussetzungen

　メカニズム·························333
　Mechanismen

アルカリシリケート反応··················316
Alkali–Silicat–Reaktion

アルカリ炭酸塩反応····················316
Alkali–Carbonat–Reaktion

アルカリ反応性鉱物····················320
Alkalireaktive Minerale

アルカリ反応性骨材····················320
Alkalireaktive Gesteinkörnungen

泡ガラス – 砂粒
Schaumglas–Granalien

　AKR に危険なポテンシャル ············331
　AKR–Gefährdungspotential

イオン活動度·························76
Ioneaktivitat

イオン生成物·························77
Ionenprodukt

移動試験用機器（塩化物）················295
Migrationsapparat

エトリンガイト
·····33，53，63，66，70，75，77，79，96，163
Ettringit

　基礎·····························216
　Grundlagen

　形態·····························80
　Morphologie

　構造モデル·························218
　Strukturmodell

　熱力学的計算·······················221
　thermodynamische Berechnungen

エトリンガイトの生成·············169，215
Ettringitbildung

501

索 引

遅れた ・・・・・・・・・・・・・・・・・・・・・・・・・・・・216
verspätete

遅い ・・・・・・・・・・・・・・・・・・・・・・・・・・・・・・216
späte

害する ・・・・・・・・・・・・・・・・・・・・・・・・・・・・215
schädigende

巨視的な劣化写真 ・・・・・・・・・・・・・・・・・・246
makroskopisches Schadensbild

顕微鏡による劣化写真 ・・・・・・・・・・・・・250
mikroskopisches Schadensbild

硬化コンクリート中 ・・・・・・・・・・・・・・・・218
im erhärtenden Beton

コンクリート配合の影響 ・・・・・・・・・・・・231
Einfluss der Betonzusammensetzungen

コンクリート劣化の写真 ・・・・・・・・・・・・246
Nachweis von Betonschäden

凍結融解塩作用 ・・・・・・・・・・・・・・・・・・・・455
Frost-Tausalz-angriff

凍結融解作用 ・・・・・・・・・・・・・・・・・・・・・・453
Frostangriff

熱処理コンクリート ・・・・・・・・・・・・・・・・232
in wärmebehandelten Betonen

熱処理をしないコンクリート ・・・・・・・・・・237
in nicht wärmebehandelten Betonen

予防対策 ・・・・・・・・・・・・・・・・・・・・・・・・・・236
vorbeugende Maßnahmen

硫酸塩供給源 ・・・・・・・・・・・・・・・・・・・・・・239
Sulfatquellen

劣化を促進する境界条件 ・・・・・・・・・・・・240
schadensfördernde Randbedingungen

エーライト ・・・・・・・・・・・・・・・・・・・・・・・・25
Alit

塩化物
Chloride

拡散 ・・・・・・・・・・・・・・・・・・・・・・・・・・・・・278
Diffusion

コンクリート中 ・・・・・・・・・・・・・・・・・・・274
im Beton

コンクリート中（塩化物）の移動経路 ・・・・280
Transportvorgänge im Beton

コンクリート中塩化物の定量 ・・・・・・・・・・291
Bestimmung des Chloridgehalts im Beton

侵入のメカニズム ・・・・・・・・・・・・・・・・・・278
Mechanismus des Eindringens

コンクリート中分布 ・・・・・・・・・・・・・・・・279
Verteilung im Beton

対流（垂直移動）・・・・・・・・・・・・・・・・・・・278
Konvektion

腐食発生限界値 ・・・・・・・・・・・・・・・・・・・・287
kritischer korrosionsauslösender Grenzwert

塩化物浸透抵抗性・・・・・・・・・・・・・・・・・・・295
Chlorideindringwiderstand

塩化物の侵食（作用）・・・・・・・・・・・・・・・・295
Chloridangriff

受動的防食 ・・・・・・・・・・・・・・・・・・・・・・・303
passive Korrosionsschutz

能動的防食 ・・・・・・・・・・・・・・・・・・・・・・・302
aktiver Korrosionsschutz

腐食監視システム ・・・・・・・・・・・・・・・・・・304
Korrosionsüberwachungssysteme

保護対策 ・・・・・・・・・・・・・・・・・・・・・・・・・・301
Schutzmaßnahmen

補修対策 ・・・・・・・・・・・・・・・・・・・・・・・・・・306
Instandsetzungsmaßnahmen

エントラップトエア・・・・・・・・・・・・・・・・・16
Verdichtungsporen

エントレインドエア・・・・・・・・・・・・・・・・・446
Kunstliche Luftporen

オイルシェール・・・・・・・・・・・・・・・・・・・・・41
Ölschiefer

AKR 減少対策 ・・・・・・・・・・・・・・・・・・・・372
AKR-reduzierenden Maßnahmen

黄鉄鉱の酸化・・・・・・・・・・・・・・・・・・・・・・189
Pyritoxidation

遅れエトリンガイト生成・・・・・・・・・・・・・216
Delayed Ettringite Formation

オパール・・・・・・・・・・・・・・・・・・・・・・・・・・321
Opal

オパール砂岩・・・・・・・・・・・・・・・・・・・・・・323
Opalsandstein

温度急降下・・・・・・・・・・・・・・・・・・・・・・・・432
Temperatursturz

502

索　引

■か行

角岩（Flint と同義）·····················326
Hornstein

拡散抵抗数······························153
Diffusionswiderstandszahlen

加速期··························51，58，70
Accelerationsperiode

型枠面
Schalungsbahn

　吸水性·····························133
　saugende

褐炭フライアッシュ
Braunkohlenflugasche

　AKR 減少対策·····················364
　AKR-reduzierende Maßnahmen

過飽和·································77
Übersättigung

かぶり··························117，146
Betondeckung

ガラス
Glas

　AKR に危険なポテンシャル···········330
　AKR-Gefährdungspotential

　AKR 減少対策·····················372
　AKR-reduzierende Maßnahmen

ガラス繊維
Glasfasern

　AKR に危険なポテンシャル···········331
　AKR-Gefährdungspotential

ガラス繊維補強高分子筋
Glasfaserverstärkte Kunststoffstäbe

　AKR に危険なポテンシャル···········332
　AKR-Gefährdungspotential

ガラス相·····························28
Glasphase

カルサイト···························466
Calcit

過冷却効果···························428
Unterkühlungseffekt

間隔係数·····························448
Abstandsfaktor

環境シミュレーション室··············393
Klimasimulationskammer

環境走査型電子顕微鏡（ESEM）··········49
Environmental Scanning Electron Microscope

岩石学的試験（AKR）··················398
Petrographische Untersuchungen(AKR)

緩速期（最終段階）·················51，58
Stetige Periode

カンタブ法···························292
Quantab-Verfahren

記述規定·····························475
Description concept

気泡に関する係数····················448
Luftporenkennwerte

急結··································33
Löffelbinder

急速塩化物移動試験（RCMT 試験）········295
Rapid Chloride Migration Test

急速塩化物試験（RCT 試験）············292
Rapide Chrolide Test

休眠期（潜伏段階）············51，58，60
Dormante Periode

凝結調節材···························33
Abbinderegler

凝結調節材···························32
Erstarrungsregler

玉髄·································320
Chalcedon

空気連行（AE）剤···················447
Luftporenbilder

　セメントの影響··················451
　Einfluss des Zementes

空隙，気泡·····················17，488
Luftporen

　エントレインド················446
　künstliche

空隙の大きさの区分··················428
Porengrößeneinteilung

空隙半径－氷点降下式················426
Porenradien-Gefrierpunkt-Beziehung

空隙溶液·····························76
Porenlösung

503

索 引

アルカリの定量 ······················317
Bestimmung von Alkalien

セメントペースト中における凍結 ········422
Gefrieren im Zementstein

空隙率 ································19
Porosität

クリスタットの大きさ（KQ）·············401
Kristallitgröße

クリストバライト ······················320
Cristobalit

クリンカー
Klinker

　粉砕 ·······························46
　Mahlung

　粉末度 ·····························46
　Mahlfeinheit

クリンカー鉱物
Klinkermineralien

　結合可能水量 ······················82
　Wasserbindungsvermögen

　特性 ·····························29
　Eigenschaften

グレーワッケ ···················327，411
Grauwacke

クロムアレルギー ······················32
Chromallergie

クロム酸塩法 ························293
Chromatverfahren

珪酸 ·······························334
SiO$_2$

　溶解プロセス ······················344
　Lösungsprozes

珪質チョーク ························324
Kieselkreide

珪質スレート ························324
Kieselschiefer

結晶圧 ·························173，438
Kristallisationsdruck

結晶化度インデックス（I$_Q$）·············400
Kristallinitätsindex

結晶配位（オリエンティション）マッピング····407
Kristallorientierungsmapping

ゲル空隙 ····························16
Gelporen

限界飽水度 ························438
Kritischer sättigungsgrad

減速期（鎮静化段階）···········51，58，70
Decelerationsperiode

硬化
Verfestigung

　水硬性硬化 ························48
　hydraulische

硬化プロセス ························47
Verfestigungsprozesse

工業製品
Technische Produkte

　AKR に危険なポテンシャルを有す ·······330
　mit AKR-Gefährdungspotential

孔食 ··························289，297
Lochfraßkorrosion

鉱物
Minerale

　AKR に危険なポテンシャル ·············321
　mit AKR-Gefährdungspotential

　アルカリ反応性 ······················320
　alkalireaktive

骨材
Gesteinskörnungen

　アルカリ反応性 ······················320
　alkalireaktive

　アルカリ反応性の判定 ················380
　Beurteilung der Alkalireaktivität

　アルカリに危険なポテンシャル ·········323
　mit AKR-Gefährdungspotential

　岩石学的試験 ······················398
　petrographische Untersuchungen

　砕（石）····························320
　Gebrochene

　浸透 ·····························338
　Osmose

　凍結融解／凍結融解塩抵抗性への影響····443
　Einfluss auf Frost-und Frost-Tausalz Widerstand

　薄片研磨顕微鏡 ······················398
　Dünnschliffmikroskopie

索 引

コーティング
Beschichtungen

　炭酸化抑制····························153
　carbonatisierungsbremsende

高硫酸塩スラグセメント····················95
Sulfathüttenzement

高炉スラグ····························35
Hochofenschlacke

高硫酸塩スラグセメント(オーストリアの名称)···95
Slagster

コンクリート
Beton

　塩化物の作用（侵食)····················295
　Chlorideangriff

　塩化物の定量·····················391
　Bestimmung des Chloridgehalts

　海水の作用························275
　Einwirkung von Meerwasser

　化学的エージング····················104
　chemische Alterung

　再アルカリ化·······················152
　Realkalisierung

　酸侵食···························261
　Säureangriff

　相組成，分析定量 ··················53
　Phasenzusammensetzung, analytische Bestimmung

　耐酸性の·························267
　säurewiderstandsfähiger

　炭酸化···························105
　Carbonatisierung

　凍結融解塩抵抗性·····················421
　Frost-Tausalz-Widerstand

　熱処理，耐久性·····················233
　wärmebehandelter, Dauerhaftigkeit

　物理的抵抗性·······················167
　physikalischer Widerstand

　融解塩の作用······················276
　Einwirkung von Tausalzen

　硫酸塩侵食························166
　Sulfatangriff

コンクリートプリズム試験················383
Concrete Prism Test

コンクリートマイクロバー試験············386
Concrete Microbar Test

混合セメント·······················45
Zumahlstoffzemente

混和材（粉体)······················34
Zumahlstoffe

　作用···························44
　Wirkung

■さ行

再アルカリ化·······················151
Realkalisierung

最小コンクリートかぶり·················117
Mindestbetondeckung

錆································115
Rost

酸侵食····························261
Säureangriff

　保護対策·························266
　Schutzmaßnahmen

　メカニズム·······················262
　Mechanismus

酸素腐食··························114
Sauerstoffkorrosion

酸硫酸塩（複合）侵食·················265
Säure-Sulfat-Angriff

砂利····························412
Kieskörnungen

主水和期··························67
Haupthydratationsphase

収縮空隙··························17
Schrumpfporen

シリカフューム······················42
Microsilica

シリカフューム······················42
Silica fume

シリカフューム······················42
Silicastaub

　AKR減少対策·····················370
　AKR-reduzierende Maßnahmen

自癒効果··························116
Selbstheilungseffekt

505

索 引

自癒ひび割れ·····························155
Selbstheilung Risse

　自然の·······························155
　naturliche

　微生物学的··························159
　mikrobiologosche

シンゲナイト（$K_2Ca(SO_4)_2 \cdot H_2O$）·······63，65
Syngenit

水硬性硬化·····························47
Hydraulische Verfestigung

水砕スラグ·····························35
Hüttensand

　AKR 減少対策······················365
　AKR-reduzierende Maßnahmen

水和···································47
Hydratation

　C_2S ·······························48

　C_3A ·······························52

　C_3S ·······························48

　C_4AF ······························54

　空隙溶液··························60，66
　Porenlösung

　初期段階（水和）··················60，66
　Frühphase

　ポルトランドセメント················57
　Portlandzement

水和吸収·······························278
Hydratationssog

水和条件·······························59
Hydratationsbedingungen

　ポルトランドセメント················57
　Portlandzement

水和生成物
Hydratationsprodukte

　構造·······························55
　Struktur

　比較·······························55
　Vergleich

水和物相
Hydratphase

　塩化物固定··························285
　Chloridbindung

中間（水和物相）·······················65
intermediäre

水和度·································81
Hydratationsgrad

　ポルトランドセメント················81
　Portlandzement

ストレス石英···························398
Stressquarz

　タイプ····························404
　Typen

　波動消光··························398
　undulöse Auslöschung

生成物B·······························65
Produkt B

性能規定·······························475
Performance concept

性能試験（AKR）·······················392
Performance-Prüfung（AKR）

石英斑岩·······························329
Quarzporphyr

石炭フライアッシュ·····················39
Steinkohlenflugasche

　AKR 減少対策······················367
　AKR-reduzierende Maßnahmen

石灰石粉·························69，73
Kalksteinmehl

石灰膨張·······························27
Kalktreiben

石膏
Gips

　2次（石膏）·······················65
　sekundärer

　石膏スラグセメント··················95
　Gipsschlackenzement

石膏析出
Gipsausfällung

　計算·····························206
　Berechnung

石膏の生成·····························174
Gipsbildung

　セメント··························23
　Zement

506

エコロジカル観点 ·31
ökologische Aspekte

化学的要求 ·89
chemische Anforderungen

機械的要求 ·89
mechanische Anforderungen

規格記号 ·85
Normbezeichnung

基準強度 ·90
Normfestigkeit

凝結時間 ·90
Erstarrungszeiten

主要構成材 ·24，86
Hauptbestandteile

初期強度 ·90
Anfangsfestigkeit

水和 ·47
Hydratation

水和熱 ·93
Hydratationswärme

全空気量 ·448
Gesamtluftporengehalt

組成 ·86
Zusammensetzung

高い硫酸塩抵抗性を有する（耐硫酸塩） · · · ·93
mit hohem Sulfatwiderstand

特別な特性を有する · · · · · · · · · · · · · · · · · · ·91
mit besonderen Eigenschaften

低水和熱の ·91
mit niedriger Hydratationswarme

早い凝結時間 ·94
mit verkürzten Erstarrungszeiten

風化 ·67
Alterung

副構成材 ·24，86
Nebenbestandteile

物理的要求 ·89
physikalische Anforderungen

粉末度 ·46
Mahlfeinheit

ミクロファイン ·98
microfein

略記号 ·84
Kurzzeichen

粒度（径）分布 ·46
Korngrößenverteilung

有機添加物を多く含む · · · · · · · · · · · · · · · · ·94
mit erhöhtern Anteil an organischen Zusatzen

有効アルカリ量の少ない（低アルカリ） · · · ·93
mit nirdrigem wirksamen Alkaligehalt

要求基準 ·89
Normanforderungen

容積安定性 ·90
Raumbeständigkeit

セメントの種類 ·86
Zementarten

セメント添加剤 ·84
Zementzusätze

セメントバチルス ·163
Zementbazillus

セメント粉砕 ·40
Zementmahlung

セメントペースト ·16
Zementstein

　強度 ·19
　Festigkeit

　空隙 ·16
　Poren

潜在水硬性材料 ·35
Latent hydraulische Stoff

　AKR 減少対策 ·365
　AKR–reduzierende Maßnahmen

全空気量 ·448
Gesamtluftporengehalt

層状の凍結 ·431
Schichtenweises Gefrieren

促進コンクリートプリズム試験 · · · · · · · · · · ·385
Accelerated Concrete Prism Test

促進モルタルバー試験 · · · · · · · · · · · · · · · · ·382
Accelerated Mortar Bar Test

索　引

■た行

大気
Luft

　CO₂ 量 ················· 126
　CO₂-Gehalt

耐久性
Dauerhaftigkeit

　影響要因 ················· 1
　Einflussfaktoren

　指標値 ················· 1
　Kenngrößen

　前提 ················· 2
　Voraussetzungen

　保証する対策 ················· 8
　Maßnahmen zur Gewährleistung

耐酸性のあるコンクリート ················· 267
Säurewiderstandsfahiger Beton

　試験 ················· 268
　Prüfung

耐硫酸塩セメント ················· 93
SR-Zement

タウマサイト（CaCO₃·CaSO₄·CaSiO₃·15H₂O）　生成
················· 176
Thaumasitbildung

　セメント化学の影響 ················· 180
　zementchemische Einflüss

　モデル化 ················· 182
　Modellierung

　陽イオンの影響 ················· 185
　Einfluss des Kations

　劣化例 ················· 191
　Schadensbeispiele

脱ドロマイト化 ················· 316
Dedolomitisierung

炭酸化 ················· 105
Carbonatisierung

　影響 ················· 108
　Auswirkungen

　影響要因 ················· 126
　Einflussfaktoren

　温度 ················· 138
　Temperatur

相 ················· 105
Phasen

　熱力学的観点 ················· 138
　thermodynamische Aspekte

　保護および補修対策 ················· 145
　Schutz-und Instandsetzungsmaßnahmen

水セメント比（W/C） ················· 128
w/z-Wert

　養生 ················· 131
　Nachbehandkung

炭酸化 ················· 103
Karbonatisierung

炭酸化係数 ················· 122
Carbonatisierungskoeffizient

炭酸ガス（CO₂）排出 ················· 31
CO₂-Emissionen

炭酸化収縮 ················· 125
Carbonatisierungsschwinden

炭酸化の進行 ················· 120
Carbonatisierungsfortschritt

　計算 ················· 120
　Berechnung

炭酸化の抑制 ················· 153
Carbonatisierungsbremsen

炭酸化反応
Carbonatisierungsreaktion

　自由反応エンタルピー ················· 145
　freie Reaktionsenthalpie

　熱力学的確率 ················· 140
　themodynamische Wahrscheinlichkeit

炭酸化深さ ················· 117
Carbonatisierungtiefe

　顕微鏡 ················· 119
　Mikroskopie

　指示薬による測定 ················· 117
　indikative Bestimmung

　湿式化学による定量 ················· 120
　nasschemische Bestimmung

　測定する方法 ················· 117
　Methoden zur Bestimmung

　電気化学的測定 ················· 120
　elektrochemische Bestimmung

炭酸化を抑制するコーティング・・・・・・・・・・・153
Carbonatisierungsbremsende Beschichtung

炭酸による侵食・・・・・・・・・・・・・・・・・・・・・・・262
Kohlensäureangriff

脱ドロマイト化・・・・・・・・・・・・・・・・・・・・・・・316
Dedolomitisierung

超低水和熱セメント・・・・・・・・・・・・・・・・・・・・93
VLH-Zemente

中間水和物相・・・・・・・・・・・・・・・・・・・・・・・・・65
Intermediäre Hydratphase

中性化・・・・・・・・・・・・・・・・・・・・・・・・・・・・103
Neutralisierung

注入劣化・・・・・・・・・・・・・・・・・・・・・・・・・・192
Injektionsschäden

通常セメント・・・・・・・・・・・・・・・・・・・・・・・・84
Normalzemente

低アルカリ（NA）セメント・・・・・・・・・・・・・・93
NA-Zemente

低水和熱セメント・・・・・・・・・・・・・・・・・・・・・91
LH-Zemente

鉄筋
Betonstahl

　塩化物に起因する腐食・・・・・・・・・・・・・・・・296
　chloridinduzierte Korrosion

　活性化・・・・・・・・・・・・・・・・・・・・・・・・・・298
　Depassivierung

　腐食・・・・・・・・・・・・・・・・・・・・・・・・・・・113
　Korrosion

鉄筋
Bewehrung

　かぶり・・・・・・・・・・・・・・・・・・・・117，146
　Betondeckung

　腐食・・・・・・・・・・・・・・・・・・・・・・・・・・・113
　Korrosion

鉄筋コンクリート
Stahlbeton

　塩化物侵食・・・・・・・・・・・・・・・・・・・・・・296
　Chloridangriff

鉄筋に関する技術的対策
Bewehrungstechnologische Maßnahmen

　防食・・・・・・・・・・・・・・・・・・・・・・・・・・・147
　Korrosionschutz

電気化学的脱塩・・・・・・・・・・・・・・・・・・・・・・307
Elektrochemischer Chloridentzug

凍結
Gefrieren

　水圧・・・・・・・・・・・・・・・・・・・・・・・・・・・423
　hydraulischer Druck

　層状・・・・・・・・・・・・・・・・・・・・・・・・・・・431
　schichtenweises

　熱力学的モデル・・・・・・・・・・・・・・・・・・・・436
　themodynamische Modell

　毛細管効果・・・・・・・・・・・・・・・・・・・・・・434
　kapillarer Effeckt

凍結融解塩作用
Frost-Tausalz-Angriff

　エトリンガイトの生成・・・・・・・・・・・・・・・・455
　Ettringitbildung

　凍結融解／凍結融解剤試験法・・・・・・・・・・・・473
　Frost-und Taumittel-Prüfverfahren

凍結融解作用
Frostangriff

　エトリンガイトの生成・・・・・・・・・・・・・・・・453
　Ettringitbildung

凍結融解／凍結融解塩作用
Frost-und Frost-Tausalz-Angriff

　影響要因・・・・・・・・・・・・・・・・・・・・・・・440
　Einflussgrößen

　外的影響・・・・・・・・・・・・・・・・・・・・・・・471
　äußere Einflusse

　技術的影響・・・・・・・・・・・・・・・・・・・・・・469
　technologische Einflusse

　限界飽水度・・・・・・・・・・・・・・・・・・・・・・438
　kritischer Sättigungsgrad

　建設実務上の留意点・・・・・・・・・・・・・・・・・488
　baupraktische Hinweise

　相転移・・・・・・・・・・・・・・・・・・・・・・・・455
　Phasenumwandlungen

　熱力学的モデル・・・・・・・・・・・・・・・・・・・・436
　thermodynamisches Modell

　劣化機構・・・・・・・・・・・・・・・・・・・・・・・430
　Schädigungsmechanismen

509

索　引

凍結融解 / 凍結融解塩抵抗性
Frost-und Frost-Tausalz-Widerstand

　　コンクリート ·456
　　Beton

　　トラス ·38
　　Trass

■な行

熱処理
Wärmebehandlung

　　エトリンガイト生成 · · · · · · · · · · · · · · · · · ·220
　　Ettringitbildung

熱膨張係数 ·430
Temteraturausdehnungskoeffizient

熱力学的モデル ·436
Thermodynamisches Modell

■は行

薄片研磨顕微鏡 ·398
Dünnschliffmikroskopie

曝露クラス ·9
Expositionsklassen

　　凍結融解作用 ·442
　　Frostangriff

撥水剤 ·147
Hydrophobierungsmittel

波動消光 ·398
Undulöse Auslöschung

反応速度論 ·58
Reaktionskinetik

微小気泡量 ·448
Mikroluftporengehat

微小中空球 ·449
Mikrohohlkugeln

微生物による硫酸腐食 · · · · · · · · · · · · · · · · · ·264
Biogene Schwefelsäurekorrosion

ひび割れ
Riss

　　自癒 ·155
　　Selbstheilung

鉄筋腐食 ·296
Bewehrungskorrosion

皮膜（不働態）
Deckschicht

　　不動態 ·109
　　passivierend

氷点降下 ·423
Gefrierpunkterniedrigung

ビーライト ·29
Belit

ファイン（コロイド）セメント · · · · · · · · · · · ·98
Feinstzemente

ファテライト ·466
Vaterit

不活性材料 ·43
Inerte Stoffe

封織係数 ·470
Sperrkoeffizient

腐食 ·112
Korrosion

　　塩化物に起因する · · · · · · · · · · · · · · · · · · ·298
　　chloridinduziert

　　電気化学的 ·112
　　elektrochemische

　　ひび割れ形成 ·116
　　Rissbildung

　　抑制対策 ·116
　　Maßnahmen zur Einschränkung

腐食インヒビター ·302
Korrosionsinhibitoren

腐食監視システム ·304
Korrosionsüberwachungssysteme

腐食生成物 ·115
Korrosionsprodukte

不動態皮膜 ·109
Passivierende Deckschicht

フライアッシュ ·38
Flugasche

　　AKR 減少対策 ·367
　　AKR-reduzierende Maßnahmen

フライアッシュスラグセメント · · · · · · · · · · · ·45
Flugaschehüttenzement

510

索 引

フリント・・・・・・・・・・・・・・・・・・・・・・・・・325
Flint

物理的抵抗性
physikalischer Widerstand

ペリクラス（MgO$_{frei}$）・・・・・・・・・・・・・・・27
Periklas

防食
Korrosionsschutz

　鉄筋に関する技術的対策・・・・・・・・・・・・・147
　bewehrungstechnologische Maßnahmen

膨張侵食・・・・・・・・・・・・・・・・・・・・・・・・・165
Treibender Angriff

保護対策および補修対策
Schutz-und Instandsetzungsmaßnahmen

　塩化物に起因する腐食における・・・・・・・・・301
　bei chloridinduzierter Korrosion

　鉄筋コンクリートに有害な炭酸化に対する・・・145
　gegen stahlbetongefährdende Carbonatisierung

補修原則・・・・・・・・・・・・・・・・・・・・・・・・・149
Instandsetzungsprinzipien

ポゾラン材料・・・・・・・・・・・・・・・・・・・・・・・37
Puzzolanische Stoffe

　AKR 減少対策・・・・・・・・・・・・・・・・・・・366
　AKR-reduzierenden Maßnahmen

ポップアウト・・・・・・・・・・・・・・・・・・・347，443
Pop outs

ポルトランダイト・・・・・・・・・・・・・・・・・・47，73
Portlandit

ポルトランド石灰石セメント・・・・・・・・・・43，181
Portlamdkalksteinzement

ポルトランドセメント・・・・・・・・・・・・・・・・・27
Portlandzement

　水和・・・・・・・・・・・・・・・・・・・・・・・・・・・48
　Hydratation

　発熱・・・・・・・・・・・・・・・・・・・・・・・・・・・61
　Wärmeentwicklung

　反応速度・・・・・・・・・・・・・・・・・・・・・・・・58
　Reaktionsgeschwindigkeit

ポルトランドセメントクリンカー・・・・・・・・・・・24
Portlandzementklinker

　アルカリ・・・・・・・・・・・・・・・・・・・・・・・・28
　Alkalien

化学的組成・・・・・・・・・・・・・・・・・・・・・・・・24
chemische Zusammensetzung

ガラス相・・・・・・・・・・・・・・・・・・・・・・・・・28
Glasphasen

鉱物組成・・・・・・・・・・・・・・・・・・・・・・・・・25
mineralogische Zusammensetzung

主要クリンカー相・・・・・・・・・・・・・・・・・・・25
Hauptklinkerphasen

■ま行

マイクロ歪・・・・・・・・・・・・・・・・・・・・・・・・401
Microstrain

マグネシア膨張・・・・・・・・・・・・・・・・・・・・・28
Magnesiatreiben

ミクロ氷レンズによるポンプ・・・・・・・・・・・・436
Mikroeislinsenpumpe

水セメント比
Wasser-Zement-Wert

　イオン濃度への影響・・・・・・・・・・・・・・・・319
　Einfluss auf die Ionenkonzentration

　炭酸化への影響・・・・・・・・・・・・・・・・・・・130
　Einfluss auf die Carbonatisierung

　緻密度への影響・・・・・・・7，12，167，282，358
　Einfluss auf die Dichtigkeit

　凍結融解／凍結融解塩抵抗性への影響・・・・440
　Einfluss auf den Frost-und Frost-Tausalz-
　Widerstand

　　熱処理および熱処理をしないコンクリートの
　耐久性に対する影響・・・・・・・・・・・・・・・233
　Einfluss auf die Dauerhaftigkeit wärmebehandelter
　und nicht wärmebehandelter Betone

未飽和・・・・・・・・・・・・・・・・・・・・・・・・・・・76
Untersättigung

霧室保存・・・・・・・・・・・・・・・・・・・・・・・・・378
Nebelkammerlagerung

メタカオリン
Metakaolin

　AKR 減少対策・・・・・・・・・・・・・・・・・・・371
　AKR-reduzierenden Maßnahmen

毛細管吸収・・・・・・・・・・・・・・・・・・・・・・・339
Kapillares Saugen

511

索 引

毛細管空隙‥‥‥‥‥‥‥‥‥‥‥‥‥‥16
Kapillarporen

モノカーボネート‥‥‥‥‥‥‥‥‥‥‥75
Monocarbonat

モノサルフェート‥‥‥‥‥‥‥‥ 54, 75
Monosulfat

もみ殻アッシュ‥‥‥‥‥‥‥‥‥‥43, 372
Reisschalenasche

　アルカリ減少対策‥‥‥‥‥‥‥‥‥‥372
　AKR-reduzierenden Maßnahmen

モルタル急速試験‥‥‥‥‥‥‥‥‥‥388
Mörtelschnelltest

■や行

誘導期（加水分解初期段階）‥‥‥‥‥51
Anfangshydrolyse

誘導期‥‥‥‥‥‥‥‥‥‥‥‥51, 58, 60
Induktionsperiode

融氷塩‥‥‥‥‥‥‥‥‥‥‥‥‥‥‥276
Tausalz

遊離石灰‥‥‥‥‥‥‥‥‥‥‥‥‥‥27
Freikalk

溶解侵食‥‥‥‥‥‥‥‥‥‥‥‥‥164
Lösender Angriff

養生‥‥‥‥‥‥‥‥‥‥‥‥‥‥‥131
Nachbehandlung

　最小養生日数‥‥‥‥‥‥‥‥133, 136
　Mindestdauer

養生方法‥‥‥‥‥‥‥‥‥‥‥‥‥136
Nachbehandlungsverfahren

■ら行

リチウム化合物
Lithiumverbindungen

　AKR 減少対策‥‥‥‥‥‥‥‥‥‥373
　AKR-reduzierenden Maßnahmen

立方体（VDZ）試験法‥‥‥‥‥‥‥476
Würzelverfahren（VDZ-Verfahren）

硫酸アルカリ‥‥‥‥‥‥‥‥‥‥‥28
Alkalisulfate

硫酸塩
Sulfate

　化学的侵食‥‥‥‥‥‥‥‥‥‥‥168
　chemischer Angriff

硫酸塩キャリア（石膏）‥‥‥‥‥‥‥32
Sulfatträger

硫酸塩侵食‥‥‥‥‥‥‥‥‥‥‥‥13
Sulfatangriff

　新しい相生成物‥‥‥‥‥‥‥‥‥169
　Phasenneubildungen

　規格による規制‥‥‥‥‥‥‥‥‥195
　normative Regelungen

　試験方法‥‥‥‥‥‥‥‥‥‥‥199
　Prüfverfahren

　地盤の隆起‥‥‥‥‥‥‥‥‥‥194
　Bodenhebungen

　城壁の劣化‥‥‥‥‥‥‥‥‥‥191
　Mauerwerksschäden

　微細構造的変化‥‥‥‥‥‥‥‥166
　mikrostrukturelle Veränderungen

　劣化例‥‥‥‥‥‥‥‥‥‥‥‥191
　Schadensbeispiele

　劣化プロセス‥‥‥‥‥‥‥‥‥205
　Schädigungsablauf

　劣化メカニズム‥‥‥‥‥‥‥‥164
　Schädigungsmechanismus

硫酸塩生成‥‥‥‥‥‥‥‥‥‥‥227
Sulfatbindung

硫酸塩抵抗性
Sulfatwiderstand

　鉱物質混和材による改善‥‥‥‥‥196
　Verbesserung durch mineralische Zusatzstoffe

　試験方法‥‥‥‥‥‥‥‥‥‥‥199
　Prüfverfahren

硫酸塩劣化‥‥‥‥‥‥‥‥‥‥‥187
Sulfatschäden

硫酸腐食‥‥‥‥‥‥‥‥‥‥‥‥261
Schwefelsäurekorrosion

　微生物による‥‥‥‥‥‥‥‥‥261
　biogene

流紋岩‥‥‥‥‥‥‥‥‥‥‥‥‥329
Rhyolith

あとがき

　バウハウス大学 Jochen Stark/Bernd Wicht 共著になる "Dauerhaftigkeit von Beton" はこれまで 3 冊出版されている。1 冊目（1995 年）*は基本的に大学の講義用テキストであるが，耐久性について熱力学的などの手法を使ってコンクリートに生じる変化を説き明かす内容に新鮮さを感じた。

　2 冊目（2001）**は読者対象を一般の技術者にまで拡大し，当時として最新の研究を取り上げるとともに内容も体裁も注意深く吟味されて，技術書専門の出版社から発行された。

　今回日本語訳を行った 3 冊目の "Dauerhaftigkeit von Beton 2.Auflage"（2013 年）はコンクリート構造物が長期間使用されるという重要な前提のもと，各種負荷や影響下における建設材料・コンクリートの挙動に関する知識を整理，発展することを手助けすることを目標として前版の見直しと前版が発行されて以降約 10 年間にバウハウス大学 F.A.Finger 建設材料研究所で得られた新しい知見を取り入れたものである。特に第 2 章 セメント，第 4 章 硫酸塩侵食，第 8 章 アルカリシリカ反応がそれに相当する。

　日本では最近のセメントコンクリートについて研究論文などでは建設材料科学に基づいた基礎的研究も多く見られるようになってきたが，コンクリートの耐久性についてコンクリートの内部で生じている各種現象にまで言及してやさしく説いたコンクリート技術書は少ないように思われる。

　コンクリートの耐久性に関する特性値は力学的特性値と異なりまだまだ曖昧で，環境の負荷による挙動も不明な点が多い。本書が日本の研究者，技術者，学生にとってコンクリートの耐久性についてこれまで以上に理解を深める端緒となり，コンクリート構造物全体の耐久性改善にまでつながることになれば幸いである。

　翻訳に当たって最新のコンクリート工学の立場から的確なご指導を頂いた北海

　＊　　太田利隆，佐伯昇 訳：コンクリートの耐久性，日本セメント協会，1999 年 2 月
＊＊　　太田利隆，下林清一，佐伯昇 訳：コンクリートの耐久性 第 2 版，日本セメント協会 2003 年 8 月

道大学大学院教授杉山隆文先生に心から感謝いたします。また岩石学の立場から貴重なご意見を頂いた地圏総合コンサルタント顧問・鈴木哲也博士，出版にご尽力いただいた技報堂出版 石井洋平氏に心から感謝申し上げます。

2018 年 4 月

太田　利隆

下林　清一

佐伯　昇

著者略歴

Prof. Dr.-Ing.habil. Jochen Stark

1943 年　独 Erlbach/Vogtland 生
1968 年　ワイマール建設大学建設材料科学科卒業（Dipl.–Ing.）
1972 年　Dr.-Ing. "セメントクリンカー焼成の速度論"（メンデレフ大学，モスクワ）
1988 年　Dr.-Ing. habil. "水和が活発なベリットセメントの開発"
1992 年　ワイマール建設大学教授（材料試験研究所長 MFPA）
1995 年　ワイマール建設大学 F.A.Finger 建設材料研究所創立
1996 年　バウハウス大学土木工学科教授（～ 2009 年 11 月）
バウハウス大学 F.A.Finger 建設材料研究所長（～ 2009 年 11 月）
Prof. Dr.–Ing.habil. Jochen Stark にはドイツ内外の複数の大学から名誉教授および名誉博士の称号が授与されています。

Dipl.-Ing. Bernd Wicht

1943 年　独 Wurzen 生
1968 年　ワイマール建設大学建設材料科学科卒業（Dipl.-Ing.）
1968 年　建設アカデミー（Bauakademie 東独の中心的研究機関）　研究員（建設材料分野）
1990 年　ワイマール建設大学付属材料試験研究所（MFPA）　研究員
1995 年　ワイマール建設大学 F.A.Finger 建設材料研究所　研究員
1996 年　バウハウス大学 F.A.Finger 建設材料研究所　研究員
Bernd Wicht 氏は出版された本書を見ることなく 2013 年死去されました。

監訳者略歴

杉山　隆文

1994 年　ニューブランズウィック大学大学院工学研究科土木工学修了　PhD
1994 年　群馬大学工学部助手
1997 年　群馬大学工学部助教授
2006 年　北海道大学大学院工学研究科教授（環境機能マテリアル工学研究室）

訳者略歴

太田　利隆

1938 年　青森県青森市生
1963 年　北海道大学大学院工学研究科土木工学専攻修士課程修了
1963 年　首都高速道路公団
1968 年　北海道開発局土木試験所第 2 研究部コンクリート研究室
1972 年　科学技術庁長期在外研究員（西独ブラウンシュバイク工科大学 IBMB，〜 1973 年）
1992 年　北海道開発局開発土木研究所長
1993 年　(財)北海道(生)コンクリート技術センター理事長
2001 年　日本データサービス(株)設計診断部 技術顧問（〜 2006 年 3 月）
博士（工学），技術士（建設）

下林　清一

1943 年　北海道せたな町生
1966 年　室蘭工業大学化学工学科卒業
1966 年　富士セメント(株)(現 日鐵住金セメント）入社
1982 年　日鐵住金セメント(株)研究開発部 研究開発課長
1995 年　日鐵住金セメント(株)研究開発部長
1999 年　日鐵住金セメント(株)取締役研究開発部長
2003 年　日鐵住金セメント(株)常務取締役技術本部長
2005 年　日鐵住金セメント(株)監査役
2008 年　日鐵住金セメント(株)顧問

佐 伯　昇

1941 年　北海道恵庭市生
1972 年　北海道大学大学院工学研究科博士課程修了，工学博士
1973 年　北海道大学工学部助教授
1992 年　北海道大学工学部教授
1997 年　北海道大学大学院工学研究科教授（高性能コンクリート工学分野）
2005 年　北海道大学名誉教授

コンクリートの耐久性（改訂版）　　　　　　定価はカバーに表示してあります。

2018 年 8 月 20 日　1 版 1 刷発行　　　　　ISBN 978-4-7655-1856-7 C3051

監 訳 者　　杉　　山　　隆　　文

訳　者　　太　　田　　利　　隆

　　　　　下　　林　　清　　一

　　　　　佐　　伯　　　　昇

発 行 者　　長　　　滋　　彦

発 行 所　　技 報 堂 出 版 株 式 会 社

〒101-0051　東京都千代田区神田神保町 1-2-5
電　　話　　営　業　　　（03）（5217）0885

日本書籍出版協会会員　　　　　　　　編　集　　　（03）（5217）0881
自然科学書協会会員　　　　　　　　　Ｆ Ａ Ｘ　　（03）（5217）0886
土木・建築書協会会員　　　　　　振 替 口 座　　00140-4-10
Printed in Japan　　　　　Ｕ　Ｒ　Ｌ　　ｈｔｔｐ：／／ｇｉｈｏｄｏｂｏｏｋｓ．ｊｐ／

© Takafumi Sugiyama, 2018　　　　　装丁　ジンキッズ　　印刷・製本　昭和情報プロセス
落丁・乱丁はお取り替えいたします。

JCOPY　＜（社）出版者著作権管理機構 委託出版物＞

本書の無断複写は著作権法上での例外を除き禁じられています。複写される場合は，そのつど事前に，（社）出版者
著作権管理機構（電話：03-3513-6969，FAX：03-3513-6979，E-mail：info@jcopy.or.jp）の許諾を得てください。